高职高专"十二五"规划教材★食品类系列

有机化学

第二版

李靖靖　李伟华　主编

YOUJI HUAXUE

化学工业出版社
·北京·

本教材第一版获“2010年中国石油和化学工业优秀出版物（优秀教材奖）”一等奖。

本教材以培养学生的实践能力、创新能力、就业能力和创业能力为目标，突出高职高专食品类、农林牧渔类、生物化工技术类等各专业的特点，着重介绍了有机化学的基本理论和基本知识，阐明了各类有机化合物结构和性质之间的关系，强化实验技能训练。教材分理论和实验两部分。理论部分共16章，主要内容包括绪论，饱和烃，不饱和烃，芳香烃，旋光异构，卤代烃，醇、酚、醚，醛和酮，羧酸及其衍生物，取代酸，含氮化合物，含硫、含磷有机化合物，杂环化合物和生物碱，脂类，糖类，蛋白质和核酸。各章前有“学习目标”，章后附有“本章小结”、“习题”外，部分章还有“阅读材料”，以便学生自主学习，及时复习和巩固所学知识。实验部分共设计了12个实验，涉及有机化学实验基本操作、有机化合物的合成、天然有机化合物的提取与分离、有机化合物的性质实验等内容，从多方面、多角度培养学生的实践技能。

本教材可供高职高专食品类、农林牧渔类、生物化工技术类等相关专业的学生使用，也可供其他专业的学生、教师及科研工作者参考。

图书在版编目（CIP）数据

有机化学/李靖靖，李伟华主编．—2版．—北京：化学工业出版社，2015.4（2019.1重印）

ISBN 978-7-122-23280-9

Ⅰ.①有… Ⅱ.①李…②李… Ⅲ.①有机化学-高等职业教育-教材 Ⅳ.①062

中国版本图书馆CIP数据核字（2015）第045656号

责任编辑：李植峰 迟 蕾

责任校对：边 涛　　装帧设计：张 辉

出版发行：化学工业出版社（北京市东城区青年湖南街13号 邮政编码100011）

印 刷：三河市延风印装有限公司

装 订：三河市宇新装订厂

787mm×1092mm 1/16 印张17¾ 字数499千字 2019年1月北京第2版第3次印刷

购书咨询：010-64518888　　售后服务：010-64518899

网 址：http：//www.cip.com.cn

凡购买本书，如有缺损质量问题，本社销售中心负责调换。

定 价：34.00元

高职高专食品类“十二五”规划教材
建设单位

（按汉语拼音排列）

安徽粮食工程职业学院
包头轻工职业技术学院
宝鸡职业技术学院
北京电子科技职业学院
北京农业职业学院
滨州技术学院
滨州职业学院
长春职业技术学院
常熟理工学院
重庆工贸职业技术学院
重庆三峡职业学院
东营职业学院
福建华南女子职业学院
福建农业职业技术学院
抚顺师范高等专科学校
甘肃畜牧工程职业技术学院
广东环境保护工程职业学院
广东科贸职业学院
广东农工商职业技术学院
广东轻工职业技术学院
广东食品药品职业学院
广西工业职业技术学院
广西农业职业技术学院
广西职业技术学院
广州城市职业学院
贵州轻工职业技术学院
海南职业技术学院
河北化工医药职业技术学院
河北交通职业技术学院
河南工贸职业学院
河南牧业经济学院
河南农业职业学院
河南轻工业学院
河南质量工程职业学院
鹤壁职业技术学院
黑龙江旅游职业技术学院
黑龙江农垦职业学院
黑龙江农业工程职业学院
黑龙江农业职业技术学院
黑龙江生物科技职业学院
黑龙江职业学院
呼和浩特职业学院
湖北大学知行学院
湖北轻工职业技术学院
湖北三峡职业技术学院
湖北生物科技职业学院
湖州职业技术学院
黄河水利职业技术学院
济宁职业技术学院
嘉兴职业技术学院
江苏财经职业技术学院
江苏农林职业技术学院
江苏农牧科技职业学院
江苏食品药品职业技术学院
江西工业贸易职业技术学院
焦作大学
晋中职业技术学院
荆楚理工学院
景德镇学院
开封大学
辽宁农业职业技术学院
辽宁水利职业学院
漯河医学高等专科学校
漯河职业技术学院

马鞍山师范高等专科学校
内江职业技术学院
内蒙古财经大学
内蒙古大学
内蒙古化工职业学院
内蒙古农业大学职业技术学院
内蒙古商贸职业学院
南充职业技术学院
南阳理工学院
宁德职业技术学院
平顶山工业职业技术学院
濮阳职业技术学院
日照职业技术学院
三门峡职业技术学院
山东商务职业学院
山东商业职业技术学院
山西药科职业学院
商丘学院
商丘职业技术学院
上海农林职业技术学院
上海食品科技学校
深圳职业技术学院
沈阳师范大学
双汇实业集团有限责任公司
四川工商职业技术学院
苏州农业职业技术学院
天津渤海职业技术学院
天津现代职业技术学院
天津职业大学
潍坊工程职业学院
潍坊工商职业学院
乌兰察布职业学院
芜湖职业技术学院
武汉软件工程职业学院
武汉生物工程学院
武汉职业技术学院
锡林郭勒职业学院
厦门海洋职业技术学院
襄樊职业技术学院
新疆轻工职业技术学院
新疆石河子职业技术学院
新乡学院
信阳农林学院
徐州工业职业技术学院
许昌职业技术学院
烟台职业学院
盐城卫生职业技术学院
杨凌职业技术学院
永城职业学院
云南农业职业技术学院
漳州职业技术学院
浙江经贸职业技术学院
浙江农业商贸职业学院
浙江医药高等专科学校
郑州轻工职业学院
郑州师范学院
郑州职业技术学院
中国神马集团
中州大学
淄博职业学院

《有机化学》（第二版）编审人员

主　　编　李靖靖（中州大学）

　　　　　李伟华（商丘学院）

副 主 编　陶玉霞（黑龙江职业学院）

　　　　　王　果（中原清洁能源发展有限公司）

参编人员　（按姓名汉语拼音排列）

　　　　　陈新华（漯河职业技术学院）

　　　　　李靖靖（中州大学）

　　　　　李伟华（商丘学院）

　　　　　沈泽智（重庆三峡职业学院）

　　　　　谭书贞（济宁职业技术学院）

　　　　　陶玉霞（黑龙江职业学院）

　　　　　孙浩冉（中州大学）

　　　　　王　果（中原清洁能源发展有限公司）

　　　　　王　岚（中州大学）

　　　　　王　霞（河南质量工程职业学院）

　　　　　王文哲（日照职业技术学院）

　　　　　吴　慧（商丘学院）

　　　　　杨　静（商丘学院）

主　　审　高建炳（中州大学）

前　　言

本教材第一版于 2008 年 8 月出版以来，经全国部分高职高专院校选用，在教学实践中取得了很好的效果，受到师生的普遍好评，并获得“2010 年中国石油和化学工业优秀出版物（优秀教材奖）”一等奖。

近年来有机化学学科的快速发展，新知识、新理论的不断涌现，高校教学体系、教学内容和教学手段的深入改革，促使教材必须进行更新，以适应新形势的要求。为此，在各高校和化学工业出版社的大力支持下，我们于 2012 年 12 月 31 日至 2013 年 1 月 2 日在中州大学召开《有机化学》（第二版）修订工作会议。参会院校编者在反复认真讨论高职高专有机化学教学大纲的基础上，着重讨论了修订原则，并结合几年来使用第一版教材的教学实践，对第一版教材的体系、内容做了全面的分析研究。参会院校编者一致认为，本教材在结构和内容基本上能够符合当前高职高专的教学要求，本次修订原则上不再做大的改动，遵循第一版的编写原则，保留第一版的编排，适当调整个别内容，精炼教材，规范数据。

在修订过程中，教材内容仍以理论知识“必需”、“够用”、“管用”的原则，以价键理论和电子效应为主线，以性质和结构的关系为基础，介绍有机化学的基础知识和基本理论，反映有机化学的最新技术和最新进展；同时重视化学实验操作及练习，注重培养学生实际动手操作能力与创新创业能力；依据企业对人才的知识、能力、素质的要求，坚持以职业能力培养为主线的原则，实现知识与技能、能力与素质的协调统一。对部分章节内容做适当的调整和充实，对习题做了进一步充实和完善，对书中的图表和数据进一步规范化。

参加本书编写的（按章节顺序）有：中州大学李靖靖（第一章）、中州大学李靖靖、中原清洁能源发展有限公司王果（第二章）、商丘学院李伟华、吴慧（第三章）、黑龙江职业学院陶玉霞（第四章）、中州大学孙浩冉（第五章）、河南质量工程职业学院王霞（第六章、第七章）、中州大学王岚（第八章）、漯河职业技术学院陈新华（第九章）、商丘学院杨静（第十章）、济宁职业技术学院谭书贞（第十一章）、日照职业技术学院王文哲（第十二章、第十三章）、商丘学院吴慧（第十四章）、重庆三峡职业学院沈泽智（第十五章、第十六章），中原清洁能源发展有限公司王果（第十七章）。

本教材由中州大学李靖靖、商丘学院李伟华担任主编，黑龙江职业学院陶玉霞、中原清洁能源发展有限公司王果担任副主编。全书由李靖靖、李伟华统稿，由李靖靖教授最后定稿，中州大学高建炳主审。

本教材在修订过程中，承蒙有关兄弟院校和化学工业出版社各级领导的关心和大力支持，谨在此一并表示衷心感谢。

由于编者水平有限，书中疏漏和不足之处在所难免，恳请全国同行和广大读者批评指正。

编者

2015 年 1 月

第一版前言

近年来，我国的高等职业教育蓬勃发展，各专业的课程体系也在不断改革完善。高职高专院校食品工程专业、农林牧专业、化工专业、生物技术专业等对《有机化学》内容的改革都有一定的要求，有些院校做了一些教改探索，取得了一些经验和成果。在此基础上，化学工业出版社组织编写了本教材。

本教材是根据教育部《关于加强高职高专教育人才培养工作的意见》（教高［2000］2号）和教育部《关于全面提高高等职业教育教学质量的若干意见》（教高［2006］16号）的有关精神，在认真研讨高职高专人才培养特征的基础上编写的。本教材的建设宗旨是从根本上体现以应用性职业岗位需求为中心，以素质教育、创新教育为基础，以学生能力培养为本位的教育理念，满足高职高专教学改革的需要和人才培养的需求，对教材内容做了如下改革：教材内容中的理论知识遵循“必需”、“够用”、“管用”的原则，同时重视化学实验操作及练习，注重培养学生的实际应用能力与实际操作能力；依据企业对人才的知识、能力、素质的要求，贯彻职业需求导向的原则；坚持以职业能力培养为主线的原则，加入了实际案例、操作技能的论述，实现知识与技能、能力与素质的协调统一，充分体现教材的实用性、实践性；考虑多岗位需求和学生继续学习的要求，注重新知识、新技术在教材中的应用，体现与时俱进的原则；为了便于因材施教，促进学生个性发展，拓宽学生的知识面，各章前面有“学习目标”，章节后面除附有习题外，还编写有“阅读材料”内容，以便学生自主学习、及时复习和巩固所学知识。通过学习，使学生掌握有机化学的基本理论和基本技能，为后继课程提供必要的基础。

本教材由中州大学李靖靖、商丘职业技术学院李伟华担任主编，黑龙江畜牧兽医职业学院陶玉霞、济宁职业技术学院王红梅、滨州职业学院王立新担任副主编。参加本书编写的有李靖靖（第一章、实训一、实训二），李伟华（第三章、第十四章、实训八、实训九），陶玉霞（第四章、第五章、实训三、实训四、实训五、实训六），王红梅（第十章），济宁职业技术学院谭书贞（第十一章），中州大学时憧宇（第二章、实训七、实训十、实训十一、实训十二），河南质量工程职业学院王霞（第六章、第七章），漯河职业技术学院陈新华（第八章、第九章），日照职业技术学院王文哲（第十二章、第十三章），重庆三峡职业学院沈泽智（第十五章、第十六章）。全书由李靖靖、李伟华负责统稿，陶玉霞、王红梅、王立新参加了统稿工作。本书在编写过程中得到了化学工业出版社及各编者所在单位的大力支持，在此一并表示感谢。

由于编者水平所限，本教材不足之处在所难免，竭诚欢迎全国同行和读者提出宝贵意见。

编者

2008年3月

目　录

第一章　绪　　论

学习目标

1. 掌握有机化学、有机化合物以及共价键的属性等概念。
2. 了解有机化合物的研究方法、分类原则和有机化学与人类生活的关系。

第一节　有机化合物与有机化学

一、有机化合物

1. 有机化合物的概念

有机化学是化学学科的一个分支，是与人类生活有着密切关系的一门学科。它研究的对象是有机化合物，简称“有机物”。早年，人们把来自于矿物的物质叫做“矿物物质”，即“无生机之物”，称为无机化合物，简称“无机物”；把来自于动植物体内的物质叫“有生机之物”，即有机物。这就是最早人们依据来源，对自然界的物质进行分类的。那么究竟什么是有机化合物呢？

有机化合物即“含碳的化合物”，这是德国的化学家格麦林（Gmelin）在1884年给有机物下的定义，各教科书都是如此，它表明了有机物的特征。1874年德国化学家肖莱马（Schorlemmer）将有机化合物定义为碳氢化合物及其衍生物。

19世纪初期，人们已经知道了有机物是从生物体内分离出来的，并没有人能从实验室中制造出有机物。由于当时科学水平的限制，曾对有机物的认识赋以神秘色彩，所以人们认为有机物只能在生物细胞中受一种特殊力量的作用，才能产生出来，这种神秘莫测的力量就叫做“生命力”（Vital Force）。显然这种力量是超出人力之外的，因此，认为人工合成有机物是不可能的。很显然这种“生命力”论束缚了有机化学的发展，使人们一度放弃了用人工合成有机物的想法。

首先站出来向“生命力”论挑战的是德国的化学家维勒（Wöler），1824年，年仅24岁的化学家维勒，试图用氯化铵水溶液与氰酸银作用制备氰酸铵，然而当他滤去氯化银沉淀并蒸发水溶液时，并没有得到所期望的氰酸铵，而是得到一种白色晶体的有机物——尿素。

$$AgOCN + NH_4Cl \longrightarrow NH_4OCN + AgCl$$

$$NH_4OCN \xrightarrow{\triangle} H_2N\underset{\underset{\displaystyle O}{\|}}{C}NH_2$$

他把这一点证实，告诉了他的老师柏则里（贝采里乌斯）（Berzerlius，著名的化学家，“生命力”论的倡导者），招致了他的老师和许多化学家的反对，他的老师挖苦他说：“能不能在实验室中造出一个孩子来。”为了进一步证实这一实验结果，维勒又用了四年时间，对尿素进行了一系列定性和定量的研究。最后终于完全确认实验室中所得到的白色结晶物质正是动物体内的代谢产物——尿素。1828年，维勒发表了《论尿素的人工合成》的论文，以雄辩的事实正式公布了这一重大成果。

维勒的发现第一次完成了从无机物到有机物的转化，打破了无机界和有机界的绝对界限，动摇了“生命力”论的基础，开辟了有机合成的新领域。自从维勒开创了有机合成的道路之后，一系列新的人工合成的有机物不断出现。如：

1845 年，德国的化学家柯尔伯（Kolbe）用碳、硫、氯气等制成了醋酸；

1854 年，法国的化学家贝塞罗（Bethelet）合成了脂肪；

1861 年，俄国的化学家布特列洛夫（Butlerov）合成了碳水化合物等。

这些事实充分证实了无机物和有机物之间并没有什么不可逾越的鸿沟，而且说明了人工合成有机物的真实可能性，使“生命力”论彻底破产。正如恩格斯评论道：“新创立的有机化学，它一个接一个地从无机物制造出有机物，从而扫除了这些所谓有机物神秘性的残余。”，并且进一步指出：“由于用无机的方法制造出过去一直只能在活的有机体中产生的化合物，它证明了化学定律对有机物和无机物是同样适用的，而且把康德认为的无机界和有机界之间的永远不可逾越的鸿沟大部分给填起来了。”

为什么要对有机化合物单独进行研究呢？这除了因其数量繁多和用途广泛外，还在于有机化合物有着不同于无机物的特殊性质。

2. 有机化合物的特点

（1）分子组成复杂　大多数有机物在组成上与无机物相比要复杂得多。例如：维生素 B_{12} 的组成是：$C_{63}H_{90}N_{14}O_{14}PCo$。其中含有九个不对称的 C 原子，512 个可能的立体异构体，它是由美国的有机合成大师 Woodward 花了 8 年的时间于 1972 年才完成了维生素 B_{12} 的合成，被称为是化学史上的“阿波罗登月”。而无机物往往是由几个原子组成的。

（2）易燃　一般的有机物都容易燃烧，例如：酒精、油易燃，这是大家熟知的，但也有少数例外，如：CCl_4 不但不能燃烧，而且还能灭火。

（3）熔点低、易挥发　有机化合物通常是以气体、液体或低熔点的固体存在，熔点较低，一般不超过 400℃，如：蜡烛、肥皂。而很多无机物通常难以熔化，大都是以固体形式存在。

（4）难溶于水　水是一种极性很强的溶剂。由“相溶相似”的规则，它对极性很强的物质是一个良溶剂，而有机物一般极性较弱，或者完全没有极性，所以很多有机物都不易溶解于水中，易溶于非极性或极性很弱的有机溶剂中。但也有例外。如：糖、酒精易溶于水。

（5）反应产物复杂，常有副反应发生，产率低　有机化学反应往往是缓慢的，通常在加热、加催化剂或者在光照下需要一定的时间，才能反应，除主反应外，常伴随有副反应发生，而且得到的产物通常是混合物。

（6）异构现象普遍存在　分子式相同的不同化合物叫异构体，这种现象叫异构现象，有机化合物中普遍存在着多种异构现象，如构造异构、顺反异构、对映异构、构象异构等。

二、有机化学

简单地讲，有机化学即研究含碳化合物的科学。

具体地讲，有机化学是研究含碳化合物或有机化合物来源、制备、结构、性能、应用以及有关理论、变化规律和方法学的科学。

有机化学作为一门科学是在 19 世纪产生的，但是有机化合物在生活和生产中的应用则由来已久。据我国《周礼》记载，早在周朝就设有专管管理染色、酿酒和制醋工作；周王时代已知用胶；汉朝时代发明造纸，在《神农本草经》中载有几百种重要药物，其中大部分是植物，这是世界上最早的一部药书。虽然人类制造和使用有机物质已有很长的历史，但是对纯粹有机物的认识却是比较近代的事。例如，在 1769～1785 年间，人类取得了许多有机酸，如酒石酸、苹果酸、柠檬酸、没食子酸、乳酸、尿酸和草酸等。1773 年由尿中离析了尿素，1805 年从鸦片中提取了第一个生物碱——吗啡。

有机化学的发展过程大约经过 100 余年，大致经过了三个阶段。

1. 建立时期（19 世纪中期前）

18 世纪欧洲工业革命后，社会的需要和科学技术的发展很快，先后分离出了酒石酸（1769 年）、乳酸（1780 年）、奎宁（1820 年）等，随着有机物纯品的增加、分析技术的提高，测定出不少有机物的组成。在这个时期，人们对有机物的认识偏重于感性认识。

2. 发展时期（19 世纪中期至 20 世纪中期）

人们对有机物的认识逐步从感性认识偏重于理性认识，并建立了经典结构理论。

从钢铁的利用到煤焦油的综合和有机合成工业的建立，使有机合成的研究与生产、生活紧密联系起来。以后有机合成呈现出一派繁荣景象。进入 20 世纪以后，这一特点和这一势头一直保持下来。特别是磺胺类药物的合成和抗菌素的发现和使用，开创了医学上化学治疗的新阶段。另外，燃料、炸药、染料等的合成开辟了有机合成工业的新领域。从 1886～1900 年这十四年间，德国仅由煤焦油合成燃料的专利就有 948 项，而这之前德国所需染料要从英国进口，此时反倒向英国出口，仅此一项所得外汇达 10 亿马克，这不仅为德国钢铁工业的发展提供了雄厚的资本，同时赢得了“有机合成化学的故乡”的美称。

3. 近代有机化学时期（20 世纪中期以后）

经典结构理论与量子力学的结合，使有机化学进入了新的阶段。主要标志有以下几方面。

① 对有机物的进一步认识。

② 研究方法现代化——光谱的利用。

③ 天然产物的合成：如 1945 年合成了奎宁；1951 年合成了胆固醇；1960 年合成了叶绿素；1965 年合成了牛胰岛素。

④ 由反应机理归纳有机物。当今随着科学的发展，有机化学面临三个过渡：从描述性向推理性过渡；从定性科学向定量科学过渡；从宏观结构理论向微观结构理论过渡。

21 世纪有机化学发展的一个重要趋势是与生命科学的结合。有机化学以其价键理论、构象理论、各种反应及其反应机理成为现代生物化学和化学生物学的理论基础；在蛋白质、核酸的组成和结构的研究，顺序测定方法的建立，合成方法的创建等方面，有机化学为分子生物学的建立和发展开辟了道路；确定 DNA 为生物体遗传物质是由生物学家和化学家共同完成的。

三、有机化学与人类生活的关系

有机化学是化学学科的一个分支，与人类生活有着极为密切的关系。实际上人体本身的变化就是一连串非常复杂、彼此制约、彼此协调的有机物质的变化过程，人们对有机物的认识逐渐由浅入深，把它变成一门重要的科学。

人体中分布最广的有机物——糖；

人体内的燃料——脂肪；

人生命的存在形式——蛋白质；

生命的根源物质——核酸；

生命反应中的催化剂——酶；

维持生命的营养素——维生素。

一切重要的生命现象和生理机制都与蛋白质有关，没有蛋白质就没有生命。一百年前，德国科学家曾经做过一个有趣的实验，用不同的食物来喂养小动物，第一组用糖和脂肪来喂养，第二组喂的是蛋白质，结果第一组全死了，而第二组动物却安然无恙。

蛋白质是人和动物不可缺少的营养物质，美国著名的营养学家安德尔·戴维斯指出：“摄取充足的蛋白质，会使你年轻美丽，精力充沛，耐力持久，生命充满健康的阳光。”

食品的七大要素：碳水化合物（淀粉、糖等）、脂肪、蛋白质、维生素、矿物质、纤维素和食品添加剂（防腐剂、调味剂、乳化剂、稳定剂、甜味剂、色素等），这无一不与有机化学有关。

有机化学是化学工业的一门基础学科，如石油化工、三大合成材料、染料、燃料、医药、农药、日用化工等都依赖于有机化学的成就。

有机化学、高分子化学的发展给人类生活带来了巨大的变化，有机高分子材料逐步渗透到人类生活的各个领域。随着材料支柱——高分子化学的发展，人类将从现在的钢铁时代进入到全盛的高分子时代。可以毫不夸张地讲，人类的衣食住行都离不开有机化学。

自从第一个高分子材料酚醛树脂（1907 年）问世以来，纤维、黏合剂、人造医药、人造心脏、血管、血浆、肾脏、皮肤等相继出现。化工产品是应有尽有，琳琅满目。随着合成手段的提高，人们可以从数以万吨计的高分子材料到以毫克计的蛋白质都能合成出来，人们称有机化学是分子的建筑师。

有机化学与人类生活关系如此密切，因此也可看到有机化学的任务是艰巨的。

正如维勒（1835 年）所说的："现在，有机化学几乎使我狂热，对我来说，它好像一个原始的热带森林，里面充满着诱人的东西；又好像是一个可怕的无穷尽的丛林，看来似乎无路可出，因而使人不敢入内。"

也正像著名的化学家鲍林在其名著《普通化学》中曾写过这样一句话：一个学生除普通化学外，如果能再学一门化学课程时，他会发现有机化学对他深入了解世界是最好的。

的确，有机化学的发展前景是诱人的，正有待于年轻人去开发、去创造。今天的有机化学是否还像维勒在一个多世纪以前所想象的那样呢？当然不是，但是有机化学这个丛林仍旧大多还没有被开发，里面诱人的东西比维勒梦见的还要多，只是人们不必担心迷路，因为人们已发现了有一张指引图，这就是结构理论。

四、有机化合物的结构

有机化合物中都含有碳原子，最早是在 1857 年由凯库勒（KeKule）和库柏（Couper）分别独立提出了碳的四价学说，开创了结构理论的基础；随后在 1861 年由布特列洛夫（A. Butlerov）提出了完整的有机结构理论，指出原子间存在着相互影响，结构决定性质等。

（一）共价键

一般常见的化学键有两种基本类型即离子键和共价键。有机化合物中碳原子相互之间以及碳原子与其他原子之间是以共价键连接起来的。所谓共价键是指原子间通过共用电子对而产生的化学键，具有饱和性和方向性。

（二）共价键的属性

1. 键能

形成共价键过程中体系释放出的能量或共价键断裂过程中体系所吸收的能量称为键能。对于双原子分子，分子的键能就是键的离解能，对于多原子分子，若分子中含有多个同类型的键，键能则是这些键离解能的平均值。键能是表示两个原子的结合程度，相同类型的键中，键能越大，说明两个原子结合越牢固，键越稳定。见表 1-1。

表 1-1 常见共价键的键长和键能

共价键	键长/nm	键能/(kJ/mol)	共价键	键长/nm	键能/(kJ/mol)
C—C	0.154	347.3	C—I	0.213	213.4
C—H	0.112	415.3	O—H	0.096	464.4
C—N	0.147	305.4	N—H	0.100	389.1
C—O	0.143	359.8	C═C	0.134	610.9
C—S	0.182	272.0	C≡C	0.120	836.8
C—F	0.142	485.3	C═O	0.122	748.9(酮)
C—Cl	0.177	338.9	C═N	0.130	615.0
C—Br	0.191	284.5	C≡N	0.116	891.2

2. 键长

键长是形成共价键的两个原子核之间的距离。用 nm 表示。一般说来，两个原子之间所形成的键越短，表示键越强，越牢固。见表 1-1。

3. 键角

由于共价键具有方向性，所以出现了键角。即分子中某一原子若与另外两个原子形成两个共价键，则将这两个共价键在空间所具有的夹角称为键角。键角表示分子中的原子在空间的取向。

4. 键的极性

两个相同原子所形成的共价键如 H—H、Cl—Cl 等，由于电子云在两个原子核之间对称分布，正负电荷中心相重合，因而没有极性，这样的共价键称为非极性共价键。而两个不同原子所形成的共价键，由于两原子的电负性不同（表 1-2），成键电子云偏向电负性较大的原子，使其带有部分负电荷，与其相连的原子则带有正电荷，如 $H^{\delta+}—Cl^{\delta-}$，这样的键具有极性，称为极性共价键。键的极性可用偶极矩来表示，偶极矩（μ）是正电中心或负电中心上的电荷值（q）与两电荷中心之间的距离（d）的乘积。

$$\mu = qd$$

偶极矩的单位为 C·m（库仑·米）；以前习惯用 D（德拜），$1D = 3.33564 \times 10^{-30}$ C·m。偶极矩是矢量，具有方向性，用 $+\!\!\rightarrow$ 表示（箭头指向带部分负电荷的原子）。如上述的 H—Cl 分子：

H—Cl　$\mu = 3.44 \times 10^{-30}$ C·m

H⟷Cl　　CCl_4（C 与四个 Cl 相连，各键偶极矩箭头指向 Cl）

偶极矩为零的分子是非极性分子，反之为极性分子，偶极矩越大，分子的极性越强。在双原子分子中，键的偶极矩就是分子的偶极矩。多原子分子的偶极矩为分子各个共价键偶极矩的矢量和。键的极性是决定分子物理及化学性质的重要因素之一。

	H—Cl	CH_3Cl	CH_2Cl_2	CH_3Cl	CCl_4
μ:	1.03D	1.86D	1.57D	1.15D	0D

表 1-2　部分元素的电负性

元　素	电 负 性	元　素	电 负 性	元　素	电 负 性
H	2.1	Na	0.9	Cl	3.0
B	2.0	Mg	1.2	K	0.8
C	2.5	Al	1.5	Ca	1.0
N	3.0	Si	1.9	Br	2.9
O	3.5	P	2.2	I	2.6
F	4.0	S	2.5		

（三）共价键的断裂方式

有机化合物分子之间发生化学反应必然包含着这些分子中某些化学键的断裂和新的化学键的形成，有机反应中，共价键的断裂方式主要有两种方式。

1. 均裂

共价键断裂时，共用电子对分别由两个电子各保留一个，这种断裂方式称为均裂。

$$A{:}B \xrightarrow{\text{均裂}} A\cdot + B\cdot$$

所产生的带有单电子的原子或原子团称为自由基。自由基通常是很活泼的中间体，能很快反应生成产物。通过自由基进行的反应称为自由基反应，包括有自由基取代反应、自由基加成反应等。产生均裂反应的条件是光照、高温或过氧化物存在等，一般在气相中进行。

2. 异裂

共价键断裂时，共用电子对保留在一个原子上，带有负电荷成为负离子，失去电子的另一个原子则成为带正电荷的正离子，这种断裂方式称为异裂。

$$A|:B \xrightarrow{异裂} A^{\oplus} + B^{\ominus}$$

所产生碳正离子或碳负离子也是很活泼的中间体，它们进一步反应生成产物。这种离子型反应包括有亲电反应和亲核反应等。产生异裂反应的条件一般是在酸或碱的催化下，或在极性介质中，有机分子通过共价键的异裂形成一个离子型的活性中间体而完成。

自由基反应和离子型反应是有机化学反应中最常见的两种反应类型。

（四）分子间力和氢键

1. 分子间力

分子间存在各种偶极，偶极和偶极之间的相互作用产生一种弱的吸引力，称为分子间力，分子间力是色散力、诱导力、取向力的总称，也叫范德华力。分子间力的强度要比一般化学键弱得多，没有方向性和饱和性。

（1）取向力　极性分子相互靠近时，因分子的固有偶极之间同极相斥异极相吸，使分子在空间按一定取向排列，使体系处于更稳定状态。这种固有的偶极间的作用力为取向力，其实质是静电力。取向力是永久偶极产生的分子间力，存在于极性分子与极性分子之间。

（2）诱导力　极性分子与非极性分子相遇时，极性分子的固有偶极产生的电场作用力使非极性分子电子云变形，且诱导形成偶极，固有偶极与诱导偶极进一步相互作用，使体系稳定。这种作用力为诱导力。诱导力是诱导偶极产生的分子间力，存在于非极性分子和极性分子之间以及极性分子和极性分子之间。

（3）色散力　由于分子中电子和原子核不停地运动，非极性分子的电子云分布呈现有涨有落的状态，从而使它与原子核之间出现瞬时相对位移，产生了瞬时偶极，瞬时偶极可使其相邻的另一非极性分子产生瞬时诱导偶极，且两个瞬时偶极总采取异极相邻状态，这种随时产生的分子瞬时偶极间的作用力为色散力。色散力是瞬时偶极产生的分子间力，存在于非极性分子和非极性分子之间、非极性分子和极性分子之间以及极性分子和极性分子间。有机化合物的分子间力主要是色散力，其与分子的质量成正比。

2. 氢键

分子间还有一种较强的偶极和偶极之间的相互作用，称为氢键。当氢原子与电负性大的X原子以共价键相结合时，由于H—X键具有强极性，这时H原子带有较强的正电荷，而X原子带有较强的负电荷。当氢原子以其唯一的一个电子与X成键后，就变成无内层电子、半径极小的核，其正电场强度很大，以致当另一HX分子的X原子以其孤对电子向H靠近时，不会受到电子之间的排斥，反而互相吸引，抵达一定平衡距离即形成氢键。氢键能量比化学键弱很多，但是比分子间作用力稍强。通常我们也可把氢键看作是一种比较强的分子间作用力。氢键的形成能加强分子间的相互作用，影响分子的性质。在羧酸、醇、胺等物质中都存在氢键。

第二节　有机化合物的分类

有机化合物种类繁多，数目庞大，为了便于学习和研究，需要对有机化合物进行科学的分类。一般有两种分类方法，一种是按碳架分类，另一种是按官能团分类。

一、按碳架分类

根据分子中碳原子的连接方式即碳的骨架不同，分为链状化合物和环状化合物。

（一）**链状化合物**

分子中碳原子彼此连接形成链状结构，又称脂肪族化合物，如：

CH_3CH_3	$CH_2{=}CH_2$	CH_3CH_2OH	$CH_3(CH_2)_{12}CH_3$
乙烷	乙烯	乙醇	十四烷

（二）**环状化合物**

分子中原子彼此连接形成环状结构，分为以下两种。

1. 碳环化合物

分子中具有碳原子相互连接而成的环状结构，根据环的特点不同分为两类。

（1）脂环族化合物　即分子结构上具有环状的碳骨架，性质上和脂肪族化合物相似，称为脂环族化合物。例如：

环戊烷　环己烯　环己醇

（2）芳香族化合物　分子中至少含有一个苯环结构的环状化合物，与脂肪族化合物的结构和性质不同，而且具有特殊的芳香性，因此称为芳香族化合物。例如：

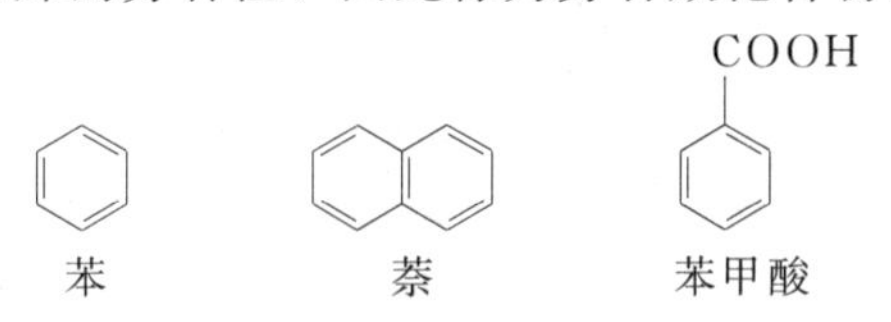

苯　萘　苯甲酸

2. 杂环化合物

分子中成环的原子除了碳原子外，还含有其他原子（又称杂原子，如 S、O、N 等）的化合物，称为杂环化合物。例如：

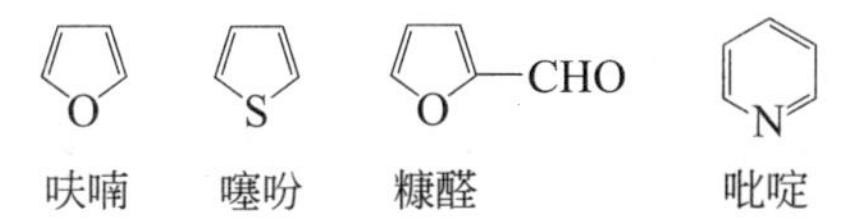

呋喃　噻吩　糠醛　吡啶

二、按官能团分类

官能团是指分子中比较活泼、容易发生反应的原子或原子团，它体现了分子的结构特征，决定了化合物的性质。含有相同官能团的化合物具有相似的性质，因此可将其归为一类，有利于学习和研究。一些重要的官能团的结构与名称见表 1-3。

表 1-3　一些重要的官能团的结构与名称

化合物	官能团	名称	化合物	官能团	名称
烯烃	$>C{=}C<$	烯键	羧酸	$-\overset{O}{\overset{\|}{C}}-OH$	羧基
炔烃	$-C{\equiv}C-$	炔键	硫醇	$-SH$	巯基
卤代烃	$-X$ (F,Cl,Br,I)	卤原子	硝基化合物	$-NO_2$	硝基
醇、酚	$-OH$	羟基	胺	$-NH_2$	氨基
醚	$-O-$	醚键	偶氮化合物	$-N{=}N-$	偶氮基
醛	$-C\genfrac{}{}{0pt}{}{\diagup O}{\diagdown H}$	醛基	重氮化合物	$-N{\equiv}N^+\cdot X^-$	重氮基
酮	$-\overset{O}{\overset{\|}{C}}-$	羰基	腈	$-C{\equiv}N$	氰基
			磺酸	$-SO_3H$	磺酸基

第三节 有机化合物的研究方法

一、化合物的分离和提纯

要研究一个新的有机化合物，首先必须把它从样品中提取出来，由此得到的化合物是不纯的，需要把它分离提纯，保证达到一定的纯度，分离提纯的方法很多，如重结晶、升华、蒸馏、萃取、色层分析、吸附、离子交换等。可根据研究的对象选择合适的方法。

二、化合物的纯度检验

纯的有机化合物都有固定的物理常数，例如熔点、沸点、折射率、密度等，可以通过测定有机化合物的这些常数检验其纯度。

三、化合物的元素分析

提纯后的有机化合物，利用元素的定性分析，可确定它是由哪些元素组成的，得到其结构简式；利用元素的定量分析，可确定各元素的质量比，通过计算就能确定它的分子式。

四、化合物分子结构式的确定

有机物的分子式确定之后，要想了解化合物的结构，就要进行结构分析。过去主要靠研究化合物的化学性质，也就是利用化学方法来确定化合物的结构，这种方法非常繁杂、费时，有时还容易出现错误。例如对胆固醇结构的测定经过了 38 年的时间才获得了结构，为此还获得了诺贝尔奖金，后来经过 X 射线衍射法证明还有某些错误。再如，吗啡早在 1905 年就已得到了纯净的产品，大约经过了 150 年的时间，它的结构才被完全确定出来。近年来现代物理实验方法的应用推动了有机化学的飞速发展，已经成为研究有机化学不可缺少的工具。而应用化学方法确定有机物的结构已经成为辅助手段。应用现代物理技术确定化合物的精细结构主要有利用核磁共振谱（NMR）来提供有机化合物分子中氢、碳等原子的结合方式，利用红外光谱（IR）来分析有机化合物分子中有哪些官能团存在，质谱分析来测定有机化合物的分子量（MS），紫外光谱（UV）来确定有机化合物分子中有无共轭体系等。现代物理实验方法与化学方法结合起来，可以得出正确的有机化合物的结构。

本章小结

1. 有机化合物

含碳的化合物，即碳氢化合物及其衍生物。

2. 有机化合物的特性

易燃、易挥发、分子组成复杂、不易溶于水、反应速度缓慢、副反应较多等。

3. 有机化合物的分类

一般按碳架和官能团进行分类。

4. 有机化合物的研究方法

分离提纯、检验纯度、元素分析、结构式确定。

5. 有机化学

简单地讲，有机化学是研究含碳化合物的化学；具体地讲，有机化学是研究含碳化合物或有机化合物来源、制备、结构、性能、应用以及有关理论、变化规律和方法学的科学。

习 题

1. 什么是有机化合物？什么是有机化合物的特性？
2. 什么是有机化学？
3. 下列化合物中，哪些分子有极性？试用箭头表示出偶极矩的方向？

（1）H—I （2）Br_2 （3）CCl_4 （4）CH_3—OH

(5) CH_3-O-CH_3　　(6) CH_2Cl_2　　(7) CH_3-Cl

4. 指出下列化合物各属于哪一类化合物？其官能团是什么？哪些是脂肪族化合物？哪些是脂环族、芳香族或杂环化合物？

(1) $CH_2=CH-CH_2-CH=CH_2$　　(2) 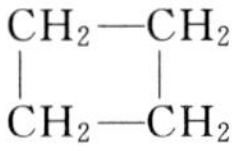 环丁烷（CH_2-CH_2 / CH_2-CH_2 成环）　　(3) CH_3CH_2CHO　　(4) CH_3CH_2OH

(5) 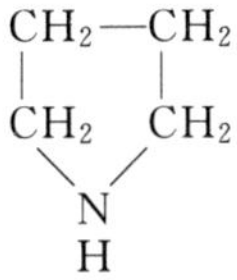 四氢吡咯（CH_2-CH_2，CH_2 CH_2，N—H 成环）　　(6) 苯环上连 $CH(CH_3)_2$　　(7) 苯环对位连 CH_3 和 NH_2

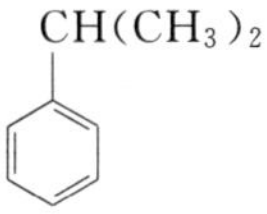

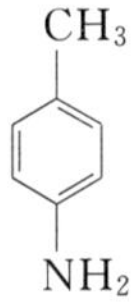

第二章 饱 和 烃

学习目标

1. 掌握烷烃和环烷烃的同系列和异构现象及命名规则。
2. 掌握乙烷、丁烷和环己烷的构象。
3. 了解烷烃、单环烷烃的物理性质、化学性质，掌握自由基反应的基本历程。

烃是最简单的有机化合物，只含有碳和氢，故又称碳氢化合物。根据分子中碳原子的连接方式，可以把烃分为开链烃、脂环烃和芳烃。开链烃又称脂肪烃。在开链烃中，如果在分子内与碳原子结合的氢原子数目已达到最高限度，不能再增加，就称为饱和烃，又叫烷烃；其中碳原子连接成环状的烃，称为环烷烃。

第一节 烷 烃

一、烷烃的通式和构造异构

（一）烷烃的通式

从天然气或石油中分离出来的烷烃，除了最简单的烷烃甲烷外，还有乙烷、丙烷、丁烷、戊烷等。它们的构造式分别为：

```
     H            H  H            H  H  H             H  H  H  H
     |            |  |            |  |  |             |  |  |  |
   H—C—H        H—C—C—H         H—C—C—C—H           H—C—C—C—C—H
     |            |  |            |  |  |             |  |  |  |
     H            H  H            H  H  H             H  H  H  H
```

甲烷（CH_4）　乙烷（C_2H_6）　丙烷（C_3H_8）　丁烷（C_4H_{10}）

在上述化合物中，其分子组成中所含的碳原子和氢原子存在一定的数量关系，如果一个烷烃分子中含有 n 个碳原子，则氢原子的个数为 $2n+2$。故烷烃的通式为：C_nH_{2n+2}。

由以上烷烃的构造式中可以看出，每两个相邻的烷烃，在组成上都相差一个 CH_2，CH_2 称为烷烃同系列的系差。在组成上相差一个或多个系差且结构相似的一系列化合物称为同系列。同系列中的各个化合物互称为同系物。

（二）烷烃的构造异构

分子中不含支链的烷烃称为直链烷烃或正构烷烃。在烷烃的同系列中，甲烷和乙烷分子中氢原子的地位是等同的，如果用一个—CH_3 取代甲烷或乙烷分子中的氢原子，只能得到一种化合物。而丙烷分子中有两种氢原子，如果用一个—CH_3 取代丙烷分子中的氢原子，就能得到两种化合物。实验证明，确实存在着这样两种化合物。

```
                                                H  H  H  H
                      [H]被—CH3取代             |  |  |  |
     H  △H [H]      ┌──────────────────→      H—C—C—C—C—H      正丁烷(bp 0.5℃)
     |   |   |      │                           |  |  |  |
   H—C—C—C—[H] ────┤                           H  H  H  H
     |   |   |      │                           H     H     H
     H  △H [H]      │ △H被—CH3取代              |     |     |
                    └──────────────────→      H—C─────C─────C—H   异丁烷(bp 11.7℃)
                                                |     |     |
                                                H  H—C—H   H
                                                      |
                                                      H
```

用同样的方法可以从丁烷导出戊烷（C_5H_{12}）的三种不同化合物。

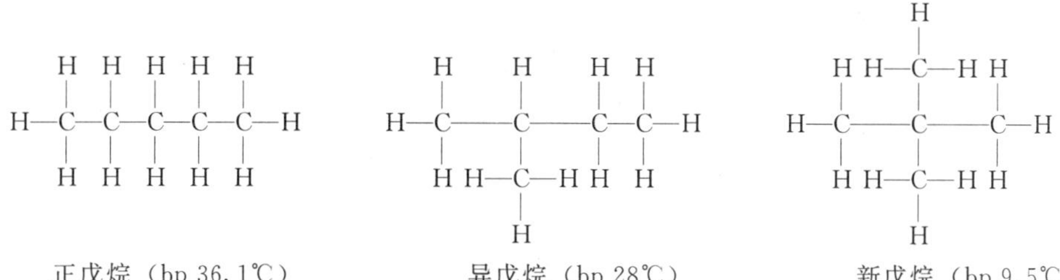

正丁烷和异丁烷之间的差别是分子中碳原子的排列方式不同，异丁烷存在一个支链。我们把这种分子式相同，但结构不同的化合物，称为同分异构体，这种现象称为同分异构现象。把能表示出化合物原子成键顺序的式子，称为构造式。烷烃的同分异构现象是由于分子的构造不同产生的，我们又把这种异构现象，称为构造异构。戊烷的三种构造异构体是由于碳链的排列方式不同而产生的，因此这种构造异构又称为碳链异构或者碳架异构。

同分异构是有机化合物中普遍存在的现象，烷烃从丁烷开始有同分异构现象，随着碳原子数的增加，异构现象变得越来越复杂，异构体的数目也越多（表 2-1），这是有机化合物数量庞大的主要原因之一。

表 2-1　烷烃同分异构体的数目

碳原子数	异构体数	碳原子数	异构体数
4	2	10	75
5	3	11	159
6	5	12	355
7	9	14	1858
8	18	15	4347
9	35	20	366319

（三）烷烃的结构

1. 碳原子的 sp^3 杂化轨道

甲烷是最简单的烷烃，其分子式为 CH_4。实验证明甲烷是正四面体结构（图 2-1），但是要进一步了解烷烃的结构，就必须用碳原子的杂化轨道理论加以解释。碳原子在基态时电子的构型为 $1s^2 2s^2 2p_x^1 2p_y^1$，其中 2p 轨道的两个电子是未成对的，按照这样的电子层结构，碳原子应是两价的。但事实证明，碳原子在绝大多数有机化合物中都是四价。按照杂化轨道理论，在形成甲烷分子时，首先碳原子的 2s 轨道上被激发一个电子到 $2p_z$ 轨道上去。然后由一个 2s 轨道和三个 2p 轨道杂化形成四个能量相等的 sp^3 杂化轨道（图 2-2）。这四个杂化轨道是完全相等的，每一个 sp^3 杂化轨道含有 1/4s 成分和 3/4p 成分，sp^3 杂化轨道是有方向性的，一头大，一头小（图 2-3），大的一头表示电子云偏向这一边，成键时交盖的程度比没有杂化的 s 轨道和 p 轨道都大，所以 sp^3 杂化轨道所形成的键比较牢固。四个 sp^3 杂化轨道对称地排布在碳原子周围，它们的对称轴之间的夹角为 109.5°，这样的排布可以使四

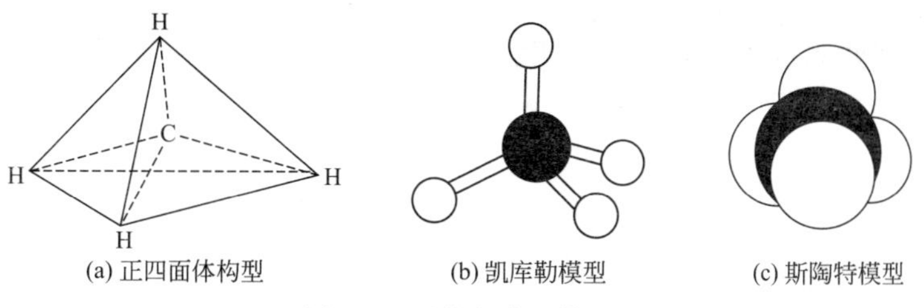

图 2-1　甲烷的分子模型

个轨道彼此在空间的距离最远，电子之间相互斥力最小，体系最稳定（图 2-4）。

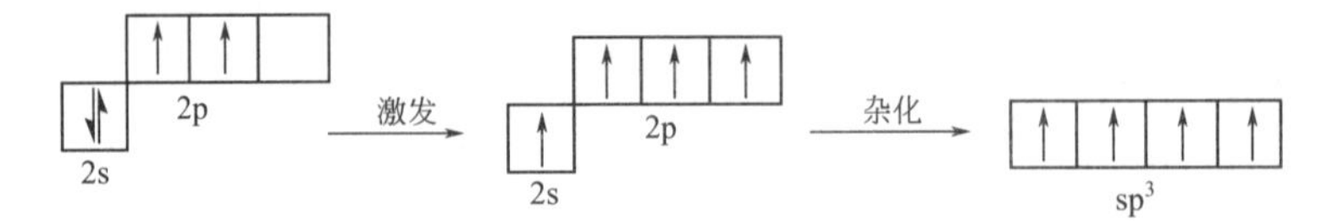

图 2-2　碳原子外层电子的激发和 sp^3 杂化轨道

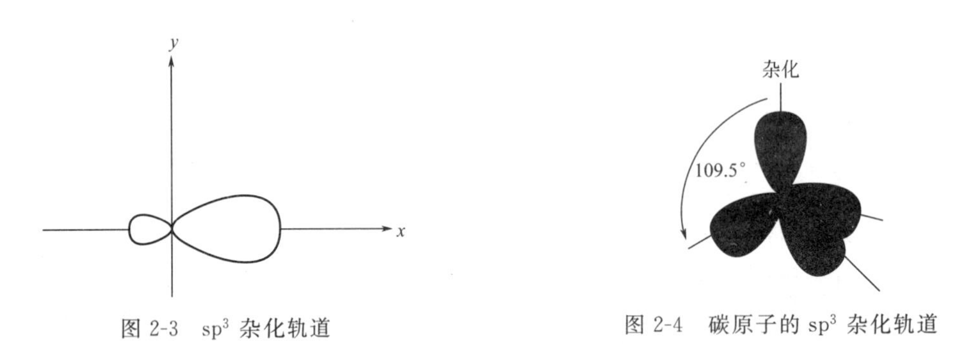

图 2-3　sp^3 杂化轨道

图 2-4　碳原子的 sp^3 杂化轨道

2. σ 键的形成

当形成甲烷分子时，四个氢原子的 s 轨道分别沿着碳原子的 sp^3 杂化轨道的对称轴方向接近，轨道的重叠程度最大，形成四个等同的 C—H 键，因此，甲烷分子具有正四面体的空间构型（图 2-5），两个 C—H 键的夹角为 109.5°，C—H 键的键长为 0.109nm。

甲烷分子中碳原子的 sp^3 杂化轨道和氢原子的 s 轨道所形成的 C—H 键，其电子云分布具有圆柱形的轴对称形式。凡是成键电子云呈圆柱形对称的键称为 σ 键。σ 键的稳定性较大，且以 σ 键相连接的两个原子可以相对旋转而不影响电子云分布。

另外，碳原子的 sp^3 杂化轨道与另一个碳原子的 sp^3 杂化轨道之间也可以相互重叠形成 σ 键。例如，乙烷分子的两个碳原子各以一个 sp^3 杂化轨道重叠形成 C—C σ 键，又各以三个 sp^3 杂化轨道分别与六个氢原子的 1s 轨道重叠形成六个 C—H σ 键（图 2-6）。实验表明，乙烷分子中的 C—C 键键长为 0.154nm，C—H 键键长为 0.110nm，键角为 109.5°。

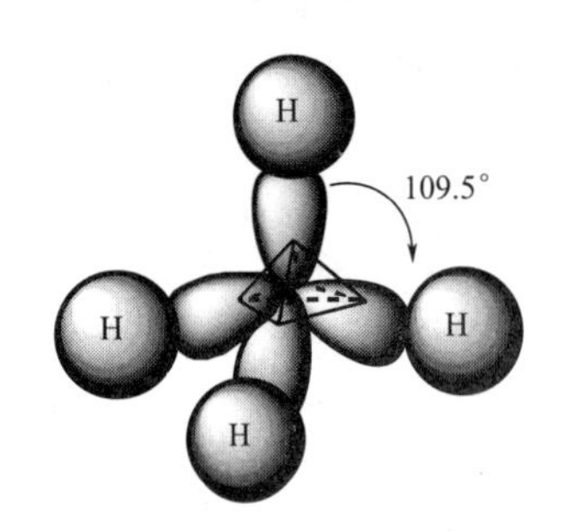

图 2-5　甲烷分子形成的示意图

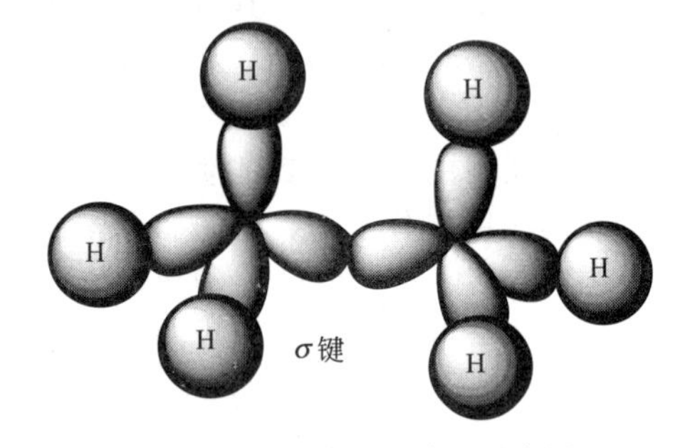

图 2-6　乙烷分子形成的示意图

由于碳原子的 sp^3 杂化轨道的几何构型为正四面体，要保持键角为 109.5°，所以烷烃分子中碳原子的排列并非直线形的。实验证明，在气态或液态时，两个碳原子以上的烷烃由于 σ 键的旋转而形成多种曲折形式，例如：

CH_3　CH_2
　CH_2　CH_3

CH_3　　　CH_3
　CH_2—CH_2

在结晶状态时，烷烃分子的碳链排列整齐呈锯齿形状。例如：/\/\/\ 为庚烷的键线结构。

3. 烷烃的构象

（1）乙烷的构象　由于C—C σ键可以自由旋转，使得两个碳原子上的氢原子在空间的相对位置不断地变化而产生许多不同的空间排列方式。这种仅仅由于围绕σ键旋转而产生的分子中原子或原子团在空间不同的排列方式称为构象。理论上乙烷的构象可以有无数种。其中一种是一个甲基上的氢原子处在另一个甲基上两个氢原子之间的中线上，这种形式叫做交叉式构象，另一种是两个碳原子上的各个氢原子处于相互对映的位置上，这种形式叫做重叠式构象。图2-7、图2-8分别为用楔形式、透视式（锯架式）和纽曼投影式表示的乙烷的交叉式和重叠式构象。

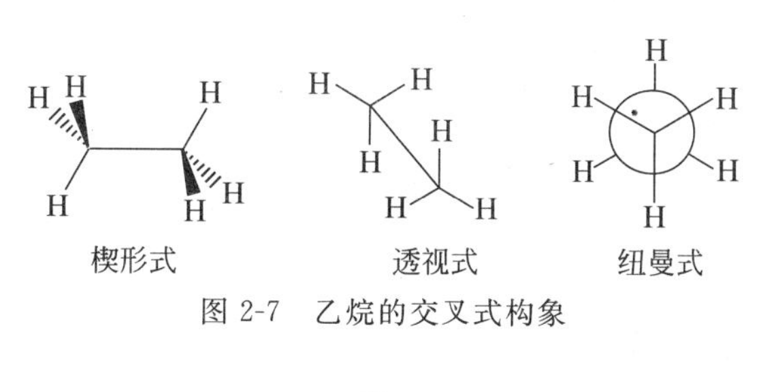

图2-7　乙烷的交叉式构象

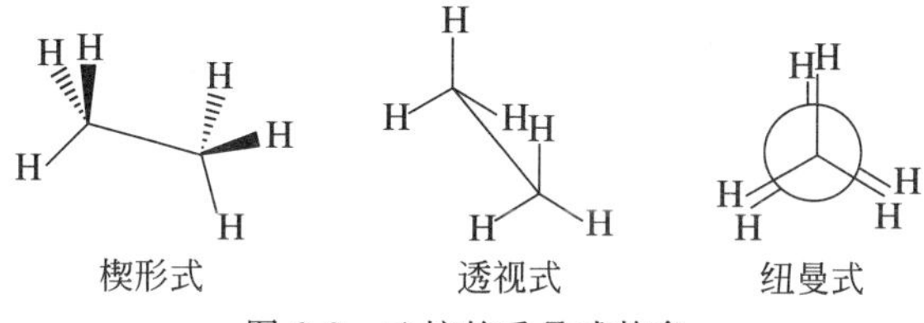

图2-8　乙烷的重叠式构象

交叉式构象和重叠式构象是乙烷无数种构象中的两种极端情况，其他构象介于这两者之间。

为了书写方便，构象常用纽曼（Newman）投影式来表示，即从C—C单键的延长线上进行观察，⅄表示离观察者近的碳原子上的三个键，◯表示离观察者远的碳原子上的三个键，每个碳原子上的三个键在投影式中互呈120°角。因此沿着C—C σ键旋转60°，即由重叠式变为交叉式。

图2-9为乙烷分子不同构象的能量变化曲线图，曲线上的每一点都代表乙烷的一个构象。由交叉式构象转变成重叠式构象必须吸收12.5kJ/mol的能量；反之即由重叠式构象转变为交叉式构象会放出12.5kJ/mol的能量。由此可见σ键的旋转也需要克服一定的阻力。但是由于所需能量很小，一般在室温下分子所具有的动能足以能使σ键自由旋转，所以通常在室温下，乙烷分子处于交叉式、重叠式和介于这两者之间的无数构象的动态平衡混合体系中。由乙烷的能量曲线可以看出，重叠式构象能量高，不稳定；交叉式构象能量低，是最稳定的构象，一般主要考虑交叉式构象和重叠式构象这两种极限构象。

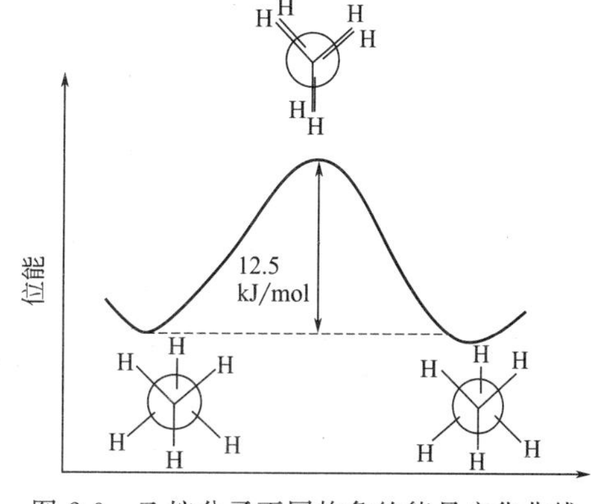

图2-9　乙烷分子不同构象的能量变化曲线

（2）丁烷的构象　丁烷可以看作是乙烷分子中每个碳原子上各有一个氢原子被甲基取代，其构象比较复杂，图2-10为丁烷分子围绕C2—C3之间的σ键旋转的构象示意图。

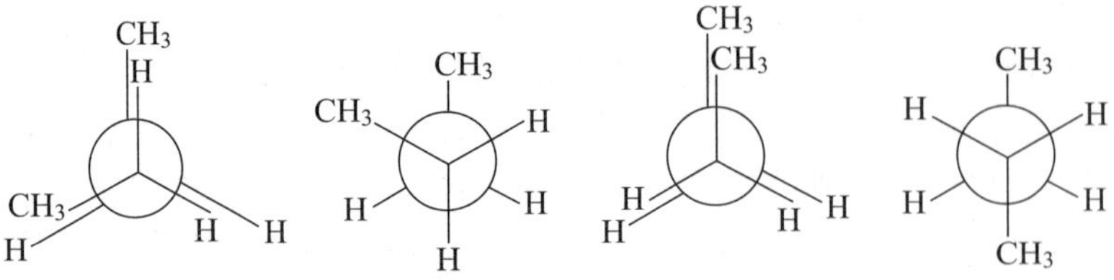

部分重叠　　邻位交叉　　全重叠　　全交叉

图 2-10　丁烷的四种典型构象

四种典型构象的能量高低顺序是：全交叉＜邻位交叉＜部分重叠＜全重叠。一般在常温下丁烷分子主要以对位交叉式构象存在，而全重叠式构象存在的很少或不存在。这种由于单键旋转而产生的异构体，叫做构象异构体。例如：丁烷分子中的对位交叉式构象和邻位交叉式构象是构象异构体。

二、烷烃的命名

（一）伯、仲、叔、季碳原子和伯、仲、叔氢原子

在烷烃分子中，一般按照碳原子所处的位置不同分为四类：只与一个碳原子相连的碳叫伯（或一级）碳原子，用1°表示；与两个碳原子相连的碳叫仲（或二级）碳原子，用2°表示；与三个碳原子相连的碳叫叔（或三级）碳原子，用3°表示；与四个碳原子相连的碳叫季（或四级）碳原子，用4°表示。例如：

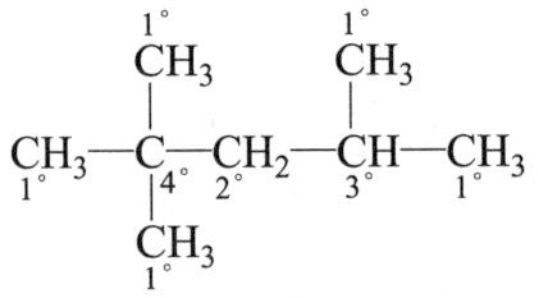

$$\overset{1^\circ}{CH_3}-\overset{4^\circ}{C}(\overset{1^\circ}{CH_3})_2-\overset{2^\circ}{CH_2}-\overset{3^\circ}{CH}(\overset{1^\circ}{CH_3})-\overset{1^\circ}{CH_3}$$

与伯、仲、叔三种碳原子相连的氢原子分别称为伯、仲、叔氢原子。

（二）烷基

烷烃分子中去掉一个氢原子所剩下的基团成为烷基。烷基的通式为 C_nH_{2n+1}，一般常用 R—表示。例如，甲烷去掉一个氢原子所剩下的基团叫做甲基，CH_3—；两个碳原子以上的烷烃去掉不同的氢原子，则形成不同的烷基。例如：

CH_3CH_2—	$CH_3CH_2CH_2$—	$(CH_3)_2CH$—	$CH_3CH_2CH_2CH_2$—
乙基	正丙基	异丙基	正丁基

$(CH_3)_2CHCH_2$—	$(CH_3)_3C$—	$CH_3\underset{\vert}{C}HCH_2CH_3$
异丁基	叔丁基	仲丁基

（三）普通命名法

只适用于结构简单烷烃的命名。即用“烷”字表示烷烃的同系列，碳原子数从1到10用甲、乙、丙、丁、戊、己、庚、辛、壬、癸天干名称表示。10个碳原子以上的依次用十一、十二等数字表示。例如：

$CH_3CH_2CH_3$	$CH_3(CH_2)_5CH_3$	$CH_3(CH_2)_{20}CH_3$
丙烷	庚烷	二十二烷

对于结构简单的烷烃，一般可以在名称前面加以适当的字首如“正”、“异”、“新”等表示不同的异构体，例如：

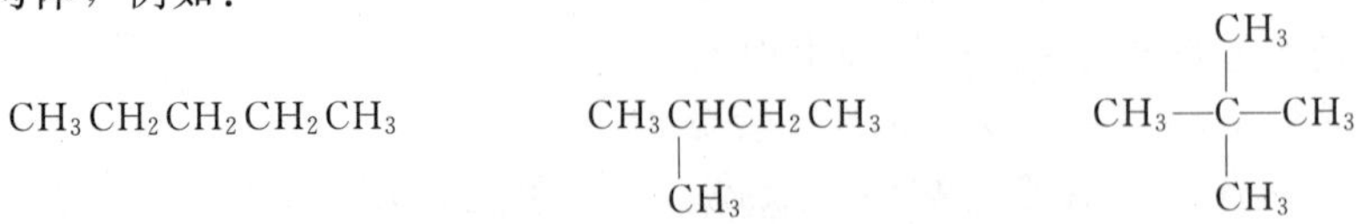

$CH_3CH_2CH_2CH_2CH_3$	$CH_3CH(CH_3)CH_2CH_3$	$CH_3-C(CH_3)_2-CH_3$
正戊烷	异戊烷	新戊烷

这种命名方法对于含六个碳原子以上的烷烃的异构体不能区分。

（四）系统命名法

为求得名称上的统一，最常用的命名方法是国际纯粹与应用化学联合会（IUPAC）制定的一种命名法，被各国普遍采用。我国现用的系统命名法也是根据 IUPAC 规定的原则，结合我国的文字特点而制定的。

对直链烷烃与普通命名法基本一致，一般把“正”字略去。支链烷烃的命名原则如下。

1. 选主链

选择分子中最长碳链为主链，以主链为母体，根据主链的碳数称为某烷；支链为取代基。同一分子中若有两条以上相同的最长碳链时，应选取含支链多的链为主链。例如：

$CH_3—CH(CH_3)—CH_2—CH_2—CH_2—CH_3$（虚线框内为主链；$CH_3$ ← 取代基）

$CH_3—CH(CH_2—CH_3)—CH_2—CH(CH_2—CH_2—CH_3)—CH_2—CH_3$（虚线框内为主链）

2. 编号

从靠近取代基的一端开始，把主链依次用阿拉伯数字编号。

3. 命名

命名时将取代基名称写在母体名称的前面，取代基的位次写在取代基名称前面，中间用横线隔开；如果主链上有几个不同取代基时，一般把简单的写在前面，复杂的写在后面。如果主链上有几个不同取代基时，其数目用汉字表示，表示位次的数字之间用逗号隔开。如：

$CH_3—CH_2—\overset{3}{C}H—\overset{4}{C}H—CH_2—CH_3$，其中 3 位碳连 $\overset{2}{C}(CH_3)(\overset{1}{C}H_3)$，4 位碳连 $\overset{5}{C}(CH_3)(\overset{6}{C}H_3)$

2,5-二甲基-3,4-二乙基己烷

$\overset{1}{C}H_3—\overset{2}{C}H(CH_3)—\overset{3}{C}H(CH_3)—\overset{4}{C}H_2—\overset{5}{C}H(CH_2—CH_3)—\overset{6}{C}H_2—\overset{7}{C}H(CH_3)—\overset{8}{C}H_3$

2,3,7-三甲基-5-乙基辛烷

三、烷烃的性质

（一）物理性质

纯的有机化合物在一定条件下都具有固定的物理常数，从表 2-2 列出的直链烷烃的物理常数中可以看出烷烃的物理性质随着相对分子质量变化呈现出一定的变化规律性。

表 2-2　直链烷烃的物理常数

分子式	名称	沸点/℃	熔点/℃	相对密度(d_4^{20})	状态
CH_4	甲烷	−161.7	−182.5	0.424	气
C_2H_6	乙烷	−88.6	−183.3	0.456	
C_3H_8	丙烷	−42.1	−187.7	0.501	
C_4H_{10}	丁烷	−0.5	−138.3	0.579	
C_5H_{12}	戊烷	36.1	−129.8	0.626	液
C_6H_{14}	己烷	68.7	−95.3	0.659	
C_7H_{16}	庚烷	98.4	−90.6	0.684	
C_8H_{18}	辛烷	125.7	−56.8	0.703	
C_9H_{20}	壬烷	150.8	−53.5	0.718	
$C_{10}H_{22}$	癸烷	174.0	−29.7	0.730	
$C_{11}H_{24}$	十一烷	195.8	−25.6	0.740	
$C_{12}H_{26}$	十二烷	216.3	−9.6	0.749	
$C_{13}H_{28}$	十三烷	235.4	−5.5	0.756	
$C_{14}H_{30}$	十四烷	253.7	5.9	0.763	
$C_{15}H_{32}$	十五烷	270.6	10.0	0.769	
$C_{16}H_{34}$	十六烷	287	18.2	0.773	

续表

分子式	名称	沸点/℃	熔点/℃	相对密度(d_4^{20})	状态
$C_{17}H_{36}$	十七烷	301.8	22	0.778	固
$C_{18}H_{38}$	十八烷	316.1	28.2	0.777	
$C_{19}H_{40}$	十九烷	329	32.1	0.777	
$C_{20}H_{42}$	二十烷	343	36.8	0.786	

1. 物态

在常温（25℃）和常压下，C_1～C_4 的直链烷烃是气态，C_5～C_{16}的烷烃是液态，C_{17}以上的直链烷烃是固态。

2. 沸点

一个化合物的沸点就是这个化合物的饱和蒸气压等于外界压力时的温度。直链烷烃的沸点随着相对分子质量的增加而有规律地升高（图 2-11）。

每增加一个 CH_2 原子团所引起的沸点升高值随着相对分子质量的增加而减小。如乙烷的沸点比甲烷高 73.1℃，丙烷沸点比乙烷高 46.5℃，癸烷沸点比壬烷高 23.2℃。另外在烷烃的同分异构体中，含支链多的烷烃的沸点低于含支链少的烷烃，例如：

C_5H_{12}	正戊烷	2-甲基丁烷	2,2-二甲基丙烷
沸点/℃	36	28	9.5

因为化合物沸点高低取决于分子间引力（范德华力）的大小，分子间引力越大，使其沸腾就必须提供更多的能量，所以沸点就越高。烷烃分子为非极性分子，其分子间力主要产生于色散力，而色散力的大小与分子中原子的数目和大小成正比，烷烃分子中碳原子数增多，则色散力增大，因此分子间作用力增大，沸点随之升高。但是色散力只是在近距离内才能有效地作用，随着距离增加而很快减弱。在烷烃的同分异构体中，支链增多时空间阻碍增大，不能紧密地靠在一起，色散力减弱，分子间的作用力减小，沸点相应降低。

3. 熔点

直链烷烃熔点随着相对分子质量的增加而升高。含奇数碳原子的烷烃和含偶数碳原子的烷烃分别构成两条熔点曲线。其中偶数在上，奇数在下，随着相对分子质量的增加，两条曲线逐渐趋于一致（图 2-12）。

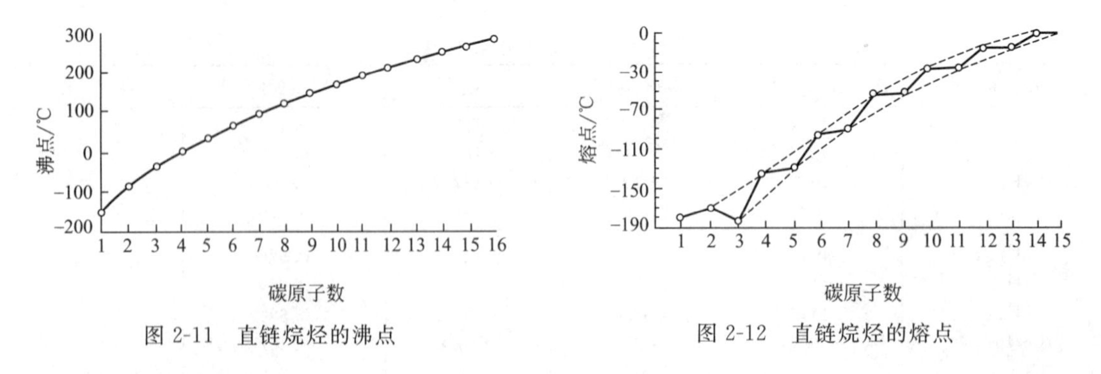

图 2-11　直链烷烃的沸点　　图 2-12　直链烷烃的熔点

4. 相对密度

直链烷烃的相对密度随着相对分子质量的增加而增大，最后趋于一定值 0.78(20℃)。这也是分子间引力影响的缘故。相对分子质量增大，分子间引力随之增大，而分子间的距离相应减小，因此相对密度增加。

5. 溶解度

烷烃几乎不溶于水，能溶于某些有机溶剂。如四氯化碳、乙醚、汽油等。根据“相似相溶”

原理，烷烃是非极性分子，水是典型的极性分子，烷烃与水分子之间的引力小，所以不溶于水。

（二）**化学性质**

在一般情况下，烷烃性质稳定，与强酸、强碱及常用的氧化剂、还原剂都不发生反应。这主要是由于烷烃分子中的C—C键、C—H键都是σ键，需要较高的能量才能断裂。但在一定条件下也具有一定的反应活性。

1. 氧化反应

在常温常压下，烷烃一般不与氧化剂反应，也不与空气中的氧反应。但在空气中燃烧，生成二氧化碳和水，并放出大量的热。如：

$$CH_4+2O_2\xrightarrow{\text{燃烧}}CO_2+2H_2O+891\text{kJ/mol}$$

$$C_nH_{2n+2}+\frac{3n+1}{2}O_2\longrightarrow nCO_2+(n+1)H_2O+Q$$

这就是天然气、汽油、柴油可用作燃料的基本依据。

在一定的条件下，用空气氧化烷烃可以生成醇、醛、酮、酸等含氧有机化合物。由于烷烃的来源丰富，利用烷烃作原料氧化制备含氧化合物具有一定的实际意义。例如：甲烷在NO的催化下，与空气中的氧发生部分氧化生成甲醛。

$$CH_4+O_2\xrightarrow[600℃]{NO}HCHO+H_2O$$

又如以石蜡（C_{20}～C_{40}）等高级烷烃为原料氧化可以得到高级脂肪酸。

$$R—CH_2—CH_2—R'+2O_2\xrightarrow[107\sim110℃]{MnO_2}RCOOH+R'COOH+2H^+$$

2. 取代反应

烷烃分子中的氢原子被其他原子或原子团取代的反应称为取代反应。被卤素原子所取代的反应称为卤代反应或卤化反应。

（1）卤代反应　烷烃与氯、溴、碘的反应在室温和黑暗中并不发生，但在强烈日光照射下，则发生猛烈反应，甚至引起爆炸。若在漫射光、热和某些催化剂的作用下，烷烃分子中的氢被卤原子取代，生成卤代烷烃和卤化氢。

$$CH_4+Cl_2\xrightarrow{\text{漫射光}}CH_3Cl+HCl$$

但是反应很难停留在一氯代阶段，所生成的一氯甲烷继续氯化，生成二氯甲烷、三氯甲烷、四氯化碳。

$$CH_3Cl+Cl_2\xrightarrow{\text{漫射光}}CH_2Cl_2+HCl$$

$$CH_2Cl_2+Cl_2\xrightarrow{\text{漫射光}}CHCl_3+HCl$$

$$CHCl_3+Cl_2\xrightarrow{\text{漫射光}}CCl_4+HCl$$

因此反应物为混合物，工业上常把这种混合物作为溶剂使用。控制反应条件可使反应停留在某一阶段。

溴化和氯化反应相似，但反应比较缓慢。烷烃与氟反应时，反应剧烈并放出大量的热，甚至还会引起爆炸，烷烃与碘反应不能得到碘代烷。因此有实用价值的卤代反应只有氯代和溴代反应。

卤素与烷烃反应的相对活性是：$F_2>Cl_2>Br_2>I_2$。

（2）卤代反应历程　反应历程就是化学反应所经历的途径和过程，又叫反应机理。甲烷的氯代必须在光照下或高温时才能发生。根据这一实验事实，人们提出了甲烷氯代是按照自由基取代反应历程进行的。自由基取代反应一般分为三步。

① 链引发　首先是氯分子在漫射光或高温下，吸收能量发生均裂生成含有未成对电子

的氯原子（自由基）：

$$Cl_2 \xrightarrow[\text{或高温}]{\text{漫射光}} 2Cl \cdot \tag{2-1}$$

② 链增长　反应(2-1) 生成的氯自由基非常活泼，可夺取甲烷分子中的氢而生成甲基自由基和氯化氢：

$$Cl \cdot + CH_4 \longrightarrow CH_3 \cdot + HCl \tag{2-2}$$

甲基自由基与氯分子反应生成氯甲烷和新的氯原子自由基，这个新的氯原子自由基又可与甲烷反应，重复进行反应(2-2)，或与氯甲烷反应生成氯甲基自由基。

$$CH_3 \cdot + Cl_2 \longrightarrow CH_3Cl + Cl \cdot \tag{2-3}$$

$$CH_3Cl + Cl \cdot \longrightarrow \cdot CH_2Cl + HCl \tag{2-4}$$

氯甲基自由基再与氯分子反应生成二氯甲烷和氯原子自由基：

$$\cdot CH_2Cl + Cl_2 \longrightarrow CH_2Cl_2 + Cl \cdot$$

如此循环反应，不断生成一氯甲烷、二氯甲烷、三氯甲烷和四氯化碳。这样循环连续进行下去的反应叫做链反应或连锁反应。

③ 链终止　反应达到一定阶段时，自由基之间可以相互结合生成稳定分子，从而使链反应终止。

$$Cl \cdot + Cl \cdot \longrightarrow Cl_2$$

$$CH_3 \cdot + Cl \cdot \longrightarrow CH_3Cl$$

$$CH_3 \cdot + CH_3 \cdot \longrightarrow CH_3-CH_3$$

烷烃氯化的反应历程是通过自由基的产生而引发的反应，称为自由基反应。自由基反应大多可被光、高温或过氧化物所催化，一般都是在气相中或非极性溶剂中进行。

3. 裂化反应

烷烃在隔绝空气的条件下进行的热分解反应，叫裂化反应。

裂化反应是一个复杂的过程，属于自由基反应历程。除了由碳碳键断裂而生成较小的分子外，同时还有脱氢（碳氢键断裂）、环化等反应，其产物是多种化合物的混合物。烷烃分子所含的碳原子数越多，裂化的产物就越复杂。例如：

$$CH_3-CH_2-CH_2-CH_3 \xrightarrow{500℃} \begin{cases} CH_3-CH=CH_2 + CH_4 \\ CH_3-CH=CH-CH_3 + H_2 \\ CH_3-CH_3 + CH_2=CH_2 \end{cases}$$

利用裂化反应可以提高汽油的产量和质量，烷烃在不同温度下的裂化产物是不同的。在高于 700℃温度下将石油深度裂化，这个过程在石油工业中叫做裂解。可以得到更多的基本化工原料，其主要目的是为了得到更多的低级烯烃。

四、重要的烷烃

（一）甲烷

甲烷（CH_4）是结构最简单的碳氢化合物、液化天然气的主要成分。无色、无臭气体，沸点 161.6℃。广泛存在于天然气、沼气、煤矿坑井气之中，是优质气体燃料，热值 882.0kJ/mol 也是制造合成气和许多化工产品的重要原料。

以甲烷为主要成分的天然气用作优质气体燃料已有悠久的历史。现代化的勘探、采输技术促进了天然气的大规模利用，使之成为世界第三能源。发达国家已大规模铺设天然气输气管网，将天然气用作城市煤气。天然气加压液化所得的液化天然气热值比航空煤油高 15%，用于汽车、海上快艇和超声速飞机，不但能提高速度，而且可节省燃料消耗。

富含甲烷的干性或湿性天然气中的甲烷组分是生产一系列化工产品的重要原料。现代的天然气化工，其主要内容就是甲烷的化工利用。甲烷经蒸汽转化可制得合成气；经热裂解可生产乙炔或炭黑；经氯化可制得甲烷氯化物；经硫化可制得二硫化碳；经硝化可制得硝基烷烃；加氨氧化可制得氢氰酸；直接催化氧化可得甲醛。

（二）石油

石油是动植物遗体经过复杂的变化而形成的一种深褐色的黏稠液体。其成分非常复杂，主要含有各种直链烷烃、支链烷烃、环烷烃和芳烃，其组成因产地而异，但多数是以烷烃为主。原油可按沸点不同而分馏成不同的馏分，这个过程称为石油的炼制，简称炼油。石油各馏分的组成和用途如表 2-3。

表 2-3　石油馏分的组成和用途

馏　分	组　分	分馏区间	用　途
石油气	$C_1 \sim C_4$	20℃以下	燃料，化工原料
石油醚	$C_5 \sim C_6$	20～60℃	溶剂
汽油	$C_7 \sim C_9$	40～200℃	溶剂，内燃机燃料
煤油	$C_{10} \sim C_{16}$	170～275℃	飞机燃料
燃料油、柴油	$C_{15} \sim C_{20}$	250～400℃	柴油机燃料
润滑油	$C_{18} \sim C_{22}$	300℃以上	润滑
沥青	C_{20}以上	不挥发	防腐绝缘材料，铺路

第二节　环　烷　烃

环烷烃是结构上具有环状的碳骨架，而在性质上和开链烷烃相似的烃类。自然界中广泛存在的环烷烃大多数是五元或六元环状化合物。

一、环烷烃的结构和命名

（一）环烷烃的结构

1. 环的大小与环的稳定性

环烷烃的稳定性与环的大小有关，一般来讲其稳定性大小顺序为：

△ < □ < ⬠ < ⬡

三元环和四元环不稳定，容易发生开环反应，而五元环和六元环相对稳定。实验证明，环烷烃在燃烧时由于环的大小不同其分子的燃烧热不同。一些环烷烃的燃烧热如表 2-4。

表 2-4　一些环烷烃的燃烧热　　单位：kJ/mol

名　称	环丙烷	环丁烷	环戊烷	环己烷	环庚烷	环辛烷	环十六烷
成环碳数	3	4	5	6	7	8	16
分子燃烧热	2091.1	2743.8	3320.0	3951.0	4637.0	5310.4	10539.2
每个 CH_2 燃烧热	697.0	686.0	664.0	658.5	662.4	663.8	658.7
与开链烷烃的 CH_2 燃烧热之差	38.5	27.5	5.5	0	3.9	5.3	0.2

由表 2-4 可以看出，环越小，每个 CH_2 单元的平均燃烧热越大，能量越高，越不稳定；随着环的加大，每个 CH_2 单元的平均燃烧热减小，从环己烷开始成环的碳原子数增加，每个 CH_2 单元的平均燃烧热值趋于恒定，与开链烷烃的 CH_2 单元的平均燃烧热值（658.5kJ/mol）近似。

2. 环烷烃的结构

环烷烃和烷烃一样，碳原子也是 sp^3 杂化，由于同时要形成环状结构，因此 C—C—C 键角就不一定是 109.5°，即环的大小不同，键角也不相同。

由现代物理方法研究证明，在环丙烷分子中 C—C—C 键角为 104°，H—C—H 键角为

115°。正三角形的内角为 60°，而环丙烷分子 C—C—C 键角虽大于 60°，但小于 109.5°，因此环丙烷分子中的 σ 键不能像开链烷烃一样沿着对称轴的方向重叠，而是要偏离一定的角度斜着重叠，所以重叠的程度较小，键弱不稳定。这种 σ 键与一般的 σ 键不同，它的电子云不是对称分布在轨道对称轴上，而是分布在一条曲线上，称为“弯曲键”或香蕉键（图 2-13，这种由于键角偏离正常键角而引起的张力称为角张力。正是由于角张力的存在，使得环丙烷不稳定，容易开环）。

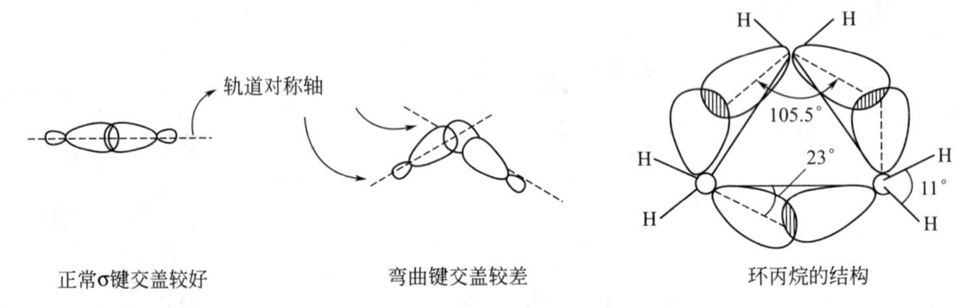

图 2-13　弯曲键的形成和环丙烷的结构

角张力是影响环烷烃稳定性的重要因素之一，尤其对环丙烷和环丁烷的影响更大。从环丁烷开始由于组成环的碳原子不在同一个平面上，角张力逐渐减小，环的稳定性增强，例如：环己烷稳定性与开链烃相似。如图 2-14、图 2-15 所示。

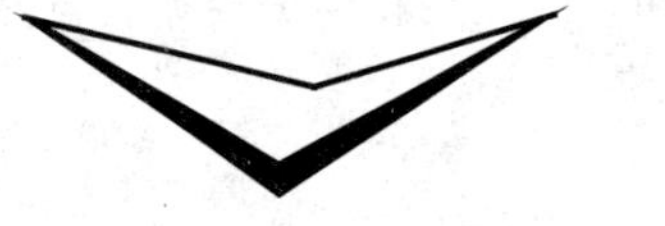

图 2-14　环丁烷的蝶式构象

图 2-15　环戊烷的信封式构象

3. 环己烷的构象

环己烷分子中，组成环的碳原子均为 sp^3 杂化，C—C—C 键的键角为 109.5°，与开链烃相似没有角张力，因此环很稳定。环己烷的六个碳原子不在同一个平面上有两种极限构象：船式构象和椅式构象（图 2-16）。

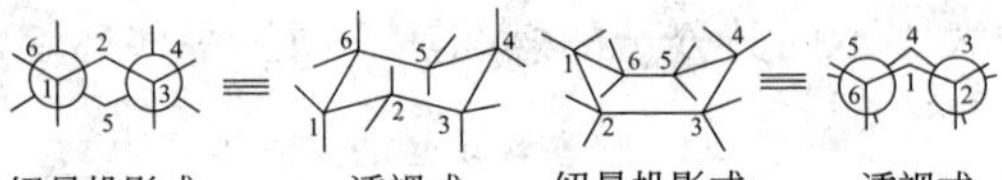

纽曼投影式　透视式　纽曼投影式　透视式

图 2-16　环己烷的构象

其中船式构象比椅式构象的能量高约 29.5kJ/mol，因此在常温下环己烷大多是以较稳定的椅式构象存在，在平衡体系中，椅式构象约占 99%，船式构象约占 1%。

在椅式构象中，可以看成是 C1、C3、C5 和 C2、C4、C6 分别构成两个平面，分子中的 C—H 键分为两类：一类是垂直于两个平面且与两个平面对称轴平行，称为直立键或 a 键，其中三个（C1、C3、C5）向下，另外三个（C2、C4、C6）向上（图 2-17）；另一类的六个 C—H 键与 a 键的夹角为 109.5°，称为平伏键或 e 键。因此在环己烷分子椅式构象中，同一个碳原子上的两个 C—H 键，一个是 a 键，另一个则是 e 键（图 2-17）。

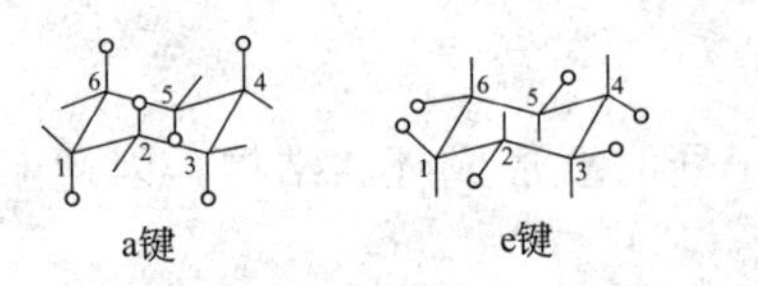

图 2-17　环己烷椅式构象中的 a 键和 e 键

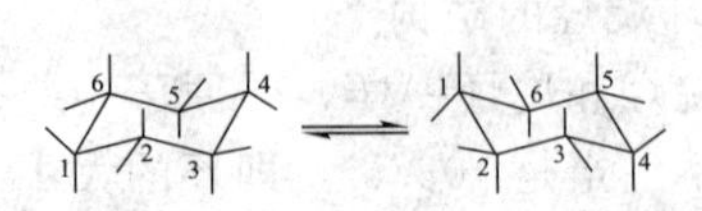

图 2-18　环己烷椅式构象的翻转

由于e键上的C—H键距离较远，斥力小，因此e键较a键稳定，并且通过C—C键的相对转动，可由一种椅式构象转变为另一种椅式构象，翻转后原来a键变成e键，e键变成a键（图2-18）。

由于环己烷分子中的六个碳原子上连接的都是氢原子，所以两种椅式构象完全相同，都没有张力，环很稳定。若e键上的氢原子被甲基所取代，则构象翻转后甲基就变为连在a键上，其能量比连在e键上约高7.5kJ/mol。因此室温下，甲基连在e键上的甲基环己烷的构象占95%。在多取代的环己烷的构象中，一般规律是：e键取代基最多的构象和大的取代基在e键上的构象通常是最稳定的构象。

（二）环烷烃的命名

环烷烃的命名与相应的开链烷烃相似，只需在碳原子数之前加上“环”字，根据环上碳原子数称为环某烷。当环上有取代基时，将取代基放在母体名称前面，如果有两个或两个以上取代基时，要对环上碳原子进行编号，编号时要使取代基的位次尽可能小，将小的取代基的位次优先。

CH_2 / CH_2—CH_2（简写为△）　环丙烷　　环己烷　　环庚烷

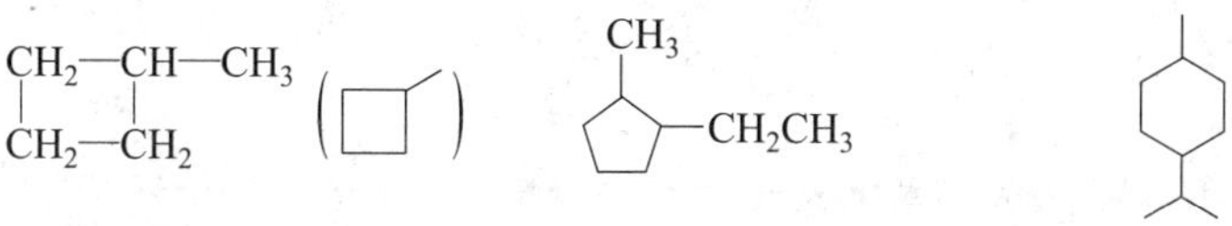

CH_2—CH—CH_3 / CH_2—CH_2　甲基环丁烷　　CH_3 … —CH_2CH_3　1-甲基-2-乙基环戊烷　　1-甲基-4-异丙基环己烷

二、环烷烃的性质

（一）环烷烃的物理性质

环丙烷、环丁烷在常温下是气体，环戊烷以上的环烷烃为液体，高级环烷烃为固体。环烷烃的熔点、沸点、相对密度都比同碳数的开链烷烃高。常见环烷烃的物理常数见表2-5。

表2-5　常见环烷烃的物理常数

名　称	熔点/℃	沸点/℃	相对密度(d_4^{20})
环丙烷	−126.7	−32.9	0.720(−79℃)
环丁烷	−80	12	0.703
环戊烷	−93	49.3	0.745
甲基环戊烷	−142.4	72	0.779
环己烷	6.5	80.8	0.779
甲基环己烷	−126.5	100.8	0.769
环庚烷	−12	118	0.810
环辛烷	11.5	148	0.836

（二）环烷烃的化学性质

环烷烃的化学性质与烷烃相似，也可发生取代反应、氧化反应等，但由于碳环结构的特殊性，尤其是三元环和四元环结构不稳定，化学性质较活泼，与烯烃相似，易发生开环加成反应，而五元环和六元环相对较稳定，与烷烃相似，易发生取代反应，表现为“大环似烷，小环似烯”。

1. 取代反应

在光或热的作用下，环烷烃中的五元环和六元环可与卤素发生取代反应：

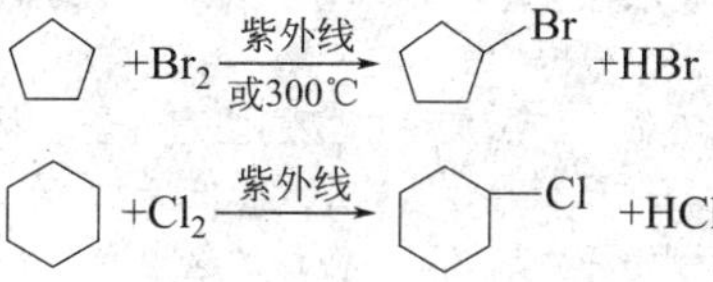

环戊烷 $+Br_2 \xrightarrow[\text{或300℃}]{\text{紫外线}}$ 溴代环戊烷（—Br） $+HBr$

环己烷 $+Cl_2 \xrightarrow{\text{紫外线}}$ 氯代环己烷（—Cl） $+HCl$

2. 加成反应

环烷烃中，特别是三元环和四元环等小环烷烃不稳定，易发生开环加成反应，生成开链化合物。

(1) 加氢　在催化剂（如镍、铂、钯等）存在下，三元环到五元环与氢进行开环加成反应，生成烷烃。环的大小不同，反应的难易程度不同。

$$\triangle + H_2 \xrightarrow[80℃]{Ni} CH_3-CH_2-CH_3$$

$$\square + H_2 \xrightarrow[200℃]{Ni} CH_3-CH_2-CH_2-CH_3$$

$$⬠ + H_2 \xrightarrow[300℃]{Pt} CH_3-CH_2-CH_2-CH_2-CH_3$$

(2) 加卤素　环丙烷和环丁烷可以与氯、溴发生开环加成反应。

$$\triangle + Br_2 \xrightarrow[室温]{CCl_4} \underset{Br}{CH_2}-CH_2-\underset{Br}{CH_2}$$

1,3-二溴丙烷

$$\square + Br_2 \xrightarrow{加热} \underset{Br}{CH_2}-CH_2-CH_2-\underset{Br}{CH_2}$$

1,4-二溴丁烷

(3) 加卤化氢　环丙烷容易与卤化氢发生开环反应。

$$\triangle + HI \longrightarrow CH_3-CH_2-CH_2-I$$

取代的环丙烷与卤化氢发生开环反应时，环的断裂发生在含氢最多的和含氢最少的两个碳原子之间，卤原子加到含氢较少的碳原子上，碳原子加到含氢较多的碳原子上。

$$\triangleright\!-CH_3 + HBr \longrightarrow CH_3-\underset{Br}{CH}-CH_2-CH_3$$

【阅读材料】

沼气——取之不尽、用之不竭的再生能源

沼气是一种高效、清洁燃料，是各种有机物质在适宜的温度、湿度下，经过微生物的发酵作用产生的一种可燃气体。是一种我们肉眼看不见、摸不着的微生物。其主要成分是甲烷和二氧化碳。其中甲烷约占所产生的各种气体的 60%～80%。沼气是一种理想的气体燃料，它无色无味，与适量空气混合后即燃烧。每立方米纯甲烷的发热量为 34000J，每立方米沼气的发热量约为 20800～23600J。即 $1m^3$ 沼气完全燃烧后，能产生相当于 0.7kg 无烟煤提供的热量。

沼气，顾名思义就是沼泽里的气体。沼气发酵广泛存在于自然界，如湖泊或沼泽中常常可以看到有气泡从污泥中冒出，将这些气体收集起来便可以点燃，人们利用这自然规律进行沼气发酵，又称厌氧消化，即可产生沼气用作能源，又可处理有机废物以保护环境。沼气的形成过程大致可分为两个阶段，首先将各种复杂的有机物转化为低级脂肪酸，例如丁酸、丙酸、乙酸；然后把上述各类产物继续转化为甲烷和二氧化碳等。

目前，世界各国已经开始将沼气用作燃料和用于照明。用沼气代替汽油、柴油，发动机器的效果也很好。将它作为农村的能源，具有许多优点。例如，沼气用作日常炊事、照明，节约了能源。一个 3～5 口之家如果年利用沼气 500～550m^3，每户一年可节约煤炭 2t 左右，节省燃料费可达 460 多元。人畜粪便和农业有机残余等生物质在厌氧条件下发酵不仅产生沼气燃料，还可作为肥料，而且由于腐熟程度高使肥效更高，粪便等沼气原料经过发酵后，绝大部分寄生虫卵被杀死，可以改善农村卫生条件，减少疾病的传染。同时还带动了生态养殖和高效种植的发展，实现了家居温暖清洁化、庭院经济高效化和农业生产无害化。

沼气能源在我国农村分布广泛，潜力很大。凡是有生物的地方都能获得制取沼气的原料，是一种取之不尽、用之不竭的再生能源。可以就地取材，节省开支。专家们认为，21 世纪沼气在农村之所以能够成为主要能源之一，是因为它具有不可比拟的特点，特别是在我国的广大农村，这些特点就更为显著了。

我国地广人多，生物能资源丰富。充分利用了农民生产生活和小规模养殖中产生的秸秆、粪便等废弃物，为农民生产生活提供了清洁、安全、高效能源。为农业增效、农民增收以及农村能源的建设增强了生机和活力。

本章小结

1. 烷、环烷烃的异构

包括构造异构和构象异构。

2. 烷烃的系统名法

（1）选主链　选择分子中最长碳链为主链，以主链为母体，根据主链的碳数称为某烷；支链为取代基。

（2）编号　从靠近取代基的一端开始，把主链依次用阿拉伯数字编号。

（3）命名　命名时将取代基名称写在母体名称的前面，取代基的位次写在取代基名称前面，中间用横线隔开；如果主链上有几个不同取代基时，一般把简单的写在前面，复杂的写在后面。如果主链上有几个相同取代基时，其数目用汉字表示，表示位次的数字之间用逗号隔开。

3. 饱和烃的性质

（1）烷烃的性质　在一定温度和压力下或有催化剂存在时可进行氧化、取代、裂化反应等。

$$CH_3-CH_2-CH_2-CH_2Cl + CH_3-CHCl-CH_2-CH_3$$

↑卤化

$$\boxed{CH_3-CH_2-CH_2-CH_3} \xrightarrow{\text{燃烧}} CO_2 + H_2O$$

↓裂解

$$CH_4 + CH_2{=}CHCH_3 \quad \text{或} \quad CH_3CH_3 + CH_2{=}CH_2 \quad \text{或} \quad H_2 + CH_2{=}CHCH_2CH_3$$

（2）环烷烃的性质　在一定温度和压力下或有催化剂存在时可进行取代、加成（开环）反应等。表现为“大环似烷，小环似烯”。

$$CH_3CH_2CH_2CH_3$$

↑ H_2 Ni

$$CH_3CHBrCH_2CH_3 \xleftarrow{HBr} \triangle{-}CH_3 \xrightarrow{Br_2} CH_3CHBrCH_2CH_2Br$$

$$\begin{matrix} CH_2CH_2COOH \\ | \\ CH_2CH_2COOH \end{matrix} \xleftarrow[HNO_3]{\triangle} \text{环己烷} \xrightarrow[\text{紫外线}]{Cl_2} \text{氯代环己烷（}C_6H_{11}{-}Cl\text{）}$$

↓ 环烷酸钴 O_2（空气）；125～165℃，1～2MPa

环己醇（OH） + 环己酮（O）

4. 自由基取代反应

烷烃的卤代在光照下或高温时是按照自由基取代反应历程进行的。自由基取代反应分为链引发、链增长、链终止三个基元反应。

习　题

1. 写出庚烷（C_7H_{16}）所有的异构体，并用系统名法命名。

2. 写出下列化合物的构造式和名称，并指出伯、仲、叔、季碳原子和伯、仲、叔氢原子。

（1）2,2,4-三甲基戊烷　　（2）2,3-二甲基庚烷

（3）3-甲基-4-乙基癸烷　　（4）甲基乙基异丙基甲烷

（5）2,4-二甲基 4-乙基庚烷　　（6）1,1-二甲基-2-乙基环丁烷

(7) $$\begin{array}{ccccccc} & & CH_3 & & CH_3 & & \\ & & | & & | & & \\ CH_3 & - & C & - & C & - & CH - CH_3 \\ & & | & & | & & | \\ & & CH_3 & & CH_3 & & CH_2CH_3 \end{array}$$

(8) $$\begin{array}{ccccccc} & & & & CH_3 & & \\ & & & & | & & \\ CH_3 & - & CH & - & C & - & CH_2 - CH_3 \\ & & | & & | & & \\ & & CH_3 & & CH_2 & & \\ & & & & | & & \\ & & & & CH_3 & & \end{array}$$

(9) $$\begin{array}{ccccccccccccc} & & & & & & CH_2 - CH_2 - CH_3 & & & & & & \\ & & & & & & | & & & & & & \\ CH_3 & - & CH_2 & - & CH & - & CH & - & CH & - & CH & - & CH_3 \\ & & & & | & & & & | & & | & & \\ & & & & CH_3 & & & & CH_3 & & CH_3 & & \end{array}$$

(10) 环丙基—$CH_2CH_2CH_2CH_3$

(11) 环戊基—$\begin{array}{c} CHCH_3 \\ | \\ CH_3 \end{array}$

3. 下列化合物的系统命名是否正确？如有错误，请予以纠正。

(1) $$\begin{array}{ccccc} CH_3 & - & CH & - & CH_2 - CH_3 \\ & & | & & \\ & & CH_2 & & \\ & & | & & \\ & & CH_3 & & \end{array}$$

2-乙基丁烷

(2) $$\begin{array}{ccccccc} CH_3 & - & CH & - & CH_2 - CH & - & CH_2 - CH_3 \\ & & | & & | & & \\ & & CH_3 & & CH_3 & & \end{array}$$

2,4-二甲基己烷

(3) $$\begin{array}{ccc} CH_3 \leftarrow\!\!\!(CH_2)\!\!\!\rightarrow_7 & CH & - CH_2 - CH_3 \\ & | & \\ & CH_3 & \end{array}$$

3-甲基十二烷

(4) $$\begin{array}{cc} CH_3CH_2CH_2 & CHCH_2CH_2CH_3 \\ & | \\ & CH - CH_3 \\ & | \\ & CH_3 \end{array}$$

4-丙基庚烷

(5) $CH_3CH_2CH_2C(CH_3)_2(CH_2)_3CH_3$

4-二甲基辛烷

(6) $(CH_3)_3CCH_2CH(CH_3)CH_2CH_3$

1,1,1-三甲基-3-甲基戊烷

4. 不必查表请将下列烷烃按沸点降低次序排列。

(1) 2,3-二甲基戊烷　(2) 正庚烷　(3) 2-甲基庚烷

(4) 正戊烷　(5) 2-甲基己烷

5. 写出1,2-二氯乙烷的各种典型构象的投影式和名称。

6. 根据下列条件写出戊烷（C_5H_{12}）的构造式。

(1) 一元氯代产物只有一种　(2) 一元氯代产物有三种

(3) 一元氯代产物有四种

7. 完成下列反应。

(1) 环己烷 $+ Cl_2 \xrightarrow[\text{或}\triangle]{\text{光}}$

(2) 1,1-二甲基环丙烷 $+ HBr \longrightarrow$

(3) 环丁烷 $+ H_2 \xrightarrow[\triangle]{Ni}$

第三章　不饱和烃

学习目标

1. 掌握烯烃、炔烃、二烯烃的结构和命名。
2. 了解烯烃、炔烃、二烯烃的物理性质。
3. 掌握烯烃、炔烃、二烯烃的化学性质。
4. 理解诱导效应和共轭效应，能够用诱导效应和共轭效应解释马氏规则和1,4-加成反应。
5. 了解烯烃、炔烃、二烯烃的重要化合物的应用。

不饱和烃是指分子中含有碳碳双键或叁键的碳氢化合物，包括单烯烃、二烯烃、环烯烃和炔烃等。本章主要讨论单烯烃、炔烃、二烯烃和萜类化合物。

第一节　单烯烃

分子中含有一个碳碳双键的不饱和烃叫做单烯烃。

一、烯烃的结构

（一）乙烯的分子结构

在烯烃的分子中，组成双键的碳原子为 sp^2 杂化，即一个 2s 轨道与两个 2p 轨道杂化形成三个相同的 sp^2 杂化轨道。

乙烯的分子式为 C_2H_4，结构式为：

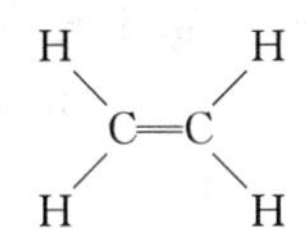

在乙烯的分子式中，两个碳原子各以一个 sp^2 轨道相互重叠，形成一个 C—C σ 键，又各以两个 sp^2 轨道与氢原子的 1s 轨道重叠，形成四个 C—H σ 键，这样乙烯分子中的五个 σ 键处于同一平面上（图 3-1）。每个碳原子上还有一个未参与杂化的 p 轨道，其对称轴垂直于这五个 σ 键所在的平面，且相互平行，侧面重叠，形成 π 键（图 3-2）。

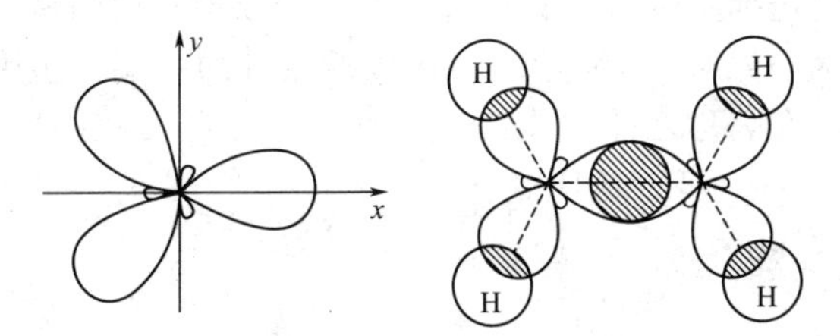

图 3-1　乙烯分子中的 σ 键

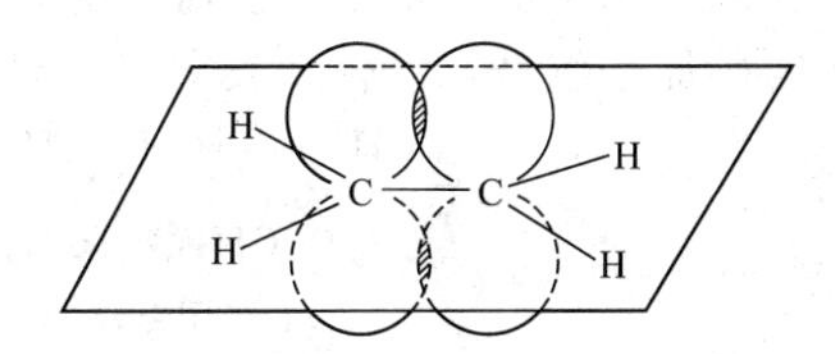

图 3-2　乙烯分子中的 σ 键和 π 键

由此可知，碳碳双键是由一个 σ 键和一个 π 键组成。在形成 π 键时，两个轨道只有彼此平行，才能达到最大程度的重叠。所以碳碳双键相连的两个原子不能绕键轴而自由旋转。因为旋转时，两个 p 轨道不能重叠，π 键就会断裂。

由于π键的电子云是对称地分布在σ键所在平面的上下两方，距离原子核较远，受核的束缚力较小，所以π键电子云具有较大的流动性，在外界电场的影响取下易发生极化。乙烯分子中C═C的键能为611kJ/mol，小于C—C键能的两倍。这说明π键的重叠程度比σ键小，不如σ键牢固，所以π键容易断裂。乙烯的分子中，碳碳双键的键长为0.134nm，H—C—H键角约为118°，H—C—C键角约121°。

（二）烯烃的同分异构

由于碳碳双键的存在，烯烃的异构现象比较复杂，除碳链异构外，还有因双键在碳链上的位置不同引起的位置异构和由于双键两侧原子或基团在空间的排列方式不同而产生的顺反异构。

1. 构造异构

例如：丁烯有三种异构体。

$CH_3CH_2CH{=}CH_2$ 1-丁烯（Ⅰ）

$CH_3CH{=}CHCH_3$ 2-丁烯（Ⅱ）

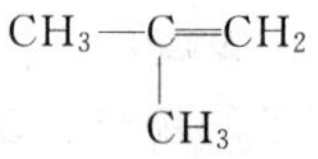

$CH_3—C(CH_3){=}CH_2$ 2-甲基丙烯（Ⅲ）

（Ⅰ）、（Ⅱ）与（Ⅲ）互为碳链异构，（Ⅰ）与（Ⅱ）互为双键位置异构。

2. 顺反异构

烯烃还存在着顺反异构现象。例如2-丁烯，由于双键的存在限制了键的旋转，这两个双键碳原子所连接的原子或基团在空间的排列方式不同而产生顺反异构。在顺反异构体中，相同的取代基在双键同侧的为顺式构型，在双键异侧的为反式构型。

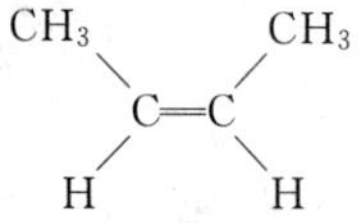

顺-2-丁烯（沸点3.5℃）：两个CH_3在C═C同侧，两个H在同侧

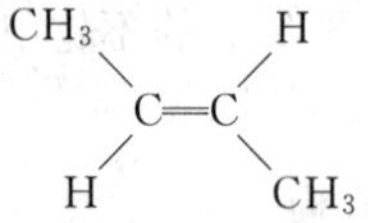

反-2-丁烯（沸点0.9℃）：CH_3与CH_3在C═C异侧，H与H在异侧

顺反异构是立体异构的一种，产生顺反异构的必要条件为：第一，分子中必须有限制碳原子自由旋转的因素（如双键或环）存在；第二，构成双键的两个碳原子各连有不同的原子或基团。具备这两个条件，分子才存在顺反异构体。否则就不存在顺反异构现象。即：

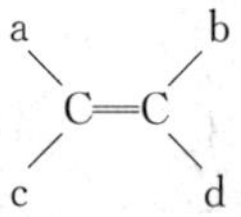

$$\underset{c}{\overset{a}{>}}C{=}C\underset{d}{\overset{b}{<}}$$

a≠c，且b≠d时有顺反异构。

二、烯烃的命名

（一）系统命名法

烯烃的系统命名原则基本上与烷烃相似，但选择主链时，必须选择含碳碳双键在内的最长碳链为主链，根据主链所含的碳原子数目称为“某烯”，编号时，从靠近双键的一端给主链碳原子编号，以较小数字表示双键的位次，写在名称之前。如：

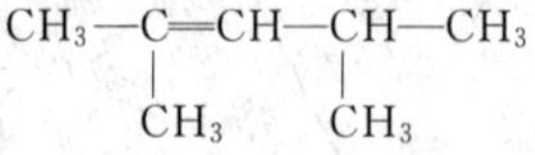

$CH_3—C(CH_3){=}CH—CH(CH_3)—CH_3$ 2,4-二甲基-2-戊烯

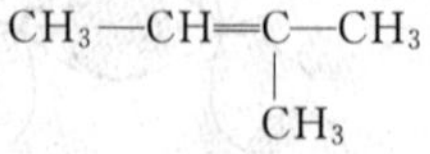

$CH_3—CH{=}C(CH_3)—CH_3$ 2-甲基-2-丁烯

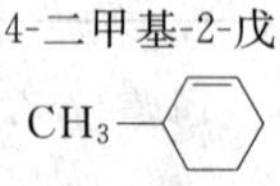

CH_3—环己烯基 3-甲基环己烯

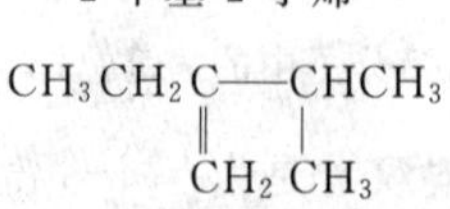

$CH_3CH_2C({=}CH_2)—CH(CH_3)CH_3$ 3-甲基-2-乙基-1-丁烯

烯烃分子中去掉一个氢原子后剩下的基团叫做“某烯基”。

如：$CH_2═CH—$　　　乙烯基

$CH_3—CH═CH—$　　丙烯基

$CH_2═CH—CH_2—$　　烯丙基

$CH_2═C(CH_3)—$　　异丙烯基

（二）顺反异构体的命名

对于顺反异构体，如2-丁烯的两个构型可用顺或反来标记。但当两个双键碳上连接有四个不同的原子或基团时，就要用Z/E标记法来确定它们的构型。Z/E命名法是根据英果尔（Ingld）、凯恩（Cann）等化学家提出的原子和基团的优先次序规则，将每一双键碳上的两个原子或基团进行排列。两个优先原子或基团在双键同侧的为Z型，异侧为E型。优先次序规则的主要内容如下。

① 按直接与双键碳原子相连的原子的原子序数的大小排列，原子序数大的为较优基团，排在序列的前面，小的排在后面，孤电子对排在最后。常见原子的优先次序：

$$I>Br>Cl>S>F>O>N>C>H>\text{孤电子对}$$

② 如果与双键碳原子直接相连第一位原子的原子序数相同时，再按原子序数由大到小逐个比较其相连的第二位原子的原子序数，并依次类推，大者为较优基团。常见烷基的优先次序为：

$—C(CH_3)_3>—CH(CH_3)CH_2CH_3>—CH(CH_3)_2>—CH_2CH(CH_3)_2>—CH_2CH_2CH_2CH_3>—CH_2CH_2CH_3>—CH_2CH_3>—CH_3$

③ 如果含有双键或叁键时，每一双键或叁键可看作是连着两个或三个相同的原子。常见含有双键或叁键的基团的优先顺序：

$$>C═O>—CN>—C≡CH>—CH═CH_2$$

根据这个规则，使可确定下列化合物的构型：

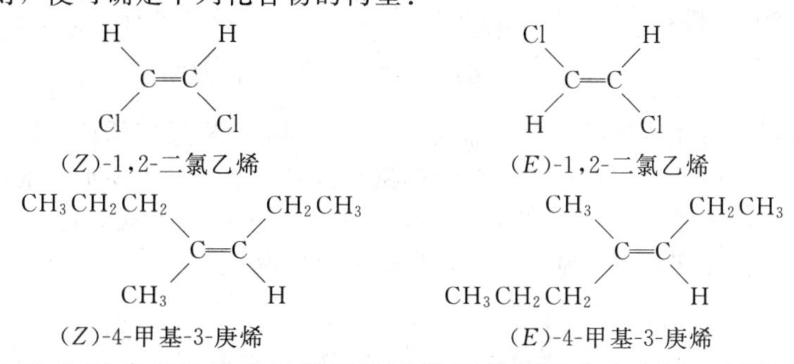

(Z)-1,2-二氯乙烯　　(E)-1,2-二氯乙烯

(Z)-4-甲基-3-庚烯　　(E)-4-甲基-3-庚烯

顺、反命名法和Z/E命名法是表示烯烃构型的两种不同命名方法，不能简单地把顺和Z或反和E等同看待。如：

$CH_3(H)C═C(H)CH_3$（两个CH_3同侧）　　$CH_3(H)C═C(Br)CH_3$（两个CH_3同侧）

(Z)-2-丁烯　　(E)-2-溴-2-丁烯

顺-2-丁烯　　顺-2-溴-2-丁烯

三、烯烃的性质

（一）烯烃的物理性质

烯烃的物理性质与烷烃相似。常温下，从C_2～C_4的烯烃是气体，C_5～C_{18}的是液体，C_{19}以上的烯烃是固体。

烯烃的熔点、沸点、密度、折射率等在同系列中的变化规律与烷烃相似。直链烯烃的沸点比有支链的异构体略高；双键在链端的烯烃的沸点比双键在链中间的异构体略高；顺式异构体一般具有比反式异构体较高的沸点和较低的熔点。烯烃的相对密度都小于 1。烯烃难溶于水，易溶于四氯化碳、乙醚等有机溶剂。部分烯烃的物理常数见表 3-1。

表 3-1　烯烃的物理常数

名　　称	沸点/℃	熔点/℃	相　对　密　度
乙烯	−103.9	−169.5	0.569(−103.9℃)
丙烯	−47.7	−185.1	0.514
1-丁烯	−6.5	−185.4	0.594
顺-2-丁烯	3.5	−139.3	0.621
反-2-丁烯	0.9	−105.5	0.604
异丁烯	−6.9	−139.0	0.631(10℃)
1-戊烯	30.1	−138.0	0.641
1-己烯	63.5	−139.8	0.673
1-庚烯	93.3	−119.0	0.697
1-辛烯	123.1	−101.7	0.715
1-十八烯	180(2000Pa)	17.6	0.788

（二）烯烃的化学性质

碳碳双键是烯烃的官能团，双键中有一个 π 键，π 键不牢固，易断裂。因此，烯烃的化学性质比较活泼，容易发生加成、氧化、聚合等反应。

1. 加成反应

在一定条件下，含有不饱和键的化合物与试剂作用，π 键断裂，试剂分子的两部分分别加到 π 键相连的两个碳原子上，这样的反应叫做加成反应。

（1）加氢　一般情况下，烯烃与氢加成比较困难，但在催化剂铂（Pd）、钯（Pt）、镍（Ni）存在时，烯烃和氢发生加成反应生成烷烃。这个反应叫做催化加氢。

$$R—CH=CH_2 + H_2 \xrightarrow[\triangle]{Ni} R—CH_2—CH_3$$

（2）加卤素　烯烃能与卤素发生加成反应，不同的卤素反应活性不同。氟与烯烃的反应非常剧烈，常使烯烃完全分解；氯与烯烃的反应较氟缓和，但也要加溶剂稀释；溴与烯烃可达正常反应，将乙烯通入到溴的四氯化碳溶液中，迅速反应生成无色的 1,2-二溴乙烷，使溴的红棕色褪去。在实验室中常用于鉴别碳碳双键的存在。

$$CH_2=CH_2 + Br_2 \xrightarrow{CCl_4} \underset{Br}{\underset{|}{CH_2}}—\underset{Br}{\underset{|}{CH_2}}$$

1,2-二溴乙烷

卤素和烯烃的加成反应一般指的是氯和溴。碘和烯烃很难反应，但氯化碘（ICl）或溴化碘（IBr）能与烯烃迅速反应：

$$\gt C=C\lt + IBr \longrightarrow —\overset{I}{\overset{|}{\underset{|}{C}}}—\overset{|}{\underset{Br}{\underset{|}{C}}}—$$

这个反应常来测定油脂和某些天然产物的不饱和度。

（3）加卤化氢　烯烃可与卤化氢气体或很浓的氢卤酸溶液加成而生成一卤代烷。

$$CH_2=CH_2 + HX \longrightarrow CH_3CH_2X$$

加成时，不同卤化氢的活性次序为：HI>HBr>HCl。乙烯与卤化氢加成只生成一种产物。但一些不对称烯烃与卤化氢加成时可能生成两种产物。例如：

$$CH_3-CH=CH_2+HBr \longrightarrow \begin{cases} CH_3-\underset{\displaystyle Br}{\underset{|}{CH}}-CH_3\ (80\%) & \text{2-溴丙烷} \\ CH_3-CH_2-\underset{\displaystyle Br}{\underset{|}{CH_2}}\ (20\%) & \text{1-溴丙烷} \end{cases}$$

实验证明：在两种加成产物中，2-溴丙烷是主要产物。俄国的化学家马尔可夫尼科夫（Markovnikov）根据大量的实验事实，于1869年总结出一条经验规律：不对称烯烃与卤化氢等不对称试剂（指组成试剂的两部分原子或原子团不同，如HX、H_2O等，而H_2、X_2为对称试剂）加成时，总是不对称试剂的带负电部分加到含氢较少的双键碳原子上，而带正电的部分主要是加到含氢较多的双键碳原子上。这个经验规律叫做马尔科夫尼科夫规则，简称马氏规则。例如：

$$(CH_3)_2C=CH_2+HBr \longrightarrow (CH_3)_2\underset{\displaystyle Br}{\underset{|}{C}}-\underset{\displaystyle H}{\underset{|}{CH_2}}$$

特殊情况下不符合马氏规则的加成则称反马氏加成。例如过氧化物存在下的加成便是一种反马氏加成。

$$CH_3CH=CH_2+HBr \xrightarrow{(RCOO)_2} CH_3CH_2-CH_2Br$$

（4）加水　在硫酸或磷酸的催化下，烯烃与水加成直接生成醇，加成反应也遵守马氏规则。例如：

$$CH_2=CH_2+H_2O \xrightarrow[300℃,8106kPa]{H_3PO_4/\text{硅藻土}} CH_3-CH_2-OH$$

$$CH_3CH=CH_2+H_2O \xrightarrow{H^+} CH_3-\underset{\displaystyle OH}{\underset{|}{CH}}-CH_3$$

这种制备醇的方法称作烯烃水合法。

（5）加硫酸　烯烃与冷的浓硫酸作用，生成硫酸氢酯，硫酸氢酯水解得到醇，利用这一反应可由烯烃制取醇类。如果是不对称烯烃，产物遵守马氏规则。

$$R-CH=CH_2+H_2SO_4 \longrightarrow R-\underset{\displaystyle OSO_3H}{\underset{|}{CH}}-CH_3$$

$$R-\underset{\displaystyle OSO_3H}{\underset{|}{CH}}-CH_3+H_2O \longrightarrow R-\underset{\displaystyle OH}{\underset{|}{CH}}-CH_3+H_2SO_4$$

2. 氧化反应

烯烃很容易被氧化，但随着反应条件和氧化剂的不同，其氧化产物也不相同。

（1）$KMnO_4$氧化　冷的稀$KMnO_4$中性或碱性溶液氧化烯烃，则碳碳双键中的π键断裂，得到邻位二元醇。同时，高锰酸钾的紫色褪去，生成棕褐色的二氧化锰沉淀。此反应可以用来检验不饱和烃的存在。

烯烃与酸性的高锰酸钾溶液反应时，则烯烃的C=C双键断裂，可以生成低级的酮、羧酸类物质，亚甲基被氧化成CO_2和水。例如：

$$CH_3CH=CH_2+KMnO_4 \xrightarrow{H^+} CH_3COOH+CO_2$$

$$(CH_3)_2C=CH(CH_3)+KMnO_4 \xrightarrow{H^+} CH_3COCH_3+CH_3COOH$$

因此，根据烯烃氧化产物的不同，可以推断原烯烃分子中双键的位置及分子结构。

（2）臭氧化反应　在低温时，烯烃还可以被臭氧氧化成臭氧化物，这个反应称臭氧化反应。臭氧化物不稳定，在还原剂锌粉存在下水解生成醛或酮。例如：

$$CH_3CH{=}CH_2 \xrightarrow{O_3} CH_3{-}\underset{\underset{O-O}{\diagdown\quad\diagup}}{\overset{\overset{O}{\diagup\quad\diagdown}}{CH\qquad CH_2}} \xrightarrow{Zn/H_2O} CH_3CHO + HCHO$$

$$(CH_3)_2C{=}CH_2 \xrightarrow[(2)\ Zn/H_2O]{(1)\ O_3} CH_3{-}\overset{\overset{O}{\|}}{C}{-}CH_3 + HCHO$$

利用臭氧化物的还原水解产物，也可推断原烯烃双键的位置及分子结构。

（3）催化氧化　乙烯在银催化剂存在下，能被氧化生成环氧乙烷，这是工业上生产环氧乙烷的方法。

$$CH_2{=}CH_2 + O_2 \xrightarrow[250℃]{Ag} \underset{\text{环氧乙烷}}{\overset{\overset{O}{\diagup\quad\diagdown}}{CH_2{-}{-}CH_2}}$$

环氧乙烷的性质活泼，是有机合成的重要原料。

3. 聚合反应

在一定条件下，许多烯烃分子可以相互加成，生成高分子化合物。这种由低分子量的化合物有规律地自身相互加成而生成高分子化合物的反应叫做聚合反应。参加聚合反应的小分子称为单体。聚合后生成的产物称为聚合物。例如：

$$nCH_2{=}CH_2 \xrightarrow{\text{温度、压力}} {+}CH_2{-}CH_2{+}_n$$

聚乙烯化学稳定性和绝缘性能好，质地软而韧，弹性好，耐化学腐蚀，无毒，易于加工，可用于农业生产和制食品袋、日常用具、电绝缘材料、塑料等，用途非常广泛。

4. α-氢的反应

在有机化合物分子中，与官能团直接相连的碳原子称为α-碳，α-碳原子上所连的氢原子则称为α-氢。烯烃分子中的α-氢受到双键的影响，表现出特殊的活泼性，易发生卤代、氧化等反应。如：

$$CH_3CH{=}CH_2 + Cl_2 \xrightarrow{500℃} \underset{\text{3-氯丙烯}}{CH_2{=}CH{-}CH_2Cl} + HCl$$

$$CH_3CH{=}CH_2 + O_2 \xrightarrow[350℃,\ 0.25MPa]{Cu_2O} \underset{\text{丙烯醛}}{CH_2{=}CH{-}CHO}$$

四、诱导效应与马氏加成规则的解释

马氏规则可用诱导效应解释。由于分子内引入电负性不同的原子或基团，引起分子中原子间成键的电子云向某一方向偏移，使分子发生极化的效应，叫做诱导效应，常用I表示。诱导作用是通过静电作用而体现的电子效应，它只改变键电子云的分布，而不改变键的本质。如：

$$H{-}\underset{\underset{H}{|}}{\overset{\overset{H}{|}}{C3}}{\rightarrow}\underset{\underset{H}{|}}{\overset{\overset{H}{|}}{C2}}{\rightarrow}\underset{\underset{H}{|}}{\overset{\overset{H}{|}}{\overset{\delta^+}{C1}}}{\rightarrow}\overset{\delta^-}{Cl}$$

丙烷是非极性分子，当丙烷分子中的一个氢原子被氯原子取代后，由于氯原子的电负性大，电子云向氯原子方向偏移。因C1离氯原子最近，C1—Cl键间的电子云向氯原子偏移较大，使氯原子带上部分负电荷，C1上带有部分正电荷。C2—C1键上的电子云分布被 C1 上正电荷的诱导而变得不对称，即向 C1 方向偏移，使得 C2 也带有少量正电荷。同理 C2 又使 C3 带有更少量的正电荷。这就是说，氯原子的影响可通过诱导作用传到分子中与它不直接相连的原子上去，不过由于距离氯原子逐渐变远，所受的影响也依次减弱。

诱导效应的特点是：沿着碳链传递时，随着碳链的增长而强度迅速减弱。一般相隔三个碳原子就可以忽略不计。

诱导效应的强弱取决于原子或基团电负性的大小。原子或基团的电负性与氢原子相差愈大，诱导效应愈强。一个原子或基团的吸电子能力比氢原子强，产生吸电子诱导效应，用 −I表示；若吸电子能力不及氢原子，就产生斥电子诱导效应，用 +I 表示。

常见原子或基团的吸电子能力强弱顺序为：

$F > Cl > Br > I > -COOH > -OCH_3 > -C_6H_5 > -C \equiv C- > -CH = CH- > H > -CH_3 > -CH_2CH_3 > -CH(CH_3)_2 > -C(CH_3)_3$

根据诱导效应不难理解，丙烯与 HBr 加成时，由于甲基 +I 效应，使双键上 π 电子云发生极化，使含氢较多的双键碳原子上 π 电子云密度较大，有利于亲电试剂的进攻，所以氢原子主要加到这一碳原子上。通常用弯箭头表示 π 电子云偏移的方向。

$$CH_3-\overset{\delta^+}{C}H=\overset{\delta^-}{C}H_2 + H-Br \longrightarrow CH_3-\underset{}{\overset{Br}{\overset{|}{C}H}}-CH_3$$

用诱导效应也可解释正碳离子的稳定性。正碳离子一般可分为如下四类：

$$(CH_3)_3C^+ \quad (CH_3)_2CH^+ \quad CH_3CH_2^+ \quad CH_3^+$$

三级正碳离子（3°） 二级正碳离子（2°） 一级正碳离子（1°） 甲基正碳离子

当烷基与带正电荷的中心碳原子相连时，由于烷基是斥电子基，有供电子的作用，使正碳离子的中心碳原子上的正电荷得到分散。正电荷越分散，正碳离子越稳定。所以当正碳离子中心碳原子上连接的烷基愈多时，正电荷的分散程度愈大，其正碳离子愈稳定。所以正碳离子的稳定次序是 $3°\ C^+ > 2°\ C^+ > 1°\ C^+ > CH_3^+$。

当丙烯与 HBr 加成时，可生成两种正碳离子：

$$CH_3-CH=CH_2 + HBr \longrightarrow \begin{cases} CH_3-\overset{+}{C}H-CH_3 & (\text{I}) \\ CH_3-CH_2-\overset{+}{C}H_2 & (\text{II}) \end{cases}$$

因为正碳离子（Ⅰ）比（Ⅱ）稳定，所以主要产物为 2-溴丙烷，符合马氏规则。

五、重要的烯烃——乙烯

乙烯是最简单的烯烃，存在于焦炉煤气和热裂石油气中，是石油化工的一种基本原料。用于制造合成橡胶、树脂、合成纤维、塑料、乙醇、乙醛、酯、酸、环氧乙烷等。

乙烯也是植物的内源激素之一。所谓植物的内源激素，就是植物体内能自己产生，并对植物有调节生长等生理效应的微量物质。不少植物器官中都含有微量的乙烯，如促进生长或落叶，也可用作未成熟果实的催熟剂，防止苹果、橄榄等落果，促进棉桃在收获前张开等。由于乙烯是气体，在实际应用中，常用乙烯利代替乙烯。乙烯利（2-氯乙基磷酸）为无色酸性液体，可溶于水，常温下 pH 小于 3，比较稳定，pH 大于 4 开始分解，并释放出乙烯。把乙烯利的低浓度水溶液喷施在植物上，植物吸收后在体内缓慢分解出乙烯发挥作用。

$$HO-\underset{OH}{\overset{O}{\overset{\uparrow}{P}}}-CH_2CH_2Cl + H_2O \xrightarrow[NaOH]{pH>4} CH_2=CH_2 + HCl + H_3PO_4$$

由乙烯合成聚乙烯的工艺很多，不同工艺所得产品的性能也不相同。用于制成薄膜或日用品的聚乙烯可用低压法合成，以三乙基铝和四氯化钛为催化剂，在60～80℃和加压的条件下使乙烯聚合。一般从原料合成的高分子初产品统称为合成树脂。聚乙烯合成树脂密度较小，电绝缘性能较好，软而韧，弹性强，耐化学腐蚀，无毒。在合成树脂中加入各种适当的助剂（如填料、增塑剂、稳定剂、着色剂等），并加工成型，就成为我们实际应用的各种塑料制品了。

与聚乙烯同类型的合成树脂还有聚氯乙烯、聚苯乙烯、聚丙烯、聚四氟乙烯。

第二节 炔　　烃

分子中含有碳碳叁键（—C≡C—）的不饱和烃叫做炔烃。碳碳叁键是炔烃的官能团。其通式为 C_nH_{2n-2}。

一、炔烃的结构

（一）乙炔的分子结构

在炔烃的分子中，组成叁键的碳原子为 sp 杂化。

乙炔是炔烃中最简单的同系物，分子式为 C_2H_2。实验测得乙炔分子的键角是 180°，是直线形分子，结构式为 H—C≡C—H。

在乙炔分子中，两个碳原子各以一个 sp 杂化轨道沿轨道对称轴的方向相互重叠，形成一个 C—C σ 键，每个碳原子另外一个 sp 杂化轨道分别与氢原子的 1s 轨道重叠，形成 2 个 C—H σ 键。乙炔分子中的三个 σ 键在同一直线上，键角为 180°（图 3-3）。

每个碳原子上的两个未杂化的 p 轨道分别两两相互平行侧面重叠，形成两个 π 键。两个 π 键的电子云围绕着 σ 键形成一个圆筒状（图 3-4）。

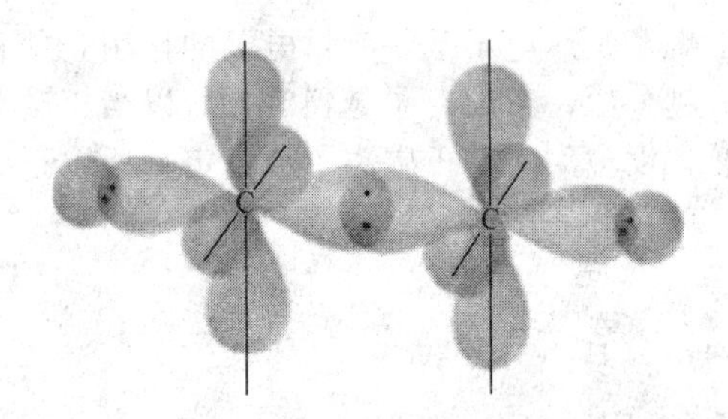

图 3-3　乙炔分子中的 σ 键和 π 键

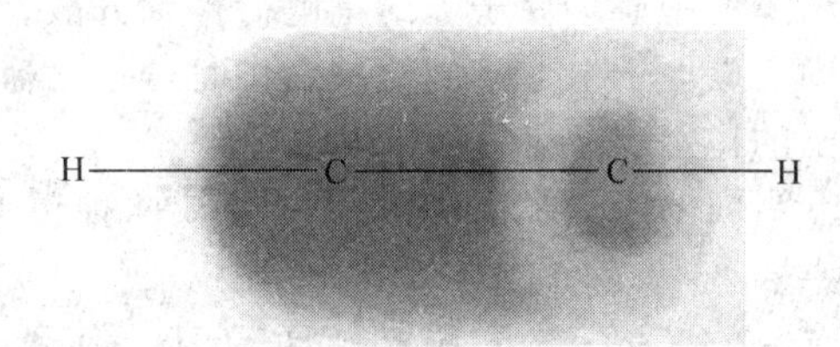

图 3-4　乙炔分子的 π 电子云

由此可知，碳碳叁键是由一个 σ 键和两个相互垂直的 π 键所组成。现代物理方法证明乙炔分子中所有的原子都在一条直线上，乙炔为线形分子。C≡C 键的键长为 0.120nm，比 C═C的键长短；C≡C 的键能为 837kJ/mol，比 C═C 的键能大。

炔烃同系物的结构与乙炔相似。炔烃同系物的通式可以用 C_nH_{2n-2}表示。

（二）炔烃的命名和异构现象

炔烃的命名原则和烯烃相同，把“烯”字改为“炔”字即可。

$$\underset{\displaystyle CH_3}{\overset{}{CH_3-\underset{|}{CH}-C\equiv C-CH_3}}$$

4-甲基-2-戊炔

$$CH_3-\underset{\underset{\displaystyle CH_3}{|}}{CH}-C\equiv CH$$

3-甲基-1-丁炔

若分子中同时含有双键和叁键，命名时，应选取含双键和叁键在内的最长碳链为主链；从离不饱和键较近的一端开始，给主链碳原子编号；当主链两端离不饱和键距离相同时，应使双键的位次最小，并把“炔”字放在名称的最后。

$CH_3-CH=CH-C\equiv CH$　　3-戊烯-1-炔

$CH_2=CH-CH_2-C\equiv CH$　　1-戊烯-4-炔

炔烃的构造异构与烯烃相似，有碳链异构和官能团的位置异构。但由于与叁键相连的三个 σ 键均在同一条直线上，因而炔烃没有顺反异构体。

二、炔烃的性质

（一）炔烃的物理性质

炔烃的物理性质与烯烃相似，也是随着碳原子数目的增加而有规律地变化。常温下，$C_2\sim C_4$ 的炔烃为气体，C_5 以上炔烃为液体，高级炔烃为固体。炔烃的熔点、沸点都比相应的烯烃略高，密度稍大。炔烃在水里的溶解性虽比烯烃稍大，但也难溶于水，易溶于苯、醚、丙酯等有机溶剂。常见炔烃的物理常数见表 3-2。

表 3-2　炔烃的物理常数

名　　称	沸点/℃	熔点/℃	相对密度(20℃)
乙炔	−75.0	−81.8	0.618(−82℃)
丙炔	−23.2	−101.5	0.691(−40℃)
1-丁炔	9.0	−122.0	0.678
2-丁炔	27.0	−24.0	0.694
1-戊炔	40.2	−98	0.695
2-戊炔	55.0	−101	0.714
3-甲基-1-丁炔	29.35	−89.7	0.665
1-己炔	72.0	−124.0	0.719
2-己炔	84	−92.0	0.730
3-己炔	81.0	−51.0	0.725

（二）炔烃的化学性质

炔烃分子中有两个 π 键，其化学性质与烯烃相似，易发生加成、氧化和聚合等反应。但由于炔烃中的两个 π 键围绕着 σ 键形成一个圆筒状，此 π 键比烯烃中的 π 键牢固，所以炔烃还表现出自己特征性的反应。

1. 加成反应

在一定条件下，炔烃可以与氢、卤素、卤化氢、水等试剂发生加成反应。控制反应条件，可使反应停留在双键阶段。

（1）加氢　炔烃在催化剂 Pt、Pd、Ni 等存在下加氢生成烷烃。

$$R-C\equiv CH \xrightarrow[\text{催化剂}]{H_2} R-CH=CH_2 \xrightarrow[\text{催化剂}]{H_2} R-CH_2CH_3$$

如果选择适当的催化剂，控制一定条件，可使炔烃停留在烯烃阶段。如：

$$R-C\equiv C-R' + H_2 \xrightarrow[\text{喹啉}]{Pd/CaCO_3} R-CH=CH-R'$$

$$\underset{\displaystyle\quad\ \ |\atop\displaystyle\quad\ \ CH_3}{CH_2=CH-CH}-C\equiv CH + H_2 \xrightarrow[\text{喹啉}]{Pd/CaCO_3} \underset{\displaystyle\quad\ \ |\atop\displaystyle\quad\ \ CH_3}{CH_2=CH-CH}-CH=CH_2$$

（2）加卤素　炔烃与卤素加成一般比烯烃的反应慢。例如，乙烯可使溴水的四氯化碳溶液很快褪色，而乙炔则需要几分钟的时间方能使溴水褪色。

$$CH\equiv CH \xrightarrow{Br_2} \underset{H}{\overset{Br}{}}\!\!>C=C<\!\!\underset{Br}{\overset{H}{}} \xrightarrow{Br_2} CHBr_2-CHBr_2$$

反-1,2-二溴乙烯　　1,1,2,2-四溴乙烷

（3）加卤化氢　炔烃与卤化氢加成可得一卤代烯，继续反应得二卤代烷。不对称炔烃与

卤化氢加成也遵守马氏规则。

$$R-C\equiv CH \xrightarrow{HX} R-\underset{}{\overset{X}{\overset{|}{C}}}=CH_2 \xrightarrow{HX} R-\underset{\underset{X}{|}}{\overset{X}{\overset{|}{C}}}-CH_3$$

乙炔在通常情况下，不与 HCl 加成，需 $HgCl_2$ 作催化剂才能反应。

$$CH\equiv CH+HCl \xrightarrow[120\sim180℃]{HgCl_2} CH_2=CHCl$$

（4）加水　在硫酸汞的稀硫酸溶液催化下，炔烃与水加成，首先生成烯醇，烯醇立即重排为醛或酮。炔烃加水也遵守马氏规则。

$$CH\equiv CH+H_2O \xrightarrow[H_2SO_4]{HgSO_4} \underset{\text{乙烯醇}}{[CH_2=CHOH]} \longrightarrow \underset{\text{乙醛}}{CH_3-CHO}$$

$$CH_3-C\equiv CH+H_2O \xrightarrow[H_2SO_4]{HgSO_4} \underset{\text{丙烯-2-醇}}{[CH_3-\overset{OH}{\overset{|}{C}}=CH_2]} \longrightarrow \underset{\text{丙酮}}{CH_3-\overset{O}{\overset{\|}{C}}-CH_3}$$

只有乙炔的水合反应得到乙醛，其他炔烃反应都得到酮。

2. 氧化反应

炔烃也能被高锰酸钾等氧化剂氧化，反应时叁键断裂生成羧酸、二氧化碳等产物。

$$R-C\equiv CH \xrightarrow{KMnO_4,\ H^+} R-COOH+CO_2+H_2O$$

$$CH_3CH_2CH_2C\equiv CCH_2CH_3 \xrightarrow{KMnO_4,\ H^+} CH_3CH_2CH_2COOH+CH_3CH_2COOH$$

与烯烃相似，也可以通过氧化反应产物的结构来推测原炔烃的结构。

3. 聚合反应

炔烃也能发生聚合反应，但与烯烃不同，炔烃只能由少数几个分子形成低聚物，不能聚合成高分子化合物。乙炔在适当条件下三聚为苯，从脂肪烃制得芳香烃。如：

$$CH\equiv CH+CH\equiv CH \xrightarrow[NH_4Cl]{Cu_2Cl_2} \underset{\text{乙烯基乙炔}}{CH_2=CH-C\equiv CH}$$

$$3CH\equiv CH \xrightarrow[Ni(CO)_2]{\text{三苯基膦}} \text{苯}$$

4. 金属炔化物的生成

由于炔烃分子中叁键碳原子为 sp 杂化，sp 杂化轨道中的 s 成分比 sp^2 和 sp^3 中的大，表现出较强的电负性。所以与叁键直接相连的氢原子比较活泼，能被某些碱金属或重金属原子所取代，生成金属炔化物。例如，乙炔或 R—C≡CH 型炔烃与硝酸银的氨溶液或氯化亚铜的氨溶液作用，分别生成灰白色的炔化银和红棕色的炔化亚铜沉淀。

$$CH\equiv CH+Ag(NH_3)_2NO_3 \longrightarrow \underset{\text{乙炔银(灰白)}}{AgC\equiv CAg\downarrow} +NH_4NO_3+NH_3$$

$$CH_3C\equiv CH+Cu(NH_3)_2Cl \longrightarrow \underset{\text{丙炔化亚铜(红棕色)}}{CH_3C\equiv CCu\downarrow} +NH_4Cl+NH_3$$

此反应进行迅速、灵敏，现象明显，可用于乙炔和 R—C≡CH 型炔烃的定性检验。金属炔化物在干燥状态下因撞击或受热会发生爆炸。因此实验后，必须加硝酸处理分解，以免发生危险。

第三节　二　烯　烃

分子中含有两个双键的不饱和烃叫二烯烃，它的通式是 C_nH_{2n-2}，与炔烃相同，因此，二烯烃和含碳原子数相同的炔烃互为官能团异构。

一、二烯烃的分类与命名

（一）二烯烃的分类

根据二烯烃分子中两个双键的相对位置不同，二烯烃可分为三类。

1. 累积二烯烃

二烯烃分子中含有 $>C=C=C<$ 结构，即两个双键连在同一个碳原子上。例如：

$$CH_2=C=CH_2 \quad \text{丙二烯}$$

2. 隔离二烯烃

二烯烃分子中的两个双键被两个或两个以上单键隔开。例如：

$$CH_2=CH-CH_2-CH_2-CH=CH_2 \quad \text{1,5-己二烯}$$

3. 共轭二烯烃

二烯烃分子中的两个双键被一个单键隔开。如：

$$CH_2=CH-CH=CH_2 \quad \text{1,3-丁二烯}$$

三类二烯烃中，累积二烯烃数量较少，且不稳定，很容易异构化为炔烃；隔离二烯烃性质与单烯烃相似；共轭二烯烃性质比较特殊，无论在理论上，还是在实际应用中都很重要。本节以 1,3-丁二烯为例，讨论共轭二烯烃的结构和性质。

（二）二烯烃的命名

二烯烃的命名与单烯烃相似，但编号时应使两个双键的位次和最小。

$$CH_2=CH-\underset{\large CH_3}{\underset{|}{C}}=CH_2$$

2-甲基-1,3-丁二烯

$$CH_2=\underset{\large CH_3}{\underset{|}{C}}-CH_2-\underset{\large CH_2CH_3}{\underset{|}{CH}}-CH=CH-CH_3$$

2-甲基-4-乙基-1,5-庚二烯

二、共轭二烯烃的结构

（一）1,3-丁二烯的结构

在 1,3-丁二烯的分子中，每个碳原子都是 sp^2 杂化，四个碳原子各用三个 sp^2 杂化轨道分别与氢的 1s 轨道及相邻的碳原子的 sp^2 杂化轨道重叠，形成三个 C—C σ 键和六个 C—H σ 键，这九个 σ 键及分子中的四个碳原子和六个氢原子都在一个平面上，共价键键角接近 120°。每个碳原子上剩下一个未杂化的 p 轨道，彼此平行，其对称轴都垂直于分子所在的平面，它们互相平行侧面重叠形成 π 键。这些 p 轨道并不局限在 C1—C2 和C3—C4间重叠形成 π 键，在 C2—C3 间也有一定程度的重叠，因此 C2—C3 间也有部分双键的性质（图 3-5）。这种在多个原子间形成的 π 键称为离域 π 键，亦称大 π 键或共轭 π 键。

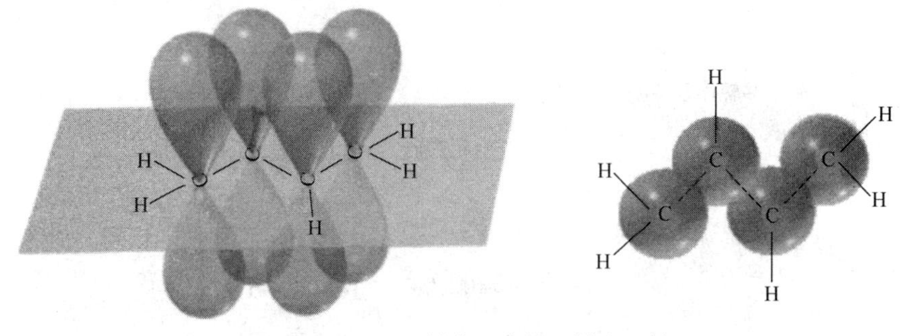

图 3-5　1,3-丁二烯分子中的 π 键和 σ 键

大 π 键的形成，π 电子在运动范围不像单烯烃分子中的 π 电子只局限在两个碳原子核周围运动（即定域的），而是扩大到四个碳原子核的周围，这种现象叫做 π 电子的离域。

（二）**共轭体系与共轭效应**

1. 共轭体系

在 1,3-丁二烯的分子中由于形成了大 π 键，π 电子可以发生离域。凡是具有能发生电子离域的结构体系统称为共轭体系。1,3-丁二烯分子是由两个相邻的 π 键形成的共轭体系，称为 π-π 共轭体系。共轭体系在物理及化学性质上有许多特殊表现。

（1）共轭体系的形成条件　通过讨论 1,3-丁二烯的分子结构可以看出，共轭体系中各原子必须在同一个平面上，每个原子必须有一个垂直于该平面的 p 轨道。

（2）共轭体系的特点　在共轭体系中，虽然各原子间 π 电子云密度不完全相同，但由于 π 电子离域，使得单双键的差别减小，键长有趋于平均化的倾向。例如 1,3-丁二烯的分子中 C2—C3 的键长是 0.148nm，比乙烷分子中 C—C 键长 0.154nm 短一些；C1—C2 和 C3—C4 的键长是 0.137nm，比乙烯分子 C═C 键长 0.134nm 长了一些。共轭体系越长，单双键差别越小。

另外，由于 π 电子离域作用，共轭体系能量降低，因而共轭体系比非共轭体系更加稳定。这可以从它们氢化热的数据得到证明。

$$CH_2=CH-CH_2-CH=CH_2+2H_2 \longrightarrow CH_3CH_2CH_2CH_2CH_3+254.4\text{kJ/mol}$$

$$CH_2=CH-CH=CH-CH_3+2H_2 \longrightarrow CH_3CH_2CH_2CH_2CH_3+226.4\text{kJ/mol}$$

隔离二烯烃 1,4-戊二烯氢化时释放出 254.4kJ/mol 的热量，共轭二烯烃 1,3-戊二烯氢化时释放出 226.4kJ/mol 的热量，两者的差值为 28kJ/mol。这两者能量之差是由于 π 电子的离域引起的，故叫离域能或共轭能。共轭体系越长，其离域能也越大，结构也越稳定。

（3）共轭体系的类型　共轭体系主要包括四种类型。

① π-π 共轭体系　具有双键和单键交替排列的结构是由 π 键和 π 键形成的共轭体系。

② p-π 共轭体系　具有 p 轨道且与双键碳原子直接相连的原子，其 p 轨道与双键 π 轨道平行并侧面重叠形成的体系。

③ σ-π 超共轭体系　碳氢 σ 键与相邻双键 π 轨道可以发生一定程度的侧面重叠，形成的共轭体系。

④ σ-p 超共轭体系　碳氢 σ 键与相邻碳原子的 p 轨道发生一定程度的重叠，形成的共轭体系。

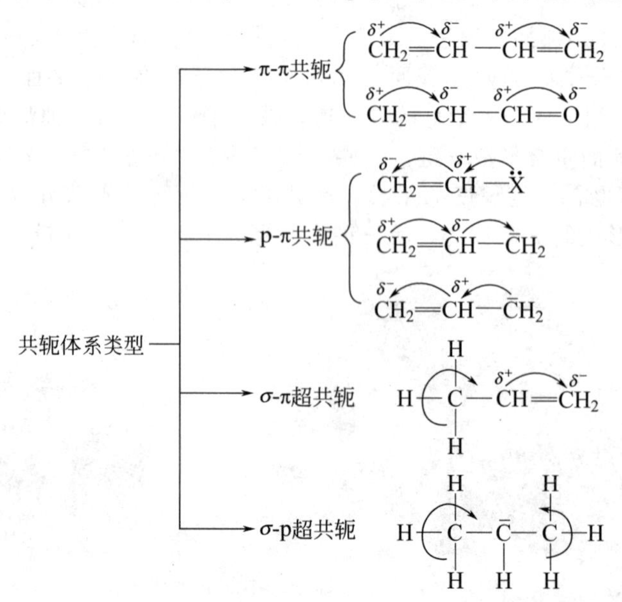

2. 共轭效应

共轭效应是指在共轭体系中原子间的相互影响而引起的电子离域作用，常用 C 表示。+C 表示供电子的共轭效应；－C 表示吸电子的共轭效应。凡因内部结构而产生的共轭效应称为静态共轭效应；在化学反应时受外电场或试剂的影响而产生的 π 电子云重新分配称为动态共轭效应。

$$CH_2{=}CH{-}CH{=}CH{-}\overset{O}{\overset{\|}{C}}{-}OH$$（静态共轭效应）

$$H^+\ CH_2{=}CH{-}CH{=}CH{-}CH{=}CH_2$$（动态共轭效应）

从上两式可以看出，共轭效应有两个显著的特点：第一，共轭效应的传递不随碳链的增长而减弱。这是由于离域的 π 电子可以在整个体系内流动，所以当共轭体系任何一端原子的电子云受到影响时，立即传递到体系的另一端。共轭体系有多大，其影响的范围就有多大。第二，当共轭体系受到外界试剂进攻或分子中其他基团影响时，体系中各原子的电子云密度分布不均，会发生正负极性交替现象。

三、共轭二烯烃的化学性质

共轭二烯烃由于共轭体系的存在，其化学性质与一般烯烃有相同的性质（如能起加成、氧化、聚合反应等），也有其独特的性质。

（一）1,4-加成反应

共轭二烯烃如 1,3-丁二烯可以和卤素、卤化氢等发生亲电加成反应，也可以催化加氢。例如：

$$CH_2{=}CH{-}CH{=}CH_2 \xrightarrow{Br_2} \underset{Br}{CH_2}{-}\underset{Br}{CH}{-}CH{=}CH_2 + \underset{Br}{CH_2}{-}CH{=}CH{-}\underset{Br}{CH_2}$$

$$CH_2{=}CH{-}CH{=}CH_2 \xrightarrow{H_2} CH_3{-}CH_2{-}CH{=}CH_2 + CH_3{-}CH{=}CH{-}CH_3$$

1,2-加成　　　　1,4-加成

共轭二烯烃的加成产物有两种，一种是加到 C1 和 C2 上，称为 1,2-加成；一种是加到 C1 和 C4 上，原来的双键消失，而在 C2 和 C3 间形成一个新的双键，称为 1,4-加成。

共轭二烯烃加成时之所以有两种加成方式，是由于 π-π 共轭效应而引起的。当 1,3-丁二烯分子中的一端碳原子受到亲电试剂（如 Br_2）的影响时，这种影响通过共轭链一直传递到分子的另一端，使整个共轭体系的 π 电子云变化而产生疏密交替现象。

$$\overset{\delta^+}{C}H_2{=}\overset{\delta^-}{C}H{-}\overset{\delta^+}{C}H{=}\overset{\delta^-}{C}H_2 + \overset{\delta^+}{Br}{-}\overset{\delta^-}{Br} \longrightarrow CH_2{=}CH{-}\overset{+}{C}H{-}CH_2Br + \overset{-}{Br}$$

当带部分正电荷的溴与 C1 结合时，形成烯丙基型碳正离子中间体。其中 C2 上缺电子的 p 轨道与 C3、C4 间的 π 键形成三中心两个电子的缺电子的 p-π 共轭体系。π 电子进行离域，使正电荷得到分散。总的结果是 C2、C3、C4 三个原子共同缺一个 p 电子，使共轭体系带正电荷。由于共轭体系中疏密交替的现象，其中 C3 和 C4 上电子云密度相对更低些。如下所示：

$$\overbrace{CH_2{\cdots}CH{\cdots}CH}^{+}{-}CH_2Br$$

所以溴负离子既能与 C2 结合生成 1,2-加成产物，也能与 C4 结合生成 1,4-加成产物，共轭二烯的加成反应可以按 1,2-加成方式和 1,4-加成方式进行，这两种加成是同时发生的，得到的是混合物。两种加成产物的比例取决于反应物的结构、溶剂的极性、产物的稳定性以及反应温度等多种因素。低温（－40～－80℃）和非极性溶剂有利于 1,2-加成，高温

(40～60℃)、极性溶剂和较长时间有利于1,4-加成。如：

$$CH_2=CH-CH=CH_2+Br_2 \longrightarrow \underset{Br}{CH_2}-\underset{Br}{CH}-CH=CH_2 + \underset{Br}{CH_2}-HC=HC-\underset{Br}{CH_2}$$

40℃	20%	80%
-80℃	80%	20%

（二）双烯合成反应

共轭二烯烃与某些含有碳碳双键的化合物能进行1,4-加成，生成环状化合物的反应，称为双烯合成反应，也称为狄尔斯-阿尔德（Diels-Alder）反应。例如1,3-丁二烯与乙烯发生1,4-加成反应，生成环己烯。但产率不高，仅为18%。

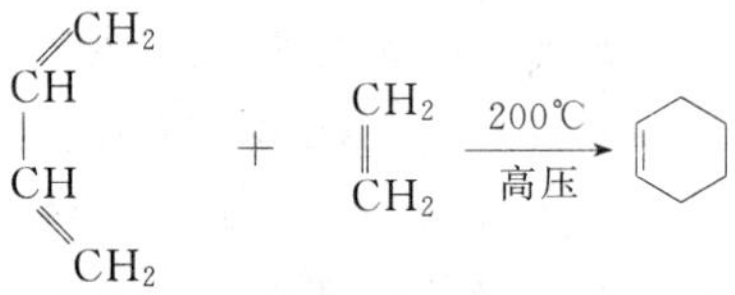

$$CH_2=CH-CH=CH_2 + CH_2=CH_2 \xrightarrow[\text{高压}]{200℃} \text{环己烯}$$

实验证明，当双键碳原子上连有吸电子基团（如：—CHO、—C≡N、—COOH、—COR等）时，反应能顺利进行，且产率很高。如：

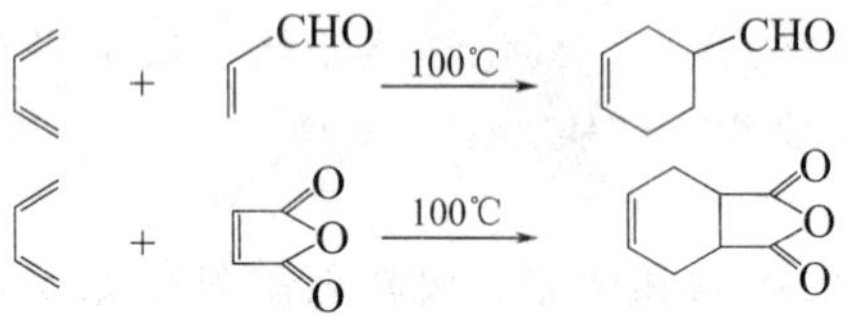

$$CH_2=CH-CH=CH_2 + CH_2=CH-CHO \xrightarrow{100℃} \text{3-环己烯甲醛}$$

$$CH_2=CH-CH=CH_2 + \text{顺丁烯二酸酐} \xrightarrow{100℃} \text{四氢邻苯二甲酸酐}$$

在此反应中，共轭二烯烃称为双烯体，与双烯体发生反应的不饱和化合物称为亲双烯体，这一反应又称为环加成反应，在有机合成中具有重要意义，是制备六元环状化合物的重要方法。

（三）聚合反应

共轭二烯烃可以进行聚合反应。1,4-聚合是生产合成橡胶的重要方法。例如在催化剂存在下，1,3-丁二烯聚合生成顺丁橡胶。

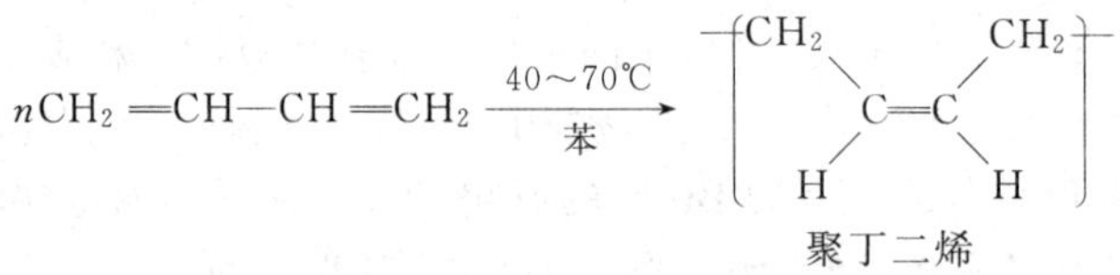

$$nCH_2=CH-CH=CH_2 \xrightarrow[\text{苯}]{40\sim70℃} \left[CH_2-\underset{H}{C}=\underset{H}{C}-CH_2\right]_n$$

聚丁二烯

第四节　萜类化合物

萜类化合物是广泛存在于动植物体内的一类天然有机化合物，是植物香精油、生物色素、维生素、激素、树脂等物质的主要组成成分。

一、萜类化合物的分类

萜类化合物的种类很多，但它们都有一个共同的特点，即它们的碳架可以看成是由若干个异戊二烯单位首尾相连所组成的，这种结构特点叫做萜类的异戊二烯规律。

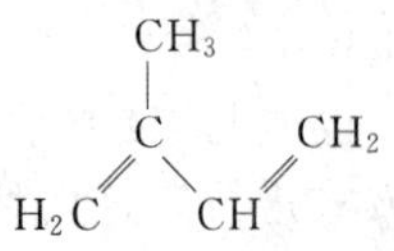

$$H_2C=\overset{CH_3}{\overset{|}{C}}-CH=CH_2$$

异戊二烯

头　　　尾 ┊ 头　　　尾

$$C-\underset{C}{\underset{|}{C}}-C-C \,\vdots\, C-\underset{C}{\underset{|}{C}}-C-C$$

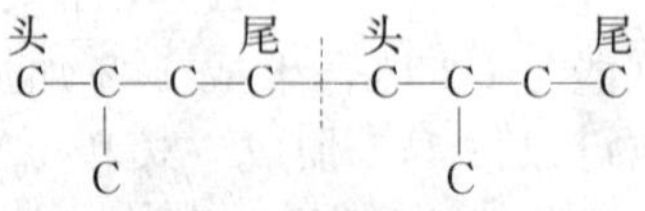

链萜

如罗勒烯和樟脑可划分为两个异戊二烯单位。

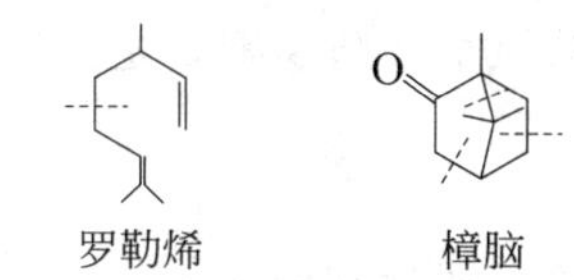
罗勒烯　　樟脑

从结构上看，萜类化合物是指以异戊二烯单位为碳架的一类碳氢化合物及其含氧衍生物。含有两个及两个以上异戊二烯单位的碳氢化合物统称为萜类。自然界中的萜类至少含有两个异戊二烯单位。萜类化合物根据分子中所含异戊二烯单位的数目，可分为单萜、倍半萜、双萜、三萜、四萜、多萜等（表 3-3）。

表 3-3　萜类化合物分类

异戊二烯单位数	2	3	4	6	8	>8
碳原子数	10	15	20	30	40	>40
类别	单萜	倍半萜	双萜	三萜	四萜	多萜

萜类化合物结构复杂，系统命名法的名称使用不便，因此，常根据其来源和性质命名。

二、萜类化合物的结构

（一）单萜

单萜是由两个异戊二烯单位以头尾连接而成的萜类化合物，根据分子中两个异戊二烯单位相互连接的方式不同，单萜又可分为链状单萜、单环单萜和双环单萜。

1. 链状单萜

香叶烯是链状单萜的典型代表，是月桂油、松节油、酒花油等的重要成分，沸点为 160℃，相对密度为 0.802(20℃)。链状单萜的含氧衍生物较为重要，它们中许多是贵重的香料。如牻牛儿醇（香叶醇)、橙花醇、香茅醛、牻牛儿醛（α-柠檬醛)、橙花醛（β-柠檬醛）等。

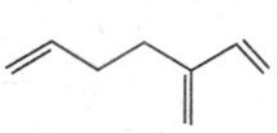

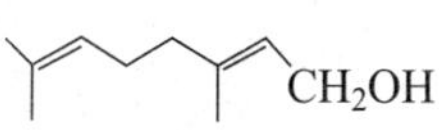

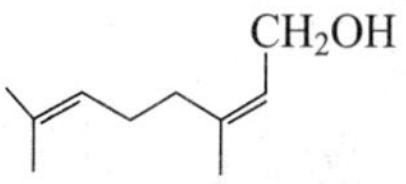

香叶烯　　牻牛儿醇(香叶醇)　　橙花醇

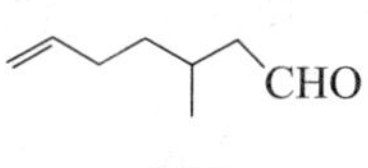

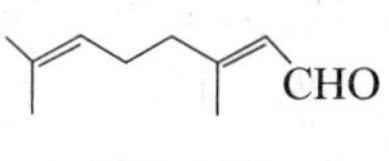

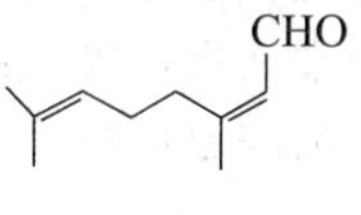

香茅醛　　牻牛儿醛　　橙花醛

牻牛儿醇和橙花醇互为顺反异构体。牻牛儿醇存在于玫瑰油、牻牛儿苗油中，橙花醇存在于香橙油中，它们都有玫瑰香气，是重要的化妆香料。柠檬醛存在于许多香精油中，以柠檬草油和香茅油中含量最高，牻牛儿醛和橙花醛也互为顺反异构体。它们有柠檬香味，广泛用于调味品和香料工业。

2. 单环单萜

大多数单环单萜是苧烷的衍生物。苧烯是单环单萜中分布最广的化合物之一，存在于柠檬油和松节油中。它具有柠檬香气，可作为香料。

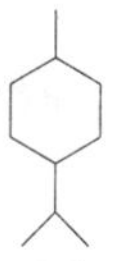

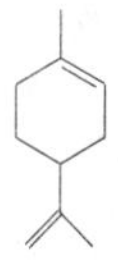

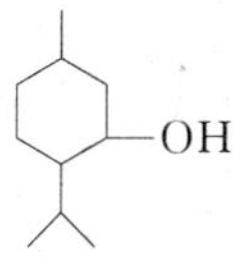

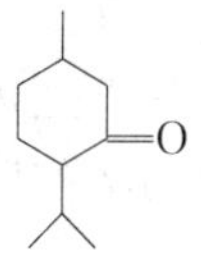

苧烷(对薄荷烷)　　苧烯　　薄荷醇　　薄荷酮

单环单萜较为重要的衍生物是薄荷醇（薄荷脑)，它与薄荷酮共存于薄荷油中，含量达 50%以上。薄荷醇为无色针状晶体，微溶于水，有芳香清凉气味。它有祛风、局部止痛和消炎作用，在医药上可用做清凉剂、祛风剂、防腐剂，是清凉油、人丹等的主要成分，亦可用于化妆品和食品工业。

3. 双环单萜

双环单萜较重要的代表物是蒎烯、冰片和樟脑。

α-蒎烯　β-蒎烯　冰片　樟脑

蒎烯是松节油的主要成分。松节油是从马尾松等树干的切口处流出的松脂制得。经水蒸气蒸馏。馏出的是松节油，残留下的是松香。松节油含 α-蒎烯 60%以上，β-蒎烯 30%及其他萜。

冰片俗称龙脑或 2-莰醇，主要存在于热带植物龙脑的香精油中，为无色片状结晶，熔点 208℃，易升华，味似薄荷，有发汗、镇痉、止痛、灭菌等功用，是人丹和冰硼散的主要成分，亦可用于化妆品工业。

樟脑又称 2-莰酮，主要存在于樟树中，可从樟脑油中结晶出来。樟脑为无色晶体，熔点 180℃，易升华，有愉快的香气。在医药上用做强心剂、祛痰剂和兴奋剂，工业上用于制造电木、赛璐珞，亦可用于驱虫防蛀。

（二）倍半萜

倍半萜是由三个异戊二烯单位组成的萜，常见的有法尼醇（金合欢醇）、昆虫保幼激素，脱落酸等。

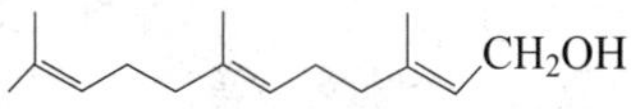

法尼醇 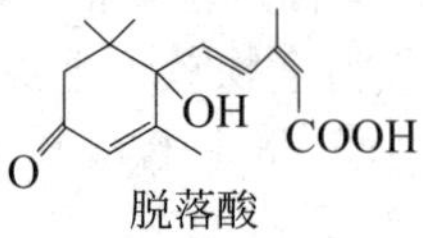　脱落酸

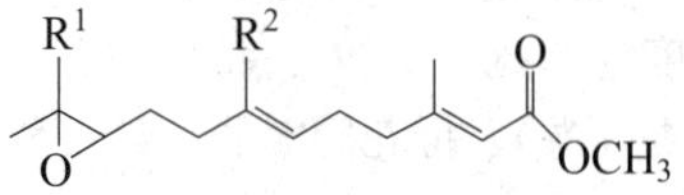

保幼激素(JH)JH_1：$R^1=R^2=C_2H_5$

JH_2：$R^1=C_2H_5$，$R^2=CH_3$

JH_3：$R^1=R^2=CH_3$

法尼醇是无色黏稠状液体，有微弱的花香气味，存在于金合欢油、玫瑰油、茉莉油和橙花油中，具有保幼激素活性，可控制昆虫的变态和性成熟，使幼虫不能变成蛹、蛹不能变成虫、成虫不产卵。法尼醇也可用于配制高级香料。

脱落酸简称 ABA，广泛存在于高等植物中，衰老的、行将脱落的或将要休眠的器官中含量较多，而幼嫩器官中含量较少。脱落酸为无色晶体，显酸性，能溶于稀碱（如$NaHCO_3$中）和多数有机溶剂中，但不溶于苯、石油醚等非极性溶剂。脱落酸是植物内源激素的一种。能抑制植物生长发育，促进落叶和休眠，刺激气孔关闭，并能与促进生长发育的植物激素相颉颃，协同调节植物的生长发育。在农业生产上可用来脱叶，如棉花脱叶后便于机械收割；也可使果树提早休眠，提高抗寒能力。

昆虫保幼激素是昆虫咽侧体分泌的一种激素，能使昆虫保持幼虫状态，可用于养蚕业和防治害虫。

（三）二萜

二萜是由四个异戊二烯单位连接而成的萜类化合物。重要的是维生素 A，它存在于鱼肝油、蛋黄、牛奶及动物的肝脏中。

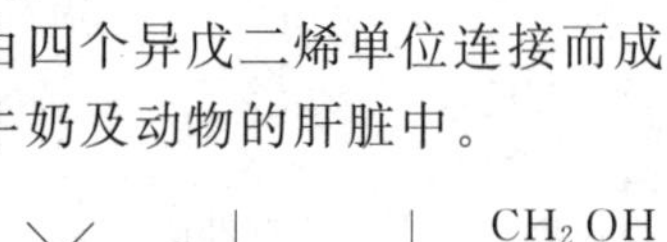

维生素 A_1 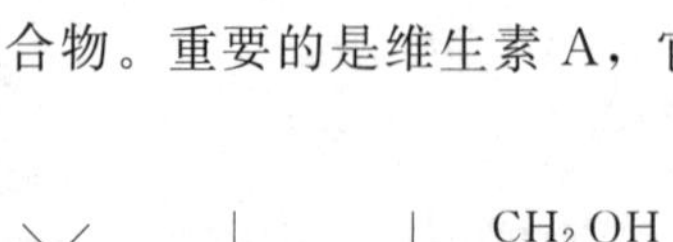　维生素 A_2

维生素 A 分为 A_1 和 A_2 两种。它们都是单环二萜醇类化合物。维生素 A（通常指 A_1）是淡黄色结晶，熔点 64℃，不溶于水，易溶于有机溶剂。属于脂溶性维生素。维生素 A 分子中含多个共轭双键，化学性质比较活泼，容易被紫外线破坏，也容易被空气中的氧氧化而丧失其生理功能。它是哺乳动物正常生长发育所必需的物质。体内缺乏维生素 A 时可导致眼角膜硬化症、夜盲症等，长期缺乏会造成营养不良和生长滞缓。

（四）三萜

三萜是由六个异戊二烯单位连接而成，在生物界分布很广，如角鲨烯三萜皂苷等。角鲨烯是含有六个双键的链状三萜烯。为全反式异构体。广泛存在于酵母、麦芽、鲨鱼甘油、鱼肝油、茶籽油、橄榄油等中。角鲨烯为液体。沸点为 280℃（2266Pa），密度 0.8562g/mL，冰点在－20℃以下。不溶于水，易溶于有机溶剂。

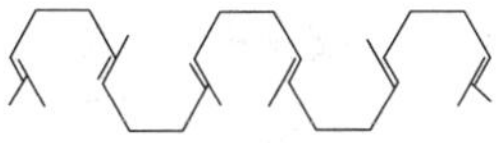

角鲨烯

角鲨烯易环化成三环、四环、五环等环状三萜类化合物。通过化学变化可转变成羊毛甾醇。而羊毛甾醇又是合成其他甾醇的基本单位，从而沟通了萜类化合物和甾体化合物之间的生源关系。

（五）四萜

四萜是由八个异戊二烯单位组成的化合物。这类化合物分子中都含有较长的共轭体系。因此都带有由黄到红的颜色，所以也称为多烯色素。胡萝卜素属于四萜类化合物，广泛存在于植物的花、叶、果实、蛋黄及动物乳汁和脂肪中。

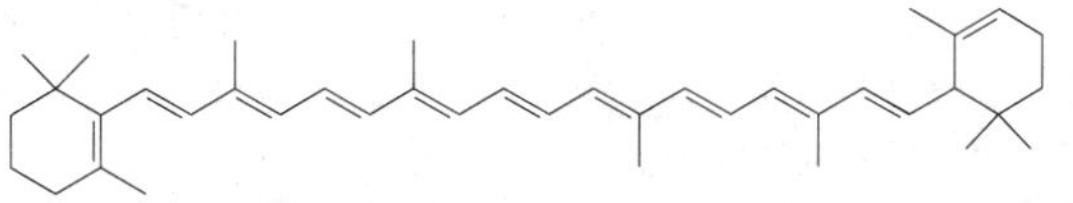

α-胡萝卜素（熔点188℃）

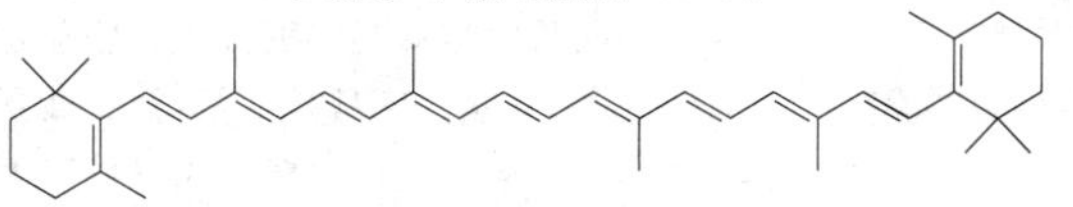

β-胡萝卜素（熔点184℃）

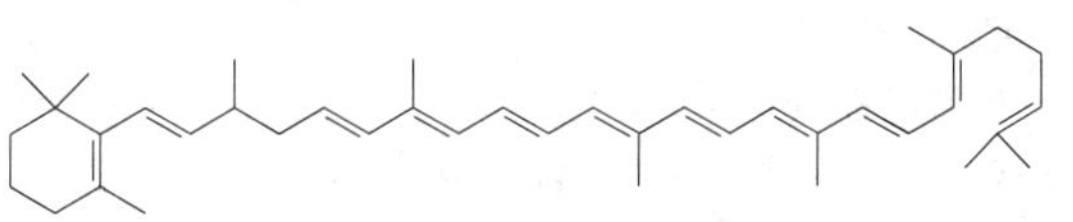

γ-胡萝卜素（熔点178℃）

胡萝卜素是 α、β、γ 三种异构体的混合物，其中以 β-异构体的含量最高（α 15%、β 85%、γ 0.10%）。胡萝卜素是红色或深紫色晶体，难溶于水，易溶于有机溶剂，遇浓硫酸或三氧化硫的氯仿溶液显深蓝色。这种显色反应常用来定性鉴定这类化合物。胡萝卜素在动植物体内可以转化为维生素 A，故称为维生素 A 原。

【阅读材料】

“白色污染”的危害及防治

塑料与钢铁、木材、水泥一起共同构成了现代工业四大基础材料，在国民经济发展中占有重要地位。塑料具有重量轻、耐腐蚀、强度高、容易加工成型、外表美观、色泽鲜艳等优点，使其被广泛应用于工农业及人们的日常生活等各个方面。随着塑料工业的蓬勃发展及大规模的使用，废旧塑料制品与塑料垃圾带来的环境污染也日趋严重，塑料制品的废弃与处置已引起一系列环境问题，“白色污染”已成为家喻户晓的塑料材料污染环境的代名词，并成为全球瞩目的环境公害。正确认识废弃塑料对环境的影响，积极研究它们的处理措施，对保护环境、资源利用都具有重要意义。

一、白色污染的危害

塑料以其价廉及成型方便而被大量用作各种产品的包装物，如塑料袋、塑料快餐盒、塑料餐具、塑料杯盘、塑料桶、塑料包装、农用地膜等，大多数为一次性使用品，用后即弃，造成环境污染。塑料是以石油为原料制得的聚乙烯、聚丙烯、聚氯乙烯、聚苯乙烯等，本身是一种高分子材料，在环境中不易腐烂，难以降解，不仅有碍观瞻，更重要的是它进入土壤后，薄膜碎片对土壤形成阻隔层，阻碍植物根系发育和对水分、养分的吸收，影响植物生长，从而使粮食减产；动物误食塑料袋后，易引起肠梗阻而死亡；塑料袋若被遗弃到江河、湖泊，可导致水生生物死亡，堪称“海洋生物杀手”。

由于塑料废品在高温下会产生许多有毒有害的物质，人们在使用的过程中，对健康将会产生最直接的危害。最典型的例子就是使用一次性的发泡餐具对肝脏和肾脏产生较大的危害，专家研究表明，发泡塑料在高温下产生16种有毒物质，一次性发泡餐具里的有毒物质很可能被食物吸收造成食物污染而危害人体健康。

进入生活垃圾中的塑料废弃物质量轻、体积大，很难处理。如果将其填埋会占用大量土地，且长时间难以降解；对其焚烧会释放出多种化学有毒气体，其中有一种叫做二噁英的化合物，毒性极大，即使摄入很小量的情况下，也能使鸟类和鱼类出现畸形和死亡，对生态环境造成破坏，同时对人也有很大的危害。

二、白色污染的防治措施

1. 研制开发可降解的“绿色塑料”，减少难降解塑料的使用量

首先开发可光降解塑料。可光降解塑料是指在太阳光的照射下，引起光化学反应而使大分子链断裂和分解。例如：纯聚烯烃塑料对紫外线是稳定的，但加入某些光敏性化合物后，可以产生敏化聚烯烃的光降解作用。此外，若通过共聚改性法在塑料基体中引入光敏性基团，则可制得光降解效果更好的光降解性塑料。其次开发生物降解塑料。这类塑料可被环境中的微生物分解。例如：利用纤维素、淀粉、木质素等多糖类天然高分子或将其与合成高分子接枝制得生物降解塑料。也可开发可光降解与生物降解塑料。这类塑料的特点是先使聚烯烃地膜发生光降解，大分子链迅速断裂，分子量迅速降低，然后发生生物降解。

2. 采取不同的措施，回收废旧塑料制品

农业领域中的废旧塑料制品有四个来源：一是农用地膜和棚膜；二是编织袋，如化肥、种子、粮食的包装袋等；三是农田水利管件，包括硬质和软质排水、输水管道；四是塑料绳索和网具。上述这些塑料制品中，回收难度较大的是农用地膜。商业部门的废弃塑料制品，如包装袋、食品盒、饮料瓶等。废塑料回收后，进行分类、清洗消毒处理后再通过加热熔融，即可重新成为制品。

3. 停止使用一次性餐具及超薄塑料制品袋

停止使用一次性餐具及超薄塑料制品袋，尽可能地减少塑料制品的排放，控制和减轻由于一次性制品带来的污染。所以我们在日常生活中，应尽量拒绝一次性的用品，购物提倡使用菜篮子或提兜，商店要禁用一次性塑料袋和其他塑料包装品，市面上要消除一次性塑料制品的流通，只有这样才能从根本上控制和减少塑料制品对环境的污染。

4. 加强环保宣传，提高公民环保意识

加强环保宣传，提高公民环保意识，加强环境保护宣传力度，提高公民的环保意识，将环保理念贯穿于每一个人的思想中，在社会上创造良好的环保氛围，使人人都能自觉地维护环境，它是解决“白色污染”及其他各种污染的前提条件。

总之，由于当前塑料制品的使用规模日益扩大，白色污染越来越严重。所以，如何预防和治理白色污染成为当今社会共同关注的重要课题。我们在大力研制开发绿色可降解塑料的同时，不断加大回收利用的幅度，且多法并进，号召全社会共同参与的方法，尽快处理和杜绝“白色污染”。

本章小结

一、单烯烃

1. 结构

烯烃是分子中含有一个碳碳双键的链烃，其双键碳的杂化类型为 sp^2，双键中一个是 σ 键，另一个是 π 键。单烯烃的通式为 C_nH_{2n}。

2. 化学性质

（1）加成反应

$$R—CH=CH_2 \xrightarrow[Ni]{H_2} RCH_2CH_3$$

$$R—CH═CH_2 \xrightarrow{X_2} RCHXCH_2X$$

$$R—CH═CH_2 \xrightarrow{HX} RCHXCH_3 \text{（符合马氏规则）}$$

$$R—CH═CH_2 \xrightarrow[\text{（过氧化物）}]{HBr} RCH_2CH_2Br \text{（反马氏规则）}$$

马氏规则：当不对称烯烃与卤化氢等不对称试剂加成时，总是不对称试剂的带负电部分加到含氢较少的双键碳原子上，而带正电的部分主要是加到含氢较多的双键碳原子上。这个经验规律叫做马尔科夫尼科夫规则，简称马氏加成规则。

（2）氧化反应

$$R—C(CH_3)═CHR' \xrightarrow{KMnO_4,\ H^+} RC(=O)—CH_3 + R'COOH$$

$$R—C(CH_3)═CHR' \xrightarrow[(2)Zn/H_2O]{(1)O_3} RC(=O)—CH_3 + R'CHO$$

二、炔烃

1. 结构

炔烃是分子中含有一个碳碳叁键的链烃，其叁键碳的杂化类型为 sp，叁键中一个是 σ 键，另两个是 π 键。单炔烃的通式为 C_nH_{2n-2}。与烯烃比较，它们都具有 π 键，所以性质有相似的一面，但由于双键和叁键有所不同，所以化学反应中也表现出它独特的性质。

2. 化学性质

（1）加成反应

$$R—C≡CH \xrightarrow{H_2,\ Ni} RCH═CH_2 \xrightarrow{H_2,\ Ni} RCH_2CH_3$$

$$R—C≡CH \xrightarrow{X_2} RCX═CHX \xrightarrow{X_2} RCX_2CHX_2$$

$$R—C≡CH \xrightarrow{HX} RC(X)═CH_2 \xrightarrow{HX} RCX_2CH_3$$

$$R—C≡CH \xrightarrow[H_2SO_4]{HgSO_4 \cdot H_2O} R—C(=O)—CH_3$$

（2）氧化反应

$$RC≡CR' + KMnO_4 \longrightarrow RCOOH + R'COOH$$

（3）金属炔化物的生成

$$RC≡CH \xrightarrow{Cu(NH_3)_2Cl} RC≡CCu\downarrow \text{（砖红色）}$$

$$RC≡CH \xrightarrow{Ag(NH_3)_2NO_3} RC≡CAg\downarrow \text{（白色）}$$

三、共轭二烯烃

1. 结构

共轭二烯烃是分子中两个双键被一个单键隔开的二烯烃。具有大 π 键，分子结构中存在共轭体系，故双键趋于平均化，从而表现了共轭二烯烃的特殊性质，能发生 1,4-加成反应。

2. 化学性质

（1）加成反应

$$CH_2═CH—CH═CH_2 + Br_2 \xrightarrow{1,2\text{-加成}} CH_2(Br)—CH(Br)—CH═CH_2$$

$$CH_2═CH—CH═CH_2 + Br_2 \xrightarrow{1,4\text{-加成}} CH_2(Br)—CH═CH—CH_2(Br)$$

（2）双烯合成（Diels-Alder）反应

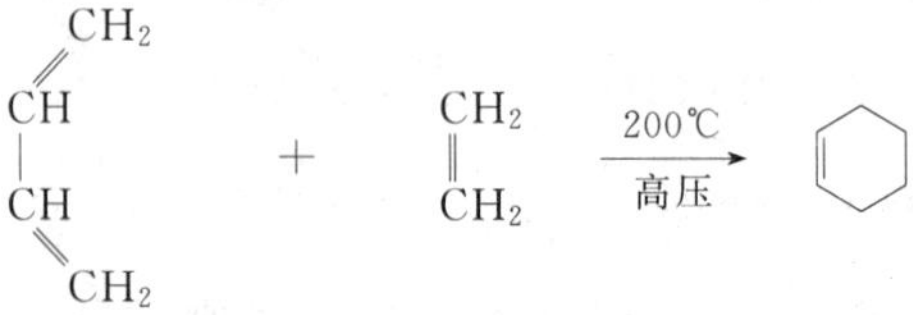

$$CH_2{=}CH{-}CH{=}CH_2 + CH_2{=}CH_2 \xrightarrow[\text{高压}]{200℃} \text{环己烯}$$

3. 诱导效应和共轭效应

是两种电子效应，对有机化合物的性质有一定影响，要明确认识其内涵特点，并将二者加以比较。这两种电子效应可用来解释有机化合物的某些性质和规律。

四、萜类化合物

萜类化合物是由若干个异戊二烯单位首尾相连组成的一类化合物，自然界中的萜类至少含有两个异戊二烯单位。萜类化合物根据分子中所含异戊二烯单位的数目，可分为单萜、倍半萜、双萜、三萜、四萜、多萜等。大多数萜类化合物是香料，很多萜类化合物还有重要的生理作用。

习　题

1. 命名下列烃基或化合物。

（1）$CH{\equiv}C{-}$　（2）$CH_2{=}CH{-}CH_2{-}$　（3）$CH_3{-}CH{=}CH{-}$

（4）$CH_2{=}\underset{|}{C}{-}CH_3$　（5）$CH_3CH_2{-}\underset{\overset{\|}{CH_2}}{C}{-}CH(CH_3)_2$　（6）$CH_2{=}CH{-}CH{=}\underset{\underset{CH_3}{|}}{C}{-}CH_3$

（7）$CH{\equiv}C{-}\underset{\underset{CH_3}{|}}{CH}{-}\underset{\underset{CH_3}{|}}{CH}{-}CH_3$　（8）$CH{\equiv}C{-}CH_2{-}CH_3$

2. 写出下列化合物的结构式。

（1）2,4,4-三甲基-2-戊烯　（2）（*Z*）-3-甲基-2-己烯

（3）（*E*）-3,4-二甲基-2-戊烯　（4）（*Z*）-3-甲基-4-异丙基-3-庚烯

3. 用化学方法鉴别下列各组化合物。

（1）丙烷、丙烯、丙炔　（2）1-丁炔、2-丁炔

（3）戊烷、1-戊炔、1,3-戊二烯

4. 完成下列反应。

（1）$CH_3{-}C{\equiv}C{-}CH_2{-}CH_3 + H_2O \xrightarrow{Hg^{2+}/H^+}$

（2）$CH_2{=}CH{-}CH_2{-}CH_3 + HBr \xrightarrow{H_2O}$

（3）$(CH_3)_2C{=}CH_2 \xrightarrow{\text{冷 } KMnO_4}$

（4）$(CH_3)_2C{=}CH_2 \xrightarrow[\text{②} Zn/H_2O]{\text{①} O_3}$

（5）$(CH_3)_2C{=}CH{-}CH_2{-}CH{=}CH_2 + Br_2 \longrightarrow$

（6）（1,3-丁二烯）$+ CH_2{=}\underset{\underset{CH_3}{|}}{C}{-}COOH \longrightarrow$

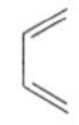

5. 某烃 A 的分子式为 C_6H_{10}，催化氢化仅吸收 1mol 氢；与臭氧反应后，在锌粉存在下水解得 $H{-}\overset{\overset{O}{\|}}{C}{-}CH_2CH_2CH_2CH_2{-}\overset{\overset{O}{\|}}{C}{-}H$。写出 A 的结构式。

6. 分子式为 C_6H_{12} 的 A、B 两个化合物，A 经臭氧化并与锌和酸反应后得乙醛和丁酮，B 经氧化只得丙醛，请写出 A、B 的构造式及有关化学反应式。

7. 有两种烯烃 A 和 B，经催化加氢都得到烷烃 C。A 用 $KMnO_4/H^+$ 氧化得 CH_3COOH 和 $(CH_3)_2CHCOOH$；B 在同样条件下则得 $CH_3{-}\overset{\overset{O}{\|}}{C}{-}CH_3$ 和 CH_3CH_2COOH，请写出 A、B、C 的构造式

及有关化学反应式。

8. 化合物A和B都能使溴的四氯化碳溶液退色。A与硝酸银的氨溶液作用生成沉淀，氧化A得CO_2和丙酸；B不与硝酸银的氨溶液作用，氧化B得CO_2和草酸（HOOC—COOH）。已知A、B的分子式同为C_4H_6，试推测A与B的构造式。

9. 某烃分子式为$C_{10}H_{16}$，能吸收1mol氢，分子中不含甲基、乙基或其他烷基，用酸性高锰酸钾溶液氧化得一对称二酮，其分子式$C_{10}H_{16}O_2$，试推测该烃的构造式。

10. 化合物A的分子式为C_5H_8，与金属钠作用后再与1-溴丙烷作用，生成分子式为C_8H_{14}的化合物B，用高锰酸钾氧化B，得到两种分子式为$C_4H_8O_2$的酸（C和D），C和D彼此互为异构体，A在$HgSO_4$存在下与稀硫酸作用时可得到酮E（$C_5H_{10}O$）。试写出化合物A、B、C、D、E的结构式，并用反应式表示上述转变过程。

第四章 芳 香 烃

学习目标

1. 了解芳香烃的结构和物理性质。
2. 理解芳香烃的结构特点及分类。
3. 掌握芳香烃的化学性质。
4. 了解萘、蒽和菲的结构，理解萘的化学性质。

芳香烃简称芳烃，是芳香族化合物的母体。芳香族化合物最初是指由植物体中取得的一些有香味的物质，随着科学的发展，发现这些物质分子中大多数都含有苯环。因此把含有苯环结构的一大类化合物叫做芳香族化合物，分子中含有一个或多个苯环的烃，称为芳香烃。芳香烃具有“芳香性”，所谓“芳香性”是指环具有特殊稳定性，不易破裂，化学性质表现为不易加成、不易氧化、容易发生取代反应。

实际上，许多含有苯环的化合物并不香，还有很难闻的气味，许多有芳香气味的物质也并不属于芳香烃。因此芳香烃这一名称已失去原来的含义，只是因为习用已久，所以一直沿用至今。

第一节 芳香烃的分类和命名

一、芳香烃的分类

根据芳香烃分子结构中是否含有苯环把芳香烃分为苯系芳烃和非苯系芳烃。不含苯环结构，但结构和化学性质与苯相似的环状烃，称为非苯系芳烃。

芳香烃中大多是苯系芳烃，苯环常被看成是芳香族化合物的结构单元。因此根据是否含有苯环以及所含苯环的数目和连接方式的不同，苯系芳烃常可分为单环芳烃与多环芳烃两大类，多环芳烃又分为多苯代脂肪烃、联苯芳烃和稠环芳烃。

单环芳烃是指分子中含一个苯环的芳烃。如：

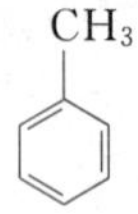

CH_3 C_2H_5 Br NO_2

甲苯 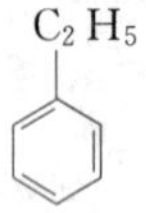 乙苯 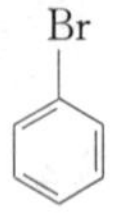 溴苯 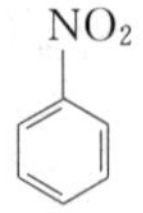 硝基苯

多环芳烃是指分子中含有多个苯环的芳烃。

联苯芳烃和多苯代脂肪烃是指分子中含有两个或两个以上独立苯环的芳烃。如：

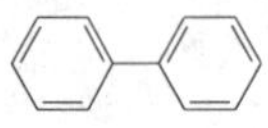

CH_2

联苯(联苯芳烃) 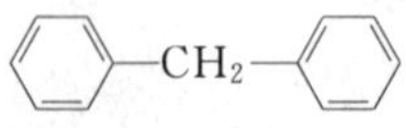 二苯甲烷(多苯代脂肪烃)

稠环芳烃是指分子中含有两个或两个以上苯环，苯环之间共用相邻两个碳原子互相结合的芳烃。如：

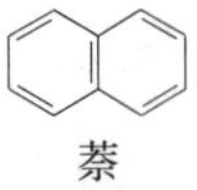

萘 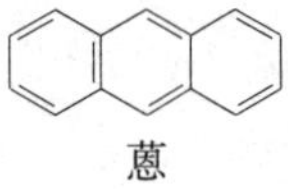 蒽 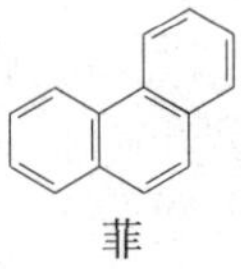 菲

二、芳香烃的命名

苯环上氢原子被烷基取代的苯的一元取代物，在命名时以苯为母体，烷基为取代基。

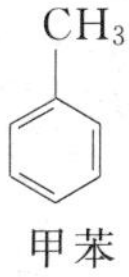

甲苯 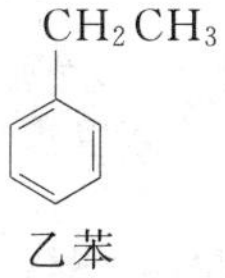　　乙苯 　　正丙苯 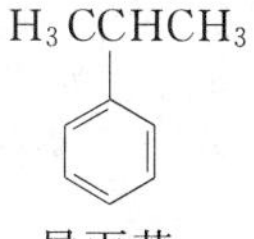　　异丙苯

苯的二元取代物有三种异构体。由于取代基位置不同，在命名时，可在名称前加邻、间、对等字或用阿拉伯数字 1,2-、1,3-、1,4-表示。

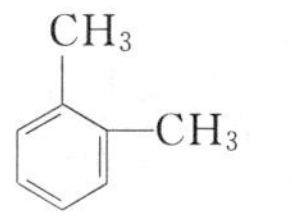

邻二甲苯（1,2-二甲苯）　　间二甲苯（1,3-二甲苯）　　对二甲苯（1,4-二甲苯）

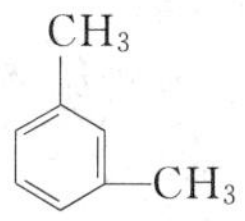

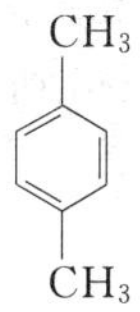

苯环上有三个相同的取代基时有三种异构体，命名时可分别用阿拉伯数字表示取代基的位置，也可用连、偏、均等字来表示它们的位置的不同。

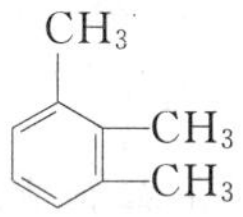

1,2,3-三甲苯（连三甲苯）　　1,2,4-三甲苯（偏三甲苯）　　1,3,5-三甲苯（均三甲苯）

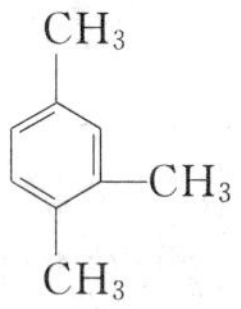

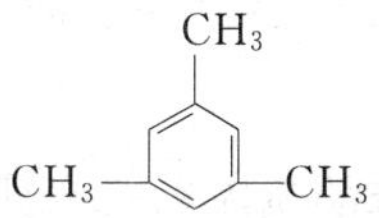

如果苯环上所连烷基不同，编号时选最小的支链为 1 位，然后使其他链的编号最小。当苯环上所连烷基碳原子多于苯环上的碳原子以及支链上有官能团的化合物，也可以把支链作为母体，把苯环当作取代基来命名。

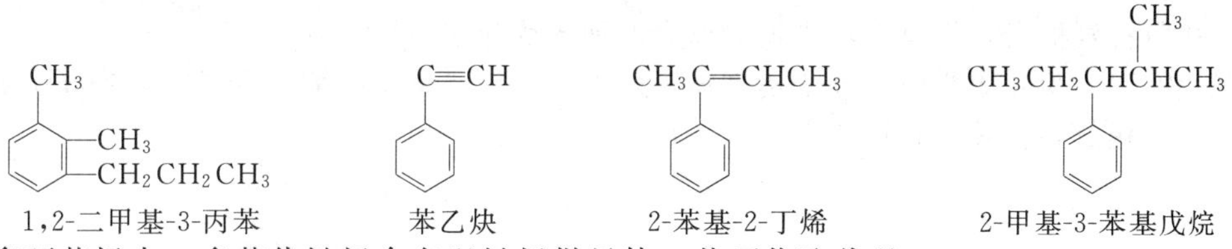

1,2-二甲基-3-丙苯　　苯乙炔　　2-苯基-2-丁烯　　2-甲基-3-苯基戊烷

多环芳烃中，多苯代链烃命名以链烃做母体，苯环作取代基。

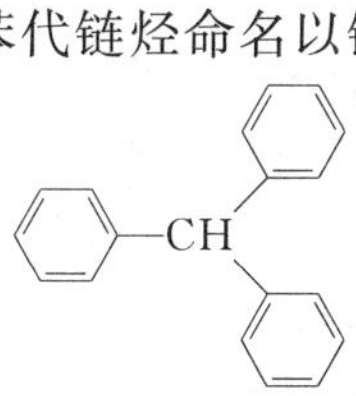

三苯甲烷 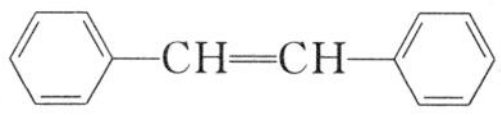　　1,2-二苯乙烯

稠环芳烃一般有特殊的名称。

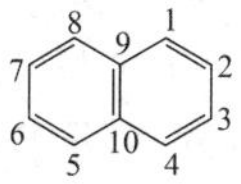

萘 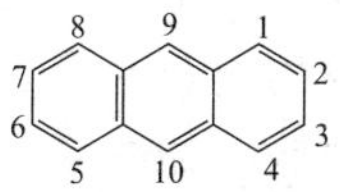　　蒽 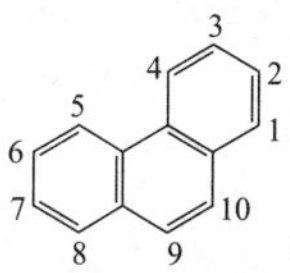　　菲

苯分子去掉一个氢原子后的基团 C_6H_5—叫做苯基，也可以用 Ph—代表。芳烃分子的芳环上去掉一个氢原子后的基团叫做芳基，可用 Ar—代表。甲苯分子中苯环上去掉一个氢原

子后所得的基团 $CH_3C_6H_5$—称甲苯基；如果甲苯的甲基上去掉一个氢原子，$C_6H_5CH_2$—称苯甲基，又称苄基。

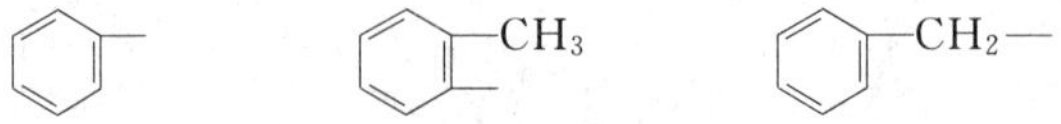

苯基(Ph—)　　邻甲苯基　　苯甲基(苄基)

第二节　单环芳烃的结构

苯是最简单的芳烃，也是芳烃的典型代表。

早在 1925 年，人们就得到了苯，但对苯的结构却经历了漫长的过程。1865 年德国化学家凯库勒提出了苯的结构是一个对称的六碳环。根据元素分析及分子量测定，确定苯的分子式为 C_6H_6。凯库勒把苯的结构写成：

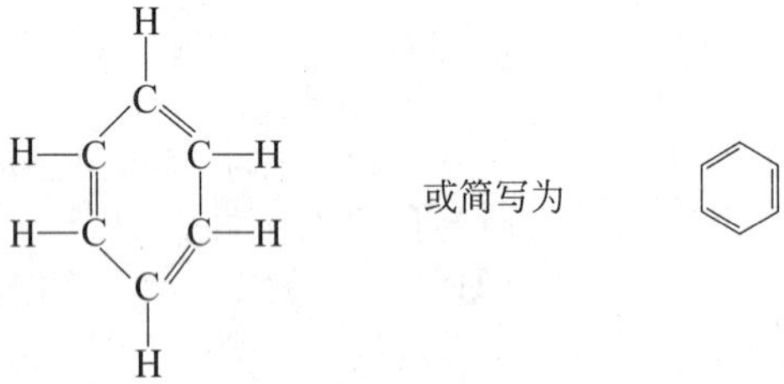

或简写为

这个式子称为苯的凯库勒式。凯库勒式在一定程度上反映了客观事实：如苯加氢时生成环己烷，说明苯是一个环状化合物。苯的一元取代物只有一种，这说明苯分子中的六个氢原子的地位是等同的。苯分子中有相互交替的三个碳碳双键和三个碳碳单键，每个碳原子上都连有一个氢原子，满足了碳的四价。

按凯库勒式，苯分子中有交替的碳碳单键和碳碳双键，单键和双键的键长是不相等的，并且双键应具有烯烃的加成性质，但事实上苯分子中碳碳键的键长完全等同，它们既不同于烷烃中的碳碳单键，也不同于烯烃中的碳碳双键。比一般的碳碳单键短，比一般碳碳双键长一些。性质特别稳定，一般不发生类似烯烃的加成反应。

现代物理实验方法测得苯分子是平面正六边形结构。六个碳原子和六个氢原子分布在同一个平面，相邻碳碳键之间键角为 120°，键长为 0.139nm。

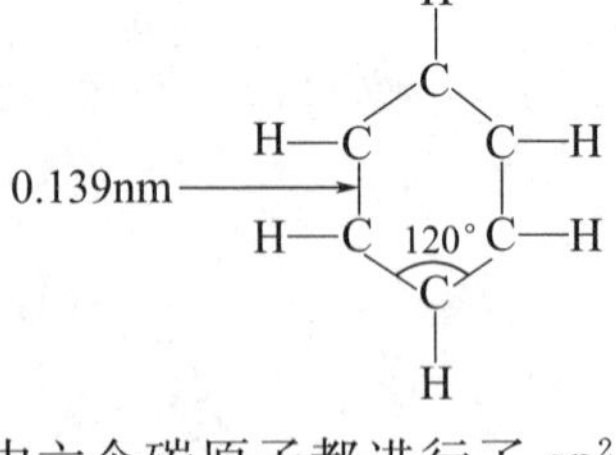

0.139nm　120°

杂化轨道理论认为：苯分子中六个碳原子都进行了 sp^2 杂化，每个碳原子都以两个 sp^2 杂化轨道与相邻两个碳原子相互重叠形成六个 C—C σ 键，每个碳原子又都以一个 sp^2 杂化轨道与氢原子的 s 轨道相互重叠形成六个 C—H σ 键。另外，每个碳原子还有一个未杂化的 p 轨道垂直于此平面，它们的对称轴都相互平行。每个 p 轨道都能以侧面与相邻的 p 轨道相互重叠，形成了一个包含六个碳原子在内的闭合的大 π 键，称为闭合的共轭体系。大 π 键的电子云对称地分布于六碳环平面的上下两侧。如图 4-1 所示。因为成键电子的离域作用，导致每个碳原子上的电子云密度和键长的完全平均化，在苯分子中没有一般意义上的单键和双键之分，六个碳碳键是完全相同的，邻二取代物也只有一种构型。离域作用存在圆形对称中心，如此共轭体系的形成使得苯分子的内能降低，也使苯环具有特殊的化学稳定性，表现出

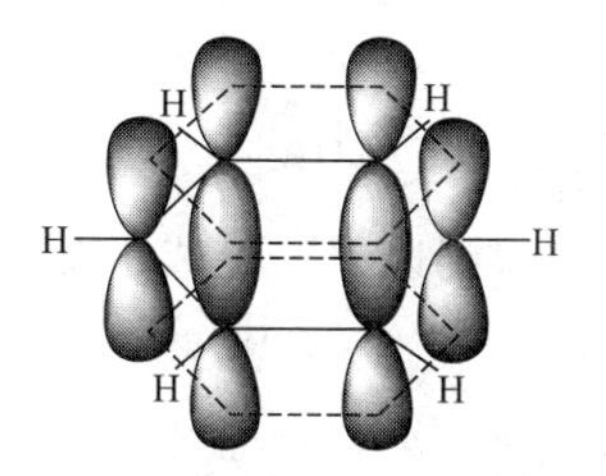

图 4-1　苯分子 p 轨道重叠及苯分子中 π 电子分布示意图

具有芳香性。由于苯分子中存在着共轭的大 π 键，所以也可以用下式表示苯分子，圆圈代表苯分子中的大 π 键。

第三节　单环芳烃的物理性质

单环芳烃中重要的是苯的同系物。苯的同系物通式为：$C_nH_{2n-6}(n\geqslant 6)$，一般为无色易挥发、易燃的液体，具有特殊的气味，比水轻，不溶于水，溶于一般有机溶剂如石油醚、乙醚等。

苯、甲苯、二甲苯等也常用作有机溶剂。芳烃的熔点及沸点变化符合一般规律，在各异构体中，对称性大者熔点较高，溶解度较小。苯及其同系物的相对密度都小于 1。常见单环芳烃的物理常数见表 4-1。

表 4-1　单环芳烃的物理常数

名　　称	熔点/℃	沸点/℃	相对密度(d_4^{20})
苯	5.5	80.1	0.8787
甲苯	−9.5	110.6	0.8669
邻二甲苯	−25.2	144.4	0.8802
间二甲苯	−47.9	139.1	0.8642
对二甲苯	13.2	138.4	0.8611
乙苯	−95	136.1	0.8670
丙苯	−99.5	159	0.8620
异丙苯	−96	152.4	0.8618
连三甲苯	−25.4	176	0.8944
偏三甲苯	−43.8	169.4	0.8758
均三甲苯	−44.7	164.7	0.8652
丁苯	−88	183.8	0.8601
异丁苯	−51.5	172.8	0.8532
苯乙烯	−30.6	145.2	0.906

苯的同系物有毒，长期吸入，能损坏造血器官及神经系统，有时也能导致白血病。贮存和使用这些化合物的场所，应加强通风，在这些场所工作的人员，最好采取一些个人防护措施。

第四节　单环芳烃的化学性质

由于苯环比较稳定，单环芳烃一般不发生苯环上的加成反应和氧化反应，而主要发生苯环上氢原子的取代反应和苯环侧链上的氧化反应。

一、取代反应

（一）卤代反应

室温下，在铁粉或 FeX_3 的催化下，芳环上的氢可以被卤素（氯或溴）取代。如苯的溴代反应如下：

$$C_6H_6 + Br_2 \xrightarrow{FeBr_3} C_6H_5{-}Br + HBr$$

增加反应时间或增大反应物中卤素的比例，可得到以邻二溴苯、对二溴苯为主的产物。

$$C_6H_5{-}Br + Br_2 \xrightarrow{FeBr_3} o\text{-}C_6H_4Br_2 + p\text{-}C_6H_4Br_2$$

甲苯在卤化铁催化下，也发生卤代反应，主要发生在邻位和对位上，并且反应比苯更加容易进行。

$$C_6H_5CH_3 + Cl_2 \xrightarrow{FeCl_3} o\text{-}CH_3C_6H_4Cl + p\text{-}CH_3C_6H_4Cl + HCl$$

当没有催化剂，在加热或光照时，侧链上的氢被取代，生成侧链卤代产物。反应比甲烷容易。

$$C_6H_5CH_3 \xrightarrow{光} C_6H_5CH_2Cl \xrightarrow{光} C_6H_5CHCl_2 \xrightarrow{光} C_6H_5CCl_3$$

苯一氯甲烷　苯二氯甲烷　苯三氯甲烷

（二）硝化反应

苯与浓硫酸和浓硝酸的混合物（也称混酸）作用，在60℃时，苯环上的氢原子被硝基（$—NO_2$）取代，可制得硝基苯。苯环上的氢原子被硝基取代的反应，称作硝化反应。

$$C_6H_6 + HO{-}NO_2 \xrightarrow[60℃]{浓 H_2SO_4} C_6H_5{-}NO_2 + H_2O$$

硝基苯为黄色油状的液体，比水重，有苦杏仁味，有毒。硝基苯进一步硝化时，比苯困难，可生成间二硝基苯。

$$C_6H_5NO_2 + HO{-}NO_2 \xrightarrow[95℃]{浓 H_2SO_4} m\text{-}C_6H_4(NO_2)_2 + H_2O$$

甲苯比苯容易进行硝化反应，在30℃时，即可反应生成邻硝基甲苯和对硝基甲苯，进一步硝化可生成2,4,6-三硝基甲苯。

$$C_6H_5CH_3 + HO{-}NO_2 \xrightarrow[30℃]{H_2SO_4} o\text{-}CH_3C_6H_4NO_2 + p\text{-}CH_3C_6H_4NO_2 \xrightarrow[100℃]{H_2SO_4,\ HNO_3} 2,4,6\text{-}(NO_2)_3C_6H_2CH_3$$

2,4,6-三硝基甲苯

2,4,6-三硝基甲苯俗称TNT，是一种常用的烈性炸药。

（三）磺化反应

苯与浓硫酸或发烟硫酸加热至70～80℃时，则苯环上的氢能被磺基取代，生成苯磺酸。苯环上的氢被磺基（$—SO_3H$）取代的反应称为磺化反应。磺化反应是可逆反应。

$$C_6H_6 + H_2SO_4 \xrightleftharpoons{70\sim80℃} C_6H_5{-}SO_3H + H_2O$$

苯磺酸

苯的同系物如甲苯，比苯更易发生磺化反应，反应在苯环甲基的邻位和对位上。

（四）烷基化和酰基化反应

在一定条件下，向苯环上引入烷基和酰基的反应称为烷基和酰基化反应，也称付瑞德尔-克拉夫兹反应，简称付-克化反应。

无水 $AlCl_3$ 催化下，向苯环上引入烷基的反应，叫烷基化反应。烷基化反应中能提供烷基的试剂称为烷基化试剂。卤代烷、烯烃等可作烷基化试剂。

$$C_6H_6 + CH_3-CH_2Cl \xrightarrow{AlCl_3} C_6H_5-CH_2-CH_3 + HCl$$

$$C_6H_6 + CH_2=CH_2 \xrightarrow{AlCl_3} C_6H_5-CH_2-CH_3$$

烷基化反应中如果碳链较长，反应中碳链发生异构化，而得到较多的异烷基取代物。如：

$$C_6H_6 + CH_3-CH=CH_2 \xrightarrow{AlCl_3} C_6H_5-CH(CH_3)-CH_3$$

$$C_6H_6 + CH_3-CH_2-CH_2Cl \xrightarrow{AlCl_3} C_6H_5-CH_2-CH_2-CH_3 + C_6H_5-CH(CH_3)-CH_3$$

当苯环上有较强的吸电子基团时，烷基化反应不易进行。例如：硝基苯、苯磺酸不能发生烷基化反应。

芳烃在无水 $AlCl_3$ 的催化下与酰卤或酸酐作用，则苯环上的氢原子可以被酰基取代，生成芳酮。这个反应叫做酰基化反应。能提供酰基的试剂称为酰基化试剂。

$$C_6H_6 + \underset{\text{乙酰氯}}{CH_3-\overset{\overset{O}{\|}}{C}-Cl} \xrightarrow{AlCl_3} \underset{\text{苯乙酮}}{C_6H_5-\overset{\overset{O}{\|}}{C}-CH_3} + HCl$$

$$C_6H_6 + C_6H_5-\overset{\overset{O}{\|}}{C}-Cl \xrightarrow{AlCl_3} \underset{\text{二苯酮}}{C_6H_5-\overset{\overset{O}{\|}}{C}-C_6H_5} + HCl$$

二、氧化反应

苯及其同系物可以燃烧，燃烧时产生带大量浓烟的火焰，最终产物是 CO_2 和 H_2O。苯的蒸气与空气混合后，点燃能发生爆炸。

苯环比较稳定，一般条件下不与高锰酸钾、重铬酸钾、稀硝酸等氧化剂发生反应。但当苯环上有侧链时，只要与苯环相连的碳原子上有氢原子，则不论侧链有几个碳原子，侧链都能被氧化成羧基，生成相应的苯甲酸。

$$C_6H_5-CH_3 \xrightarrow{KMnO_4/H^+} \underset{\text{苯甲酸}}{C_6H_5-COOH}$$

$$CH_3-CH_2-CH_2-C_6H_4-CH(CH_3)-CH_3 \xrightarrow{KMnO_4/H^+} \underset{\text{对苯二甲酸}}{HOOC-C_6H_4-COOH}$$

可以利用上述反应来鉴别苯和苯的同系物；由于一个侧链氧化成一个羧基，因此，通过分析氧化产物中羧基的数目和相对位置，还可以推测出原化合物中烷基的数目及相对位置。

尽管苯环很稳定，但如果条件非常强烈，苯仍能被氧化，生成它的分解产物。

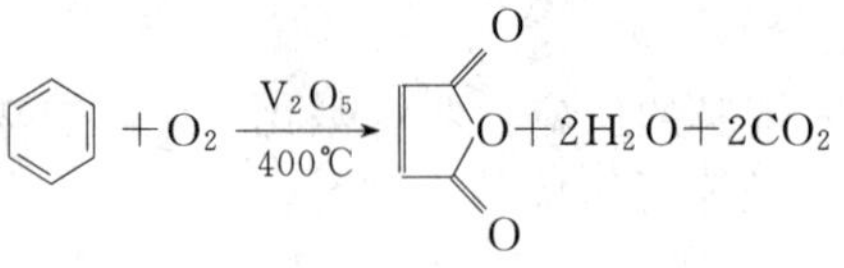

$$C_6H_6 + O_2 \xrightarrow[400℃]{V_2O_5} \text{顺丁烯二酸酐} + 2H_2O + 2CO_2$$

顺丁烯二酸酐

三、加成反应

芳烃比一般的不饱和烃稳定，只有在特殊的条件下才能发生加成反应。例如：在催化剂存在时，苯与氢加成，生成环己烷。

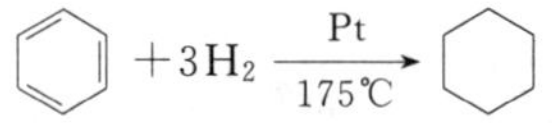

$$C_6H_6 + 3H_2 \xrightarrow[175℃]{Pt} C_6H_{12}$$

又如，在光照和50～55℃条件下，苯与氯气发生加成反应生成六氯环己烷。

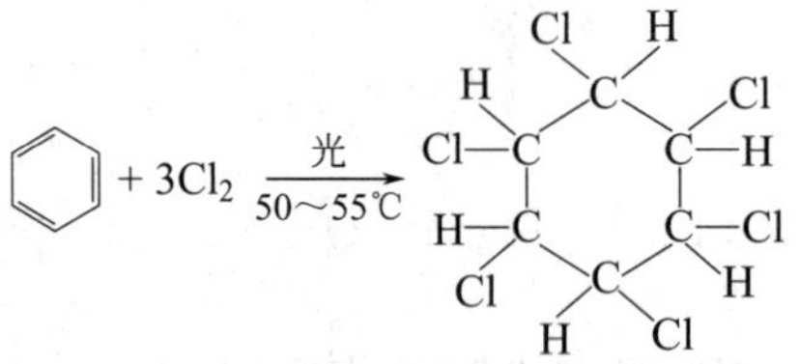

$$C_6H_6 + 3Cl_2 \xrightarrow[50\sim55℃]{\text{光}} C_6H_6Cl_6$$

六氯环己烷

六氯环己烷俗名“六六六”，化学式 $C_6H_6Cl_6$。是过去常用的有机氯农药，因为它在农作物中的残留毒性会引起积累性中毒，我国已禁止使用，并被其他高效低残留的农药所代替，但它在农药的发展史上仍占有一定的地位。

第五节 苯环上取代基的定位规律

一、两类定位基

（一）一元取代物的定位规律

从前面讨论苯的硝化反应可以看到，当硝基苯再继续硝化时，则主要产物为间二硝基苯一种产物；而如果以甲苯为原料进行硝化，则主要产物为邻硝基甲苯和对硝基甲苯两种。这说明苯环上原有的取代基的存在，影响着新的取代基进入苯环的位置。取代基的这个作用，叫做定位作用，原有的取代基叫做定位基。通常把定位基分成两种类型。

第一种类型是邻、对位定位基，这类基团的特点为：与苯环相连的原子均以单键与其他原子相连；与苯环相连的原子大多数含有孤对电子；除卤素以外，均可使苯环发生取代反应，比苯容易，称为苯环的活化。常见邻、对位定位基及活化性能为：

$—O^- > —N(CH_3)_2 > —NHCH_3 > —NH_2 > —OH > —OCH_3 > —NHCOCH_3 > —CH_3 > —CH{=}CH_2 > —R > —Ar > —X$(I、Br、Cl)(卤素原子使苯环致钝)

第二种类型是间位定位基，这类基团的特点为：与苯环相连的原子是带正荷的或是极性不饱和基团；使苯环发生亲电取代反应比苯困难，称为苯环的钝化。常见间位定位基及钝化性能为：

$—N^+(CH_3)_3 > —NO_2 > —CN > —SO_3H > —CHO > —COCH_3 > —COOH > —COOCH_3 > —CONH_2$

（二）二元取代物的定位效应

如果苯环上已经有了两个取代基（定位基），那么第三个取代基进入苯环时，就由前两个定位基来决定它进入苯环的位置。分为两种情况。

1. 苯环上同时含有邻、对位定位基和间位定位基

当苯环上同时含有邻、对位定位基和间位定位基时，第三个取代基进入苯环的位置由邻、对位定位基决定，这是因为邻、对位定位基的定位能力强于间位定位基的定位能力所导致的。同时还要考虑空间位阻的影响，一般说来，在较大基团附近的反应点，因为较大基团的阻碍作用，使试剂难以挤到反应点上，因而削弱了反应的活性，这种作用称为位阻效应。基团大，与进攻试剂的电性相同，其位阻效应也较大。空间位阻效应对反应的难易、位置和方向起着举足轻重的作用，不可忽视。如：

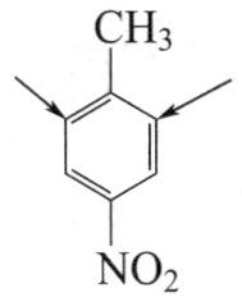

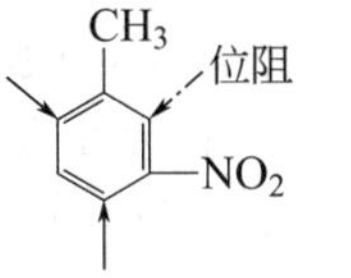

2. 苯环上同时含两个邻、对位定位基或是含两个间位定位基

如果苯环上已经有了两个邻、对位定位基，或者是两个间位定位基，那么第三个取代基进入苯环时，主要由定位能力强的定位基决定。如：

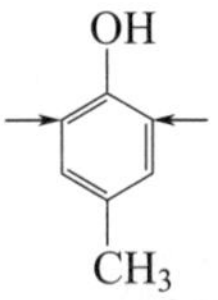

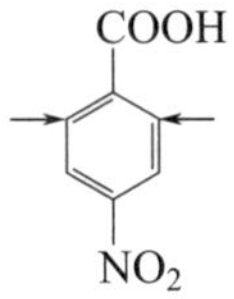

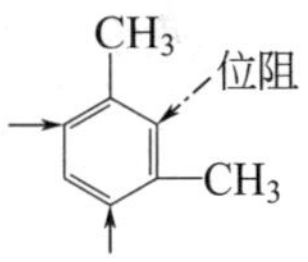

二、定位规律的理论解释

苯环是一个闭合的共轭体系，大 π 键电子云包围着六个碳原子，屏蔽了碳的原子核。这样，苯环就易接受亲电试剂的进攻。除了一些特殊情况外，一般的卤代、硝化、烷基化和酰基化、磺化反应都是亲电取代反应。

亲电试剂总是容易向苯环电子密度较大的部位进攻。在苯环上没有取代基的情况下，六个碳原子的电子云密度是均匀的，亲电试剂可以向任何一个碳原子进攻，而生成一元取代物。但是如果苯环上已经有了取代基（定位基）后，那么通过定位基对苯环的诱导效应和共轭效应，可以使整个苯环电子云密度增大（致活作用），或者使苯环电子云密度减小（致钝作用）。这样，苯环上电子云密度不再是均匀分布，而是出现交替稀密的现象。此时，亲电试剂就主要向电子云密度较大的碳原子进攻，从而使这些碳原子上的取代物占了大多数。

1. 邻、对位定位基

当苯环上有—O^-、—$C(CH_3)_3$、—CH_3 等给电子基团时，其诱导效应使苯环上电子云密度增大，对苯环有致活作用，有利于苯环发生亲电取代反应。诱导效应沿共轭体系较多地传给该基团的邻位、对位，使电子云密度较间位大，所以主要生成的是邻、对位取代产物。

当苯环上连有—NH_2、—OH、—OR 等吸电子基团时，由于氧原子、氮原子的电负性较大，所以会吸引苯环上的电子向着氧原子或氮原子靠近，发生吸电子的诱导效应，同时，氧原子和氮原子有 p 轨道，与苯环形成 p-π 共轭，使电子向苯环转移，诱导效应和共轭效应作用的结果，共轭效应占优势，因而苯环上的电子云密度增大而活化，并且位于吸电子基团邻位和对位上的碳原子电子云密度增加更明显，则邻、对位产物为主要产物。

当苯环上连有—X(F^-、Cl^-、Br^-、I^-）吸电子基团时，根据量子力学计算和实验推论知道，卤原子是诱导效应占优势，从而使苯环钝化，但仍然是邻、对位电子云密度较间位多，所以主要产物也是邻、对位的。

以甲苯和氯苯为例，分子中电子密度分配如下（量子力学计算的相对密度以苯为1）：

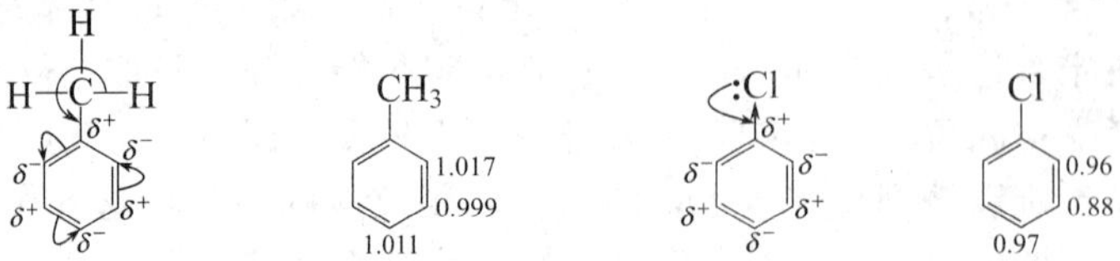

2. 间位定位基

当苯环上连有$—NO_2$、$—SO_3H$、$—CHO$、$—COCH_3$、$—COOH$、$—COOCH_3$、$—CONH_2$等吸电子基团时，由于其吸电子作用，同时还可与苯环发生π-π共轭，使电子均向取代基电负性较大的氧原子转移。吸电子的诱导效应和吸电子的共轭效应使得苯环上电子云密度减小，从而苯环发生亲电取代反应的活性降低（苯环致钝）。两种电子效应沿共轭体系传递的结果，苯环的邻、对位电子云密度降低较多，所以亲电取代反应主要发生在该基团电子云密度较大的间位。

当苯环上连有$—N^+(CH_3)_3$等带正电荷的基团时，由于这些基团对电子强烈地吸引，导致苯环的电子云密度降低，反应时也发生在该基团的间位。

如硝基苯分子的电子密度分布情况为：

取代基的定位效应是影响取代反应的主要因素，另外，苯环上亲电取代反应还受试剂性质、反应的温度、溶剂及取代基空间大小的影响。

三、定位规律的应用

应用定位规律可以选择适当的合成路线以及预测亲电取代反应的主要产物。

（一）根据取代基的定位规律，选择适当的合成路线

如由苯制取间硝基溴苯，应先硝化，再溴代。

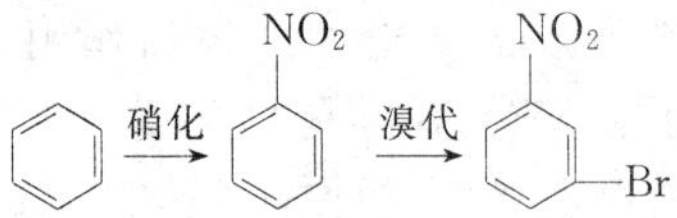

但是如果制取对硝基溴苯，则应先溴代，再硝化，否则不能得到目标化合物。

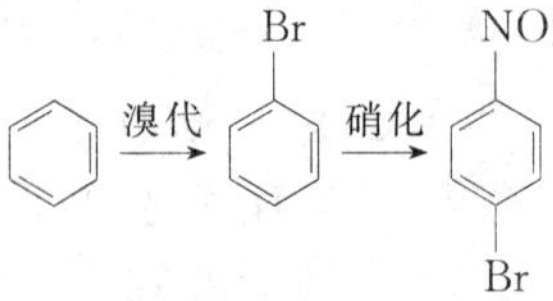

（二）根据取代基的定位规律，预测亲电取代反应的主要产物

两个取代基的定位效应一致时，第三个取代基进入位置由上述取代基的定位规则来决定。例如：

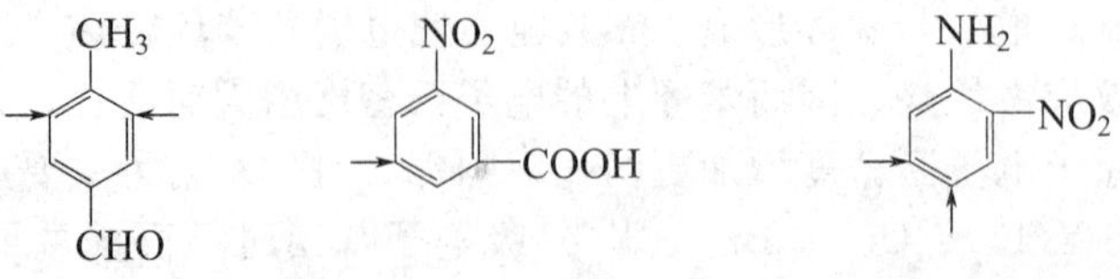

两个取代基的定位效应不一致时，第三个取代基进入的位置主要由定位效应强的取代基所决定。例如：

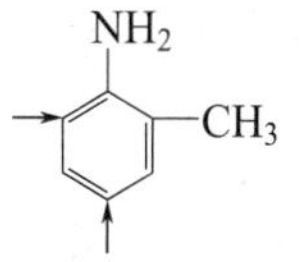

两个取代基处于间位时，由于其间位的空间位阻大，产物很少，可以不写。例如：

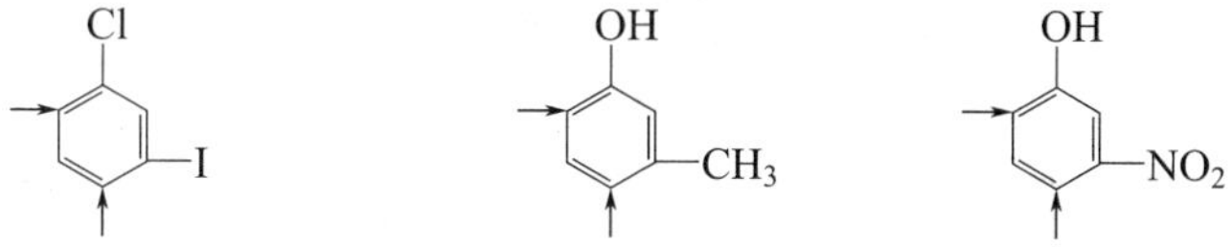

第六节　稠环芳烃

两个环共用两个相邻原子而组成的多环体系称为稠环。由两个或两个以上苯环共用两个相邻的碳原子的芳香烃，称为稠环芳香烃。

稠环芳香烃的结构与苯的结构有许多相似之处，如：它们也都是平面型分子，每个碳原子都是 sp^2 杂化，所有 p 轨道都相互侧面重叠而形成闭合的共轭体系。与苯也有不同之处，如在稠环芳香烃中，各 p 轨道重叠程度是不同的，电子密度分布不完全平均化，各碳与碳间的键长也不完全相等。由于稠环芳香烃的结构与苯大同小异，所以它们有与苯相似的芳香性，但其芳香性不如苯。

稠环芳香烃都是固体，相对密度大于 1，许多稠环芳香烃有致癌作用。稠环芳香烃的碳原子编号是统一规定的，命名时应该注意。下面介绍几种比较重要的稠环芳烃：萘、蒽和菲。

一、萘

（一）物理性质及命名

萘是无色片状晶体，具有类似樟脑的气味，熔点 80.3℃，沸点 218℃，不溶于水，能溶于乙醇、乙醚、苯等有机溶剂，易升华。

萘具有杀菌、防蛀和驱虫的效能，过去常用萘做卫生球，现已发现萘对人体也有一定的毒性，故已不用萘做卫生球，而用樟脑球。萘是制造 α-萘乙酸和一些药物的主要原料。

萘是两个苯环稠合而成的化合物，它的化学式和结构式如下：

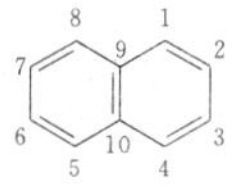

$C_{10}H_8$

1,4,5,8 称 α 位
2,3,6,7 称 β 位
9,10 两位原子上无氢原子

萘分子中的 10 个碳原子虽然位于同一平面上，但各碳原子并不相同（与苯环上的碳原子不同），其中 α 位碳原子上的氢原子较活泼，而 β 位次之。

命名时，一个取代基可以用阿拉伯数字或希腊字母标明其位置；但如果两个或两个以上取代基时，必须用阿拉伯数字标位。

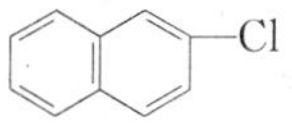

2-氯萘(β-氯萘) 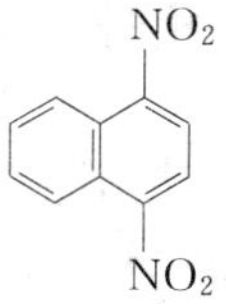　　1,4-二硝基萘

（二）化学性质

萘的芳香性略差于苯，具体表现其性质比苯活泼：更容易发生亲电取代、加成、氧化等

反应。亲电取代反应主要发生在 α 位上。

1. 取代反应

萘可以发生卤代、硝化、磺化及酰基化反应。

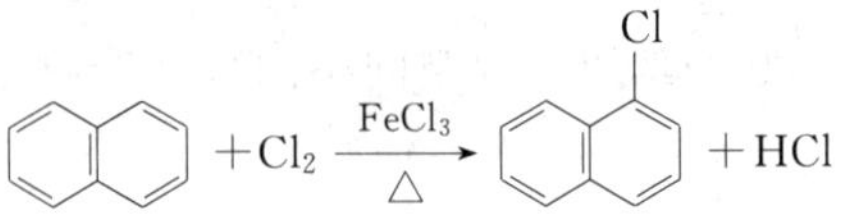

$$+Cl_2 \xrightarrow[\triangle]{FeCl_3} + HCl$$

α-氯萘

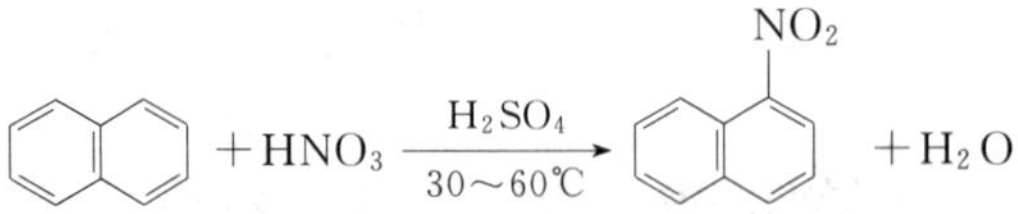

$$+HNO_3 \xrightarrow[30\sim60℃]{H_2SO_4} + H_2O$$

α-硝基萘

$$+H_2SO_4 \longrightarrow + H_2O$$

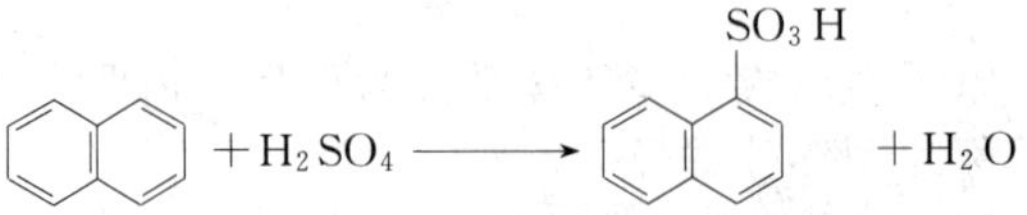

α-萘磺酸

萘的酰基化反应既可以发生在 α 位，也可以发生在 β 位，反应产物与温度和溶剂有关。

2. 氧化反应

萘环比苯更易被氧化，如在 V_2O_5 催化下，能被氧化开环生成邻苯二甲酸酐。

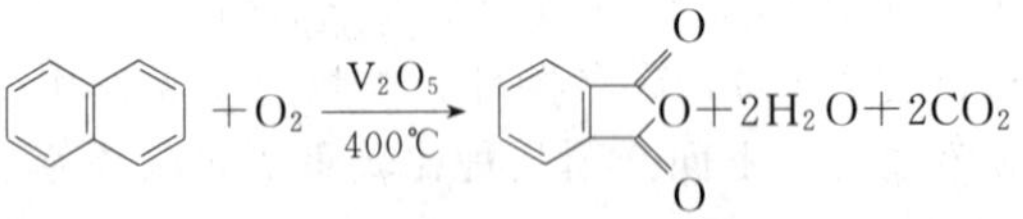

$$+O_2 \xrightarrow[400℃]{V_2O_5} +2H_2O+2CO_2$$

邻苯二甲酸酐

3. 加成反应

在加成反应中，萘的活泼性更为显著，不需要光就可以加氯。

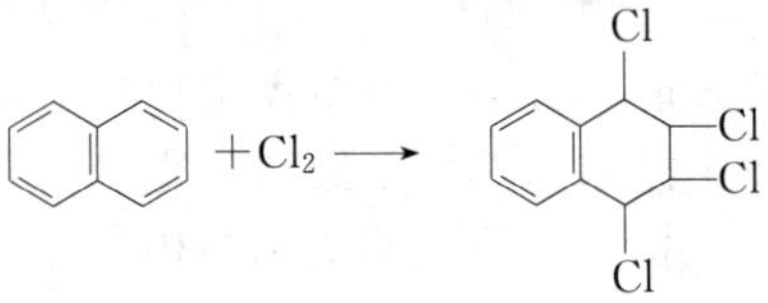

$$+Cl_2 \longrightarrow$$

1,2,3,4-四氯四氢萘

加成后的产物含有一个苯环，如再继续进行加成，需要在与苯加成一样的条件下进行。

二、蒽、菲

蒽和菲的分子式都是 $C_{14}H_{20}$，互为同分异构体，结构式如下：

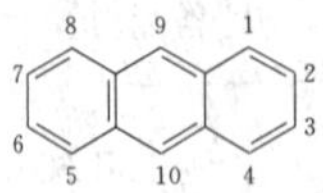

蒽 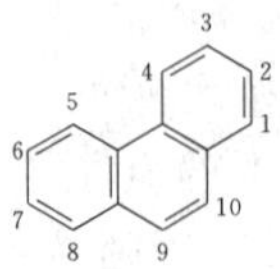　　　菲

在菲和蒽分子中，1,4,5,8 相同，称 α 位；2,3,6,7 相同，称 β 位；蒽分子中的 9,10 位称为 γ 位。

在蒽和菲的分子结构中，γ 位活泼，α 位次之，β 位又次之。蒽和菲都存在于煤焦油中，都是无色片状晶体，不溶于水，易溶于酒精、苯或乙醚中。蒽和菲的芳香性比苯和萘都差。

有些中草药的有效成分含有蒽的基本结构。对生物体有作用的许多天然化合物如甾醇、生物碱、性激素等的分子中都有菲的衍生物。

稠环芳香烃是合成染料、药物等的重要原料。

第七节　多官能团化合物的命名

分子中含有两个或两个以上官能团的化合物，称为多官能团化合物。对多官能团的有机化合物命名时，有一定要求，需按规定选择次序优先官能团作为化合物母体名称，其他官能团作为取代基，系统命名法规定的官能团优先次序大体上为：正离子（如$—NH_3^+$）、羧基（—COOH）、磺基（$—SO_3H$）、烃氧基酰基（—COOR）、卤甲酰基（—COX）、氨基甲酰（$—CONH_2$）、氰基（—CN）、醛基（—CHO）、酮基（$\rangle C=O$）、羟基（—OH）、巯基（—SH）、氨基（$—NH_2$）、醚键（R—O—R′）、硫醚键（R—S—R′）、烃基（—R）、烃氧基（—OR）等，这个顺序中，排在前面的为母体，后面的为取代基。基团所对应的母体名称为：铵盐、羧酸、磺酸、酸的衍生物（酯、酰卤、酰胺）、腈、醛、酮、醇、酚、硫醇、胺、醚、硫醚、炔、烯、芳香烃或烷烃等，至于卤素、硝基等官能团，只能作为取代基来命名。现举例如下。

当分子中含有双键和叁键时，叁键作母体，命名为某烯某炔。其具体规则如下：选择包含双键和叁键在内的最长碳链为主链，编号从最先遇到的双键或叁键的一端开始，并以双键在前、叁键在后的原则命名。如果双键和叁键处于相同的编号位置，则从靠近双键的一端开始编号，同样以双键在前、叁键在后的原则命名。如：

$CH_3—CH=CH—C\equiv CH$
3-戊烯-1-炔

$CH_3—C\equiv C—CH=CH_2$
1-戊烯-3-炔

当分子中同时含有羟基与不饱和烃基或芳香烃基时，则羟基作为母体命名。如：

$CH_3—CH(OH)—CH_2—C\equiv CH$
4-戊炔-2-醇

$CH_3—CH(OH)—CH=CH_2$
3-丁烯-2-醇

$C_6H_5—CH_2—CH(OH)—CH_3$
1-苯基-2-丙醇

当分子中同时含有酚羟基（羟基直接和芳环相连）和醇羟基时，以醇羟基作母体。如：

$HO—C_6H_4—CH_2OH$
对羟基苯甲醇

当不饱和官能团与醛基或羧基同在一分子内时，把不饱和基团看作取代基。如：

$CH_3—CH_2—CH=CH—CHO$
2-戊烯醛

$CH_3—CH=CH—CH(C_2H_5)—COOH$
2-乙基-3-戊烯酸

当酮基（或酰基）与羧基或酯键同在一分子时，把羧基或酯键作为母体来命名。

$CH_3—C(=O)—CH_2—COOH$
3-丁酮酸（乙酰乙酸）

$CH_3—C(=O)—CH_2—COOCH_2CH_3$
乙酰乙酸乙酯

当分子中同时含有羟基与羧基时，羧基作为母体来命名。如：

$CH_3—CH(OH)—COOH$
2-羟基丙酸（乳酸）

$HOOC—CH(OH)—CH_2—COOH$
羟基丁二酸（苹果酸）

磺基作母体的例子：

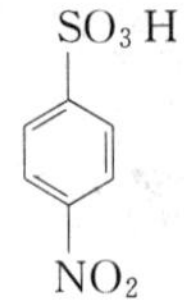

对硝基苯磺酸 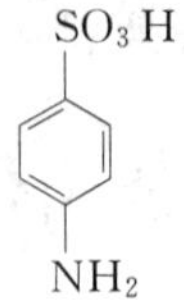　对氨基苯磺酸 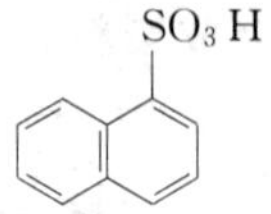　α-萘磺酸

下面是卤素、硝基只能作取代基的例子。

$CH_3—CH(Cl)—CH_2—CH_3$

2-氯丁烷

$CH_3—CH(Br)—COOH$

2-溴丙酸

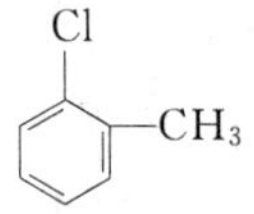

2-氯甲苯(邻氯甲苯)

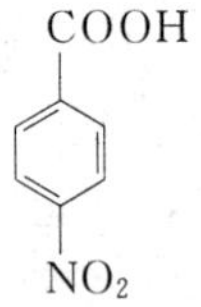

对硝基苯甲酸 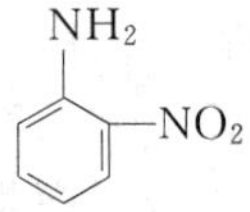　2-硝基苯胺(邻硝基苯胺) 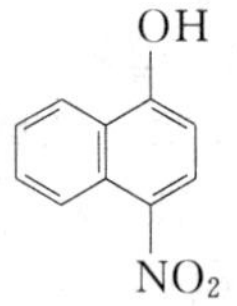　4-硝基-1-萘酚

关于多官能团的化合物以后还会经常遇到，希望在以后的学习中，多联系这一部分知识，使这部分知识得以巩固。

【阅读材料】

苯结构的发现——猜想和假设的科学方法在化学科学中的应用

1864年德国著名化学家凯库勒经大胆地假设，建立了苯的环状结构学说。那天晚上，凯库勒继续他的研究工作，但一直没有进展，他的思想开起了小差，打起瞌睡来了，原子又在他的眼前跳跃起来，他能分辨出各种形状的大结构；也能分辨出有时紧密地靠近在一起的长行分子；它们盘绕、旋转，像蛇一样地扭动着。他突然发现有一条蛇咬住了自己的尾巴，这个形状虚幻地在他的眼前旋转着，像是电光一闪，他醒了……此时，凯库勒对苯的结构有了新奇的想法，他花了这一夜的其余时间，做出了苯是环状结构的假想。事实证明，在认识自然界的过程中猜想和假设等科学方法发挥着至关重要的作用。

致癌芳香烃

稠环芳香烃及其衍生物是致癌的芳香烃。3个苯环稠合在一起的稠环烃（蒽、菲）本身并不致癌，但是在分子某些碳上连有甲基时，就有致癌性了；4环和5环的稠环烃以及它们的部分甲基衍生物都有致癌性；6环的部分稠环芳烃也有致癌性。如1,2,5,6-二苯并蒽和1,2-苯并芘都有高度的致癌性。

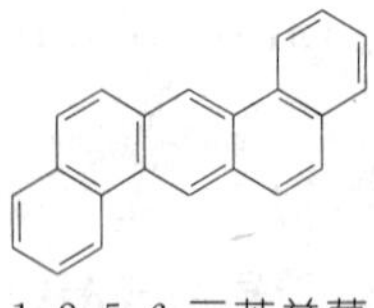

1,2,5,6-二苯并蒽 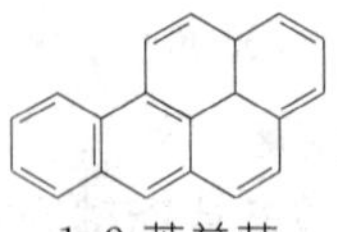　1,2-苯并芘

煤和木材燃烧中的烟、内燃机排出的废气、熏制的食品和烧焦的食物都含有微量的1,2-苯并芘。城市空气中1,2-苯并芘的含量比农村高。卷烟燃烧可得到1,2-苯并芘。

本 章 小 结

1. 芳香烃是分子中具有苯环结构或结构、性质与苯相似的碳氢化合物。根据苯环的数目和联结方式的不同，苯系芳烃常可分为单环芳烃与多环芳烃两大类，多环芳烃又分为多苯代脂肪烃、联苯芳烃和稠环芳烃。

2. 苯是芳香烃的重要代表物，苯分子结构是平面正六边形，由于分子中形成闭合的大π键，电子云密度、键长完全平均化，使苯环具有芳香性。

物理性质：芳香烃一般为无色易挥发、易燃的液体，具有特殊的气味，比水轻，不溶于水，溶于一般有机溶剂如石油醚、乙醚等。苯、甲苯、二甲苯等也常用作有机溶剂。芳烃的熔点及沸点变化符合一般规律，在各异构体中，对称性大者熔点较高，溶解度较小。苯及其同系物的相对密度都小于1。苯的同系物有毒，长期吸入，能损坏造血器官及神经系统，有时也能导致白血病。

化学性质：易发生取代反应，而不易发生加成反应。

(1) 卤代：室温下，在铁粉或 FeX_3 的催化下，芳环上的氢可以被卤素（氯或溴）取代。

(2) 硝化：苯及苯的同系物与浓硫酸和浓硝酸的混合物（也称混酸）作用，能生成苯环上被硝基($—NO_2$)取代的化合物。

(3) 磺化：苯及苯的同系物与浓硫酸或发烟硫酸加热至70～80℃时，则苯环上的氢能被磺基($—SO_3H$)取代，生成苯磺酸。甲苯比苯更易发生磺化反应，反应在苯环甲基的邻位和对位上。

(4) 烷基化和酰基化等亲电取代反应：无水 $AlCl_3$ 催化下，卤代烷、烯烃等向苯环上引入烷基的反应，叫烷基化反应。芳烃在无水 $AlCl_3$ 的催化下与酰卤或酸酐作用，则苯环上的氢原子可以被酰基取代，生成芳酮。这个反应叫做酰基化反应。烷基化反应和酰基化反应也统称付-克反应。

芳香烃在特殊的条件下，也能发生氧化反应和加成反应。

3. 定位基规律：当苯环存在定位基时，另一个取代基进入苯环的位置受苯环上已有的定位基支配。苯环上原有的取代基，称为定位基。定位基为两种类型，一类是邻、对位定位基，这类基团的特点为：与苯环相连的原子均以单键与其他原子相连；与苯环相连的原子大多数含有孤对电子；除卤素以外，均可使苯环发生取代反应比苯容易，称为苯环的活化。第二类是间位定位基，这类基团的特点为：与苯环相连的原子是带正电荷的或是极性不饱和基团；使苯环发生亲电取代反应比苯困难，称为苯环的钝化。常利用苯环上取代基的定位规律可以选择适当的合成路线以及预测亲电取代反应的主要产物。

4. 稠环芳香烃中，最主要的是萘、蒽、菲，它们的结构与苯相似，都是平面型的，但碳碳之间的键长不相等，所以与苯相比，更活泼一些，更容易发生取代反应、加成反应及氧化反应。

习 题

1. 写出下列化合物的结构简式。

(1) 邻二甲苯　　(2) 均三甲苯

(3) 2-苯基丙烯　　(4) 1-甲基-4-乙基-3-异丙基苯

(5) 对氨基苯磺酸　　(6) 4-氯-2,3-二硝基甲苯

(7) 2-硝基-4-甲基苯磺酸　　(8) *β*-硝基萘

2. 用系统命名法命名下列化合物。

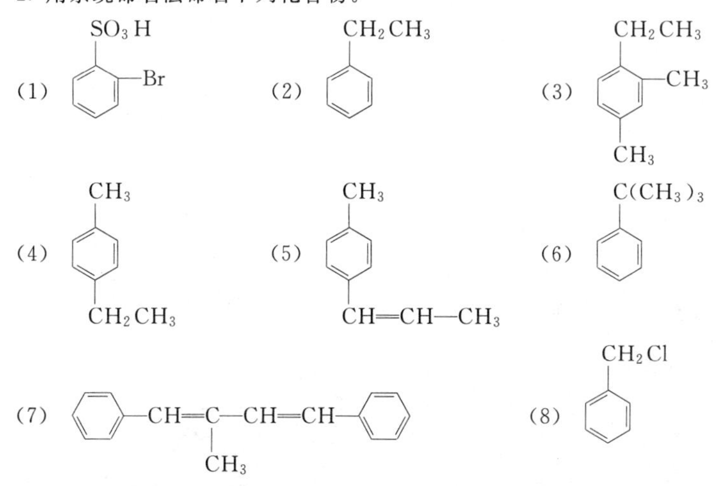

3. 用化学方法鉴别下列各组物质。

(1) 苯、甲苯、环丙烷　　(2) 苯乙烯、苯乙炔、乙苯

(3) 环已烯、环已烷、甲苯　　(4) 苯、环已烷、1-已炔

4. 写出下列反应的主产物。

(1) 甲苯 $\xrightarrow[H_2SO_4]{浓 HNO_3}$

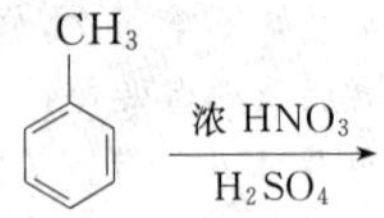

(2) 苯 + $(CH_3)_2C=CH_2$ $\xrightarrow{AlCl_3}$

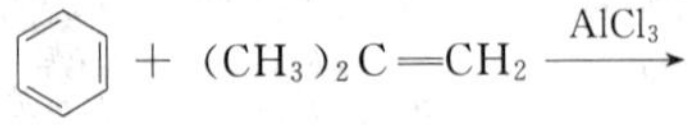

(3) 乙苯（C_2H_5） $+Cl_2$ $\xrightarrow{光}$

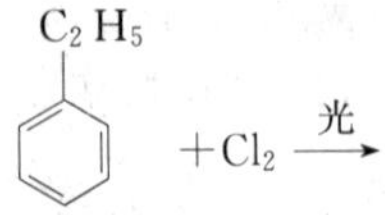

(4) 苯 + 苄氯（CH_2Cl） $\xrightarrow{AlCl_3}$

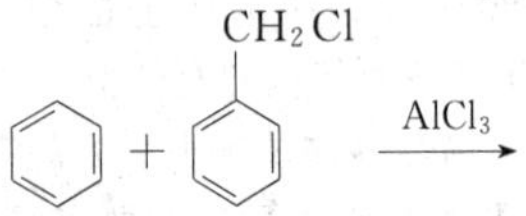

5. 以苯为原料制取下列化合物。

(1) 邻溴苯磺酸　　(2) 间硝基苯甲酸　　(3) 对氯苯甲酸

6. 用箭头表示发生取代反应时，新基团进入苯环的位置。

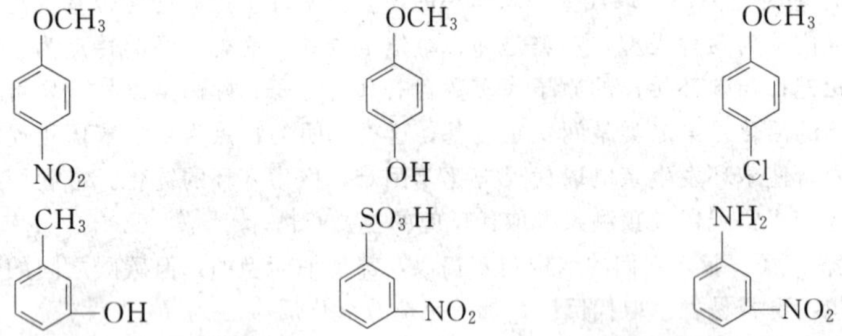

OCH_3 / NO_2（对位）　　OCH_3 / OH（对位）　　OCH_3 / Cl（对位）

CH_3 / OH（间位）　　SO_3H / NO_2（间位）　　NH_2 / NO_2（间位）

7. A、B、C 三种芳烃的分子式都是 C_9H_{12}，侧链充分氧化后，再用 NaOH 溶液滴定。1mol A 耗去 1mol NaOH，1mol B 耗去 2mol NaOH，1mol C 耗去 3mol NaOH，写出 A、B、C 三种芳烃的名称。

8. A、B、C 三种芳烃分子式皆为 C_9H_{12}，氧化时 A 生成一元羧酸，B 生成二元羧酸，C 生成三元羧酸。但硝化时 A 和 B 分别得到两种一元硝化物，而 C 只得一种一元硝化物。推出 A、B、C 的结构简式。

9. 三种三溴苯经硝化后，分别得一种、两种、三种一硝基取代物，请写出原来三种三溴苯的结构，并写出它们的硝化产物。

第五章　旋光异构

学习目标

1. 理解偏光现象、物质的旋光性、旋光度、比旋光度、左旋和右旋等概念。

2. 了解旋光仪的构造，掌握旋光仪的使用方法，能利用旋光仪对某些具有旋光性的有机化合物旋光度的测定。

3. 掌握手性碳原子、对映体、内消旋体、外消旋体的含义及分子对称性的判断方法。

4. 掌握费舍尔投影式表示构型的方法，学会D/L和R/S两种标记方法标记分子的构型。

分子结构包含构造、构型和构象三个方面。构造是分子内原子的连接顺序，具有相同分子式但各原子成键顺序不同称为构造异构。构象和构型是指在一定构造的分子中各原子在空间的排布位置，对于不同空间排布的异构体，凡是能经单键旋转相互转化的属于构象异构，不能相互转化的属于构型异构。构型异构和构象异构同属立体异构，而构型异构又可分为顺反异构和对映异构（旋光异构），前面我们已经学习过顺反异构，下面我们将重点讨论对映异构现象。

第一节　物质的旋光性

一、偏振光和物质的旋光性

光是一种含有各种波长的电磁波，是在各个不同的平面上振动的，光波振动的方向是与光前进的方向垂直的。但如果让它通过一个尼科尔棱镜（用冰洲石制成的棱镜），该棱镜如同一个栅栏，只允许和棱镜晶轴平行的平面上振动的光通过，而把在其他平面上振动的光挡住。这样一部分光波就被阻挡不能通过，则通过棱镜的光就只在一个方向上振动，这种光叫做偏振光，简称偏光，如图5-1所示。

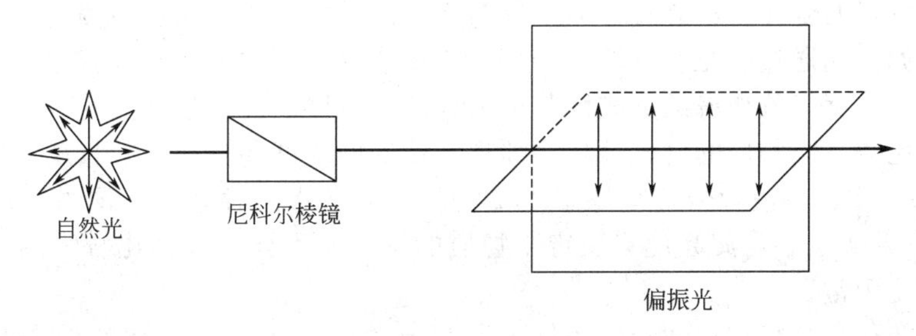

图5-1　自然光转变为偏振光示意图

当偏振光通过一些物质时，例如水、酒精等，这些物质对偏振光的振动方向没有改变，即透过物质的偏振光仍在原方向上振动，这类物质称非旋光性物质。而有的物质却能使偏振光的振动方向发生旋转，例如乳酸、葡萄糖等，这种能旋转偏振光的振动方向的性质叫旋光性或光学活性。具有旋光性的物质称旋光性物质或光活性物质。

其中能使偏振光的振动方向向右旋转（顺时针方向）的物质，叫做右旋物质，常用“d”（拉丁文 dextro 的缩写，“右”的意思）或“+”表示；反之，使偏振光向左旋转（逆时针方向）的物质，叫做左旋物质，常用“l”（拉丁文 laevo 的缩写，“左”的意思）或“−”表示。偏振光振动方向的旋转角度，叫做旋光度，用“α”表示。

二、旋光仪与比旋光度

1. 旋光仪

旋光性物质的旋光度和旋光方向可用旋光仪进行测定。旋光仪主要由一个单色光光源、两个尼科尔棱镜、一个盛测试样品的盛液管、一个目镜和一个刻度盘所组成，如图 5-2 所示。

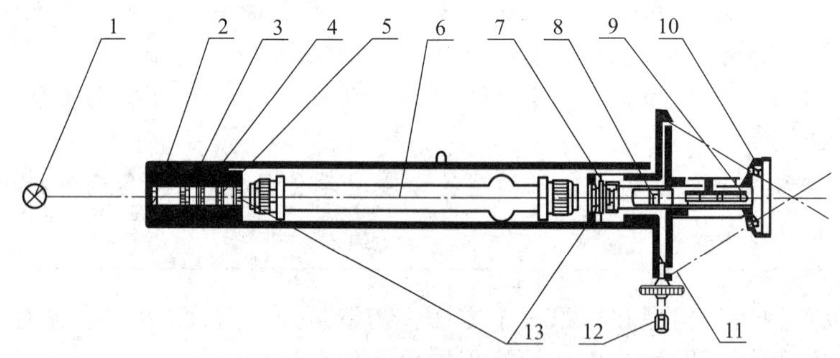

图 5-2 旋光仪

1—光源（钠光）；2—聚光镜；3—滤色镜；4—起偏镜；5—半波片；6—盛液管；7—检偏镜；8—物镜；9—目镜；10—放大镜；11—度盘游标；12—度盘转动手轮；13—保护片

在旋光仪里，一个尼科尔棱镜是固定不动的，负责把光源发出的光变成偏振光，这个棱镜叫起偏镜。另一个棱镜是可以旋转的，与刻度盘相连，负责测定最终的偏转角度，叫检偏镜。如果盛液管里不放液体试样，那么经过起偏镜后出来的偏振光就直接射在检偏镜上。显然，只有检偏镜的镜轴和起偏镜的镜轴相互平行时，偏振光才能通过（此时目镜视野明亮）；若两个棱镜的镜轴互相垂直，则偏振光不能通过（目镜处视野很暗）。

在测定时，两个棱镜的镜轴互相平行时为零点。然后将被测试样放入盛液管中，如果被测试样是旋光性物质，偏振光的偏振面就会向右或向左旋转一定角度，如若完全通过，必须将检偏镜相应地向右或向左旋转同样的角度，目镜处视野才能明亮，此时，从刻度盘读出的度数 α 即是该物质的旋光度。如果盛液管里盛的是非旋光性物质，偏振光经盛放液体的盛液管后，仍可以完全通过检偏镜，目镜处视野明亮。

2. 比旋光度

由旋光仪测得的旋光度和旋转方向不仅与物质的结构有关，而且与测定的条件有关。因为旋光现象是偏振光通过旋光性物质的分子时所造成的。透过的分子越多，偏振光旋转的角度越大。因此，由旋光仪测得的旋光度与被测样品的浓度以及盛放样品的盛液管的长度都密切相关。为了比较不同物质的旋光性，必须规定溶液的浓度和盛液管的长度。人们把溶液的浓度规定为 1g/mL，盛液管的长度规定为 1dm，于是，在这种条件下测得的旋光度叫做比旋光度，用 $[\alpha]$ 表示。比旋光度只决定于物质的结构。因此，各种化合物的比旋光度是它们各自特有的物理常数。

比旋光度按规定是指在上述特定条件下所测得的旋光度。但实际上，测定比旋光度时，并不一定要在上述条件下进行。一般可以用任意浓度的溶液，在任一长度的盛液管中进行测定，然后将实际测得的旋光度，按下式换算成比旋光度 $[\alpha]$。

$$[\alpha]=\frac{\alpha}{l \cdot c} \tag{5-1}$$

式中，l 为管长，dm；c 为溶液的浓度，g/mL。

因偏振光的波长和测定时的温度对比旋光度也有影响，故表示比旋光度时，通常还把温度和光源的波长标出来：将温度写在［α］的右上角，波长写在［α］的右下角，同时溶剂对比旋光度也有影响，所以也要注明所用的溶剂。例如在 20℃时，以钠光灯为光源测得果糖水溶液的比旋光度是左旋 92.8°，记为：

$$[\alpha]_D^{20} = -92.8°(\text{水})$$

“D”代表钠光灯，波长 589.3nm。

由于许多物质的比旋光度都已被测定并编入工具手册，在已知比旋光度的情况下，可利用上面的公式来测定物质的浓度及鉴定物质的纯度。

［例 5-1］ 一未知浓度的葡萄糖溶液，在钠光灯源，25℃下测得其旋光度为＋3.4°，若管长为 1dm，则此葡萄糖溶液的浓度为多少？（从手册上查知葡萄糖的比旋光度为＋52.5°）

$$c = \frac{\alpha}{[\alpha]_D^{25} \times l} = \frac{3.4}{52.5 \times 1} = 0.0648\text{g/mL}$$

三、旋光性与分子结构的关系

1. 手性和手性分子

饱和碳原子具有四面体结构。用模型可以清楚地把饱和碳原子的立体结构表示出来。例如乳酸（2-羟基丙酸）的立体结构可用图 5-3 所示的模型来表示。

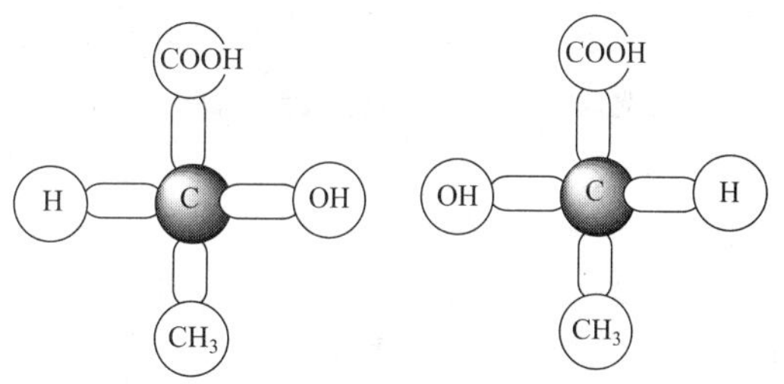

图 5-3　乳酸的分子模型

这两个模型都是四面体中心的碳原子上连着 H、CH_3、OH 和 COOH。表面上看，它们似乎是相同的。但是把这两个模型重叠在一起仔细观察就会发现，无论如何怎样放置，都不能使它们完全叠合，因此，它们不是完全相同的。实际上，这两个模型的关系正如同我们的左手和右手一样：它们不能互相叠合，但却互为镜像。因此，一个物体若与自身镜像不能叠合，就叫做手性。上述两个互相不能叠合的分子模型是互为镜像的，所以它们都具有手性，代表着两种立体结构不同的乳酸分子。我们将不能与镜像叠合的分子叫做手性分子，而能叠合的叫做非手性分子。而连有四个各不相同基团的碳原子称为手性碳原子。

2. 对称因素

手性是物质具有旋光性和对映异构的充分必要条件。有手性就有旋光性，有旋光性就有手性。但必须注意，含有手性碳原子的物质不一定具有旋光性。判断一个分子是否具有手性最直接的方式就是用旋光仪检测一下它的旋光性，或者用分子模型验证一下，看它是否能与其镜像重叠。但是，这两种方法都不简便，因为我们不能对任何分子都找到模型或用仪器测试。

手性与分子结构的对称性有关，即分子是否具有手性取决于它的对称性。考察分子的对称性，需要考虑的对称因素主要有下列三种。

（1）对称轴　假如分子中有一条直线，当分子以此直线为轴旋转 360°/n 后（n＝正整数），得到的分子与原来的分子相同，这条直线就是 n 重对称轴，如图 5-4 所示。

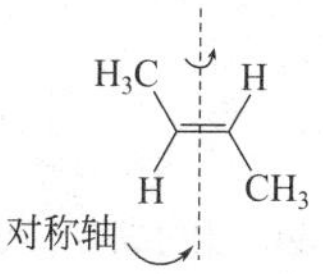

图 5-4　有 2 重对称轴的分子

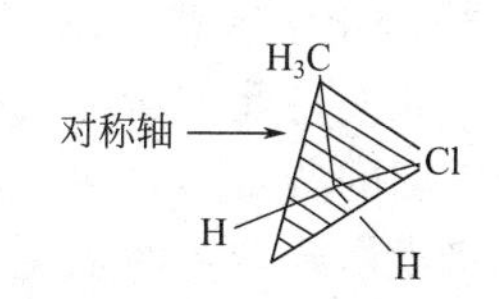

图 5-5　有对称面的分子

(2) 对称面　如果一个平面能把一个分子分成两部分，这两部分互为实物和镜像的关系，那么这个平面就是该分子的对称面，如图 5-5 所示。

(3) 对称中心　如果分子中有一个点，从分子中任一个原子出发，向这点做直线，再延长出去，则在与该点前一线段等距离处，可以遇到一个同样的原子，这个点就是该分子的对称中心，如图 5-6 所示。

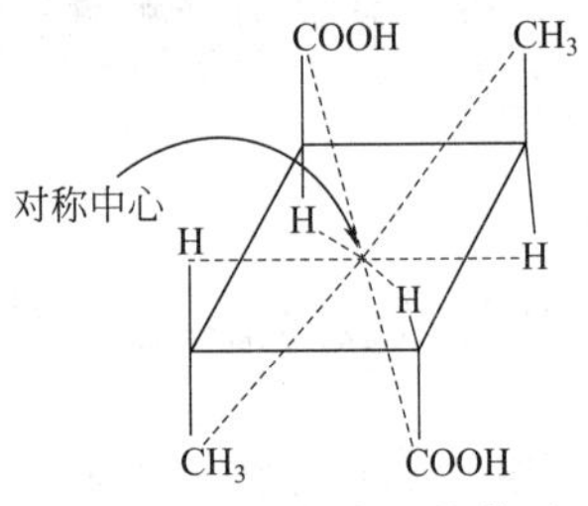

图 5-6　有对称中心的分子

凡具有对称面或对称中心的分子，都能与其镜像叠合，都是非手性分子。既没有对称面，又没有对称中心的分子，都不能与其镜像叠合，都是手性分子。而对称轴的有无对分子是否具有手性没有决定作用。

在有机化合物中，绝大多数非手性分子都具有对称面或对称中心，既没有对称面或对称中心的非手性分子是很个别的。因此，只要一个分子既没有对称面，又没有对称中心，一般就可以初步断定它是个手性分子。

第二节　含一个手性碳原子化合物的旋光异构

一、对映异构体

在有机化合物中，含有一个手性碳原子的分子必定是手性分子，与手性碳原子相连的四个不同的基团，在空间有两种不同的排列方式（构型），它们互为实物和镜像的关系，即互为对映体。

一对对映体的构造相同，只是立体结构不同，因此它们是立体异构体，这种立体异构就叫做对映异构。一种化合物和它的对映异构体的性质基本相同，如沸点、熔点、相对密度、溶解、折光率等，它们唯一差别是对偏振光旋转方向上的不同，即具有旋光性，所以对映异构也称旋光异构。

对映体的性质与环境是否具有手性有密切的关系。在非手性环境中，两个对映体的性质是相同的。但在手性环境中，对映体的性质就表现得各不相同。例如一个左螺旋的螺丝钉和一个右螺旋的螺丝钉是一对对映体，如果把它们旋进木质门窗里（非手性环境），则非常容易，但要把它们旋进螺母里去就表现出差别了，因为螺母是手性环境。而且，有时这方面的差异表现得愈加明显。例如（＋）-葡萄糖在动物体内的代谢作用中起着独特的作用，而（－）-葡萄糖却不被动物所代谢。又如氯霉素的对映体中只有左旋体有抗菌作用，（－）-4,4-二苯基-6-二甲氨基-3-庚酮是一种强力镇痛药，而其对映体几乎无镇痛作用。

一对对映体旋光能力相同但旋光方向相反，当等量混合后它们的旋光作用相互抵消。因此，等量的左旋体和右旋体相混合组成的外消旋体，其无旋光性。例如从合成中得到的乳酸，尽管其构造式与发酵法得到的乳酸相同，但却没有旋光性。这是因为合成制得的乳酸不是纯化合物，而是外消旋体。外消旋体用（±）表示，例如（±）-乳酸表示乳酸的外消旋体。外消旋体可以借助特殊方法拆分成（＋）和（－）两个有旋光性的异构体。

二、构型表示法

1. 费舍尔投影式

1891 年德国化学家费舍尔（Fischer）提出了显示连接手性碳原子的四个基团的空间排列方式，后来人们将此方法称为费舍尔投影式，并被广泛应用至今。例如，两种乳酸分子模型的图形和它们的费舍尔投影式如图 5-7 所示。

在费舍尔投影式中，两个竖立的键代表模型中向纸面背后伸去的键，两个横在两边的键则表示模型中向纸面前方伸出去的键，而模型中的手性碳原子正好在纸面上。在书写费舍尔

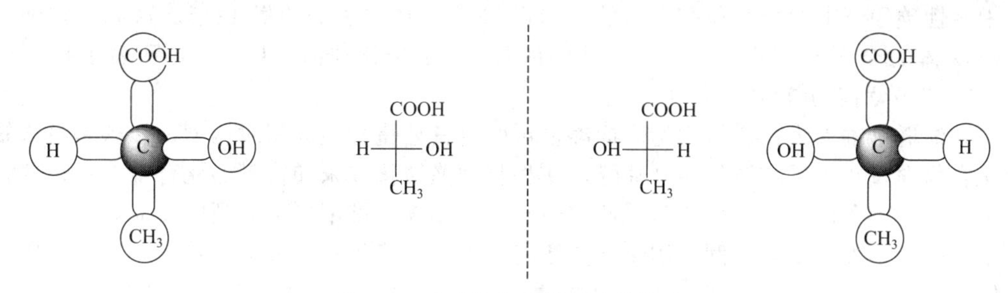

图 5-7　乳酸的分子模型和投影式

投影式时，必须将模型按照这样的规定方式投影。同样，在使用费舍尔投影式时，也必须记住这种按规定方式表示分子构型的立体概念。应该注意，对于费舍尔投影式，可以把它在纸面上旋转 180°，而不是旋转 90°或 270°，也不能把它脱离纸面翻个身。因为旋转 180°后的投影式仍旧代表着原来的构型；而旋转 90°或 270°后，原来的竖键变成了横键，原来的横键变成了竖键。按规定，投影式中的竖键应代表模型中向后伸去的键，横键应代表模型中向前伸出的键，所以，旋转 90°或 270°后的投影式把原来向后伸出的键变成了向前伸出，而把向前伸出的键变成了向后伸去，这样这个投影式就不再代表原来的构型，而是代表原构型的镜像了。

2. 透视式

以费舍尔投影式表示构型，应用相当普遍。但有时为了更直观些，也常采用另一种表示法：即将手性碳原子表示在纸面上，用实线表示在纸面上的键，用虚线表示伸向纸后方的键，用楔形实线表示伸向纸前方的键。例如用这种方法所表示的两种乳酸的构型及其相应的费舍尔投影式如图 5-8 所示。

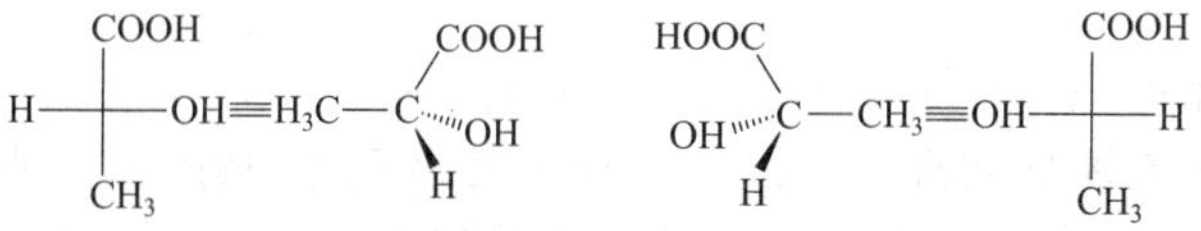

COOH　　　　　　　　COOH　　　HOOC　　　　　　　　　　COOH

H—+—OH ≡ H_3C—C···OH　　　OH···C—CH_3 ≡ OH—+—H

CH_3　　　　　　　　H　　　　　H　　　　　　　　　　CH_3

图 5-8　两种乳酸的构型及其相应的费舍尔投影式

这种标记方法虽然直观，但不适宜表示同时含有多个手性碳原子化合物的构型。

三、构型标记法

旋光异构体的结构很相似，但不管如何相似，也要给它们以不同的名称或标记加以区别。目前，标记旋光异构体的方法有两种：D/L 标记法和 *R*/*S* 标记法。

1. D/L 标记法

互为镜像的两种构型的异构体可以用两个费舍尔投影式来表示，其中一个投影式代表右旋体，另一个代表左旋体。但是哪一个代表右旋体，哪一个代表左旋体，从模型和投影式中都看不出来。而通过旋光仪尽管可以分辨出哪个是左旋，哪个是右旋，但同样不能判断出相应的构型。因此，对于对映体的构型，在还没有直接测定的方法出来之前，只能是任意指定的。即如果指定右旋体构型是两种构型中的一种，那么左旋体就是另一种。因此这种构型只具有相对意义。为此，人们选定一种化合物的构型作为确定其他化合物构型的标准，甘油醛就是一个被选定的作为构型标准的化合物，它有如图 5-9 的两种构型。

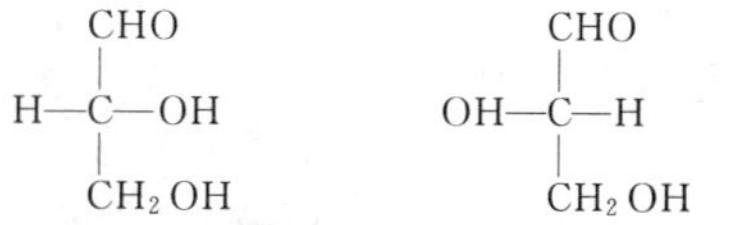

(1) D-(+)-甘油醛	(2) L-(−)-甘油醛
CHO H—C—OH CH_2OH	CHO OH—C—H CH_2OH

图 5-9　甘油醛的两种构型

人为规定右旋甘油醛以（1）的形式表示，左旋甘油醛构型以（2）的形式表示。并把投影式中手性碳原子上的羟基写在右边的，叫做 D-型，在左边的叫做 L-型。这样，甘油醛的一对对映体的全名应写作：D-（+）-甘油醛和 L-(－)-甘油醛。D、L 分别表示构型，而“+”、“－”分别表示旋光方向。

以甘油醛这种人为指定的构型为标准，再确定其他化合物的相对构型。步骤是将未知构型的化合物通过化学反应转化为甘油醛，或将甘油醛转化成未知构型的化合物。在这些化学转化中，一般是利用反应过程中与手性碳原子直接相连的键不发生断裂的反应，以保证手性碳原子的构型不发生变化。例如用化学方法将右旋甘油醛的醛基氧化为羧基，再将羟甲基还原为甲基，得到的乳酸构型与 D-(+)-甘油醛相同，因此这个乳酸的构型应该也是 D-型的。

CHO / H—C—OH / CH_2OH $\xrightarrow{HgO}$ COOH / H—C—OH / CH_2OH $\longrightarrow$ COOH / H—C—OH / CH_2Br $\xrightarrow{Na\text{-}Hg}$ COOH / H—C—OH / CH_3

（+）-甘油醛　　　　（－）-乳酸

由于甘油醛构型是人为规定而不是实际测出的，所以这种构型叫做相对构型。那么两种甘油醛真正的构型（即绝对构型）是否正如所指定的呢？这个问题直到 1951 年人们通过 X 光衍射法直接确定了右旋酒石酸铷钠的绝对构型，证实了它由化学关联比较法所确定的相对构型与其绝对构型正巧是一致的。从而也证明了过去人为任意指定的甘油醛的构型也正是其绝对构型。

D/L 标记法应用已久，也较为方便，但这种标记法只表示出分子中一个手性碳原子的构型，对于含多个手性碳原子的化合物，用这种标记法并不合适。1970 年以后，国际上根据国际纯粹化学和应用化学联合会（IUPAC）的建议，逐渐采用 *R*/*S* 标记法。

2. *R*/*S* 标记法

(1) *R*/*S* 标记方法步骤

① 将手性碳原子的四个基团按照规则排出顺序。

② 把顺序最小的基团放在离开视线的方向，然后观察其余三个基团的排列。这与汽车驾驶员面向方向盘的情形很相似。假设手性碳原子相连的四个原子或基团的先后顺序为 a>b>c>d，则观察该分子构型的方法如下。

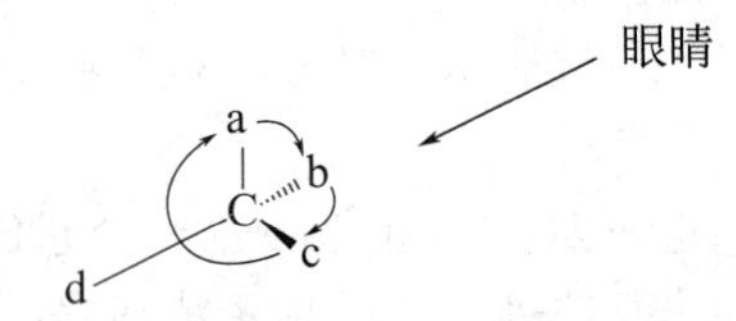

③ 沿顺序最先的基团 a 到第二优先基团 b 再到第三优先基团 c 的排列次序来看，如果是按顺时针方向排列，则该分子为 *R* 构型；反之，按逆时针方向排列，则为 *S* 构型。

COOH / H—C—CH_3 / OH

优先顺序：OH>COOH>CH_3>H

命名：(*R*)-2-羟基丙酸

COOH / H—C—OH / CH_3

优先顺序：OH>COOH>CH_3>H

命名：(*S*)-2-羟基丙酸

（2）对投影式的 R/S 确定方法

① 凡费舍尔投影式中按照次序规则排在最后的基团或原子位于竖立键时，其他基团按照大小规则顺序排列，从大到小顺序为顺时针方向是 R 构型，逆时针方向是 S 构型。

$$\begin{array}{c} Cl \\ | \\ C_2H_5—C—CH_3 \\ | \\ H \end{array}$$

优先顺序：$Cl>C_2H_5>CH_3>H$
命名：(S)-2-氯丁烷

② 如果次序最小基团连在费舍尔投影式的横向键时，命名 R/S 构型可根据投影式中其他三个基团的大小顺序，按从大到小的次序，如果为逆时针方向，则其构型为 R 构型；如果为顺时针方向，则为 S 构型。

$$\begin{array}{c} COOH \\ | \\ H—C—OH \\ | \\ CH_3 \end{array}$$

优先顺序：$OH>COOH>CH_3>H$
命名：(R)-2-羟基丙酸

③ 对于含两个或两个以上手性碳原子化合物的费舍尔投影式，也可按同样的方法，对每一个手性碳原子命名，然后注明各标记的是哪一个碳原子。

$$\begin{array}{c} C^1H_3 \\ | \\ H—C^2—Cl \\ | \\ H—C^3—Cl \\ | \\ C_2H_5 \end{array}$$

对于 C^2：$Cl>CHClC_2H_5>CH_3>H$　S 构型
对于 C^3：$Cl>CHClCH_3>C_2H_5>H$　R 构型
命名：(2S,3R)-2,3-二氯戊烷

第三节　含两个手性碳原子化合物的旋光异构

在自然界中有许多手性化合物含有不止一个手性碳原子，如糖、蛋白质等。因此，了解含有多个手性碳原子化合物的旋光异构是很有必要的。

我们已经知道含有一个手性碳原子的化合物有一对对映体。分子中如果含有多个手性碳原子，异构体的数目就不止两个。事实表明，分子中含有 n 个不相同手性碳原子的化合物，具有 2^n 个异构体。由于具有多个手性碳原子的化合物情况比较复杂，这里我们只讨论含有两个手性碳原子化合物的旋光异构情况。

一、含两个不相同手性碳原子化合物的旋光异构

含有两个不同手性碳原子的化合物分子中，找不到对称面和对称中心，因此存在对映异构体。每个手性碳原子可以有两种构型，所以，含有两个不同手性碳原子的化合物有四种构型，例如，氯代苹果酸有两个不同的手性分子，存在如图 5-10 所示的四种立体异构体。

(1)	(2)	(3)	(4)
COOH	COOH	COOH	COOH
H—OH	OH—H	OH—H	H—OH
H—Cl	Cl—H	H—Cl	Cl—H
COOH	COOH	COOH	COOH
(1) −7.1°	(2) +7.1°	(3) −9.3°	(4) +9.3°
(2S，3S)	(2R，3R)	(2R，3S)	(2S，3R)

图 5-10　氯代苹果酸的四种立体异构体

在上面的四个异构体中，(1) 与 (2) 是对映体，(3) 与 (4) 是对映体；(1) 与 (3) 或 (4)，(2) 与 (3) 或 (4) 是非对映体关系。这种不对映的立体异构体叫做非对映体。对映体除旋光方向相反以外，其他物理性质都相同。而非对映体旋光度不相同，旋光方向可能

相同也可能不同，其他物理性质都不同。

二、含两个相同手性碳原子化合物的旋光异构

含两个相同手性碳原子的化合物的旋光异构现象可以看成是一种特殊情况，与具有两个不相同手性碳原子化合物不完全相同。例如酒石酸可能存在如图 5-11 所示的几种立体异构体。

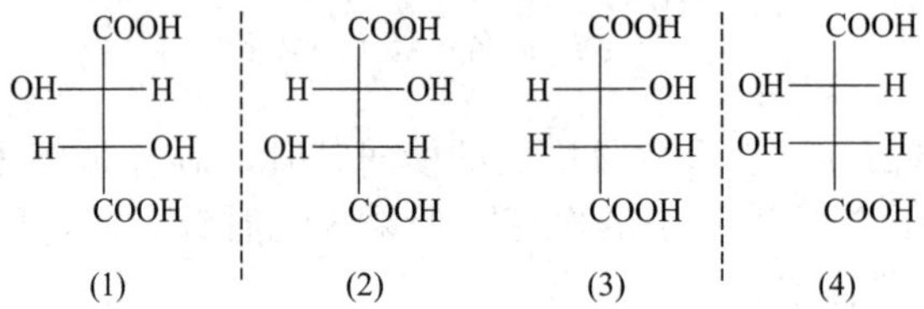

(1)	(2)	(3)	(4)
COOH	COOH	COOH	COOH
OH—H	H—OH	H—OH	OH—H
H—OH	OH—H	H—OH	OH—H
COOH	COOH	COOH	COOH

图 5-11　酒石酸的立体异构体

表面上看它也有两个手性碳，四种构型。但实际上上面四个立体异构体中，（1）和（2）中找不到对称面和对称中心，它们是镜像关系，是对映体。（3）和（4）中，分子内部存在对称面，不应该有对映体，而实际上（3）与（4）是同一种分子。

尽管构型（3）中含有两个手性碳原子，但分子中存在对称面，它的上半部分正好是下半部分的镜像，整个分子不是手性分子，没有旋光性。这种由于分子中含有相同的手性碳原子，分子的两个半部互为物体和镜像关系，从而使分子内部旋光性相互抵消的光学非活性化合物称为内消旋体，用 meso 表示。

内消旋体和外消旋体虽然都没有旋光性，但两者的概念是完全不同的。内消旋体没有旋光性是由于分子内部的手性碳原子旋光能力相互抵消的缘故，它本身是一种纯物质，因此不能分离成有旋光性的化合物；外消旋体是由于两种分子间旋光能力抵消的结果，它是一种混合物，其可以拆分成两种旋光方向相反的化合物。

酒石酸之所以有内消旋体，是因为它的两个手性碳原子所连基团的构造完全相同，当这两个手性碳原子的构型相反时，它们在分子内可以互相对映，因此，整个分子不再具有手性。因此可见，虽然含有一个手性碳原子的分子必有手性，但是含有多个手性碳原子的分子却不一定都有手性，所以，不能说凡是含有手性碳原子的分子都是手性分子。

第四节　不含手性碳原子化合物的旋光异构

从前面的学习我们可以看到，一个分子虽然有手性碳原子，但从整个分子看是对称的，如内消旋体，就无旋光性。相反，如果一个分子没有手性碳原子，同时整个分子是不对称的，是否有旋光性？答案是有。实际上，决定分子有无旋光性的最根本的因素是分子的不对称性。下面我们举两种没有手性碳原子的例子来解释这种现象。

一、联苯型的旋光异构

联苯的两个苯环是在同一个平面上，但当每个苯环的邻位被两个不同的较大的基团取代后，若两个苯环仍在同一平面上，取代基团空间位阻就太大，需将两个环扭成互相垂直，使两个基团互相错开，形成一稳定的构象，这个构象找不到对称面，因为沿着任何一个苯环切割都不能将分子分成对称的两半，所以具有手性，有旋光性。如 6,6′-二硝基-2,2′-联苯二甲酸就可分离出一对对映异构体，如图 5-12 所示。

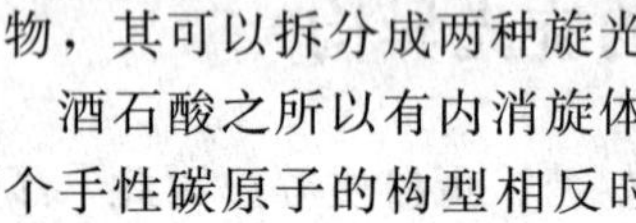

HOOC O_2N　|　NO_2 COOH

NO_2 COOH　|　HOOC O_2N

图 5-12　6,6′-二硝基-2,2′-联苯二甲酸的一对对映异构体

这种对映异构体间不是构型的差异，而是构象的差别，因为将两个苯环绕苯环间的单键旋转 180°就可以得到它的对映体。但是在旋转过程中必须

经过两个苯环处在同一平面的状态，这时基团的空间位阻最大、位能最高。就是说，对映体之间互相转化要经过一个相当高的位垒，所以转化不是很容易进行，而且邻位取代基的范德华半径越大，位垒越高，转化越缓慢。

一旦转化达到平衡时，左旋体和右旋体完全相等，旋光度相互抵消而失去旋光性，这种现象称为消旋化。消旋化的速度反映了转化的速度，因此我们可以从旋光度反推出转化的速度。例如 6,6′-二硝基-2,2′-联苯二甲酸几乎不消旋，若将硝基换成范德华半径较小的氟时，则可以发生缓慢的消旋化；而当硝基换成比氟更小的氢时，则在室温时就能很快地消旋化，根本分离不出对映异构体。这些明显地反映了邻位取代基团的大小对消旋化速度，即对对映体之间转化速度的影响。

二、丙二烯型的旋光异构

在丙二烯分子中，中心碳原子以 sp 杂化轨道成键，所以丙二烯分子中两个 π 键互相垂直，两端两个 sp^2 杂化碳上所连的两个原子或基团所在平面又互相垂直于各自相邻的 π 键，因而也相互垂直。丙二烯分子的 π 键立体结构示意图如图 5-13 所示。

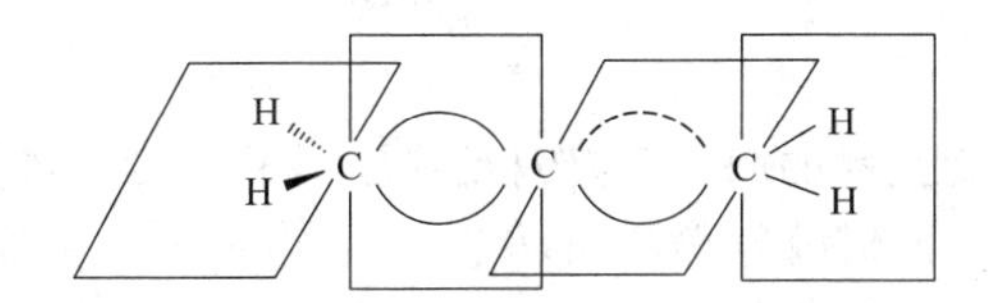

图 5-13　丙二烯分子的 π 键立体结构示意图

当丙烯酸两端两个碳原子分别连有两个不同取代基时，就可以具有旋光异构。这是因为丙烯酸的碳链是不能旋转的，而两端碳与取代基的平面又是互相垂直，按任一平面都不能将分子拆分成对称的两半，所以没有对称面，有旋光性，因而可以有一对对映体。

$$\mathrm{(H_3C)(H)C=C=C(CH_3)(H)} \quad \Big| \quad \mathrm{(H_3C)(H)C=C=C(CH_3)(H)}$$

但若任何一端或两端的碳原子上连有两个相同的原子或基团，化合物就有对称性，因此不具有旋光性，例如 2-甲基-2,3-戊二烯。

$$\mathrm{(H_3C)(H)C=C=C(CH_3)(CH_3)}$$

第五节　外消旋体的拆分

一般由非手性化合物合成手性化合物时，总是得到由等量的左旋体和右旋体组成的外消旋体，要得到纯的旋光异构体则需要进一步分离外消旋体。由于对映体除了旋光方向相反外，其他的物理性质均相同，因此不能用一般的物理方法如蒸馏、重结晶等把它们分开。将外消旋体分离成左旋体和右旋体的过程通常叫做拆分。目前常用的拆分方法有化学拆分法、生物拆分法和晶种结晶拆分法等。

一、化学拆分法

先用化学方法把对映体转变成非对映体，然后利用非对映体物理性质的差异，用一般物理方法把它们分开，最后再恢复到原来的左旋体和右旋体。这种方法首先需要一个合适的手性试剂，也叫拆分剂。一种好的拆分剂容易与外消旋体反应生成非对映体，这种非对映体的性质且有足够大的差异以便于分离，分离后的异构体容易分解而除去拆分剂。拆分剂的选择根据所要拆分的外消旋体分子的官能团而定。例如外消旋酸，可用旋光性的碱如辛可宁、奎宁、马钱子碱、番木鳖碱等生物碱和一些合成的旋光性有机胺类如1-苯基-2-丙胺等作拆分剂；外消旋碱可用旋光性的酒石酸、苹果酸、二乙酰、二苯甲酰酒石酸或10-樟脑磺酸等来拆分；对于外消旋氨基酸，一般是将氨基乙酰化后，作为酸用旋光性的碱来拆分；而外消旋醇，一般先和邻苯二甲酸酐或琥珀酸酐反应生成酸性单酯，然后利用旋光性碱来拆分等。拆分过程，以外消旋酸为例如图5-14所示。

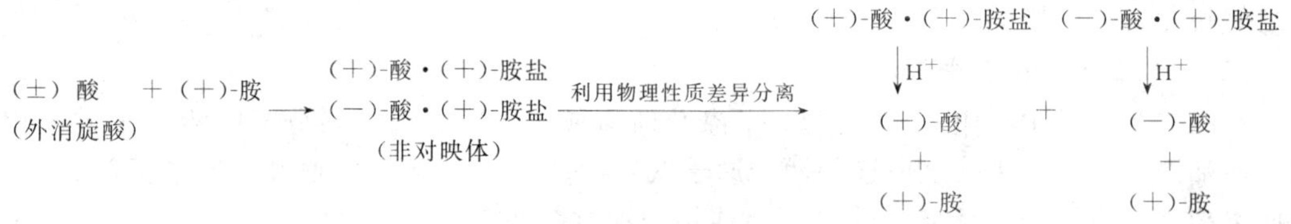

(±) 酸 + (+)-胺 (外消旋酸) ⟶ (+)-酸·(+)-胺盐 / (−)-酸·(+)-胺盐 (非对映体) ⟶(利用物理性质差异分离) (+)-酸·(+)-胺盐 ↓H^+ (+)-酸 + (+)-胺　+　(−)-酸·(+)-胺盐 ↓H^+ (−)-酸 + (+)-胺

图5-14　外消旋酸的拆分示意图

二、生物拆分法

生物体内有许多具有旋光性的酶，而且对反应物具有高度立体专一性，可以用来作为外消旋体的拆分。如分离（±)-苯丙氨酸，可将它们先乙酰化，生成（±)-*N*-乙酰基苯丙氨酸，然后再用乙酰水解酶使它们水解。由于乙酰水解酶只能将（+)-*N*-乙酰基苯丙氨酸水解，所以水解产物是（+)-苯丙氨酸与（−)-*N*-乙酰基苯丙氨酸的混合物。由于这两种物质的性质相差较大，我们可采用一般方法加以分离，从而达到拆分的目的。另一种情况是破坏外消旋体中的一种对映体，例如青霉素菌在含有外消旋酒石酸的培养液中生长时，使右旋酒石酸消失，只剩下左旋酒石酸，这种方法的不足之处是原料损失一半。

三、晶种结晶拆分法

这种方法是在过饱和的外消旋体溶液中加入少量左旋体或右旋体的晶种，这时与晶种相同的异构体便优先结晶析出，而且往往可以超过晶种的一倍。过滤后，滤液中就是另一种异构体过量，再加外消旋体，加温溶解，冷却后另一种异构体就优先结晶析出，如此反复就可将外消旋体拆分开来。这种方法经济易行，工业上氯霉素就是采用此法拆分的。

【阅读材料】

旋光异构现象的发现

1808年马露（Malus. E）首次发现偏光现象，随后拜奥特发现有些石英的结晶能将偏光右旋，有些能将偏光左旋。接着他进一步又发现某些有机化合物（液体或溶液）也具有这种现象。于是，他就推想这种现象和物质组成的不对称性有关。由于有机物质在溶液中也有偏光作用，巴斯德在1848年提出光活性是由于分子的不对称性结构所引起的，巴斯德进一步研究酒石酸，并首次将消旋酒石酸拆分为左旋体和右旋体。

到了1870年，布特列诺夫也注意到不是所有异构现象都可用结构理论来解释。他说："异构体的数目比真正所期望的数目要多。"例如前面讨论过的乳酸，除了左旋、右旋两种，还有用化学合成方法得到的第三种乳酸，它没有旋光性，换言之，不是光活性的，所以称为消旋乳酸。用化学方法，无论是降解还是合成，都证明这三种乳酸是同一结构的物质。

直到1874年，范霍夫和勒贝尔两人提出碳的四价态是指向正四面体结构的观点，从而得出不对称碳原子的概念。后来范霍夫进一步作出预言：某些分子如丙二烯衍生物即使没有不对称碳原子，也应有旋光异构体存在。这个预言在60年后为实验所证实。尽管他们两人建立了立体化学的基础，但在他们提出这个理论以后的初期，遭到了当时德国权威化学家科尔伯的强烈反对。他对这两个青年化学家极尽污蔑，但无情的事实最终把科尔伯驳斥得体无完肤。今天，四面体的碳原子结构已不再是一个推想，我们可以通过X光衍射法拿到它的"真实照片"，这就等于可以间接看到它的图像。

本章小结

1. 有些物质能使偏振光发生旋转，这种性质叫做旋光性，该种物质称旋光性物质。其中能使偏振光的振动方向向右旋转（顺时针方向）的物质，叫做右旋物质，常用“d”（拉丁文 dextro 的缩写，“右”的意思）或“+”表示；反之，使偏振光向左旋转（逆时针方向）的物质，叫做左旋物质，常用“l”（拉丁文 laevo 的缩写，“左”的意思）或“−”表示。偏振光振动方向的旋转角度，叫做旋光度，用“α”表示。如果溶液的浓度为 1g/mL，盛液管的长度为 1dm，在这种条件下测得的旋光度叫做比旋光度，用 $[\alpha]$ 表示。

2. 一个物体若与自身镜像不能叠合，就叫做手性。我们将不能与镜像叠合的分子叫做手性分子，而能叠合的叫做非手性分子。手性碳原子就是和四个各不相同的原子或基团相连的碳原子。分子中含有手性碳原子是物质具有旋光性的普遍现象。手性与分子结构的对称性有关，即分子是否具有手性取决于它的对称性。

3. 含有一个手性碳原子的分子必定是手性分子，与手性碳原子相连的四个不同的基团，在空间有两种不同的排列方式（构型），它们互为实物和镜像的关系，即互为对映体。一对对映体的构造相同，只是立体结构不同，因此它们是立体异构体，这种立体异构就叫做对映异构，也称旋光异构。

4. 手性分子的构型常用费舍尔投影式表示，标记构型的方法有 D/L 标记法和 R/S 标记法。

5. 由于分子中含有相同的手性碳原子，分子的两个半部互为物体和镜像关系，从而使分子内部旋光性相互抵消的光学非活性化合物称为内消旋体，用 meso 表示。等量的左旋体和右旋体相混合组成的混合物称外消旋体，用（±）表示。

6. 将外消旋体分离成左旋体和右旋体的过程叫做拆分。常用的拆分方法有化学拆分法、生物拆分法和晶种结晶拆分法等。

习　　题

1. 解释下列各名词的含义

（1）手性；（2）对映异构体；（3）外消旋体；（4）内消旋体；（5）比旋光度

2. 简答题

（1）分子具有旋光性的充分必要条件是什么？

（2）含手性碳的化合物是否一定具有旋光异构体？含手性碳的化合物是否一定具有旋光性？举例说明。

（3）具有旋光性是否一定具有手性？

3. 下列哪些物体有手性？

（1）手　（2）脚　（3）圆桌　（4）乒乓球　（5）鼻子　（6）耳朵

4. 下列化合物各有多少种立体异构体？

（1）$\begin{array}{cccc} & \text{Cl} & \text{Cl} & \\ \text{H}_3\text{C}- & + & + & -\text{CH}_3 \\ & \text{H} & \text{H} & \end{array}$　　（2）$\begin{array}{cccc} & \text{Cl} & \text{OH} & \\ \text{H}_3\text{C}- & + & + & -\text{CH}_3 \\ & \text{H} & \text{H} & \end{array}$

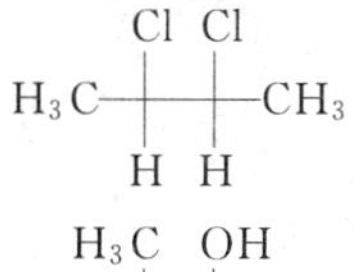

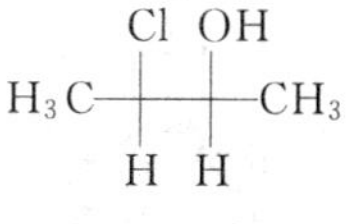

（3）$\begin{array}{cccc} & \text{H}_3\text{C} & \text{OH} & \\ \text{H}_3\text{C}- & + & + & -\text{CH}_3 \\ & \text{H} & \text{H} & \end{array}$　　（4）$\begin{array}{cccc} & \text{H}_3\text{C} & \text{Cl} & \\ \text{H}_3\text{C}- & + & + & -\text{Cl} \\ & \text{H} & \text{H} & \end{array}$

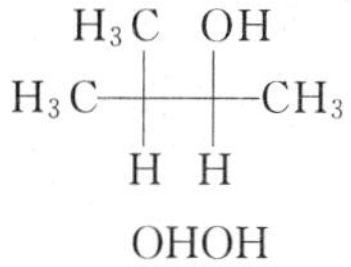

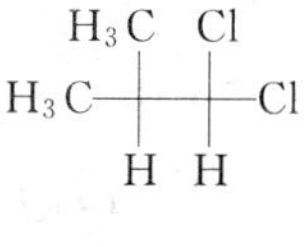

（5）$\begin{array}{cccc} & \text{OH} & \text{OH} & \\ \text{H}_3\text{C}- & + & + & -\text{COOH} \\ & \text{H} & \text{H} & \end{array}$　　（6）β-溴丙醛

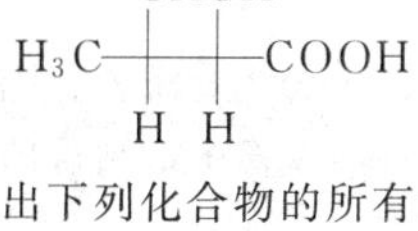

5. 写出下列化合物的所有立体异构体，并指出哪些是对映体，哪些是非对映体。

（1）$CH_3CH{=}CHCH(OH)CH_3$　　（2）H_3C—（环戊烷）—CH_3

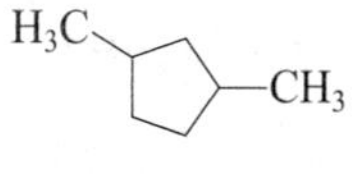

（3）（环己烷）
—Cl
—Cl

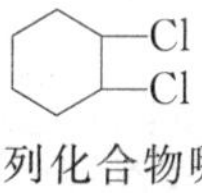

6. 下列化合物哪些是手性分子？

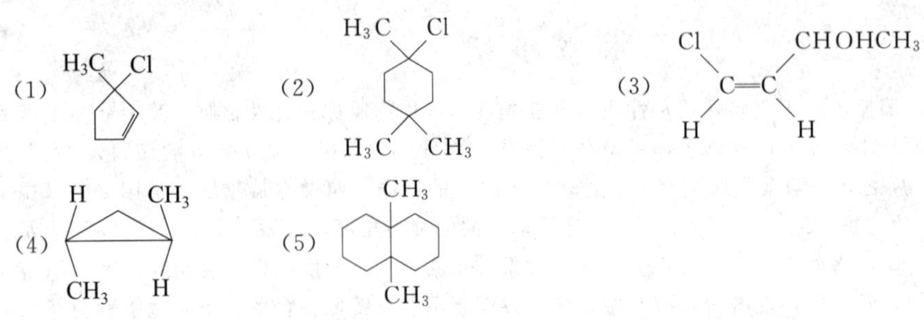

7. 下列各组化合物哪些是相同的，哪些是对映体，哪些是非对映体？

(1) CH_3; H—Br; H—CH_3; H　和　CH_3; Br—H; H—CH_3; H

(2) OH; H, Br; H, CH_3; Br　和　Br; H_3C, OH; Br, H; H

(3) Cl　和　Cl

8. 将下列化合物写成费舍尔投影式，并写出不对称碳原子的构型，指出这些化合物是否有对映体？

(1) COOH; H; C; C_6H_5; NH_2　　(2) H; H_3C; C; C_6H_5; C_2H_5　　(3) C_6H_5; Cl; C; C_2H_5; CH_3

(4) COOH; C_2H_5; C; H; Br　　(5) H_3CH_2C; H; C; Cl; C; Br; CH_3; CH_3　　(6) CH_2OH; OHC; OH; OH; H; H

9. 命名下列化合物，并标明构型及指出下列化合物是否存在对映体？

(1) CH_3; H_3CH_2C; C; H; I　　(2) CH_3; H; C; CH_2CH_3; I

(3) CH_3; Cl; C; CH_2CH_3; Br　　(4) CH_3; Br; C; COOH; Br

10. 将 5%葡萄糖水溶液放在 10cm 长的盛液管里，在 20℃下测得旋光度为＋3.2°，求葡萄糖在水溶液中的比旋光度。它的对映体的比旋光度又是多少？把同样溶液放在 20cm 长的盛液管中，测得的旋光度又是多少？

11. 40mL 蔗糖水溶液中含蔗糖 11.4g，20℃时在 10cm 长盛液管中，用钠光灯作光源测出其旋光度为＋18.8°，试求其比旋光度，并回答：

(1) 若该溶液放在长 20cm 长的盛液管中，其旋光度是多少？

(2) 若把溶液稀释到 80mL，然后放入 10cm 长的盛液管里，其旋光度又是多少？

(3) 若在 20℃时，在长为 2dm 的盛液管里，测得蔗糖的旋光度为 10.7°，求该蔗糖溶液的浓度。

第六章　卤　代　烃

学习目标

1. 了解卤代烃的分类、物理性质，几种重要卤代烃的性质和用途。

2. 掌握卤代烃的命名，卤代烃的化学性质，格利雅试剂的制备及注意事项。

烃分子中一个或几个氢原子被卤素原子取代后的化合物，称为烃的卤素衍生物或卤代烃。一般用 R—X 表示。X 表示卤素原子（F、Cl、Br、I），是其官能团。氟代烃的制备和化学性质特殊，而溴、碘价格较贵，在工业上最重要的、大规模生产的是氯代烃。但由于 C—Br键的活性大于 C—Cl 键，为了使反应较易进行，在实验室搞研究时常用溴代烃来合成有机化合物。

本章重点讲述氯代烃和溴代烃，氟代烃、碘代烃不予介绍。

第一节　卤代烃的分类和命名

一、卤代烃的分类

① 根据分子中烃基结构的不同，分为饱和卤代烃（卤代烷）、不饱和卤代烃（卤代烯烃、卤代炔烃）和卤代芳烃。例如：

饱和卤代烃　CH_3CH_2Cl　　CH_2BrCH_2Br　　(环己基—Cl)

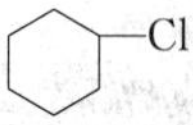

不饱和卤代烃　$CH_2{=}CHCl$　　$CHCl{=}CHCl$　　$CH_2{=}CHCH_2Br$

氯代芳烃　(苯基—Cl)　　(2-萘基—Br)

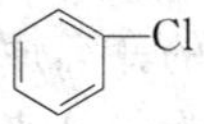

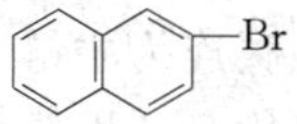

② 根据分子中卤素原子的数目不同，分为一卤代烃和多卤代烃。例如：

一卤代烃　CH_3CH_2Cl　　C_6H_5Cl

多卤代烃　$CH_3CHClCH_2Cl$　　$CHCl_3$　　$C_6H_4Br_2$

③ 根据分子中与卤素原子直接相连的碳原子的种类不同，分为伯卤代烃、仲卤代烃、叔卤代烃。例如：

伯卤代烃　$CH_3CH_2CH_2CH_2Cl$

仲卤代烃　$(CH_3)_2CHCl$

叔卤代烃　$(CH_3)_3CBr$

二、卤代烃的同分异构现象

1. 卤代烷的同分异构现象

由于卤代烷的碳链和卤素原子的位置不同都能引起同分异构现象，故其异构体的数目比相应的烷烃要多。例如丁烷有正丁烷和异丁烷两种异构体，而一氯丁烷（C_4H_9Cl）有下列四种同分异构体：

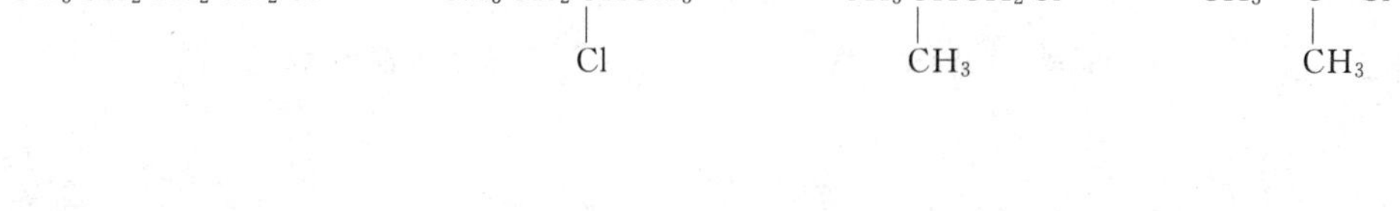

$CH_3CH_2CH_2CH_2Cl$　　$CH_3CH_2CH(Cl)CH_3$　　$CH_3CH(CH_3)CH_2Cl$　　$CH_3—C(CH_3)_2—Cl$

上述四种异构体是分别从正丁烷及异丁烷的碳骨架变换碳原子的位置衍生出来的。

2. 不饱和卤代烃的同分异构现象

由于不饱和卤代烃的碳链不同、不饱和键位置不同和卤素原子的位置不同都能引起同分异构现象，故其异构现象更为复杂。例如一氯丁烯（C_4H_7Cl）有下列八种同分异构体：

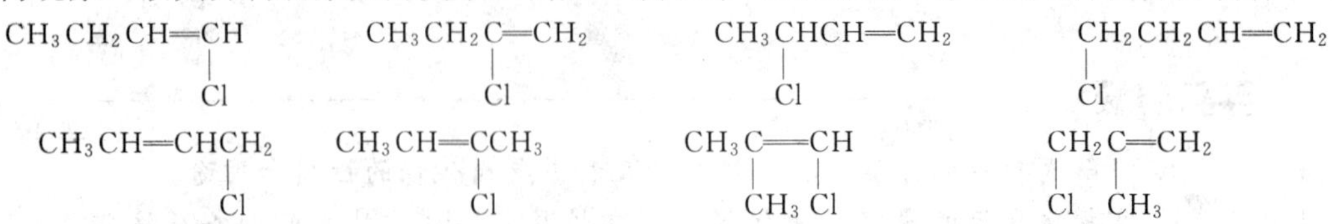

三、卤代烃的命名

1. 卤代烷烃（简称卤代烷）的习惯命名法

低级的卤代烷烃可以根据与卤素原子相连的烃基来命名。例如：

$CH_3CH_2—Cl$	$(CH_3)_3C—Br$	$(CH_3)_2CH—Cl$
乙基氯	叔丁基溴	异丙基氯

但是比较复杂的卤代烃则用系统命名法来命名。

2. 卤代烷的系统命名法

以烷烃为母体，卤素原子作为取代基；选择连有卤素原子的最长碳链作为主链，根据主链中碳原子的数目称“某烷”；先按“最低系列”原则将主链碳原子编号，然后把支链和卤素原子的数目、名称和位置按次序规则（即较优基团后列出的顺序）写在主链烷烃名称之前。例如：

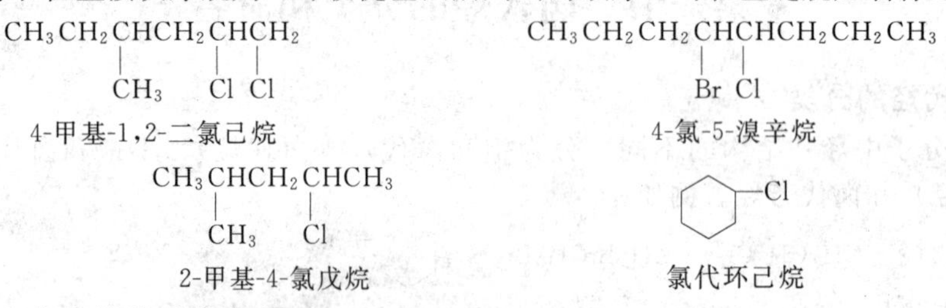

4-甲基-1,2-二氯己烷　　4-氯-5-溴辛烷

2-甲基-4-氯戊烷　　氯代环己烷

3. 不饱和卤代烃的系统命名法

选择含有不饱和键和卤素原子在内的最长碳连为主链，按烯烃的命名原则，从靠近不饱和键的一端开始将主链编号，卤素原子作为取代基，以烯烃或炔烃为母体来命名。例如：

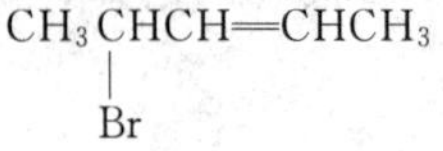

$CH_3CH(Br)CH=CHCH_3$	$CH≡CCH_2Br$	$CH_2=C(C_2H_5)CH_2CH_2Cl$
4-溴-2-戊烯	3-溴丙炔	2-乙基-4-氯-1-丁烯

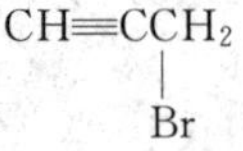

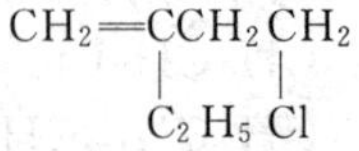

4. 卤代芳烃的命名法

卤代芳烃的命名与卤代脂肪烃相似。卤素原子直接连在芳环上时，以芳烃为母体，卤素原子作为取代基来命名；卤素原子连在芳香环侧链上时，则以脂肪烃为母体，芳基和卤素原子都作为取代基来命名。对于复杂化合物，根据次序规则来命名。例如：

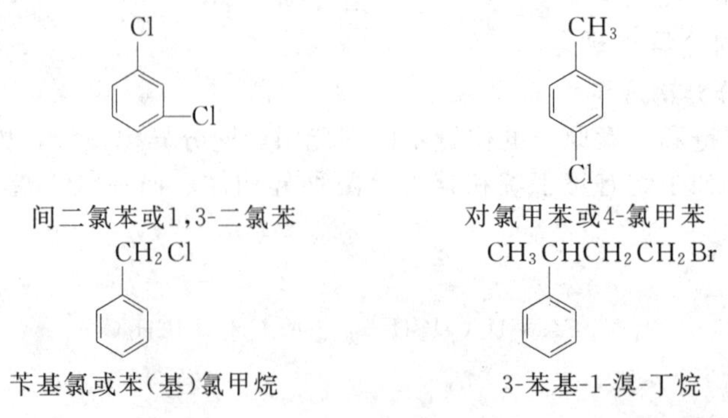

间二氯苯或1,3-二氯苯　　对氯甲苯或4-氯甲苯

苄基氯或苯(基)氯甲烷　　3-苯基-1-溴-丁烷

有些卤代烷给以特别的名称，如三氯甲烷（$CHCl_3$）称氯仿，三碘甲烷（CHI_3）称碘仿；四氯甲烷（CCl_4）称四氯化碳。

第二节　卤代烃的物理性质

在室温下，只有少数低级卤代烃是气体，如四个碳以下的氟代烷、两个碳以下的氯代烷、溴甲烷以及氯乙烯是气体。其他常见的卤代烃大多是液体，高级的卤代烃为固体。纯净的卤代烃多数是无色的。溴代烷和碘代烷对光较敏感，光照下能缓慢地分解出游离卤素而分别带棕黄色和紫色。

所有的卤代烃均不溶于水，但能溶于大多数有机溶剂，如，醇、醚、烃类等。它们彼此也可以相互混溶，有些卤代烃本身就是有机溶剂。多氯代烷和多氯代烯可用作干洗剂。

卤代烷的相对密度除一氟代烷、一氯代烷小于 1 外，其余卤代烷相对密度都大于 1。化学反应时要注意大多数卤代烷相对密度大于 1 的特点，反应需要加以搅拌，以防止卤代烷沉淀。此外，在卤代烷的同系列中，相对密度随着碳原子数目的增加反而降低，这是由于卤素原子在分子中所占比例减小的缘故。

卤代烃的沸点一般随相对分子质量的增加而升高。烃基相同而卤素原子不同的卤代烃中，其沸点则随着卤素原子的序数增加而升高。如，碘代烃的沸点最高，溴代烃、氯代烃、氟代烃依次降低。同系列中，卤代烃随碳链增加而沸点升高。同分异构体中，支链越多，沸点越低。这与烷烃类似。表 6-1 给出卤代烃的一些物理常数。

表 6-1　卤代烃的一些物理常数

名　称	构　造　式	熔点/℃	沸点/℃	相对密度(d_4^{20})
氯甲烷	CH_3Cl	−97	−24	0.920
溴甲烷	CH_3Br	−93	4	1.732
碘甲烷	CH_3I	−66	42	2.279
二氯甲烷	CH_2Cl_2	−96	40	1.326
三氯甲烷	$CHCl_3$	−64	62	1.489
四氯化碳	CCl_4	−23	77	1.594
氯乙烷	C_2H_5Cl	−139	12	0.898
溴乙烷	C_2H_5Br	−119	38	1.461
碘乙烷	C_2H_5I	−111	72	1.936
1-氯丙烷	$CH_3CH_2CH_2Cl$	−123	47	0.890
2-氯丙烷	$CH_3CHClCH_3$	−117	36	0.860
氯乙烯	$CH_2=CHCl$	−154	−14	0.911
氯苯	C_6H_5—Cl	−45	132	1.107
溴苯	C_6H_5—Br	−31	155	1.499
碘苯	C_6H_5—I	−29	189	1.824

第三节　卤代烷烃的化学性质

卤素原子是卤代烷的官能团。卤代烷的化学性质主要表现在卤素原子上：卤素原子被其他原子或基团取代的反应称为亲核取代反应；从卤代烷分子中消去卤化氢生成 C═C 双键的反应称为消除反应。反应时，卤代烷的活性顺序是碘代烷>溴代烷>氯代烷。

一、取代反应

由于碳卤键是极性共价键，较易断裂，在一定条件下，卤代烷分子中的卤素原子可被其他原子或基团所取代。

1. 水解

伯卤代烷与水作用生成醇的反应俗称卤代烃的水解反应。

$$R—X+H—OH \rightleftharpoons R—OH+HX$$

卤代烷不溶或微溶于水，水解很慢，且是一个可逆反应。为了加速反应并使反应进行到底，通常加入稀的强碱水溶液与卤代烷共热，使反应中生成的氢卤酸被碱中和，卤原子被羟基取代而生成醇。

例如：

$$CH_3CH_2CH_2CH_2—Br+NaOH \xrightarrow[\text{回流}]{H_2O} \underset{\text{正丁醇}}{CH_3CH_2CH_2CH_2OH}+NaBr$$

由于自然界没有卤代烷，一般需通过醇来制备。因此，用该反应制备醇没有普遍意义，工业上只用来制少数的醇，例如，将一氯戊烷各异构体的混合物水解得戊醇的各异构体的混合物，用以工业溶剂。

2. 醇解

伯卤代烷与醇钠共热发生反应时，卤素原子被烷氧基取代生成醚的反应称为卤代烃的醇解。

$$R—X+\underset{\text{醇钠}}{NaOR'} \longrightarrow \underset{\text{醚}}{R—O—R'}+NaX$$

例如：

$$CH_3CH_2CH_2CH_2—Br+\underset{\text{乙醇钠}}{CH_3CH_2ONa} \xrightarrow[\text{回流}]{CH_3CH_2OH} \underset{\text{乙(基)正丁(基)醚}}{CH_3CH_2CH_2CH_2—O—CH_2CH_3}+NaBr$$

这是制备醚，特别是制备混醚（R—O—R′）最常用的一种方法，称为威廉森（Williamson）合成法。

3. 氰解

伯卤代烷与氰化钠、氰化钾共热时反应，卤素原子被氰基取代生成腈的反应称为卤代烃的氰解。

$$R—X+NaCN \xrightarrow[\text{回流}]{CH_3CH_2OH} \underset{\text{腈}}{RCN}+NaX$$

例如：

$$CH_3CH_2CH_2CH_2—Br+NaCN \xrightarrow[\triangle]{CH_3CH_2OH} \underset{\text{正戊腈}}{CH_3CH_2CH_2CH_2CN}+NaBr$$

由卤代烷转变成为腈时，分子中增加了一个碳原子。在有机合成上，这是增长碳链常用的一种方法。这也是制备腈的一种方法。而且可以通过—CN水解生成—COOH、还原生成$—CH_2NH_2$，因此，这也是从伯卤代烷制备羧酸RCOOH和胺RCH_2NH_2的一种方法。

4. 氨解

伯卤代烷与过量氨反应时，卤素原子被氨基取代生成伯胺的反应称为卤代烃的氨解。

$$R—X+HNH_2(\text{过量}) \longrightarrow \underset{\text{胺}}{RNH_2}+HX$$

例如：

$$CH_3CH_2CH_2CH_2—Br + 2NH_3(\text{过量}) \longrightarrow \underset{\text{正丁胺(伯胺)}}{CH_3CH_2CH_2CH_2—NH_2} + NH_4Br$$

上述反应可以用来制备伯胺。

如果不是伯卤代烷，而是叔卤代烷分别与上述试剂 NaOH、RONa、NaCN 和 NH_3 反应，发生的主要反应则不是取代，而是消除——消除一分子卤化氢生成烯烃。例如：

$$\underset{\text{叔丁基氯}}{(CH_3)_3C—Cl} \xrightarrow[\text{或 NaCN 或 } NH_3]{\text{NaOH 或 RONa}} \underset{\text{异丁烯}}{CH_3—\underset{CH_3}{\underset{|}{C}}=CH_2} + HCl$$

如果是仲卤代烷，一般也生成较多的消除产物——烯烃。

5. 与硝酸银-乙醇溶液反应

卤代烷与硝酸银醇溶液反应生成卤化银沉淀。

$$R—X + AgNO_3 \longrightarrow RONO_2 + AgX\downarrow \qquad (X = Cl、Br \text{ 或 } I)$$

生成硝酸烷基酯。

例如：

$$CH_3CH_2CH_2Cl + AgNO_3 \xrightarrow[\triangle]{\text{醇}} CH_3CH_2CH_2ONO_2 + AgCl\downarrow$$

卤素原子相同，烷基不同的卤代烷的活性顺序是：

叔卤代烷＞仲卤代烷＞伯卤代烷

叔卤代烷生成卤化银沉淀最快，一般是立即反应；而伯卤代烷最慢，常常需要加热。这个反应在有机分析上常用来检验卤代烷。

6. 与碘化钠-丙酮溶液反应

由于氯化钠和溴化钠不溶于丙酮，而碘化钠易溶于丙酮，所以在丙酮中氯代烷和溴代烷可与碘化钠反应分别生成氯化钠和溴化钠沉淀。

$$R—X + NaI \longrightarrow R—I + NaX\downarrow \qquad (X = Cl \text{ 或 } Br)$$

卤素原子相同，烷基不同的卤代烷（氯代烷和溴代烷）的活性顺序是：

伯卤代烷＞仲卤代烷＞叔卤代烷

同卤代烷与硝酸银-乙醇溶液反应的活性顺序正好相反。这个反应除了在实验室中用来制备碘代烷外，在有机分析上还可用来检验氯代烷和溴代烷。

二、消除反应（去卤化氢反应）

伯卤代烷与强碱的稀水溶液（常用氢氧化钠稀水溶液）共热时，主要发生取代反应生成醇。而与浓的强碱醇溶液（常用浓氢氧化钾的乙醇溶液，氢氧化钠在乙醇中的溶解度较小）共热时，则主要发生消除反应，消除一分子卤化氢生成烯烃。这种从有机物分子中相邻两个碳上脱去卤化氢或水等小分子，形成不饱和化合物的反应，称为消除反应。例如：

$$R\underset{H}{\underset{|}{CH}}\underset{X}{\underset{|}{CH_2}} + KOH \longrightarrow RCH=CH_2 + KX + H_2O$$

这是制备烯烃的一个方法。

仲卤代烷和叔卤代烷在消除卤化氢时，反应可在碳链卤素原子左右两个不同方向进行，生成两种不同的产物。

例如：当 2-溴丁烷与浓氢氧化钾乙醇溶液共热，消除一分子溴化氢时，可能生成两种产物 1-丁烯和 2-丁烯。

$$CH_3CH_2\underset{Br}{\underset{|}{CH}}CH_3 \xrightarrow[\triangle]{\text{KOH-乙醇}} \underset{\text{2-丁烯(81\%)}}{CH_3CH=CHCH_3} + \underset{\text{1-丁烯(19\%)}}{CH_3CH_2CH=CH_2}$$

$$CH_3CH_2-\underset{Br}{\overset{CH_3}{C}}-CH_3 \xrightarrow[\triangle]{KOH-乙醇} \underset{2-甲基-2-丁烯(81\%)}{CH_3CH=\overset{CH_3}{C}-CH_3} + \underset{2-甲基-1-丁烯(19\%)}{CH_3CH_2-\overset{CH_3}{C}=CH_2}$$

大量实验表明，卤代烷脱去卤化氢时，卤素原子主要是与其相邻的、含氢较少的碳原子上的氢共同脱去卤化氢。也就是说，主要产物是双键碳上连接较多的烃基的烯烃。这是一条经验规律，叫做札依采夫（Saytzeff）规则。

卤代烷的活性顺序是：

叔卤代烷＞仲卤代烷＞伯卤代烷

上述卤代烷的消除反应和水解反应，是在碱的作用下同时发生的两个互相平行、互相竞争的反应。哪一种占优势，则与卤代烷的分子结构及反应条件如试剂的碱性、溶剂的极性、反应温度等有关。

一般规律是：伯卤烷、稀碱、强极性溶剂及较低温度有利于取代反应；叔卤烷、浓的强碱、弱极性溶剂及高温有利于消除反应。所以卤代烷的水解反应，要在强碱的水溶液中进行，而脱卤化氢的反应，要在强碱的醇溶液中进行更为有利。

三、与金属镁反应——格利雅试剂的生成

卤代烷可以与金属镁（或锂）在无水乙醚（通常称为干醚或绝对乙醚）中反应，生成烷基卤化镁，称为格利雅（Grigard）试剂，简称格氏试剂，一般用 RMgX 表示。

$$R-X+Mg \xrightarrow[回流]{绝对乙醚} R-Mg-X$$

凡是应用格利雅试剂进行的反应，通称为格利雅反应。

制备格氏试剂时，卤代烷的活性顺序是：碘代烷＞溴代烷＞氯代烷。其中碘代烷太贵，氯代烷的活性小，实验室中一般是用溴代烷来制备格氏试剂。

格氏试剂溶解于乙醚中，应用时不需要把它从乙醚中分离出来，而是直接使用其乙醚溶液。但从活性小的卤代烃（氯乙烯、溴乙烯等）制备格氏试剂时，则需要在环醚四氢呋喃中进行。

由于格利雅试剂（$\overset{\delta^-}{R}-\overset{\delta^+}{MgX}$）分子中的 R 带有负电荷，所以格利雅试剂既是一个极强的碱（$pK_b \approx -28$），又是一个很强的亲核试剂。能与酸、水、醇、氨、末端炔烃等含有活泼氢的化合物作用，格氏试剂被分解，生成相应的烷烃。

因此，在制备和使用格氏试剂时，所用溶剂乙醚必须是无水、无醇的干乙醚或叫绝对乙醚。

常温时，格利雅试剂与氧气反应生成含氧化合物，因此，制备格利雅试剂时，最好是在氮气保护下进行。

在有机合成中，格利雅试剂具有多方面的重要作用。

第四节　卤代烯烃和卤代芳烃

卤代烯烃中，碳碳双键和卤素原子是其官能团。卤代烯烃可根据分子中碳碳双键与卤素原子的相对位置的不同，分为三种类型：乙烯基型卤代烃、烯丙基型卤代烃和其他类型卤代烯烃。卤代芳烃中，卤素原子可以直接连在芳环上，也可以连接在侧链上。卤代芳烃可根据分子中芳环与卤素原子相对位置的不同，分为三种类型：苯基型卤代烃、苄基型卤代烃和其他类型卤代烃。下面我们讨论其中几种特殊的卤代烃。

一、乙烯基型和苯基型卤代烃

卤素原子直接连在双键碳上或芳环上的卤代烃属于乙烯基型或苯基型卤代烃。例如：

$CH_2{=}CH{-}Cl$ 　　 $C_6H_5{-}Cl$

氯乙烯或乙烯基氯 　　 氯苯或苯基氯

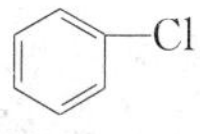

这类卤代烃的特点是卤素原子的活性较小，实验证明，它们不易与镁和硝酸银-乙醇溶液反应，也不易与亲核试剂 NaOH、RONa、NaCN、NH_3 等发生取代反应。这些均证明氯乙烯的 C—Cl 键结合得比较牢固，氯原子不活泼。又如，溴乙烯与 $AgNO_3$ 的醇溶液一起加热数日也不发生反应，这一性质可以用来鉴别卤代烷和乙烯基型卤代烃。然而卤素原子的不活泼性是相对的，在一定条件下反应亦可发生。

二、烯丙基型和苄基型卤代烃

卤素原子与碳碳双键或芳环相隔一个饱和碳原子的卤代烃属于烯丙基型或苄基型卤代烃。例如：

$CH_2{=}CH{-}CH_2{-}Cl$ 　　 $C_6H_5{-}CH_2Cl$

烯丙基氯 　　 苄基氯

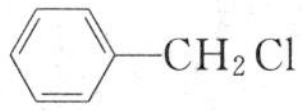

这类卤代烃的特点是卤原子的活性较大，例如，它们与硝酸银-乙醇溶液反应时，立即生成卤化银沉淀，以此可以用来鉴别卤代烷和烯丙基氯或苄基氯。

烯丙基型和苄基型卤代烃中卤素原子活性较大的原因是它们分子的构造所决定的，在此不再赘述。

另外，还有其他类型卤代烯烃，如孤立型卤代烃，这类卤代烃中的卤素原子与双键（或芳环）上的碳相隔两个或两个以上的碳原子，例如：

$CH_2{=}CHCH_2CH_2{-}Cl$ 　　 $C_6H_5{-}CH_2CH_2Cl$

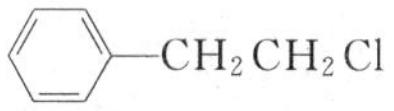

这类卤代烃的反应活性与伯卤代烷、仲卤代烷相似。

第五节 重要的卤代烃

一、三氯甲烷

三氯甲烷（$CHCl_3$）俗称氯仿，是无色甜味的液体。沸点 61.2℃，相对密度（d_4^{20}）为 1.482，微溶于水，能与乙醇、乙醚、苯、石油醚等有机溶剂混溶。它能溶解脂肪、蜡、有机玻璃和橡胶等多种有机物，是一种无燃性的优良溶剂。三氯甲烷具有强烈的麻醉作用，在 19 世纪，纯氯仿被用作外科手术的麻醉剂，但副作用较大，严重损害肝脏，现已不再使用。

光照下，氯仿能被空气中的氧所氧化，生成毒性很强的光气。光气吸入肺中会引起肺水肿。如每升空气中含 0.5mg 氯仿，吸入 10min 可致死。空气中最高允许浓度为 50μg/g。$CHCl_3$（氯仿）应保存在密封的棕色瓶中。

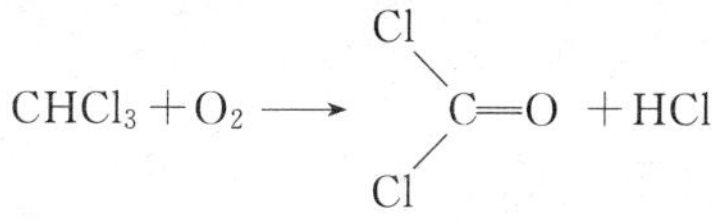

$$CHCl_3 + O_2 \longrightarrow Cl_2C{=}O + HCl$$

光气

使用氯仿前需用 $AgNO_3$ 检查有无 HCl 存在。工业氯仿中加入 1%（体积分数）乙醇作为稳定剂，以破坏可能产生的光气。如果有光气生成，乙醇将把它转变为无毒的碳酸二乙酯。

此外，氯仿也广泛用作有机合成的原料。近年来也被一些国家列为致癌物质，并禁止在食品、药物中使用。

二、四氯化碳

四氯化碳是无色液体，沸点较低，为76.7℃，相对密度较大（d_4^{20}），为1.594，微溶于水，可以与乙醇、乙醚混溶。四氯化碳能溶解脂肪、油漆、树脂、橡胶等有机物质，亦能溶解某些无机物，例如硫、磷、卤素等。四氯化碳能伤害肝脏，空气中最高允许浓度为25μg/g。

四氯化碳在空气中不能燃烧，遇热易挥发，蒸气比空气重，不能燃烧，且不导电。因此，当四氯化碳受热蒸发时，其蒸气能把燃烧物体覆盖，使之隔绝空气而熄灭，所以特别适宜于扑灭油类着火以及电源附近的火灾，是一种常用的灭火剂。但四氯化碳在500℃以上高温时，能水解生成剧毒的光气。因此，使用四氯化碳灭火时，要注意空气流通，以防止中毒。四氯化碳不能扑灭金属钠着火，因为二者作用会发生爆炸。

四氯化碳主要用作溶剂、萃取剂和灭火剂，也用作干洗剂。

甲烷是气体燃料，二氯甲烷是不燃液体，四氯化碳是灭火剂。在有机分子中引入氯原子或溴原子则减弱其可燃性，增强其不燃性，这是一般规律。

三、二氟二氯甲烷

二氟二氯甲烷是无色、无臭、无腐蚀性、不燃烧、不爆炸、化学性质稳定的气体。无毒，200℃以下对金属无腐蚀性。溶于乙醇和乙醚。沸点－29.8℃。易压缩成为液体，解除压力后立即汽化，同时吸收大量的热。因此，是良好的制冷剂和气雾剂。从20世纪30年代起，它代替液氨作制冷剂，在冰箱和冷冻器中大量使用，是氟里昂（Freon）制冷剂的一种。

氟里昂（简称CFC）是含有一个或两个碳原子的氟氯烷的总称。由于在使用和制造氟里昂时，逸入大气中的氟里昂受日光中紫外线辐射分解出氯原子，破坏大气高空能屏蔽紫外线的臭氧层，导致大量紫外线透射到地面，对人类的生存及动植物生长产生极大威胁。因而引起了世界各国的高度重视。现已被世界各国禁止或限制生产和使用。目前，许多国家在研制氟里昂代用品。

四、四氟乙烯和聚四氟乙烯

四氟乙烯是无色无臭的气体，沸点－76.3℃，不溶于水，而溶于有机溶剂。目前广泛采用二氟一氯甲烷高温裂解生产四氟乙烯。

四氟乙烯容易聚合成聚四氟乙烯。聚四氟乙烯是白色或淡灰色固体，平均分子量可达（400～1000）万。具有优良的耐热和耐寒性能，可以在－100～300℃的温度范围内使用。化学稳定性超过一切塑料，无论浓H_2SO_4、浓NaOH、强氧化剂，甚至“王水”，都不起作用。聚四氟乙烯也不溶于任何溶剂，摩擦系数小，机械强度高，又有良好的电绝缘性，故有“塑料王”之称，商品名称为“特氟隆”。其缺点是成本高，成型加工困难。近年来，随着原子能、超声速飞机、火箭、导弹等尖端技术发展的需要，聚四氟乙烯的产量在不断地增加。

五、氯乙烯和聚氯乙烯

氯乙烯是无色气体，具有微弱芳香气味，沸点－13.8℃，易溶于乙醇、丙酮等有机溶剂。氯乙烯容易燃烧，与空气形成爆炸性混合物，爆炸极限为4%～22%（体积分数）。空气中最高允许浓度为50μg/g。氯乙烯有毒，长期接触高浓度氯乙烯可引起许多疾病，并有致癌作用，使用时要注意防护。

目前生产氯乙烯的主要方法是氧氯化法。以乙烯、氧气、氯化氢为原料，氯化铜为催化剂，在 215～300℃条件下反应，生成 1,2-二氯乙烷，再在 470～650℃时裂解，得到氯乙烯。副产物氯化氢可循环使用。

氯乙烯的化学性质不活泼，分子中的氯原子不易发生取代反应，它发生加成反应时，仍遵守马氏规则。

$$CH_2{=}CHCl + HBr \longrightarrow CH_3\underset{\displaystyle Br}{\underset{|}{C}}HCl$$

氯乙烯在少量过氧化物引发剂存在下，能聚合生成白色粉末状的固体高聚物——聚氯乙烯，简称 PVC。

聚氯乙烯性质稳定，具有耐酸、耐碱、耐化学腐蚀、不易燃烧、不受空气氧化、不溶于一般溶剂等优良性能。聚氯乙烯树脂可制成硬质塑料和软质塑料。前者可代替金属和木材制作各种管材、型材及建筑材料；后者可制作薄膜、泡沫制品等。其溶液可做喷漆。聚氯乙烯电绝缘性和力学性能较好，具自熄性。在工农业及日常生活中都有广泛的应用，但聚氯乙烯的耐热性、耐寒性较差。其世界塑料总产量仅次于聚乙烯，占第二位。

六、氯苯

氯苯为无色透明液体，沸点 132℃，不溶于水，比水重。能溶于乙醇、乙醚、氯仿和苯等有机溶剂。有中等毒性，空气中的允许量为 75μg/g。在空气中爆炸极限为 1.3%～7.1%（体积分数）。

氯苯主要用于制造硝基氯苯、苦味酸、苯胺等，还可用作油漆溶剂。氯苯通常由苯在铁粉催化剂存在下，与氯气反应而制得。

七、苄基氯（苄氯）

苄氯是无色液体，沸点 179℃，具有强刺激性气味。蒸气有催泪作用，能刺激皮肤和呼吸道。不溶于水，溶于乙醇、乙醚、氯仿等有机溶剂。有强毒性，空气中允许量为 1μg/g。在空气中爆炸极限为 1.1%～14%（体积分数）。

苄氯用作苯甲基化试剂，制造苯甲基化合物，在染料、香料、药物等工业中也有应用。

工业上，苄氯是在光照或较高温度下，将氯气通入沸腾的甲苯中合成，也可以由苯经氯甲基化反应来制得。

【阅读材料】

氟里昂与地球环境

在远古地球上没有臭氧层的时代，太阳的紫外线直接照射到地面上，任何生物都无法生存。后来由于臭氧层的形成阻止了紫外线，才诞生了生命，形成了人类赖以生存的地球。可是现在人类正亲手破坏守卫地球防止紫外线照射的臭氧层，地球正在回到生命诞生以前的状态。

臭氧层位于距地面 20～30km 的上空，假设将其拿到地面，也只有 3mm 的厚度，就像是蕾丝窗帘样的东西正在保护着地球不受紫外线的照射。但进入 20 世纪 70 年代后，科学家发现了南极上空臭氧层出现了空洞，且还有扩大之势。经研究发现，氟里昂扩散到臭氧层后，由于光化学分解，产生氯原子（氯自由基），而一个氯原子经过一连串的化学反应，能破坏成千上万个臭氧分子。它是导致臭氧空洞的元凶。

臭氧层被破坏后，太阳的紫外线直接照射到地面上，强烈地影响并将危及到人类的健康和生态系统；氟里昂对人类的影响，据推测：臭氧层的量减少 1%，皮肤癌的发病率将增加 2%，白内障的发病率将从 0.6%上升到 0.8%；除了影响到作为海洋生态系统的基础浅海的浮游生物，还会导致农业生产的减少；紫外线若能到达地表附近的话，估计光化学烟尘也会恶化。另外氟里昂与二氧化碳相比，温室效应要高出几千到 13000 倍；因此保护臭氧层就是保护人类自己。这引起了各国政府和科学家的重视。1985 年 3 月以来联合国环境规划署（UNEP）主持制定了《保护臭氧层的维也纳公约》及《消耗臭氧层物质的蒙特利尔议定书》。规定到 20 世纪末停止生产和使用氟里昂。据了解，根据上述议定书，我国将于 2010 年成为无氟国家。

目前，我国和许多国家正在研究氟里昂的代用品，对于新型制冷剂的性能要求，制冷、空调领域的国际权威机构——美国供暖、制冷与空调工程师协会（ASHRAE）提出必须是无毒、无腐蚀、不可燃、不可爆，并具有良好的热工性能且不破坏臭氧层。对于这一研究已经取得了可喜的成果。

本章小结

一、卤代烃的化学性质

1. 取代反应

$$\overset{\delta^+}{R}\ \overset{\delta^-}{X} + \begin{cases} NaOH \xrightarrow{H_2O} ROH + NaX \\ NaOR' \longrightarrow ROR' + NaX \\ H{-}NH_2 \longrightarrow RNH_2 + HX \\ NaCN \xrightarrow{\text{乙醇}} RCN + NaX \\ AgNO_3 \xrightarrow{\text{乙醇}} RONO_2 + AgX\downarrow \quad \text{(用于鉴别)} \end{cases}$$

2. 与金属镁的反应（格利雅试剂的生成）

$$RX + Mg \xrightarrow{\text{绝对乙醚}} \overset{\delta^-}{R}-\overset{\delta^+}{MgX}$$

卤代烃的活性：R—I＞R—Br＞R—Cl

3. 消除反应

$$\underset{R'}{\overset{R}{>}}CH\underset{X}{C}HCH_2R'' \xrightarrow[\triangle]{KOH-\text{乙醇}} \underset{R'}{\overset{R}{>}}C{=}CHCH_2R''$$

按札依采夫规律脱去卤化氢，生成双键碳原子上连接烃基最多的烯烃。消除反应的活性顺序如下：

叔卤代烷＞仲卤代烷＞伯卤代烷

二、各种卤代烃反应活性比较

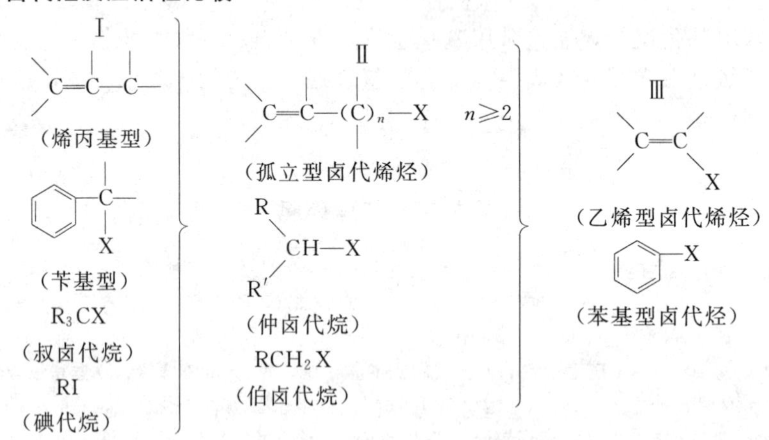

上述各种类型卤代烃的反应活性为：Ⅰ＞Ⅱ＞Ⅲ。当分别加入硝酸银乙醇溶液时，Ⅰ类卤代烃在常温下就能迅速产生卤化银沉淀；Ⅱ类卤代烃在加热下才能产生卤化银沉淀；Ⅲ类卤代烃加热也不能产生卤化银沉淀。据此可用于卤代烃的鉴别。

习　题

1. 用系统命名法命名下列化合物。

(1) CCl_2F_2　　(2) $BrCH_2CH_2Br$

(3) $(CH_3)_2CHCH_2CH_2Cl$　　(4) $(CH_3)_2CHCH_2CCl_2CHBr_2$

(5) $CH_3CH{=}CHCH_2CHBrCH_3$　　(6) $CH_3C{\equiv}CCH(CH_3)CH_2Cl$

(7) CH_3CH_2MgBr　　(8) $(CH_3)_2CH(CH_2)_2CH_2Br$

(9) 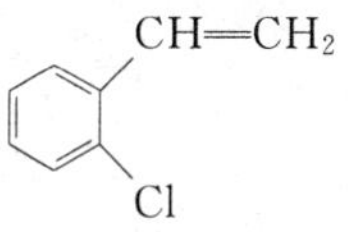 邻氯苯乙烯结构：苯环上 $CH=CH_2$ 与 Cl 处于邻位

(10) 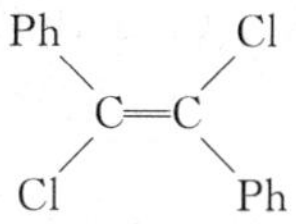 $\underset{Cl}{\overset{Ph}{>}}C=C\underset{Ph}{\overset{Cl}{<}}$

2. 根据下列名称写出相应的构造式。

(1) 氯仿　　(2) 烯丙基氯

(3) 叔丁基溴　　(4) 新戊基碘

(5) 3-甲基-2-氯戊烷　　(6) 2,4-二硝基氯苯

(7) 3-溴-1,4-环己二烯　　(8) 1-苯基-1-溴乙烷

(9) 1-对甲苯基-2-氯丁烷　　(10) 1-苯基-4-溴-1-丁烯

3. 写出分子式为 C_4H_7Cl 氯代烯烃的各种同分异构体，并指出哪些是乙烯型卤代烯烃，哪些是烯丙基型卤代烯烃，哪些有顺反异构体。

4. 下列各化合物，估计哪一个沸点较高。

(1) 正丁基溴和异丁基溴　　(2) 正丁基溴和叔丁基溴

(3) 正丙基溴和异丙基溴　　(4) 正戊基碘和正戊基氯

5. 完成下列反应。

(1) $CH_3CH=CH_2+HI \longrightarrow ? \xrightarrow[\text{乙醚}]{Mg} ?$

(2) $CH_3CH=CH_2 \xrightarrow[\text{过氧化物}]{HBr} ? \xrightarrow[\text{绝对乙醚}]{Mg} ? \xrightarrow{CH_3C\equiv CH} ? + ?$

(3) $CH_3CH(CH_3)-CHBrCH_3$
- $\xrightarrow[\triangle]{KOH+\text{乙醇}} ? \xrightarrow{Br_2} ? \xrightarrow[KOH+\text{乙醇}, \triangle]{-2HBr} ?$
- $\xrightarrow{KOH+H_2O} ?$

(4) $CH_3-CH=CH_2 \xrightarrow[>500℃]{Cl_2} ? \xrightarrow[\text{丙酮}]{NaI} ?$

(5) 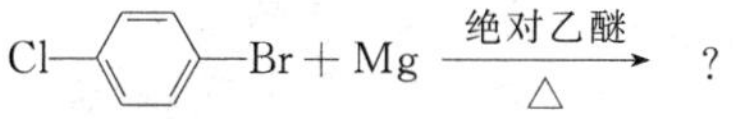 $Cl-C_6H_4-Br$（对位）$+Mg \xrightarrow[\triangle]{\text{绝对乙醚}} ?$

(6) $CH_3CH_2CH_2Br+CH_3CH_2ONa \xrightarrow{\text{无水乙醇}} ?$

(7) $CH_3CH_2CH=CH_2 \xrightarrow[\text{过氧化物}]{HBr} ? \xrightarrow[\text{乙醇}]{NaCN} ?$

(8) $CH_3CH(CH_3)CH_2CH_2Br + NH_3$（过量）$\longrightarrow ?$

(9) 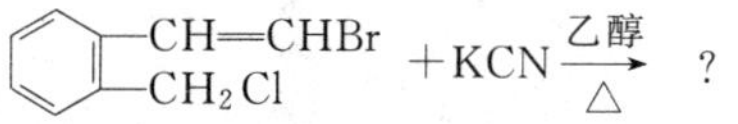 邻位取代苯（$-CH=CHBr$，$-CH_2Cl$）$+KCN \xrightarrow[\triangle]{\text{乙醇}} ?$

6. 用化学方法区别下列化合物。

(1) 正丁基溴、叔丁基溴、烯丙基溴

(2) $CH_3CH=CHCl$、$CH_2=CHCH_2Cl$、$(CH_3)_2CHCl$

(3) 正丙基溴、烯丙基氯、苄基氯

(4) 3-溴-2-戊烯、4-溴-2-戊烯、5-溴-2-戊烯

(5) $C_6H_5-CH=CHCl$、$C_6H_5-CH_2CH_2Cl$、$C_2H_5-C_6H_4-Cl$（对位）、$CH_3-C_6H_4-CH_2Cl$（对位）

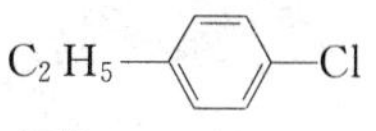

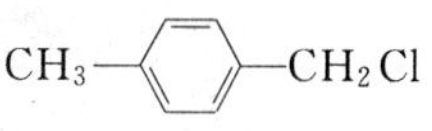

7. 由乙烯或丙烯和其他无机物为原料合成下列化合物。

(1) 氯乙烯　　(2) $CH_3CH(OH)CH_3$　　(3) 1-氯-2,3-二溴丙烷

(4) 2,2-二溴丙烷　　(5) 1,1,2-三溴丙烷

8. 完成下列转变。

(1) $CH_3-CH=CH_2 \longrightarrow CH_2Cl-CHCl-CH_2I$

(2) 甲苯($C_6H_5CH_3$) $\longrightarrow$ 间氯三氯甲苯(苯环上 CCl_3，间位 Cl)

(3) 苯+甲苯$\longrightarrow$ $C_6H_5-CHD-C_6H_5$

9. 以苯或甲苯为起始原料，以及适当的无机、有机试剂，合成下列化合物。

(1) $Cl-C_6H_4-CH_2Cl$（对位）　(2) 苯环上 OH，其邻位 NO_2，OH 对位 SO_3H

10. 有 A、B 两种溴代烃，它们分别与 NaOH-乙醇溶液反应，A 生成 1-丁烯，B 生成异丁烯，试写出 A、B 两种溴代烃可能的结构式。

11. 卤化物 A 的分子式为 $C_6H_{13}I$。用热浓的 KOH 乙醇溶液处理后得产物 B。经 $KMnO_4$ 氧化成 $(CH_3)_2CHCOOH$ 和 CH_3COOH。试推测 A、B 的构造式。

第七章　醇、酚、醚

学习目标

1. 了解醇、酚、醚的分类。
2. 熟练掌握醇、酚、醚的命名原则。
3. 了解醇、酚、醚的物理性质。
4. 熟练掌握醇、酚、醚的化学性质。
5. 了解几种重要醇、酚、醚的性质和用途

醇（R—OH)、酚（Ar—OH)、醚（R—O—R′）都是烃的含氧衍生物。它们也可以看作是水分子中的氢原子被烃基取代后的衍生物。

H—O—H	R—O—H	Ar—O—H	R—O—R′（Ar—O—R 或 Ar—O—Ar′）
水	醇	酚	醚

水分子中的一个氢原子被脂肪烃基取代后的产物，称作醇。羟基直接与芳环相连的产物，称作酚。水分子中两个氢原子都被烃基（脂肪族或芳香族烃基）取代的产物，称作醚。

醇和酚都含有羟基，但要严格区分醇与酚在结构上的差别。酚中的羟基直接和芳环相连，醇的羟基不与芳环直接相连，而是与脂肪族碳链直接相连。例如：

CH_3OH	⬡—OH	C₆H₅—CH_2OH	C₆H₅—OH
甲醇	环己醇	苯甲醇	苯酚

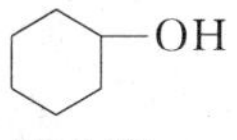

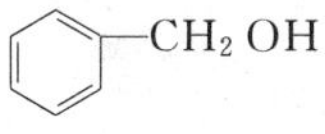

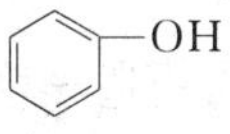

第一节　醇

一、醇的分类和构造异构

在结构上，醇可以看做是烃分子中的氢原子被羟基—OH 取代后的生成物。饱和一元醇的通式为 R—OH，分子中的—OH 称为醇羟基，它是醇的官能团。

由于醇（R—OH）分子中氧的电负性比碳强，因此氧原子的电子云密度较高，使醇分子具有一定的极性。

（一）**醇的分类**

1. 按羟基连接的烃基类别分类

根据烃基类别不同，可分为脂肪醇、脂环醇、芳香醇三大类。脂肪醇又可根据烃基是否饱和，分为饱和醇和不饱和醇。例如：

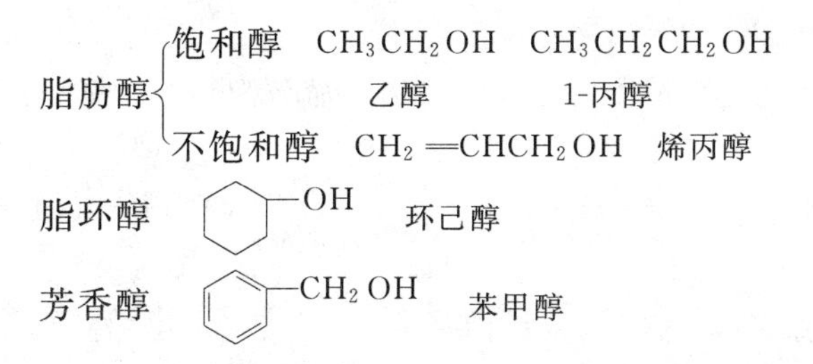

2. 按羟基连接的碳原子不同分类

醇分为伯醇、仲醇、叔醇。羟基与（1°）伯碳原子相连的醇，是伯醇；羟基与（2°）仲碳原子相连的醇，是仲醇；羟基与（3°）叔碳原子相连的醇，是叔醇。

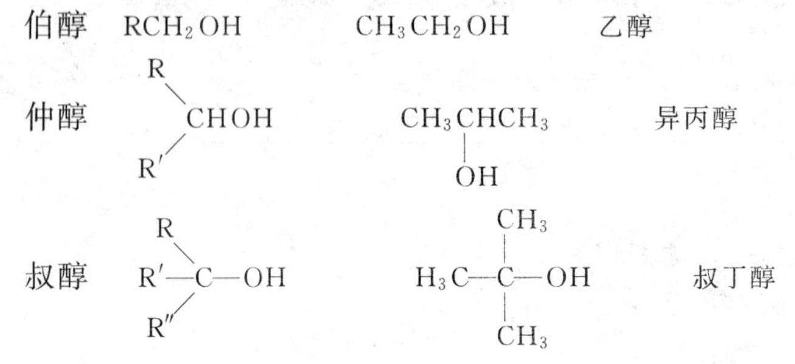

3. 按分子中所含羟基数目分类

根据醇分子中含羟基的数目，分为一元醇、二元醇、三元醇等，二元醇以上的为多元醇。例如：

一元醇 CH_3CH_2OH 乙醇（酒精）

二元醇 $CH_2(OH)CH_2(OH)$ 乙二醇（甘醇）

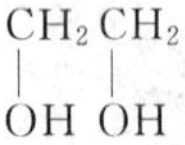

三元醇 $CH_2(OH)CH(OH)CH_2(OH)$ 丙三醇（甘油）

四元醇 HOH_2C—$C(CH_2OH)_2$—CH_2OH 新戊四醇（季戊四醇）

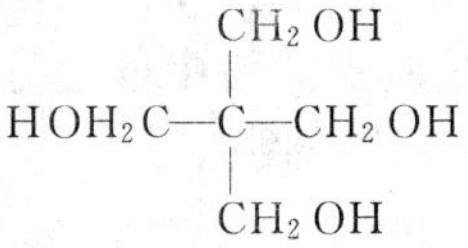

（二）醇的构造异构

饱和一元醇的通式为 $C_nH_{2n+1}OH$，简写为 ROH。甲醇、乙醇没有异构体，当 $n=3$ 时，即有官能团位置异构体。当 $n=4$ 以上时，除有官能团位置异构体外，还有碳链异构体。例如：

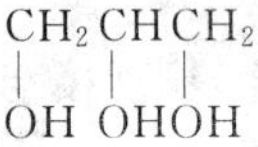

丙醇的构造异构体 $CH_3CH_2CH_2OH$ $CH_3CH(OH)CH_3$

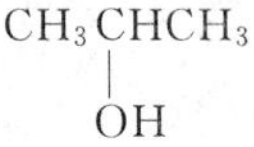

丁醇构造异构体

$CH_3CH_2CH_2CH_2OH$（Ⅰ） $CH_3CH_2CH(OH)CH_3$（Ⅱ） $CH_3CH(CH_3)CH_2OH$（Ⅲ） H_3C—$C(CH_3)_2$—OH（Ⅳ）

其中（Ⅰ）、（Ⅱ）与（Ⅲ）、（Ⅳ）之间为碳链异构体，（Ⅰ）与（Ⅱ）及（Ⅲ）与（Ⅳ）为羟基位置异构体。

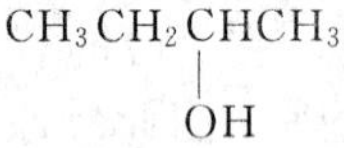

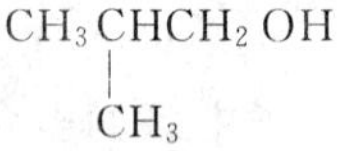

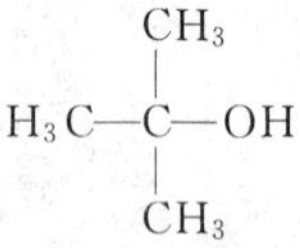

二、醇的命名

（一）普通命名法

结构简单醇可用普通命名法。即根据与羟基相连的烃基的名称，命名为某醇。例如：

$CH_3CH_2CH_2CH_2OH$ 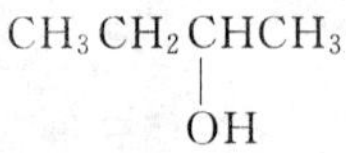 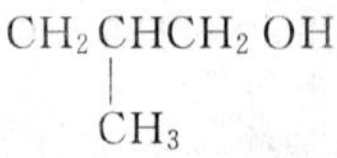 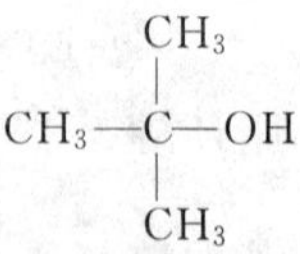 正丁醇 $CH_3CH_2CH(OH)CH_3$ 仲丁醇 $CH_2(CH_3)CHCH_2OH$ 异丁醇 CH_3—$C(CH_3)_2$—OH 叔丁醇

普通命名法中碳链编号用希腊字母 α、β、γ、δ、…ω 表示。与官能团直接相连的为 α 碳，依次类推。这一系列化合物可分别命名为：

$\overset{\beta}{Cl CH_2}\overset{\alpha}{CH_2}OH$ $\quad$ C_6H_5—CH_2CH_2OH $\quad$ C_6H_5—$CH(CH_3)OH$

β-氯乙醇 $\quad$ β-苯乙醇 $\quad$ α-苯乙醇

（二）系统命名法

对于结构复杂的醇，要用系统命名法命名。即羟基为官能团，以醇为母体命名。其命名原则是：选择含羟基所在碳的最长碳链作为主链，根据主链碳原子数称为“某醇”。从离羟基较近端开始，用阿拉伯数字将主链编号。并将羟基所在碳的编号加半字符“-”置于“某醇”之前（若羟基在链端，可省去“1-”）构成母体名称。把支链看作取代基，将取代基的位次、数目、名称写在母体名称之前。

例如，在普通命名法中列举的正丁醇、仲丁醇、异丁醇、叔丁醇、β-氯乙醇等的系统命名如下：

$CH_3CH_2CH_2CH_2OH$ $\quad$ $CH_3CH_2CH(OH)CH_3$ $\quad$ $CH_3CH(CH_3)CH_2OH$ $\quad$ H_3C—$C(CH_3)_2$—OH $\quad$ $ClCH_2CH_2OH$

1-丁醇 $\quad$ 2-丁醇 $\quad$ 2-甲基-1-丙醇 $\quad$ 2-甲基-2-丙醇 $\quad$ 2-氯乙醇

又例：

$CH_3CH(CH_3)CH(C_2H_5)CH_2OH$ $\quad$ $CH_3CH_2CH(CH_3)CH(C_2H_5)CH(Cl)CH(OH)CH_3$

3-甲基-2-乙基-1-丁醇 $\quad$ 5-甲基-3-乙基-4-氯-2-庚醇

芳醇可把芳基作为取代基命名。例如：

C_6H_5—CH_2CH_2OH $\quad$ C_6H_5—$CH(CH_3)OH$

2-苯基乙醇 $\quad$ 1-苯基乙醇

不饱和醇的命名，应选取既含羟基又同时含不饱和键的最长碳链做主链。编号时，应使羟基位次最小。例如：

$CH_3CH_2CH_2CH(CH{=}CH_2)CH_2CH_2CH_2OH$ $\quad$ C_6H_5—$CH{=}CHCH_2OH$

4-丙基-5-己烯-1-醇 $\quad$ 3-苯基-2-丙烯-1-醇（肉桂醇）

脂环醇则从连有羟基的环碳原子开始编号。例如：

环己醇 $\quad$ 6-乙基-2-环己烯-1-醇

多元醇的命名，应选取含有尽可能多带羟基的碳链做主链，在“醇”字前面，用二、三、四等汉字数字表明分子中羟基的数目，用阿拉伯数字标明羟基的位次。例如：

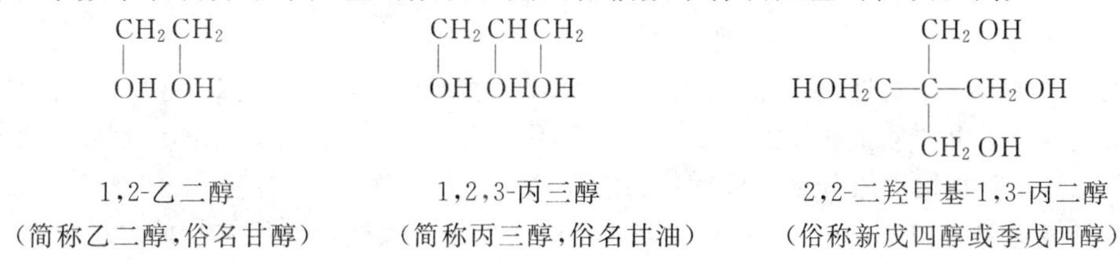

1,2-乙二醇（简称乙二醇，俗名甘醇） $\quad$ 1,2,3-丙三醇（简称丙三醇，俗名甘油） $\quad$ 2,2-二羟甲基-1,3-丙二醇（俗称新戊四醇或季戊四醇）

三、醇的物理性质

直链饱和一元醇中，低级醇（C_4 以下）为有酒精气味的挥发性液体，C_5～C_{11} 的醇为具有令人不愉快气味的油状液体，C_{12} 以上的醇为无臭无味的蜡状固体。存在于许多香精油中的某些醇具有特殊香味，例如苯乙醇有玫瑰香、橙花醇具有玫瑰及苹果香味等。脂肪族饱和一元醇相对密度小于 1，芳香族醇及多元醇相对密度大于 1。一些醇的物理常数见表 7-1。

表 7-1　一些醇的物理常数

名　　称	构　造　式	熔点/℃	沸点/℃	相对密度 (d_4^{20})	水中溶解度 (25℃)/(g/100mL)
甲醇	CH_3OH	−97	64.96	0.7914	∞
乙醇	CH_3CH_2OH	−144.3	78.5	0.7893	∞
1-丙醇	$CH_3CH_2CH_2OH$	−126.5	97.4	0.8035	∞
1-丁醇	$CH_3(CH_2)_3OH$	−89.5	117.25	0.8098	8.00
1-戊醇	$CH_3(CH_2)_4OH$	−79	137.3	0.817	2.7
1-己醇	$CH_3(CH_2)_5OH$	−51.5	158	0.8186	0.59
1-癸醇	$CH_3(CH_2)_9OH$	7	231	0.829	—
2-丙醇	$(CH_3)_2CHOH$	−89.5	82.4	0.7855	∞
2-丁醇	$CH_3CH_2CHOHCH_3$	−114.7	99.5	0.808	12.5
2-甲基-1-丙醇	$(CH_3)_2CHCH_2OH$	−108	108.39	0.802	11.1
2-甲基-2-丙醇	$(CH_3)_3COH$	25.5	82.2	0.789	∞
2-戊醇	$CH_3(CH_2)_2CHOHCH_3$	—	118.9	0.8103	4.9
2-甲基-1-丁醇	$CH_3CH_2CH(CH_3)CH_2OH$	—	128	0.8193	
2-甲基-2-丁醇	$CH_3CH_2C(CH_3)OHCH_3$	−12	102	0.809	12.15
3-甲基-1-丁醇	$CH_3CH(CH_3)CH_2CH_2OH$	−117	131.5	0.812	3
2-丙烯-1-醇	$CH_2=CHCH_2OH$	−129	97	0.855	∞
乙二醇	CH_2OHCH_2OH	−16.5	198	1.13	∞
丙三醇	$CH_2OHCHOHCH_2OH$	20	290(分解)	1.2613	∞
环己醇	—OH	25.15	161.5	0.9624	3.6
苯甲醇	—CH_2OH	−15.3	205.35	1.0419	4

从表 7-1 中看出，直链饱和醇的沸点和别的有机物一样，也是随着碳原子数的增加而升高。在同碳数异构体中，含支链愈多的醇沸点愈低。例如：

	$CH_3CH_2CH_2CH_2OH$	CH_3CHCH_2OH (2-位连 CH_3)	$H_3C—C(CH_3)_2—OH$
沸点	118℃	108℃	83℃

低级醇的沸点比相对分子质量相近的烷烃和卤代烃高得多，例如：

	CH_3OH	CH_3CH_3	CH_3CH_2OH	$CH_3CH_2CH_3$	CH_3Cl
相对分子质量	32	30	46	44	50
沸点/℃	65	−88.9	78.5	−42	−23.8

	$CH_3CH_2CH_2OH$	$CH_3(CH_2)_2CH_3$	CH_3CH_2Cl
相对分子质量	60	58	64
沸点/℃	97.4	0.5	13.1

为什么醇具有上述反常的高沸点呢？

是因为醇分子间能通过氢键相缔合，而烃分子间不存在氢键。所谓“缔合”如下所示，是指两个或两个以上的分子通过氢键结合成一个不稳定的、较大的分子基团的现象。要使液态醇变成气态醇，除提供克服分子间范德华力所需的能量外，而且还需提供破坏氢键所需能量（破坏一个氢键约需 25kJ/mol），因此其沸点比相应的烷烃和卤代烃高得多。形成氢键的能力越大，沸点就越高，所以多元醇的沸点高于一元醇。然而醇分子中的烃基对缔合有阻碍作用，烃基愈大，位阻也愈大，故直链饱和一元醇随着碳原子数增加与相应烷烃的沸点相差渐小。

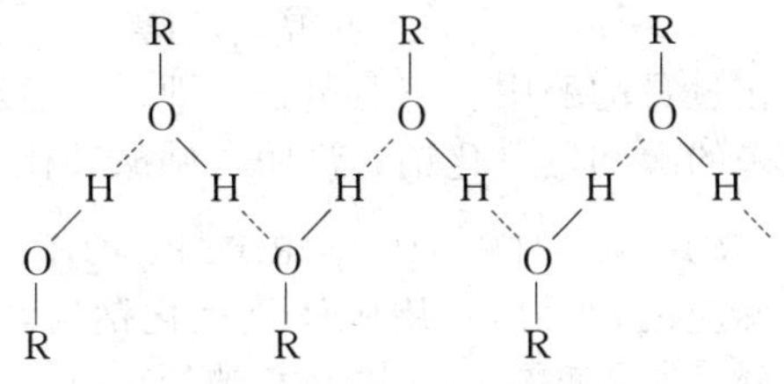

虚线表示氢键

从表 7-1 还可以看出，低级醇（甲、乙、丙醇）与水互溶，从 1-丁醇起，随着碳原子数的增加，醇在水中的溶解度降低，癸醇以上不溶于水。其原因是醇分子间除相互能形成氢键外，醇与水分子间也能形成氢键。由于醇与水分子间存在着氢键的结合力，所以低级醇易溶于水。随着烃基增大，位阻也加大，羟基在醇中所占的比例下降，与水形成氢键的能力降低，使它更类似于烃的性质，水溶性也就逐渐降低，甚至不溶。相反，低级醇不易溶于烃，如甲醇仅部分溶于正辛烷。多元醇在水中的溶解度比一元醇更大。乙二醇、丙三醇等有强烈的吸水性，常用作吸湿剂和助溶剂。当分子中含的碳原子数相同时，羟基增加，其沸点增高，在水中的溶解度也增大。

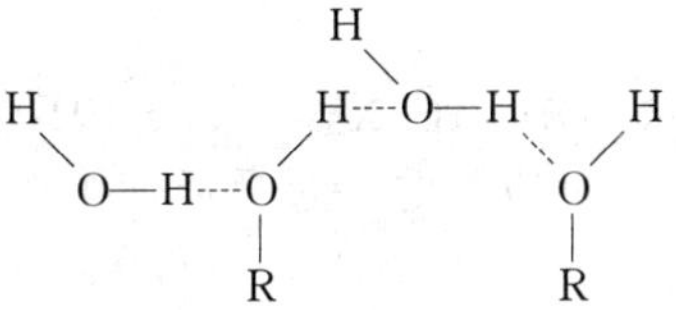

醇和水分子间的氢键

低级醇还能和一些无机盐类（如 $CaCl_2$、$MgCl_2$、$CaSO_4$ 等）形成结晶状络合物，称为结晶醇，或称醇化物。例如：$MgCl_2 \cdot 6CH_3OH$、$CaCl_2 \cdot 3C_2H_5OH$、$CaCl_2 \cdot 4C_2H_5OH$ 等。结晶醇不溶于有机溶剂，但可溶于水。在实际工作中，常利用这一性质使醇与其他有机物分离，或从反应物中除去醇。例如，工业乙醚中常含有少量乙醇杂质，加入无水氯化钙即可把其中的乙醇除去。同理，不能用无水氯化钙等无机盐干燥醇类。

四、醇的化学性质

醇（R—OH）的化学性质主要由其官能团羟基（—OH）决定。同时也受到烃基一定的影响。醇分子中的 C—O 键及 O—H 键都是极性键，这是醇易发生反应的两个部位。此外，由于羟基的影响，α-碳原子上的氢即 α-氢也具有一定的活性，也能发生某些反应。至于分子中哪个部位发生反应，取决于烃基的结构及反应条件。

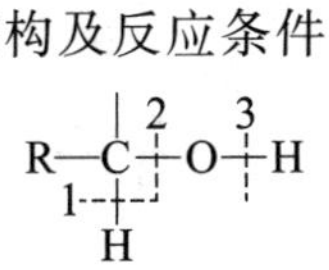

其中，1 表示 α-H 原子的反应；

2 表示醇羟基的反应；

3 表示醇羟基中氢原子被取代的反应。

1. 与活泼金属的反应

醇类一般均能与金属钠反应生成醇钠：

$$R—OH + Na \longrightarrow R—ONa + \frac{1}{2}H_2\uparrow$$

可见，醇与水相似，也有一定的酸性，但反应比水缓慢。由此表明，醇羟基上氢原子的活泼性比水弱，醇是比水还弱的酸。随着醇烃基增大，与金属钠的反应速率也随之减慢。各种醇的反应活性为：

甲醇＞伯醇＞仲醇＞叔醇

反应中生成的醇钠溶解在过量的醇中。将醇蒸去，即得白色粉末状的醇钠。

醇钠极易水解，生成原来的醇和氢氧化钠，说明醇钠碱性比 NaOH 强。

$$RO—Na+\overset{\delta+}{H}—\overset{\delta-}{O}H \rightleftharpoons ROH+NaOH$$

工业生产上常利用上述反应的逆反应，用固体氢氧化钠与醇作用，并加入苯（约 8%）共沸蒸馏，以除去其中的水分，制得醇钠。此法制醇钠的优点是避免使用昂贵的金属钠，且生产较为安全。

醇与金属的反应速率与金属的活泼性有关。例如，乙醇与金属钠室温下很容易就能发生反应，但与金属 Mg 反应需在较高的温度下才能进行。在实验室中，常用镁条除去醇中微量水，制备无水乙醇。叔丁醇与金属钠很难反应，但可以与金属钾反应。

醇钠在有机合成中常作碱性催化剂，也可作烷氧基化剂。

另外，其他活泼金属如铝在高温下也与醇作用生成醇金属和氢气。异丙醇铝和叔丁醇铝等都是很好的还原剂，常用于有机合成中。

2. 与氢卤酸反应

醇分子中的羟基可被氢卤酸中的卤素原子取代，生成卤代烃，是由醇制备相应卤代烃的一种方法。

$$R—OH+H—X \rightleftharpoons R—X+H_2O$$

这个反应是可逆的。如果能使反应物之一过量或使生成物之一从平衡混合物中移去，都可提高卤代烷的产率。

醇与氢卤酸的反应速率与醇的结构及氢卤酸的类型有关。

ROH：烯丙基醇、苄基型醇＞叔醇＞仲醇＞伯醇

HX：HI＞HBr＞HCl

伯醇与浓盐酸反应必须在无水氯化锌催化及加热条件下才能完成。无水氯化锌的浓盐酸溶液称卢卡斯（Lucas）试剂。

六个碳以下的低级醇溶于卢卡斯试剂中，生成的氯代烷不溶于水，也不溶于上述试剂，故反应现象是先出现浑浊，后分为两层。

不同类型的醇与卢卡斯试剂在室温下作用时，反应速率不同：烯丙基型醇、苄基型醇及叔醇反应最快，仲醇次之，伯醇反应最慢，需加热后才出现浑浊。因此，卢卡斯试剂实验可用于伯醇、仲醇、叔醇的鉴别。

它们的反应式如下：

$$(CH_3)_3C—OH+HCl \xrightarrow[25℃]{ZnCl_2} (CH_3)_3C—Cl+H_2O$$

（1min内浑浊，随后分层）

$$CH_3CH_2CH(OH)CH_3+HCl \xrightarrow[25℃]{ZnCl_2} CH_3CH_2CHClCH_3+H_2O$$

（10min内浑浊，随后分层）

$$CH_3CH_2CH_2CH_2—OH+HCl \xrightarrow[25℃]{ZnCl_2} CH_3CH_2CH_2CH_2Cl+H_2O$$

（1h内不浑浊，加热后才浑浊）

要注意，C_6 以上的醇不溶于卢卡斯试剂，很难辨别反应是否发生；甲醇、乙醇生成的氯代烷是气体；异丙醇生成的 $(CH_3)_2CHCl$ 沸点很低（36℃），在未分层前极易挥发，因此，均不宜用此法鉴别。

应当指出，有些醇（如许多仲醇及 β 位有支链的伯醇）在与氢卤酸反应时，会发生烷基的重排反应。这是应当注意的。例如：

$$CH_3-\underset{H}{\overset{CH_3}{|}}{C}-\underset{OH}{\overset{H}{|}}{C}-CH_3 \xrightarrow[\triangle]{HBr} CH_3\underset{Br}{\overset{CH_3}{|}}{C}-CH_2CH_3 \text{（唯一产物）}$$

3. 脱水反应

醇与脱水剂共热时会发生脱水反应。脱水的方式有两种，但随反应温度及醇的结构而异。在较高温度下，主要发生分子内脱水生成烯烃；在较低温度下，主要发生分子间脱水生成醚。例如：

$$\underset{H}{CH_2}-\underset{OH}{CH_2} \xrightarrow[\text{或 } Al_2O_3,360℃]{\text{浓 } H_2SO_4,170℃} \underset{\text{乙烯}}{CH_2=CH_2} + H_2O$$

$$CH_3CH_2O\boxed{H+HO}CH_2CH_3 \xrightarrow[\text{或 } Al_2O_3,240℃]{\text{浓 } H_2SO_4,140℃} \underset{\text{乙醚}}{CH_3CH_2OCH_2CH_3} + H_2O$$

醇或叔醇发生分子内脱水时，与卤代烷的消除反应脱去卤化氢相似，也遵循札依采夫规则，即羟基与其相邻的、含氢较少的碳原子上的氢原子共同脱水。或者说，主要产物是双键碳上连接烃基最多的烯烃。例如：

$$CH_3\underset{H}{CH}\underset{OH}{CH}CH_3 \xrightarrow[95℃]{60\%H_2SO_4} CH_3CH=CHCH_3 + H_2O$$

脱水难易与醇的类型关系很大，其反应活泼性次序是：

叔醇＞仲醇＞伯醇

由于叔醇在酸性条件下易在分子内脱水生成烯烃，因此，不宜用叔醇与氢卤酸作用制叔卤代烷，或与浓硫酸作用制叔丁醚。

4. 酯的生成

醇和含氧无机酸或有机酸及其酰氯和酸酐反应，分子间脱去一分子水后的产物叫做酯，此类反应称为酯化反应。

（1）醇与含氧无机酸的反应　醇与含氧无机酸反应，分子间脱水（醇中脱羟基、酸中脱氢）生成无机酸酯。

① 硫酸酯的生成

$$CH_3CH_2\boxed{OH+H}OSO_2OH \rightleftharpoons \underset{\text{硫酸氢乙酯(酸性酯)}}{CH_3CH_2OSO_2OH} + H_2O$$

这是一个可逆反应，生成的酸性硫酸酯用碱中和后，得到烷基硫酸钠 $ROSO_2ONa$。当 R 为 $C_{12}\sim C_{16}$ 时，烷基硫酸钠常用作洗涤剂、乳化剂。这类表面活性剂的特点是高温易水解。酸性的硫酸氢乙酯经减压蒸馏，即得硫酸二乙酯（中性酯）。

$$CH_3CH_2OSO_2OH + HOSO_2OCH_2CH_3 \longrightarrow \underset{\text{硫酸二乙酯(中性酯)}}{C_2H_5OSO_2OC_2H_5} + H_2SO_4$$

最重要的中性硫酸酯是硫酸二乙酯和硫酸二甲酯，它们都是重要的烷基化试剂。硫酸二甲酯毒性大，对呼吸器官和皮肤都有强烈的刺激性，使用时要注意安全。

② 硝酸酯的生成　醇与硝酸作用生成硝酸酯。多元醇的硝酸酯是烈性炸药。例如，用

浓硫酸和浓硝酸处理甘油得到三硝酸甘油酯。它受热或撞击立即引起爆炸。将它与木屑、硅藻土混合制成甘油炸药，对震动较稳定，只有在起爆剂引发下才会爆炸，是常用的炸药，同时也是治疗冠心病的药物。

$$\begin{array}{l} CH_2-OH \\ | \\ CH\ \ \ \ OH+3H\ ONO_2 \\ | \\ CH_2-OH \end{array} \longrightarrow \begin{array}{l} CH_2ONO_2 \\ | \\ CHONO_2 \\ | \\ CH_2ONO_2 \end{array} +3H_2O$$

三硝酸甘油酯(俗名硝化甘油)

③ 磷酸酯的生成　磷酸酯大多是由醇与磷酰氯反应制得。

$$3ROH+POCl_3 \longrightarrow (RO)_3P=O+3HCl$$

磷酸是三元酸，有三种类型的磷酸酯：

$$RO-\overset{\overset{O}{\|}}{\underset{\underset{OH}{|}}{P}}-OH \qquad RO-\overset{\overset{O}{\|}}{\underset{\underset{OH}{|}}{P}}-OR \qquad RO-\overset{\overset{O}{\|}}{\underset{\underset{OR}{|}}{P}}-OR$$

一些脂肪醇的磷酸三酯常用作织物阻燃剂、塑料增塑剂。较高级的脂肪醇的单或双磷酸酯则常作为合成纤维上油剂用的一类表面活性剂。例如，$C_{16}H_{33}O\overset{\overset{O}{\|}}{P}(OCH_2CH_2OH)_2$ 是腈纶抗静电剂和柔软剂。

(2) 醇与有机酸的反应　醇与有机酸或酰氯、酸酐反应生成羧酸酯。这个反应将在第九章羧酸及其衍生物中进一步讨论。

$$\underset{羧酸}{R-\overset{\overset{O}{\|}}{C}-OH} + \underset{醇}{HOR'} \xrightarrow{H^+} \underset{酯}{R-\overset{\overset{O}{\|}}{C}-OR'} + H_2O$$

5. 醇的氧化反应

有机化合物分子中氧原子数目增加或氢原子数目减少的反应均为氧化反应。醇分子中由于羟基的影响，使α-氢原子具有一定的活泼性，易发生氧化或脱氢生成羰基化合物。不同结构的醇，氧化产物不相同。

(1) 氧化反应　在重铬酸钾（或高锰酸钾）的硫酸溶液氧化下，伯醇氧化生成同碳原子数的醛，醛继续氧化生成同碳原子数的羧酸。

$$R-\overset{\overset{H}{|}}{\underset{\underset{H}{|}}{C}}-OH \xrightarrow{[O]} R-\overset{\overset{O}{\|}}{C}-H \xrightarrow{[O]} RC\overset{O}{\underset{OH}{\diagdown}}$$

例如：

$$CH_3CH_2OH \xrightarrow{[O]} CH_3CHO \xrightarrow{[O]} CH_3COOH$$

由于醛比醇更易氧化，如要制取醛，就必须把生成的醛立即从反应混合物中蒸馏出去，否则会继续氧化成羧酸。而低级醛的沸点比相应的醇低得多，因此，只要控制适当温度，即可使生成的醛立即蒸出，而未反应的醇仍留在反应混合物中。例如：

$$\underset{(沸点\ 97.2℃)}{CH_3CH_2CH_2OH} \xrightarrow{[O]} \underset{(沸点\ 48.8℃)}{CH_3CH_2CHO}$$

工业上常用此法制备低级醛。

上述反应除用于工业生产外，还有许多实际应用。例如，检查司机是否酒后驾车的呼吸分析仪，就是应用乙醇被重铬酸钾氧化的反应。

$$3C_2H_5OH+2K_2Cr_2O_7+8H_2SO_4 \longrightarrow 3CH_3COOH+2Cr_2(SO_4)_3+2K_2SO_4+11H_2O$$

（橙红色） （绿色）

若司机呼出的气体中含有一定量的乙醇（如饮酒量致使100mL血液中乙醇含量超过80mg时，即最大饮酒量时，即可被检验出），则乙醇被氧化的同时，$Cr_2O_7^{2-}$（橙红色）被还原为Cr^{3+}(绿色)。

另外，利用此反应也可以作为伯醇和仲醇的鉴定。

仲醇在上述条件下氧化生成含相同碳原子数的酮。

$$\underset{\text{仲醇}}{R-\underset{\displaystyle OH}{\underset{|}{CH}}-R'} \xrightarrow{[O]} \underset{\text{酮}}{R-\underset{\displaystyle O}{\underset{\|}{C}}-R'}$$

例如：

$$\underset{\text{2-丙醇}}{CH_3\underset{\displaystyle OH}{\underset{|}{C}}HCH_3} \xrightarrow{[O]} \underset{\text{丙酮}}{CH_3\overset{\displaystyle O}{\overset{\|}{C}}CH_3}$$

环己醇 $\xrightarrow{[O]}$ 环己酮

酮一般不易氧化，因此，仲醇的氧化较易控制在生成酮这一步。这也是实验室中制备酮常用的方法。若在更强烈的氧化条件下，酮也会发生碳链断裂，生成碳原子数较少的羧酸混合物，在生产实践中没什么价值。

叔醇分子中无α-氢原子，在碱性条件下不能被氧化，在酸性条件下脱水生成烯烃，然后氧化断链生成小分子的化合物。

实验室中可利用醇的氧化反应，区别伯醇、仲醇和叔醇。

(2) 脱氢反应　伯醇、仲醇的蒸气在高温下通过活性铜或银等催化剂时，伯醇脱氢成醛，仲醇脱氢成酮。例如：

$$RCH_2OH \xrightleftharpoons{Cu,325℃} RCHO+H_2$$

$$\begin{matrix}R\\ \quad\diagdown\\ \quad CHOH\\ \quad\diagup\\ R'\end{matrix} \xrightleftharpoons{Cu,325℃} \begin{matrix}R\\ \quad\diagdown\\ \quad C{=}O\\ \quad\diagup\\ R'\end{matrix} + H_2$$

这是丙酮的工业制法。若同时通入空气，则氢被氧化成水，反应可进行到底。例如：

$$CH_3\underset{\displaystyle OH}{\underset{|}{C}}HCH_3 \xrightleftharpoons{Cu,450℃} CH_3\overset{\displaystyle O}{\overset{\|}{C}}CH_3+H_2$$

$$CH_3CH_2OH+1/2O_2 \xrightleftharpoons{Ag,550℃} CH_3CHO+H_2O$$

叔醇分子中由于没有α-氢原子，因此不能进行脱氢反应。将其蒸气于300℃下通过铜，只能脱水生成烯烃。

五、重要的醇

1. 甲醇

甲醇（CH_3OH）最初由木材干馏（隔绝空气加强热）得到，故俗称木精或木醇。它是一种无色透明有酒味的挥发性易燃液体。沸点65℃，可以任意比例与水互溶。甲醇易燃易爆，爆炸极限是6.0%～36.5%（体积分数）。甲醇毒性很大，其蒸气可通过皮肤吸收而表现出毒性，若误服10g，就会使眼睛失明；误服25g，即可使人致命。

甲醇是重要的有机化工原料，也是优良的有机溶剂。在工业上主要用来合成甲醛、羧酸甲酯以及作为甲基化试剂和油漆的溶剂等。甲醇也是合成有机玻璃和许多医药等产品的原料，还可以用作无公害燃料加入汽油或单独用作汽车、飞机的燃料。

2. 乙醇

因为各种酒中都含有乙醇，所以乙醇（C_2H_5OH）俗称酒精。它是一种无色且有酒香味的易燃液体，沸点78.3℃，它的蒸气爆炸极限为3.28%～18.95%（体积分数）。乙醇能与水无限混溶，能溶解多种有机物（如香精油及树脂等），是常用的有机溶剂。

目前工业上主要用乙烯水合法生产乙醇，但以甘薯、谷物等的淀粉或糖蜜为原料的发酵法生产乙醇，在工业上依然采用。

由于乙醇和水形成恒沸混合物（质量分数为95.6%的乙醇和4.4%的水沸点为78.15℃），若欲制无水乙醇，在实验室内是将95.6%的工业乙醇与生石灰（CaO）共热回流去水，蒸馏可得99.5%的乙醇。最后可用金属镁处理，生成的乙醇镁又与残留的水作用，生成乙醇及氢氧化镁沉淀，再经蒸馏，即得无水乙醇或称绝对乙醇。

工业常用95%的乙醇加入一定量的苯后再进行蒸馏制取。先蒸出的是苯、乙醇和水的三元共沸物（沸点64.9℃），然后蒸出苯和乙醇二元共沸物（沸点68.3℃），最后在78.3℃蒸出的是市售无水乙醇（质量分数为99.5%）。此外用分子筛去水制备无水乙醇的新方法近年来工业上已有采用。

无水乙醇的检验方法是用无水硫酸铜（灰白色）或高锰酸钾晶体检验，若前者变蓝色（即生成$CuSO_4 \cdot 5H_2O$），或后者溶液变紫红色（即MnO_4^-的颜色），说明乙醇中有水，否则即“无水”。

乙醇不但是常用的有机溶剂，也是重要的化工原料，可合成乙醛、三氯乙醛、氯仿、1,3-丁二烯等三百多种有机物。70%～75%（质量分数）的乙醇杀菌能力最强，在医药上用作消毒剂和防腐剂。

为了防止廉价的工业酒精被人用作饮用酒，常在工业酒精中加入少量有毒的甲醇或带有臭味的吡啶，这种酒精称变性酒精。

3. 乙二醇

乙二醇是无色、味甜但有毒性的黏稠性液体，俗称“甜醇”或“甘醇”，沸点198℃，相对密度1.13，能与水、低级醇、甘油、丙酮、乙酸、吡啶等混溶，微溶于乙醚，几乎不溶于石油醚、苯、卤代烃。

乙二醇是多元醇中最简单、工业上最重要的二元醇。目前工业上普遍采用环氧乙烷水合法制备。

乙二醇本身是常用的高沸点溶剂，也是重要的化工原料，可用于制造树脂、增塑剂、合成纤维（涤纶），以及常用的其他高沸点溶剂二甘醇（一缩二乙二醇）、三甘醇（二缩三乙二醇）。60%的乙二醇凝固点为－40℃，是很好的汽车水箱的防冻剂及飞机发动机的制冷剂。

4. 丙三醇

丙三醇俗称甘油，是最重要的三元醇，是无色无臭有甜味（多羟基化合物大多有甜味）的黏稠性液体，沸点290℃（因为它三个羟基都能形成氢键），相对密度1.261，可以与水无限混溶，具强烈吸湿性，能吸收空气中的水分（含水量达20%时不再吸收）。

丙三醇以酯的形式广泛存在于自然界中，油脂的主要成分是丙三醇的高级脂肪酸酯。丙三醇最初是油脂水解制肥皂时的副产物。近代工业上主要是从石油裂解气中的丙烯合成。

甘油是重要的有机原料，它主要用来制醇酸树脂（涂料）和甘油三硝酸酯（炸药）。此外还广泛用于食品、化妆品、烟草、纺织、皮革、印刷等工业部门，用途非常广泛。

5. 苯甲醇

苯甲醇又称苄醇。它是最简单且最重要的芳醇。它是一种稍有芳香气味的液体，存在于茉莉等香精油中。沸点205℃，相对密度1.046，微溶于水，溶于乙醇、甲醇、乙醚等有机溶剂。

工业上可从氯化苄碱性水解制备。

苯甲醇长期放置于空气中，便被氧化为苯甲醛。它可合成香料或作为香料的溶剂和定香剂，也可用来制备药物。此外，由于苯甲醇具有微弱的麻醉性而且无毒，目前使用的青霉素稀释液中就含有2%的苄醇，从而减少注射时的疼痛。

第二节　酚

芳烃分子中，芳环上的氢被羟基取代，得到的化合物称为酚，即酚为羟基与芳香环直接相连的化合物。其通式为Ar—OH。最简单的酚为苯酚（苯环—OH）。

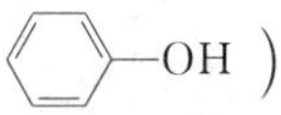

酚和醇结构中都含有羟基，为区别起见，醇分子中的羟基通称醇羟基，酚分子中的羟基通称酚羟基。

一、酚的分类和命名

1. 酚的分类

按照酚分子中含羟基的数目，酚可分为一元酚、二元酚、三元酚等，含两个以上羟基的酚称为多元酚。例如：

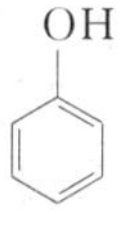

OH　　OH　　OH

OH　　HO　OH

一元酚 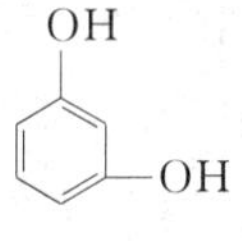　　二元酚 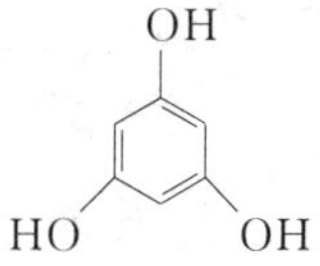　　三元酚

2. 酚的命名

酚的命名一般是在“酚”字前面加上芳烃的名称作为母体，按最低系列原则和立体化学中次序规则再冠以取代基的位次、数目和名称，当芳环上连有—COOH、—SO_3H、—CO—等基团时，则把羟基作为取代基来命名。

例如：

一元酚

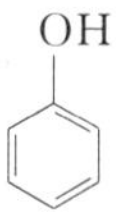

OH　　OH Br　　OH CH_3　　OH $CH(CH_3)_2$ H_3C

苯酚 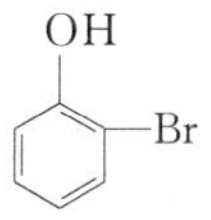　　邻溴苯酚 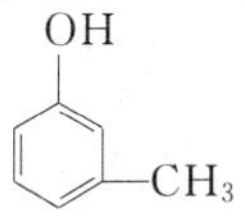　　间甲苯酚 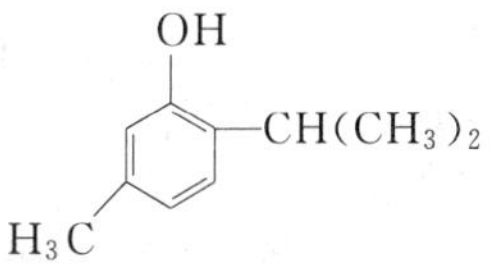　　5-甲基-2-异丙基苯酚（俗称百里酚）

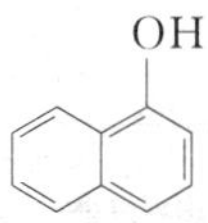

OH　　OH Br　　OH SO_3H　　OH CHO

1-萘酚 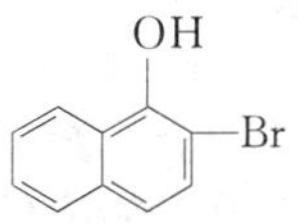　　2-溴-1-萘酚 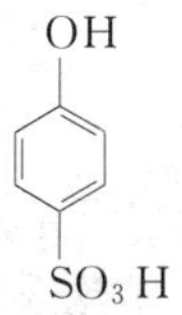　　对羟基苯磺酸 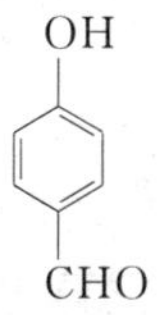　　对羟基苯甲醛

二元酚

邻苯二酚　　间苯二酚　　对苯二酚

三元酚

1,2,3-苯三酚,连苯三酚　　1,2,4-苯三酚,偏苯三酚　　1,3,5-苯三酚,均苯三酚

二、酚的性质

（一）酚的物理性质

在室温下，除少数烷基酚（例如间甲苯酚）为高沸点液体外，大多数酚为无色晶体。酚类在空气中易被氧化而呈现粉红色或红色甚至褐色。

由于酚也含有羟基，故和醇类似，也能形成分子间的氢键而缔合，因而沸点和熔点较相对分子质量相近的烃高。例如，苯酚（相对分子质量为94）的熔点为43℃，沸点182℃，而甲苯（相对分子质量为92）的熔点为－93℃，沸点110.6℃。酚虽然含有羟基，但仅微溶或不溶于水，这是因为芳基在分子中占有较大的比例。酚在水中的溶解度一般随其羟基的增多而增大。酚能溶于乙醇、乙醚等有机溶剂。

酚的毒性很大，经口致死量是530mg/kg体重。因此，化工生产和炼焦工业的含酚污水在排放前必须加以治理，按国家规定严格控制污水中酚的含量，否则将危害人体健康，破坏生态环境。

一些酚的物理常数见表7-2。

表7-2　一些酚的物理常数

名　　称	熔点/℃	沸点/℃	溶解度/(g/100g H_2O)	pK_a(25℃)
苯酚	43	181	9.3	9.89
邻甲苯酚	30	191	2.5	10.20
间甲苯酚	11	201	2.3	10.17
对甲苯酚	35.5	201	2.6	10.01
邻硝基苯酚	44.5	214	0.2	7.23
间硝基苯酚	96	194(9.33kPa)	1.4	8.40
对硝基苯酚	114	279(分解)	1.6	7.15
2,4-二硝基苯酚	113	升华	0.56	4.00
2,4,6-三硝基苯酚	122	分解(300℃爆炸)	1.4	0.71
邻苯二酚	105	245	45.1	9.48
间苯二酚	110	281	123	9.44
对苯二酚	170	286	8	9.96
1,2,3-苯三酚	133	309	62	7.0
α-萘酚	94	279(升华)	难溶	9.31
β-萘酚	123	286	0.1	9.55

由表7-2可看出，在硝基苯酚的三个异构体中，邻位异构体的熔点、沸点和在水中的溶解度都比间位、对位异构体低得多。这是由于间位、对位异构体分子间形成氢键而缔合，故沸点较高，另外，它们与水分子也可以形成氢键，因此，在水中也有一定的溶解度。邻位异

构体则不同，由于在化合物分子内部相邻的羟基和硝基之间形成了分子内氢键并螯合成环，难以形成分子间的氢键而缔合，同时也降低了它与水分子形成氢键的能力，因此邻位异构体的熔点、沸点和在水中的溶解度都较低。在三个异构体中，唯有邻位异构体可以随水蒸气蒸馏出来。

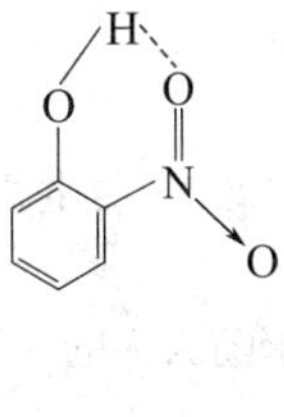

邻硝基苯酚分子内的氢键螯合 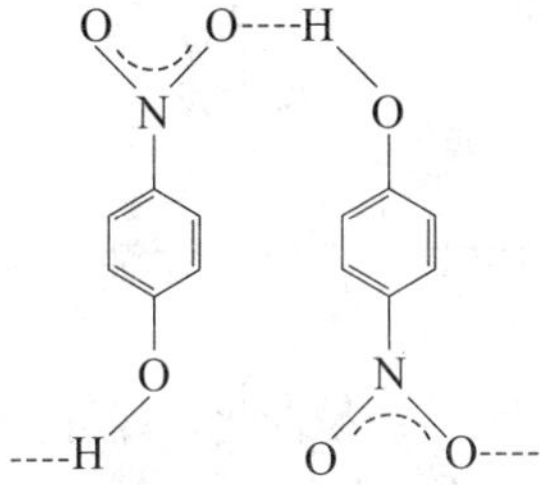　　　对硝基苯酚分子间的氢键缔合 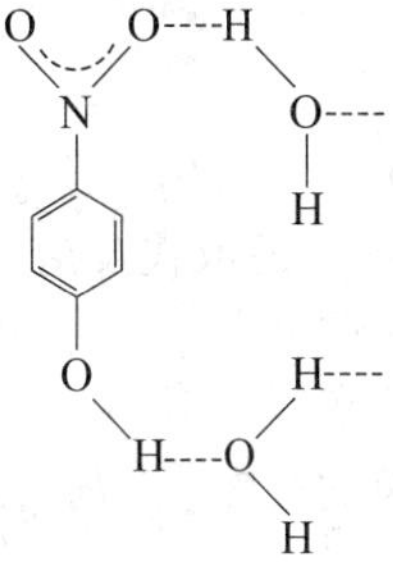　　　对硝基苯酚与水分子间的氢键缔合

（二）酚的化学性质

酚和醇分子中都含极性的C—O键和O—H键，因此能发生类似的反应，但酚羟基与苯环直接相连，由于受到苯环的影响，使O—H键极性增大，C—O键加强，因此，在化学性质上显示出一定的差异，例如它一方面酸性比醇大，另一方面较难发生羟基被取代的反应等。反之，苯环也受到羟基的影响，使其邻、对位活泼，比相应芳烃易发生亲电取代。

苯酚是酚类中最简单且最重要的代表物，现以苯酚为代表，讨论酚的化学性质。

1. 酚的酸性

酚具有酸性，其酸性比醇、水强，但比碳酸弱。苯酚水溶液能使石蕊变红。表7-3为苯酚与醇、水、碳酸的酸性比较。

表7-3　苯酚与醇、水、碳酸的酸性比较

名　　称	苯　　酚	乙　　醇	水	碳　　酸
pK_a	9.98	18	15.7	6.38(pK_{a1})

因此，酚能溶于NaOH生成酚钠，但不能与碳酸钠反应。相反，将二氧化碳通入酚钠水溶液，酚即游离出来。

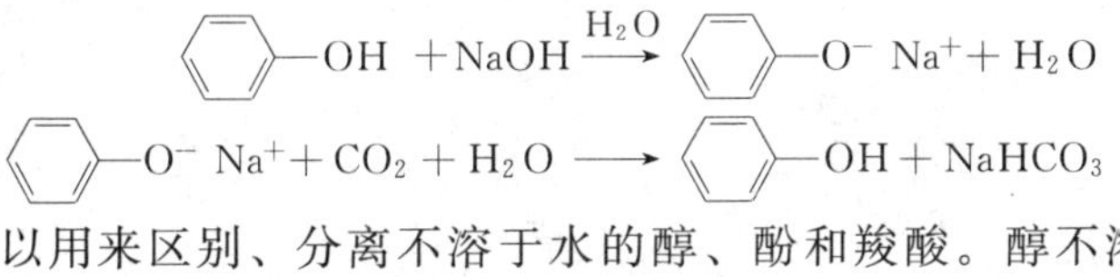

$$C_6H_5{-}OH + NaOH \xrightarrow{H_2O} C_6H_5{-}O^- Na^+ + H_2O$$

$$C_6H_5{-}O^- Na^+ + CO_2 + H_2O \longrightarrow C_6H_5{-}OH + NaHCO_3$$

上述性质可以用来区别、分离不溶于水的醇、酚和羧酸。醇不溶于NaOH稀溶液；酚不溶于稀$NaHCO_3$稀溶液，而溶于稀NaOH溶液；羧酸溶于稀$NaHCO_3$。

工业上从煤焦油分离酚时，就是利用酚的弱酸性，用稀的氢氧化钠溶液处理焦油含酚馏分，使酚成钠盐溶于水，分离水层和油层，加入硫酸或通入二氧化碳烟道气于水层，酚即析出。

苯酚具有弱酸性，在水溶液中微弱电离生成苯氧负离子和氢离子：

$$C_6H_5{-}OH + H_2O \rightleftharpoons C_6H_5{-}O^- + H_3O^+$$

取代酚的酸性强弱与其芳环上取代基的种类、数目、位置有关系。大量实验事实表明，当酚的芳环上连有供电子基（如烷基、烷氧基等）时，因不利于负电荷分散，取代苯氧负离子的稳定性降低，酸性减弱，即酸性比苯酚弱；反之，当酚的芳环上连有吸电子基（如硝基、卤原子等）时，能增强其酸性，即酸性比苯酚强。

苯酚邻、对位上硝基愈多，酸性愈强。例如2,4,6-三硝基苯酚（$pK_a=0.71$）的酸性与强酸接近。

	苯酚	邻硝基苯酚	间硝基苯酚	对硝基苯酚	2,4-二硝基苯酚	2,4,6-三硝基苯酚
pK_a	9.89	7.23	8.40	7.15	4.0	0.71

2. 芳环上的取代反应

羟基是强的邻、对位定位基，可使苯环活化，在酚羟基的邻和对位易发生卤代、硝化、磺化等取代反应。

（1）卤化反应　苯酚与氯气反应，无需铁粉催化，即可生成以对氯苯酚为主的一元取代苯酚。

$$C_6H_5OH \xrightarrow[40\sim150℃]{Cl_2} \text{邻氯苯酚} + \text{对氯苯酚（主要产物）}$$

在铁粉或三氯化铁催化下则主要生成多元氯代苯酚。

$$C_6H_5OH \xrightarrow[Fe]{Cl_2} \text{2,4-二氯苯酚}$$

苯酚与 Br_2/CCl_4 稀溶液在低温下反应，主要得到对溴苯酚。

$$C_6H_5OH \xrightarrow[5℃]{Br_2/CCl_4} \text{对溴苯酚} + HBr$$

苯酚在常温下与溴水作用，不需催化剂就会立即生成2,4,6-三溴苯酚白色沉淀（而芳烃卤代要在 Fe 或 $FeCl_3$ 的催化下进行）。

$$C_6H_5OH + 3Br_2 \xrightarrow{H_2O} \text{2,4,6-三溴苯酚(白色)}\downarrow + 3HBr$$

三溴苯酚的溶解度很小，很稀的苯酚溶液（质量分数为 1.0×10^{-5}）也能与溴水作用发生白色沉淀，反应灵敏，常用于酚的定性鉴别和定量测定。若溴水过量，则生成黄色的四溴化物（2,4,4,6-四溴环己二烯酮）沉淀。

$$\text{2,4,6-三溴苯酚（白色）}\downarrow \xrightarrow{\text{过量 }Br_2\text{-}H_2O} \text{2,4,4,6-四溴环己二烯酮（黄色）}\downarrow$$

（2）硝化反应　在常温下，苯酚与20%稀硝酸便可作用生成邻硝基苯酚和对硝基苯酚的混合物。但由于硝酸的氧化作用，反应产生大量焦油状酚的氧化副产物，直接硝化产率较低，无制备意义。

因此，硝基苯酚宜由硝基氯苯水解制备。

（3）磺化反应　苯酚与浓硫酸作用，随反应温度不同，可得到不同取代产物，如果反应在室温下进行，生成几乎等量的邻和对位取代产物；如果反应在较高温度下进行，则对位异构体为主要产物。

$$C_6H_5OH \xrightarrow{98\%H_2SO_4} o\text{-}HOC_6H_4SO_3H + p\text{-}HOC_6H_4SO_3H$$

	邻位	对位
20℃	49%	51%
100℃	10%	90%

（4）缩合反应　酚羟基邻、对位上的氢原子特别活泼，可与羰基化合物（醛或酮）发生缩合反应。例如在稀碱存在下，苯酚与甲醛（HCHO）作用，首先在酚羟基的邻或对位上引入羟甲基（$-CH_2OH$）而生成邻或对羟基苯甲醇，经进一步缩合，即得酚醛树脂。又如在适当条件下，两分子苯酚与一分子丙酮（CH_3COCH_3）缩合，产物再与环氧氯丙烷反应，可生成环氧树脂。环氧树脂是常用的胶黏剂。

（5）傅瑞德尔-克拉夫茨反应　以 $AlCl_3$ 为催化剂进行苯酚的傅瑞德尔-克拉夫茨反应效果往往不好。原因是苯酚与 $AlCl_3$ 生成不溶于有机溶剂的二氯酚铝（$PhOAlCl_2$），使反应难以进行。但如使用其他催化剂，有时会使反应顺利进行。例如：用乙酸和三氟化硼处理苯酚可获得高产率的对羟基苯乙酮。

$$C_6H_5OH + CH_3COOH \xrightarrow{BF_3} p\text{-}HOC_6H_4COCH_3 + H_2O$$

95%

酚的傅-克烷基化反应常常是以烯烃或醇为烷基化试剂，以浓硫酸或磷酸作为催化剂，反应迅速生成二和三烷基化产物。例如：

$$p\text{-}CH_3C_6H_4OH + (CH_3)_2C{=}CH_2 \xrightarrow{浓\ H_2SO_4} 2,6\text{-}[(CH_3)_3C]_2\text{-}4\text{-}CH_3C_6H_2OH$$

4-甲基-2,6-二叔丁基苯酚，俗称二四六抗氧化剂

4-甲基-2,6-二叔丁基苯酚是无色晶体，熔点 70℃，可用作有机物的抗氧化剂，也可用作食物防腐剂。

3. 与三氯化铁的显色反应

大多数含有酚羟基的化合物能与 $FeCl_3$ 溶液发生反应，并使溶液呈现不同的颜色，常用于鉴别酚类，而这一显色反应十分复杂，一般认为是生成了络合物。

$$6ArOH + FeCl_3 \longrightarrow [Fe(OAr)_6]^{3-} + 6H^+ + 3Cl^-$$

需要强调指出的是，除酚类外，凡具有烯醇式结构（$-C{=}\overset{|}{C}-OH$）的化合物与三氯化铁也有显色反应，但一般醇类没有这种反应。

4. 氧化反应

酚类化合物非常容易被氧化，长期放置在空气中的苯酚，会慢慢从无色晶体变为粉红

色、红色或深褐色。如果用重铬酸钾硫酸溶液氧化苯酚，不仅酚羟基被氧化，同时对位上的氢也被氧化，得到黄色的对苯醌。

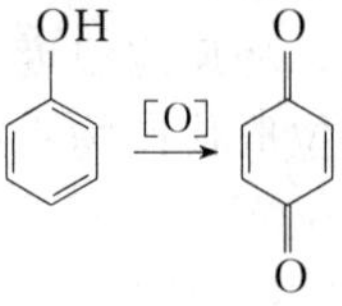

OH [O] O O

对苯醌

多元酚在碱性条件下更容易氧化，特别是两个或两个以上羟基互为邻对位的多元酚最易被氧化，甚至弱的氧化剂例如 Ag_2O 都能把它们氧化。

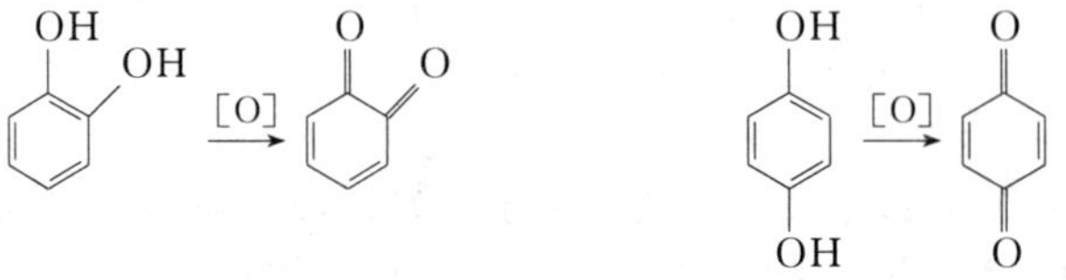

OH OH [O] O O　　OH OH [O] O O

邻苯醌　　对苯醌

具有醌型结构的物质都有颜色。邻位醌一般为红色，对位醌为黄色。

三、重要的酚

1. 苯酚

苯酚具有弱酸性，俗称石炭酸。纯苯酚为具有特殊气味的无色针状结晶，熔点 43℃。遇光和空气则逐渐被氧化而呈微红色，渐至深褐色。苯酚微溶于冷水而溶于热水，65℃以上可与水无限混溶，易溶于乙醇、乙醚等有机溶剂中。苯酚有腐蚀性，且有毒，能灼烧皮肤。苯酚及其衍生物是消毒剂和防腐剂的有效成分。苯酚用途很广，它大量用于制造酚醛树脂（俗称电木）、环氧树脂、合成纤维（尼龙-6 和尼龙-66）、药物、染料、炸药等，是有机合成的重要原料。

2. 甲苯酚

甲苯酚俗称甲酚，它有邻甲苯酚、间甲苯酚和对甲苯酚三种异构体，都存在于煤焦油中。沸点分别为 191℃、202℃、201.8℃。由于它们的沸点相近，不易分离，工业上是用其混合物。甲酚有苯酚的气味，杀菌效力比苯酚强，毒性也较大。目前医药上使用的消毒剂“煤酚皂”（俗称“来苏儿”）溶液，就是含有 47%～53%甲酚的钾肥皂水溶液。它溶于水，可杀灭细菌繁殖体和某些亲脂病毒。

甲苯酚在有机合成上是制备染料、炸药、农药、电木的原料，也用作木材及铁路枕木的防腐剂。

3. 对苯二酚

对苯二酚又称氢醌，为无色或浅灰色针状晶体，熔点 170℃，当温度稍低于其熔点时，易升华而不分解。溶于热水，也溶于乙醇、乙醚和氯仿等有机溶剂中。对苯二酚有毒，可渗入皮肤内引起中毒，它的蒸气可导致眼病，空气中允许浓度为 0.002～0.003mg/L。

对苯二酚极易氧化，对苯二酚是一个强还原剂，可用作显影剂、抗氧剂及高分子单体的阻聚剂、橡胶防老剂，氮肥工业中用作催化脱硫剂。

对苯二酚还可与对苯醌借氢键结合成分子化合物，称对苯醌合对苯二酚，简称醌氢醌，它是暗绿色的晶体。

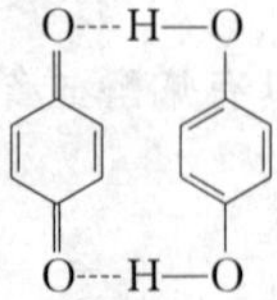

O---H—O

O---H—O

醌氢醌

醌氢醌的缓冲溶液可用作标准参比电极。

第三节 醚

醚可看作是水分子中两个氢原子都被烃基取代的产物，也可以看成是醇或酚羟基中的氢原子被烃基取代后的生成物。脂肪醚的通式为 R—O—R′、ArOR 或 ArOAr′。—O—键称为醚键，是醚的官能团。

一、醚的分类和命名

（一）醚的分类

醚分子中氧原子与两个烃基相连，烃基可以是饱和烃基、不饱和烃基和芳基等。根据烃基结构的不同，可分为饱和醚、不饱和醚和芳醚。若两个烃基相同的（R—O—R、ArOAr），叫简单醚，简称单醚；两个烃基不同的（R—O—R′、Ar—O—R 或 ArOAr′）叫混合醚，简称混醚。两个烃基中有一个是不饱和的或是芳基的则称为不饱和醚或芳醚。

醚
- 饱和醚 $CH_3CH_2OCH_2CH_3$（单醚） $CH_3OCH_2CH_3$（混醚）
- 不饱和醚 $CH_3OCH{=}CH_2$（混醚）
- 芳醚 C_6H_5—OCH_3（混醚） C_6H_5—O—C_6H_5（单醚）

此外，醚分子中氧原子与烃基连接成环的称环醚。例如：

CH_2—CH_2 经 O 连接成环（环氧乙烷）

（二）醚的命名

1. 普通命名法

醚的命名广泛使用普通命名法，即在“醚”字前冠以两个烃基的名称。单醚在烃基名称前加“二”。烃基是烷基时，往往把“二”字省去，不饱和醚及芳醚一般保留“二”字。混醚则将次序规则中较优的烃基名称放在后面，但芳烃基名称要放在烷烃基前面。例如：

$CH_3CH_2OCH_2CH_3$ （二）乙醚

$CH_2{=}CHOCH{=}CH_2$ 二乙烯基醚

C_6H_5—O—C_6H_5 二苯醚

$CH_3CH(CH_3)OCH_2CH_3$ 乙基异丙基醚

C_6H_5—OCH_3 苯甲醚

CH_3—C_6H_4—O—CH_2—C_6H_5 对甲苯基苄基醚

2. 系统命名法

结构复杂的醚要用系统命名法命名。即把与氧原子相连的较大烃基作母体，剩下的烷氧基（—OR）看做取代基。例如：

$CH_3CH_2CH_2CH_2CH(OCH_3)CH_3$ 2-甲氧基己烷

CH_3—$CH(CH_3)$—$CH(OCH_3)$—CH_2—$CH(CH_3)$—CH_3 2,5-二甲基-3-甲氧基己烷

此外，环醚多用俗名，一般称环氧烷或按杂环化合物命名。例如：

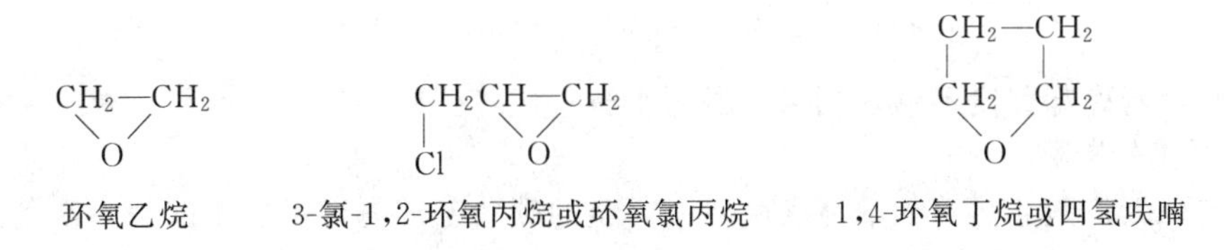

环氧乙烷　3-氯-1,2-环氧丙烷或环氧氯丙烷　1,4-环氧丁烷或四氢呋喃

二、醚的物理性质

常温下，除甲醚、甲乙醚为气体外，大多数醚均为无色有香味的易燃液体。相对密度小于1。低级醚的沸点比相同碳原子数的醇低得多，例如 $CH_3CH_2OCH_2CH_3$ 沸点为34.5℃，$CH_3CH_2CH_2CH_2OH$ 沸点为111.7℃。这是由于醚分子中没有与强电负性原子（如氧原子）相连的氢，因此分子间不能形成氢键，无缔合现象所致。但醚在水中的溶解度与相同碳原子数的醇相近，例如，乙醚与丁醇在水中的溶解度相同，都是约 8g/100g H_2O。原因是醚与醇一样，也可与水分子发生氢键缔合现象。

$$\begin{matrix} R & & & O & & & R \\ & \diagdown & \diagup & & \diagdown & \diagup & \\ & C—O\cdots H & & & H\cdots O—C & & \\ & \diagup & & & & \diagdown & \\ R' & & & & & & R' \end{matrix}$$

醚和水分子间氢键

醚一般微溶于水，易溶于有机溶剂，本身也是一种常用的优良溶剂。一些醚的物理常数见表7-4。

表7-4 一些醚的物理常数

名称	结构式	熔点/℃	沸点/℃	相对密度(d_4^{20})
甲醚	$CH_3—O—CH_3$	−142	−25	0.661
乙醚	$C_2H_5—O—C_2H_5$	−116	34.6	0.714
正丁醚	$C_4H_9—O—C_4H_9$	−98	141	0.769
二苯醚	$C_6H_5—O—C_6H_5$	27	259	1.027
苯甲醚	$C_6H_5—O—CH_3$	−37	154	0.994
环氧乙烷	$CH_2—CH_2$（通过O成环）	−111	13.5	0.887

三、醚的化学性质

醚分子中含有—O—键，称醚键，是醚的官能团。除环醚外，醚对于大多数碱、稀酸、氧化剂、还原剂都十分稳定，是一类相当不活泼的化合物，稳定性稍次于烷烃。醚常作为许多反应的溶剂。在常温下不与金属钠作用，因而可用金属钠干燥醚。但其稳定性是相对的，醚可与强酸反应生成𬭩盐，甚至可发生醚键断裂。

1. 𬭩盐的生成

醚键的氧原子上有孤对电子，常温下，醚溶于强无机酸（如 HCl、H_2SO_4 等）中，生成𬭩盐。

$$R\ddot{\underset{..}{O}}R + HCl \longrightarrow \left[R\overset{H}{\underset{..}{\dot{O}}}R \right]^+ Cl^-$$

$$R\ddot{\underset{..}{O}}R + H_2SO_4 \longrightarrow \left[R\overset{H}{\underset{..}{\dot{O}}}R \right]^+ HSO_4^-$$

醚的碱性很弱，生成的𬭩盐是强酸弱碱盐，仅在浓酸中才稳定，用冰水稀释，立即分解为原来的醚。利用这种性质，可将醚从烷烃或卤代烷等混合物中分离出来。

$$\left[R\overset{H}{\underset{..}{\dot{O}}}R \right]^+ Cl^- + H_2O \longrightarrow ROR + H_3O^+ + Cl^-$$

注意，若冷却程度不够，则部分醚可水解生成醇。

2. 醚键的断裂

醚与强无机酸共热（如浓氢卤酸）时，醚的碳氧键即醚键可发生断裂。常用的强酸是氢碘酸，其次是氢溴酸。反应过程是首先生成锌盐，受热时锌盐的醚键断裂，断裂后生成碘代烷和醇。其中是含碳原子数较少的烷基一般生成碘代烷。若用过量的氢碘酸，则生成的醇可进一步转变为碘代烷。例如：

$$CH_3OCH_2CH_3+HI \rightleftharpoons \left[CH_3\overset{H}{O}CH_2CH_3 \right]^+ I^- \xrightarrow{\triangle} CH_3CH_2OH+CH_3I$$

$$CH_3CH_2OH+HI \longrightarrow CH_3CH_2I+H_2O$$

芳基烷基醚则生成碘代烷和酚。

$$C_6H_5\text{—}OCH_3 + HI \xrightarrow{\triangle} CH_3I + C_6H_5\text{—}OH$$

注意，若醚的两个烃基都是芳基时，不能和浓的 HX 发生醚的碳氧键断裂反应。

3. 过氧化物的生成

醚对氧化剂较稳定，但许多烷基醚和空气长时间接触，会逐渐被氧化成过氧化物。过氧化物不易挥发，受热易爆炸，沸点又比醚高，因此在蒸馏醚时，切记不可蒸干，以免发生爆炸。

贮存过久的乙醚在使用或蒸馏前，应当检验是否有过氧化物存在。检验过氧化物的方法可用碘化钾淀粉试纸实验，若试纸显蓝色，证明有过氧化物存在。或用硫酸亚铁与硫氰酸钾（KSCN）溶液检验，如有血红色的络合离子 $[Fe(SCN)_6]^{3-}$ 生成，则证明有过氧化物存在。贮存过久含有过氧化物的醚，一定要用 $FeSO_4$-H_2SO_4 水溶液洗涤或 Na_2SO_3 等还原剂处理后方能蒸馏。为避免过氧化物生成，贮存时可在醚中加入少许金属钠。

四、重要的醚

1. 乙醚

乙醚是最重要、最常见的醚。它可通过乙醇经分子间脱水制备（见醇的化学性质）。制得的乙醚中混有少量乙醇和水，可用固体无水氯化钙处理后，再用金属钠处理除去。

乙醚为无色透明液体，沸点 34.5℃，常温下易挥发，其蒸气密度大于空气。乙醚易燃、易爆，爆炸极限为 2.34%～36.15%（体积分数）。实验时，反应中逸出的乙醚要排出室外（或引入下水道）。在制备和使用乙醚时，都要远离火源，严防事故的发生。

乙醚比水轻，微溶于水，易溶于乙醇等有机溶剂。乙醚也能溶解许多有机物，如油脂、树脂、硝化纤维等，是常用的有机溶剂。乙醚蒸气具有麻醉性，纯乙醚在医药上作麻醉剂。

工业上乙醚是由乙醇在浓硫酸于 140℃温度下脱水制得，也可以由乙醇与氧化铝高温气相催化脱水制得。

2. 环氧乙烷

环氧乙烷也称氧化乙烯，它是最简单且最重要的环醚。常温下，环氧乙烷是无色有毒气体，沸点 13.5℃，易液化，低温时为无色易流动的液体。具有类似乙醚的气味。能与水以任意比混溶，也溶于乙醇、乙醚等有机溶剂。利用其挥发性和灭菌能力，可作熏蒸剂消毒灭菌。常贮存于钢瓶中。环氧乙烷易燃、易爆，爆炸极限很宽，为 3%～80%（体积分数），使用时更应注意安全！工业上用它作原料时，常用氮气预先清洗反应釜及管线，以排除空气，保障安全。

环氧乙烷的化学性质与开链醚不同，它的化学性质很活泼，在酸的催化下，可与水、醇、氨、氢卤酸等许多含活泼氢的试剂作用生成相应的双官能团化合物。除此之外，环氧乙烷还能与格氏试剂作用，可用来制备比格氏试剂多两个碳原子的伯醇。

环氧乙烷是重要的有机合成原料。

【阅读材料】

乙醇汽油的发展现状和意义

乙醇汽油是一种由粮食及各种植物纤维加工成的燃料乙醇和普通汽油按一定比例混配形成的替代能源。按照我国的国家标准，乙醇汽油是用90%的普通汽油与10%的燃料乙醇调和而成。它可以有效改善油品的性能和质量，降低一氧化碳、碳氢化合物等主要污染物的排放。它不影响汽车的行驶性能，还减少有害气体的排放量。同时，乙醇汽油在全国范围推广使用后，每年可节省汽油数百万吨。黑龙江省是农业大省，具有丰富的生产燃料乙醇所需的玉米资源，既解决了每年玉米的销售和贮藏的问题，同时也节约了我国的石油资源。另外，原来非乙醇汽油中常常加入甲基叔丁基醚（MTBE）作为汽油提高辛烷值的改进剂和抗爆剂，在汽油的无铅化中发挥了重要作用，但近来发现它会污染地下水。乙醇汽油也解决了这方面的问题。

乙醇汽油的发展现状：汽油作为汽车的动力燃料，多年来一直保持着主导地位，但是随着自然环境的日趋恶化，清洁能源越来越被人们关注。而且从2000年6月开始，国际原油价格较高，国家进口原油用去的外汇急剧增加。有关专家推荐一种替代能源措施，用乙醇进行调配汽油。乙醇汽油作为一种环保产品，将在清洁能源这一巨大的潜在市场中扮演重要的角色。

中国石油天然气股份公司领导极为重视乙醇汽油的推广工作，成立了工作小组，在2000年12月下旬向规划总院下达了“燃料酒精与汽油调配贮存销售方案研究”的课题任务，于2001年4月上旬“调配方案”获得通过，并决定在哈尔滨石化分公司建立实验装置，该实验装置自2001年5月开始设计施工，于2001年9月下旬投入实验生产，平稳生产了6个月，90#无铅汽油的辛烷值提高了将近3个单位，该实验装置已得到鉴定，乙醇汽油产品已投放到哈尔滨市场。

乙醇汽油的使用在节约能源、保护环境、发展农业等方面具有重大的社会意义。

节约能源：随着我国国民经济的发展，交通运输业日渐发达，社会对石油的需求量将会逐年增加，对能源的需求将日趋紧张，发展乙醇汽油等能源替代品，减少国家对石油的依赖性，对于保障国家的能源安全具有长远的重要意义。

保护环境：乙醇汽油的使用有利于环境的保护。加入10%的燃料乙醇后，汽油的辛烷值大约增加了3个单位，抗爆指数大约增加了2个单位，汽油中的氧含量明显增加，尾气中的CO排放量减少30%左右，具有明显的环保社会效益。

发展农业：推广使用乙醇汽油对解决玉米等粮食作物向经济作物转化、提高农民收入、调整农业的经济结构、促进农业发展具有深远的历史意义。我国是农业大国，粮食资源十分丰富，按3t玉米生产1t乙醇考虑，1万吨的燃料乙醇就可用去3万吨的玉米，解决了一部分粮食贮存积压问题。

乙醇汽油在我国是个新鲜事物，而在国外，这种技术已经十分成熟。在推广使用乙醇汽油项目中，巴西走在了世界的前列，目前，乙醇汽油约占该国汽油消耗量的1/3；美国列居第二位，现已有17个州推广使用新配方汽油，其中8%使用的就是乙醇汽油。我国也加快了乙醇汽油的开发利用步伐，推广使用乙醇汽油早已被纳入我国“十五”国民经济发展计划。根据国家统一部署，河南、黑龙江、吉林和辽宁被确定为全国乙醇汽油率先进入市场的试点省份。

本章小结

一、醇和酚的酸性

醇、酚都有羟基官能团，而O—H键是很强的极性键，醇和酚羟基由于受到不同烃基的影响，因而显示不同程度的酸性。酚的酸性比醇强，但比碳酸弱。当酚羟基的邻、对位上连有吸电子的原子或基团时，能增强其酸性；若连有供电子基团时，则减弱其酸性。

二、醇、酚、醚的化学性质

1. 醇的化学性质

醇的化学性质主要归因于官能团羟基，醇分子中易发生反应的部位如下所示：

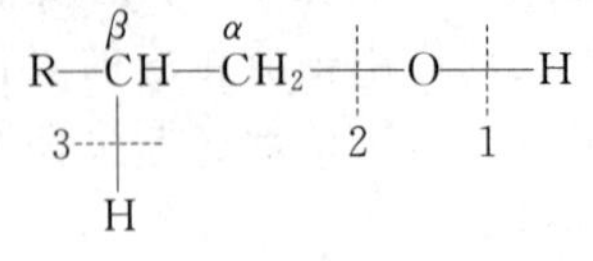

$$\begin{array}{c} \quad\beta\qquad\quad\alpha \\ R\text{—}\underset{\underset{H}{|}}{CH}\text{—}CH_2\text{—}\vdots\text{—}O\text{—}\vdots\text{—}H \\ 3\qquad\qquad\qquad 2\qquad 1 \end{array}$$

1表示O—H键断裂，与金属反应。

2表示C—O键断裂，羟基被取代。

3表示C—O键和β C—H键同时断裂，发生消除反应。

主要反应归纳如下：

ROH（醇）：

- $\xrightarrow{Na}$ $RONa+\frac{1}{2}H_2\uparrow$（反应活性：$CH_3OH$＞伯醇＞仲醇＞叔醇）
- $\xrightarrow{HX}$ $RX+H_2O$（反应活性：烯丙基型醇＞叔醇＞仲醇＞伯醇；HI＞HBr＞HCl）
- 酯化：
  - $\xrightarrow{H_2SO_4}$ $ROSO_3H$ $\xrightarrow{ROH}$ $ROSO_2OR$
  - $\xrightarrow{R'COOH}$ $R'COOR$
- 氧化：
  - RCH_2OH（伯醇）$\xrightarrow[\text{或Cu，400℃以上}]{KMnO_4(\text{或}K_2Cr_2O_7)+H^+}$ RCHO（醛）$\xrightarrow{\text{继续氧化}}$ RCOOH（羧酸）
  - $R(R')CHOH$（仲醇）$\xrightarrow[\triangle]{KMnO_4(\text{或}K_2Cr_2O_7)+H^+}$ $R(R')C=O$（酮）
- 脱水：
  - $\xrightarrow[\text{(分子内脱水)}]{\text{硫酸，}>150℃}$ $>C=C<$（烯烃）　按札依采夫规律脱水　叔醇＞仲醇＞伯醇
  - $\xrightarrow[\text{(分子间脱水)}]{\text{硫酸，}100\sim150℃}$ R—O—R（醚）

2. 酚的化学性质

酚类的化学性质除了羟基的反应外，还有芳环上的亲电取代反应，现将主要反应归纳如下：

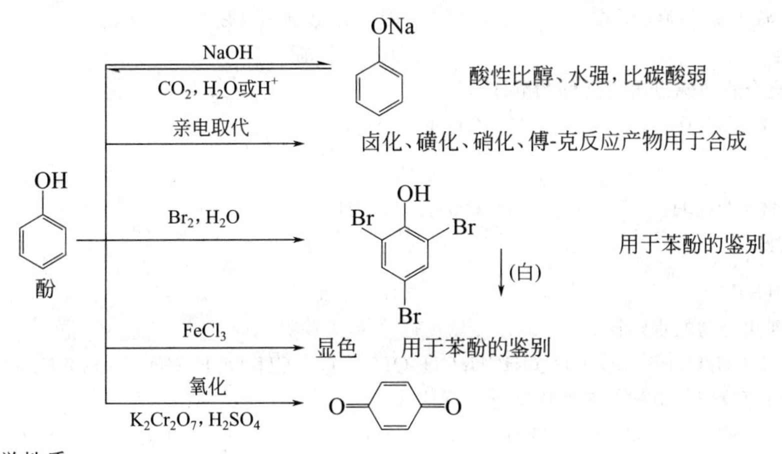

3. 醚的化学性质

$R—\ddot{O}—R'$（醚）：

- $\xrightarrow{\text{浓}H_2SO_4}$ $[R—\ddot{O}(H)—R']^+HSO_4^-$　　锌盐，溶于硫酸
- $\xrightarrow[\text{醚键断裂}]{HI}$ $R—OH+R'—I$　　小烃基与I结合

注意：① 芳基烷基醚则生成碘代烷和酚。

② 若醚的两个烃基都是芳基时，不能和浓的 HX 发生醚的碳氧键断裂反应。

习　题

1. 写出分子式为 $C_5H_{11}OH$ 的所有醇的同分异构体，并按系统命名法及习惯命名法（如可能的话）进行命名，进一步指出它们各属于伯醇、仲醇或叔醇中的哪一类。

2. 用系统命名法命名下列化合物。

(1) $CH_3(CH_2)_4CH_2OH$　　(2) $(CH_3)_3COH$

(3) $HOCH_2CH_2CH_2OH$　　(4) $(CH_3)_2CHCH(OH)CH_3$

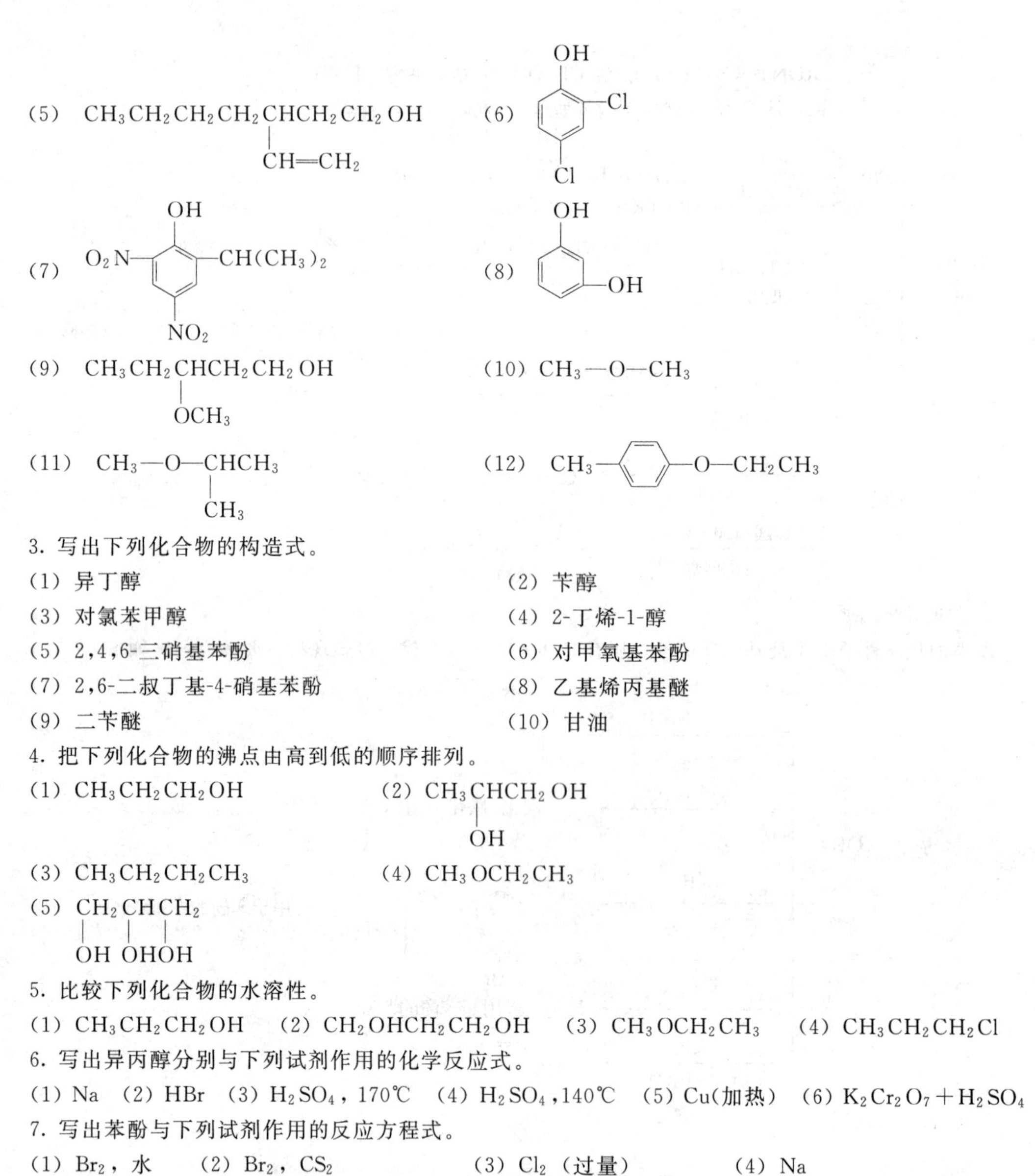

(5) $CH_3CH_2CH_2CH_2CHCH_2CH_2OH$（CH 上连 $CH{=}CH_2$）

(6) 2,4-二氯苯酚（苯环上 OH，邻位 Cl，对位 Cl）

(7) 苯环上 OH，两邻位分别为 O_2N— 和 —$CH(CH_3)_2$，对位 NO_2

(8) 间苯二酚（苯环上 OH，间位 OH）

(9) $CH_3CH_2CHCH_2CH_2OH$（CH 上连 OCH_3）

(10) $CH_3—O—CH_3$

(11) $CH_3—O—CHCH_3$（CH 上连 CH_3）

(12) CH_3—C₆H₄—$O—CH_2CH_3$（对位）

3. 写出下列化合物的构造式。

(1) 异丁醇　　(2) 苄醇

(3) 对氯苯甲醇　　(4) 2-丁烯-1-醇

(5) 2,4,6-三硝基苯酚　　(6) 对甲氧基苯酚

(7) 2,6-二叔丁基-4-硝基苯酚　　(8) 乙基烯丙基醚

(9) 二苄醚　　(10) 甘油

4. 把下列化合物的沸点由高到低的顺序排列。

(1) $CH_3CH_2CH_2OH$　　(2) CH_3CHCH_2OH（CH 上连 OH）

(3) $CH_3CH_2CH_2CH_3$　　(4) $CH_3OCH_2CH_3$

(5) CH_2CHCH_2（三个碳上各连 OH）

5. 比较下列化合物的水溶性。

(1) $CH_3CH_2CH_2OH$　(2) $CH_2OHCH_2CH_2OH$　(3) $CH_3OCH_2CH_3$　(4) $CH_3CH_2CH_2Cl$

6. 写出异丙醇分别与下列试剂作用的化学反应式。

(1) Na　(2) HBr　(3) H_2SO_4，170℃　(4) H_2SO_4，140℃　(5) Cu(加热)　(6) $K_2Cr_2O_7+H_2SO_4$

7. 写出苯酚与下列试剂作用的反应方程式。

(1) Br_2，水　(2) Br_2，CS_2　(3) Cl_2（过量）　(4) Na

(5) NaOH　(6) 浓 H_2SO_4，25℃　(7) 浓 H_2SO_4，100℃　(8) HNO_3（稀）

8. 完成下列反应式。

(1) $CH_3CHCHCH_3$（C2 上连 CH_3，C3 上连 OH）$\xrightarrow{浓H_2SO_4,约170℃}$?

$\xrightarrow{浓H_2SO_4,约140℃}$?

(2) $CH_3CH_2CH_2CH_2OH \xrightarrow{KMnO_4+H_2SO_4} ? \xrightarrow{KMnO_4+H_2SO_4} ?$

(3) $CH_3CH_2CH_2CHOHCH_3 \xrightarrow{KMnO_4+H_2SO_4} ?$

(4) $HOCH_2CH_2$—C₆H₄—$OH + NaOH \longrightarrow ?$

(5) H_3C—C₆H₄—$OCH_3 + HI(浓) \longrightarrow ?$

9. 试把下列两组化合物按其酸性由强至弱的顺序排列。

(1) 苯酚、乙醇、碳酸

(2) 苯酚（OH）　对甲基苯酚（OH, CH_3）　对硝基苯酚（OH, NO_2）　对甲氧基苯酚（OH, OCH_3）

10. 用化学方法鉴别下列各组化合物。

(1) 苯酚　2,4,6-三硝基苯酚　2,4,6-三甲基苯酚

(2) 苯甲醚　苯酚　苄醇

(3) $CH_3CH_2CH_2CH_2OH$　$CH_3CH{=}CHCH_2OH$　$(CH_3)_3COH$

11. 某醇的分子式为 $C_5H_{12}O$，经氧化后得酮，经浓硫酸加热脱水得烃，此烃经氧化生成一种酮和一种羧酸。试推测该醇的构造式。

12. 化合物 A 的分子式为 C_7H_8O，不溶于水、稀盐酸及 $NaHCO_3$ 水溶液；但能溶于稀 NaOH 水溶液。当用溴水处理 A 时，它迅速生成分子式为 $C_7H_5OBr_3$ 的化合物，试推测 A 的结构式。

13. 有 A、B 两种液体化合物，它们的分子式都是 $C_4H_{10}O$，在室温下它们分别与卢卡斯试剂作用时，A 能迅速地生成 2-甲基-2-氯丙烷，B 却不能发生反应；当分别与浓的氢碘酸充分作用时，A 生成 2-甲基-2-碘丙烷，B 生成碘乙烷，试写出 A 和 B 的构造式，并写出有关反应方程式。

第八章　醛　和　酮

学习目标

1. 熟悉醛、酮的分类；掌握醛、酮的系统命名法。
2. 理解醛、酮的物理性质；掌握醛、酮的重要化学性质。
3. 了解醛、酮的重要化合物。

醛、酮的分子中含有相同的官能团羰基（ $-\overset{\overset{\large O}{\|}}{C}-$ ），统称为羰基化合物。这类化合物在性质和制备上有很多相似之处。许多药物和化学产品都具有羰基结构，同时羰基化合物也是有机合成的重要原料和中间体，因此羰基化合物在有机化学学习中占有特别重要的位置。

第一节　醛和酮的分类和命名

羰基碳原子分别与两个氢原子相连，或者连有一个烃基和一个氢原子的时候，称为醛，可用通式 $H-\overset{\overset{\large O}{\|}}{C}-R$ 表示。醛分子中除去烃基后剩余的部分 $H-\overset{\overset{\large O}{\|}}{C}-$ 叫做醛基，可简写为 $-CHO$，是醛的官能团。甲醛 $H-\overset{\overset{\large O}{\|}}{C}-H$ 是最简单的醛。

当羰基上连有两个烃基时，称为酮，可用通式 $R-\overset{\overset{\large O}{\|}}{C}-R'$ 表示。酮分子中的羰基也叫做酮基，是酮的官能团。烃基相同的酮叫做单酮，烃基不同的酮叫做混酮。最简单的酮是丙酮 $H_3C-\overset{\overset{\large O}{\|}}{C}-CH_3$。

醛和酮虽然都有羰基，但是其羰基在碳链中的位置是不同的。醛基总位于碳链的链端，而酮基总位于碳链的中间。

一、分类

根据醛、酮的分子中羰基所连接的烃基不同，醛、酮可以分为脂肪醛、酮和芳香醛、酮；根据烃基是否含有不饱和键，分为饱和醛、酮和不饱和醛、酮；根据分子中含有羰基的数目，分为一元醛、酮和多元醛、酮。一元酮又可分为单酮和混酮；根据酮的分子中羰基连接两个相同烃基的酮，叫做单酮；羰基连接两个不同烃基的酮，叫做混酮。

二、命名

1. 普通命名法

普通命名法用于结构简单的醛和酮的命名。

醛的普通命名法和醇相似。只要把“醇”字改为“醛”字即可。例如：

$CH_3CH_2CH_2CHO$	$(CH_3)_2CHCHO$	C_6H_5-CHO
正丁醛	异丁醛	苯甲醛

有些醛还有俗名，是由相应的酸的名称而来的。例如：

$CH_3(CH_2)_{10}CHO$　　$CH_3CH=CHCHO$　　$C_6H_5CH=CHCHO$

月桂醛　　巴豆醛　　肉桂醛

酮的普通命名法，则是根据羰基所连接的两个烃基的名称来命名的。脂肪混酮命名时，要把“次序规则”中较优的烃基写在后面；但芳香基和脂肪基的混酮却要把芳基写在前面。例如：

CH_3COCH_3　　$CH_3COC_2H_5$　　$C_6H_5COCH_3$

二甲酮　　甲乙酮　　苯基甲基酮

2. 系统命名法

醛和酮的系统命名法是选择含有羰基的最长碳链作为主链，称为某醛或某酮。主链上碳原子的编号要从距离羰基最近的一端开始。由于醛基总在碳链的链端，永远是1号，在命名醛时没有必要标出其位次，而酮基的位置总在碳链中间，因此酮的名称前面需标明羰基的位次。然后把取代基的位次、数目及名称写在醛、酮母体名称前面。例如：

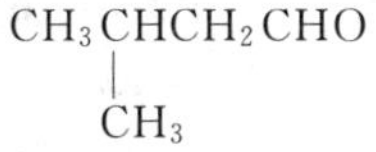

$CH_3CH(CH_3)CH_2CHO$　　$CH_3-CH(CH_3)-C(=O)-CH_2-CH_3$

3-甲基丁醛 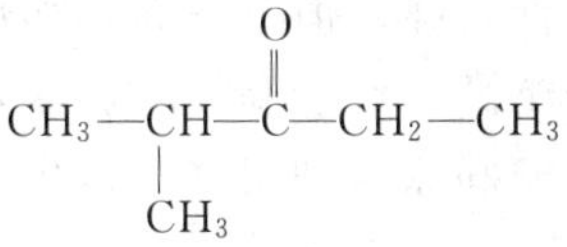　　2-甲基-3-戊酮

主链碳原子位次除用阿拉伯数字1，2，3，…表示外，也可用希腊字母表示，与羰基直接相连的碳原子为α-碳原子，其余依次为β，γ，δ，…。酮分子中有两个α-碳原子，可分别用α、α'表示，其余依次为β、β'等。例如：

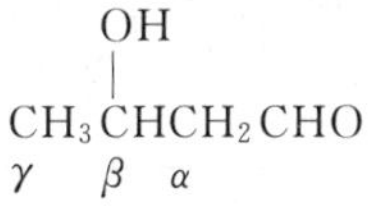

$\underset{\gamma}{CH_3}\underset{\beta}{CH(OH)}\underset{\alpha}{CH_2}CHO$　　$\underset{\beta}{CH_3}\underset{\alpha}{CH(Cl)}CHO$　　$\underset{\beta}{CH_3}-\underset{\alpha}{CH(Cl)}-C(=O)-\underset{\alpha'}{CH(Cl)}-\underset{\beta'}{CH_3}$

β-羟基丁醛　　α-氯代丙醛　　α,α'-二氯-3-戊酮

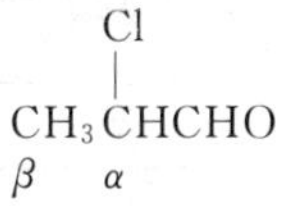

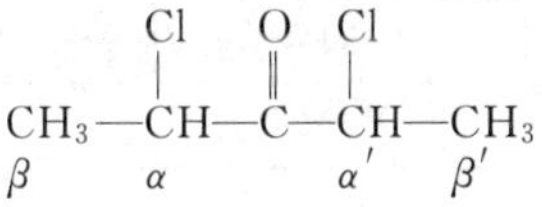

不饱和醛、酮命名时，应选择同时含有羰基和不饱和键的最长碳链作为主链，主链编号时仍从靠近羰基的一端开始，称为某烯醛或某烯酮，并在名称中标明不饱和键的位次。例如：

$CH_3CH=CHCHO$　　$CH_3CH=CHCH_2C(=O)CH_3$　　$CH_3-C(CH_3)=CHCH_2-CH(CH_3)-CH_2CHO$

2-丁烯醛　　4-己烯-2-酮 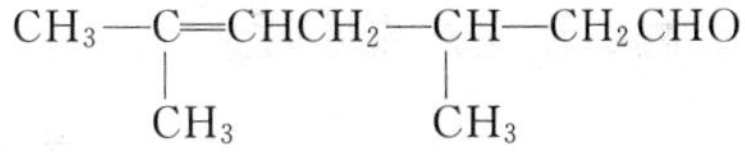　　3,6-二甲基-6-庚烯醛

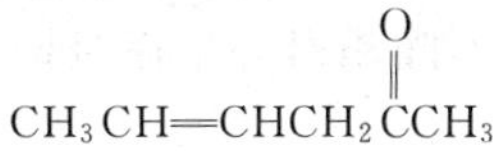

含有芳基的醛和酮，总是把芳基作为取代基。例如：

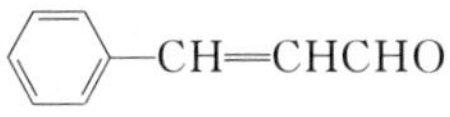

$C_6H_5-CH=CHCHO$　　o-HOC_6H_4-CHO　　$C_6H_5-CH_2CH_2C(=O)CH_3$

3-苯基丙烯醛 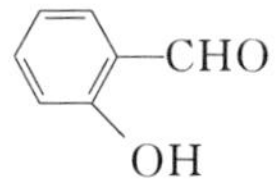　　邻羟基苯甲醛（水杨醛） 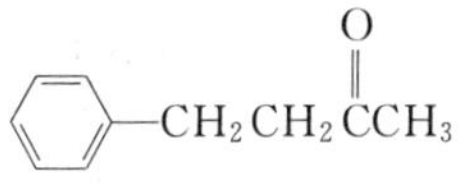　　4-苯基-2-丁酮

若同一个分子中既有醛基又有酮基，则选择同时含有醛基和酮基的最长碳链作为主链，醛为母体，酮基称“氧代”；若为脂环醛、酮，则羰基在环上的，称为“环某酮”，在环外的，环作为取代基。例如：

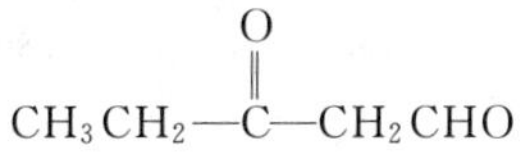

$CH_3CH_2-C(=O)-CH_2CHO$　　（环戊酮结构）　　$C_6H_{11}-CHO$

3-氧代戊醛（3-戊酮醛） 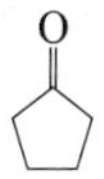　　环戊酮 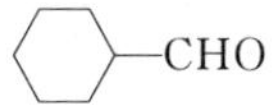　　环己基甲醛

醛去掉一个与醛基相连的氢或酮去掉一个与酮基相连的烃基后所余下的原子团称为酰基 $R-C(=O)-$ 。例如：

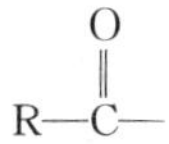

$CH_3-\overset{O}{\overset{\|}{C}}-$　　$H-\overset{O}{\overset{\|}{C}}-$　　$C_6H_5-\overset{O}{\overset{\|}{C}}-$

乙酰基　　甲酰基　　苯甲酰基

第二节　醛和酮的性质

一、醛和酮的物理性质

1. 状态

在常温下，只有甲醛是气体，其他低级醛、酮都是液体，高级醛、酮为固体。

2. 沸点

醛、酮羰基的极性较强，但分子间不能形成氢键，所以它们的沸点比相应的醇低，而比分子量相近的烃类和醚高。对于高级醛、酮，随着羰基在分子中所占比例越来越小，与相对分子质量相近的烷烃的沸点差别也逐步减少。

从表 8-1 中可以看出上述规律。

表 8-1　相对分子质量相近的烷、醚、醛、酮及醇的沸点

化合物	$CH_3CH_2CH_2CH_3$	$CH_3OCH_2CH_3$	CH_3CH_2CHO	CH_3COCH_3	$CH_3CH_2CH_2OH$
名称	正丁烷	甲乙醚	丙 醛	丙 酮	正丙醇
相对分子质量	58	60	58	58	60
沸点/℃	−0.5	10.8	49	56.1	91.2

3. 溶解性

醛、酮易溶于有机溶剂，丙酮、丁酮能溶解许多有机化合物，故常用作有机溶剂。醛、酮分子之间虽不能形成氢键，但羰基氧原子却能和水分子形成氢键，所以低级醛、酮如甲醛、乙醛、丙酮等易溶于水。醛、酮的水溶性随相对分子质量增大逐渐降低，乃至不溶。一些醛、酮的物理常数见表 8-2。

表 8-2　一些醛、酮的物理常数

名称	构造式	熔点/℃	沸点/℃	相对密度	溶解度
甲醛	$HCHO$	−92	−19.5	0.815	55
乙醛	CH_3CHO	−123	21	0.781	溶(∞)
丙醛	CH_3CH_2CHO	−80	48.8	0.807	20
丁醛	$CH_3(CH_2)_2CHO$	−97	74.7	0.817	4
乙二醛	$OHC-CHO$	15	50.4	1.14	溶(∞)
丙烯醛	$CH_2=CHCHO$	−87.5	53	0.841	溶
苯甲醛	C_6H_5-CHO	−26	179	1.046	0.33
丙酮	CH_3COCH_3	−95	56	0.792	溶(∞)
丁酮	$CH_3COCH_2CH_3$	−86	79.6	0.805	35.3
2-戊酮	$CH_3CO(CH_2)_2CH_3$	−77.8	102	0.812	微溶
3-戊酮	$C_2H_5COC_2H_5$	−42	102	0.814	4.7
环己酮	环己基$=O$	−16.4	156	0.942	微溶
丁二酮	$CH_3COCOCH_3$	−2.4	88	0.980	25
2,4-戊二酮	$CH_3COCH_2COCH_3$	−23	138	0.792	溶

续表

名称	构造式	熔点/℃	沸点/℃	相对密度	溶解度
苯乙酮	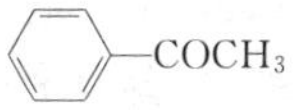 C_6H_5—$COCH_3$	19.7	202	1.026	微溶
二苯甲酮	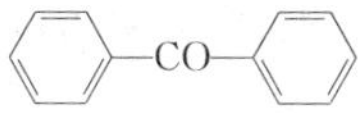 C_6H_5—CO—C_6H_5	48	306	1.098	不溶

4. 气味

低级醛具有强烈的刺激气味，某些醛、酮有花果香味。含 8～13 个碳原子的醛常应用于香料工业中。

二、醛和酮的化学性质

在羰基中，碳原子与氧原子之间的双键与 C═C 双键类似，也是由一条 σ 键和一条 π 键组成。羰基碳原子是 sp^2 杂化，三个 sp^2 杂化轨道呈 120°夹角分布在同一平面上，其中一条杂化轨道和氧原子“头碰头”形成 σ 键。碳原子中未参与杂化的 p 轨道垂直于 sp^2 杂化轨道平面，与氧原子的 2p 轨道“肩并肩”形成 π 键。

与 C═C 双键不同的是，由于氧原子的电负性大于碳原子，所以碳氧双键之间的 π 电子云并不是由碳和氧均等共享的，而是强烈地偏向氧原子一方，导致羰基具有极性，氧原子带有部分负电荷，碳原子带有部分正电荷，带有部分正电荷的碳原子在反应中有利于亲核试剂的进攻。(图 8-1)。

图 8-1　羰基的极化情况和 π 电子云分布示意图

醛、酮的化学性质主要由官能团羰基（—CO—）决定，由于含有相同的官能团，醛和酮的化学性质有许多相似之处。但醛至少有一个氢原子与羰基直接相连，酮则没有与羰基直接相连的氢原子，故两者在性质上也存在一定的差异。一般而言，醛比酮活泼，有些反应为醛所特有，而酮则没有。

醛、酮的羰基是极性不饱和基团，由于氧原子容纳负电荷的能力较强，带有部分正电荷的碳原子比带有部分负电荷的氧原子活性大，因此羰基易受亲核试剂进攻而发生亲核加成反应；受羰基吸电性影响，α-H 具有活性；且醛基由于直接和氢相连，易被氧化。因此，醛和酮可发生三种类型的反应：羰基的亲核加成及还原，α-C—α-H 键断裂，醛基 C—H 键断裂。醛和酮的反应与结构关系如下图所示。

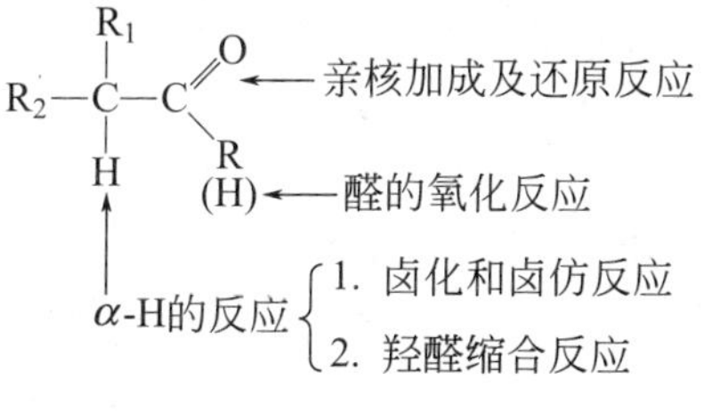

R_1、R_2—C(H)—C(=O)—R(H)
亲核加成及还原反应
醛的氧化反应
α-H的反应：1. 卤化和卤仿反应；2. 羟醛缩合反应

1. 羰基的加成反应

亲核加成反应机理：

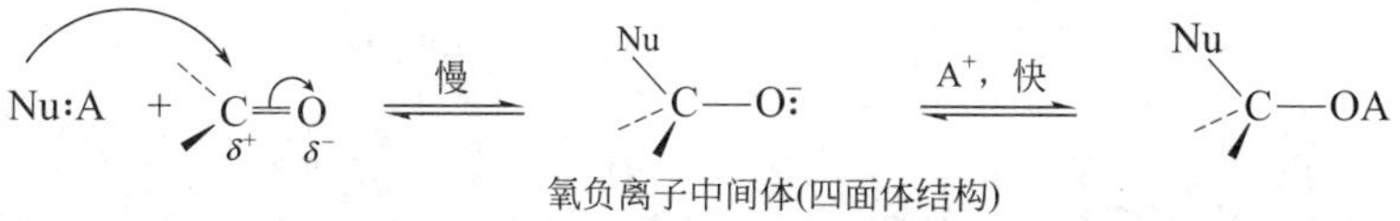

$$\mathrm{Nu{:}A} + \;\; >\overset{\delta^+}{C}=\overset{\delta^-}{O} \;\; \underset{}{\overset{慢}{\rightleftharpoons}} \;\; >C(Nu)—O^- \;\; \overset{A^+，快}{\rightleftharpoons} \;\; >C(Nu)—OA$$

氧负离子中间体(四面体结构)

羰基发生加成反应时，亲核试剂（Nu：A）中的亲核部分（Nu：—）首先向带有部分正电荷的羰基碳原子进攻，π 键逐渐发生异裂，直到 π 电子被氧原子所得，同时羰基碳原子和亲核试剂之间的 σ 键逐步形成，生成氧负离子中间体；然后试剂的亲电部分 A+（一般是

H+）迅速与氧负离子结合生成产物。反应前后羰基碳原子由 SP_2 转变为 SP_3 杂化态。由于该加成反应第一步是由亲核试剂进攻而引发的，故称亲核加成反应。能引发亲核加成反应的试剂称为亲核试剂，如 HCN，$NaHSO_3$，R—Mg—X，R—OH 等。

由于醛、酮中氧原子是富电子端，因此可以推测酸性催化剂将会有利于亲核加成反应的进行。因为质子化的碳基中，π 电子云会更加偏向氧原子，这就使羰基的碳原子带有更多正电荷，有利于亲核试剂对它的攻击。

$$\mathrm{RR'C{=}\ddot{O}} \underset{}{\overset{H^+}{\rightleftharpoons}} \left[\mathrm{RR'C{=}\overset{+}{\ddot{O}}H} \longleftrightarrow \mathrm{RR'\overset{+}{C}{-}\ddot{O}H}\right] \xrightarrow{:Nu^-} \mathrm{RR'C(Nu)\ddot{O}H}$$

由于电子效应和空间效应的影响，醛和酮在进行亲核加成时的反应速率是不同的。从电子效应来看，羰基上所带的正电荷越多，反应速率越快。因此当羰基上所连基团的供电能力较强时（如较大的烷基），供电效应将使羰基碳原子所带正电荷减少，不利于亲核试剂进攻，以致反应速率降低；从空间效应来看，羰基碳原子所连基团体积越大，越不利于亲核试剂的进攻。酮羰基由于连有两个烃基，亲核加成反应活性比醛小，并且烃基越大，越不利于亲核加成反应。亲核加成反应活性次序大致如下。

$$Cl_3CCHO>ClCH_2CHO>HCHO>CH_3CHO>RCHO>PhCHO>CH_3COCH_3>$$
$$\text{环戊酮}>RCOCH_3>PhCOCH_3>PhCOR>PhCOPh$$

（1）加氢氰酸　醛、脂肪族甲基酮和少于八个碳原子的环酮可以与氢氰酸发生亲核加成反应，产物是 α-羟基腈，也称 α-氰醇。醛、脂肪族甲基酮和少于八个碳原子的环酮能够和 HCN 加成是由于它们的空间位阻不显著，故易于发生反应。

$$\mathrm{{>}C{=}O + HCN \rightleftharpoons {>}C(OH)CN}$$

醛、酮与氢氰酸的加成是可逆反应，实验证明，该反应是受碱催化的。在碱性介质中，反应速度大大加快；而在酸性介质中反应受到抑制。这是由于 HCN 是弱电解质，它在溶液中发生如下电离平衡。

$$HCN \underset{H^+}{\overset{OH^-}{\rightleftharpoons}} H^+ + CN^-$$

醛、酮与氢氰酸发生加成反应的速率和 CN^- 浓度的高低直接相关，碱性条件下，OH^- 与 HCN 解离出来的 H^+ 结合，促使反应平衡向右移动，CN^- 的浓度增加，加成反应速度随之加快，并且产率随之提高；在酸性条件下则相反。

由于氢氰酸剧毒，且易于挥发，在实际操作中是将醛或酮与 NaCN 或 KCN 水溶液混合。然后慢慢加入硫酸，使生成的 HCN 立即和醛或酮反应。NaCN 或 KCN 的毒性虽然也很大，但不易挥发，容易控制，即使这样，实验仍需在通风橱中进行。

$$\mathrm{CH_3(H)C{=}O + KCN \xrightarrow[H_2O]{H_2SO_4} CH_3(H)C(OH)CN}$$

生成的 α-羟基腈根据不同的条件，可以转化为 α-羟基酸或 α,β-不饱和酸。例如：

$$\mathrm{CH_3{-}\overset{O}{\overset{\|}{C}}{-}CH_3 + NaCN \xrightarrow{H_2SO_4} CH_3{-}\underset{OH}{\underset{|}{\overset{CH_3}{\overset{|}{C}}}}{-}CN}$$

$$\xrightarrow[\triangle]{HCl} \mathrm{CH_3{-}\underset{OH}{\underset{|}{C}}{-}COOH}$$

$$\xrightarrow[\triangle]{H_2SO_4} \mathrm{CH_2{=}\overset{CH_3}{\overset{|}{C}}{-}CN}$$

醛、酮和 HCN 的加成在有机合成上有许多重要应用，比如工业中制造有机玻璃的单体 α-甲基丙烯酸甲酯，就是丙酮与 HCN 加成的产物 2-甲基-2-羟基丙腈（丙酮氰醇），经水解、酯化和脱水得到的。

$$(CH_3)_2C(OH)CN \xrightarrow[\triangle]{H_2SO_4,\ CH_3OH} CH_2{=}C(CH_3){-}C(=O){-}OCH_3$$

2-甲基-2-羟基丙腈　　　　α-甲基丙烯酸甲酯

醛、酮与 HCN 的加成是一个经典的亲核加成反应，这个反应也是有机合成中制取增加一个碳原子的羟基腈、羟基酸、α,β-不饱和酸以及胺类化合物的重要反应。

（2）加亚硫酸氢钠　醛、脂肪族甲基酮和少于 8 个碳原子的环酮也可以和饱和亚硫酸氢钠溶液（浓度～40%）发生亲核加成反应，生成 α-羟基磺酸钠。

$$R{-}C(=O){-}H(CH_3) + HSO_3Na \rightleftharpoons R{-}C(OH)(SO_3Na){-}H(CH_3)\downarrow \text{白色}$$

α-羟基磺酸钠

此加成反应为可逆反应，产物 α-羟基磺酸钠是白色结晶，能溶于水，但不溶于饱和亚硫酸氢钠溶液，容易分离出来，遇稀酸或稀碱都可以重新分解为原来的醛、酮。因此可以利用这个反应来鉴别、分离和精制醛和某些酮。

$$R{-}C(OH)(SO_3Na){-}H(CH_3) \xrightarrow{\text{稀 } HCl} R{-}C(=O){-}H(CH_3) + SO_2\uparrow + NaCl + H_2O$$

$$R{-}C(OH)(SO_3Na){-}H(CH_3) \xrightarrow{\text{稀 } Na_2CO_3} R{-}C(=O){-}H(CH_3) + CO_2\uparrow + Na_2SO_3 + H_2O$$

虽然 $NaHSO_3$ 具有较强的亲核能力，但其仅限于与醛、脂肪族甲基酮及少于 8 个碳原子的环酮进行加成反应，这是由于一般的酮类化合物具有两个较大体积的烃基，空向上不利于较大体积的 HSO_3^- 进攻羰基碳原子；而且，即使是生成了加成产物，由于烃基的增多和体积的增大，对—SO_3Na 的排斥力也增大，使其不稳定。

实验室中也常用 α-羟基磺酸钠与 NaCN 或 KCN 水溶液反应来制取 α-羟基腈，以避免使用易挥发的氢氰酸。例如：

$$C_6H_5{-}CHO + NaHSO_3 \longrightarrow C_6H_5{-}CH(OH){-}SO_3Na \xrightarrow{NaCN} C_6H_5{-}CH(OH){-}CN + Na_2SO_3$$

（3）加格利雅试剂　在格利雅试剂 RMgX 中，与镁相连的烃基是呈负电性的基团，非常活泼，因此格利雅试剂的亲核性非常强，它与醛、酮发生的亲核加成反应是不可逆的，加成产物不经分离直接在稀酸条件下水解就可得到相应的醇，这在醇的制备上具有重要意义。

$$\overset{\delta-}{R}\overset{\delta+}{MgX} + {-}\overset{\delta+}{C}{=}\overset{\delta-}{O} \xrightarrow{\text{干醚}} R{-}\overset{|}{\underset{|}{C}}{-}OMgX \xrightarrow{H_3O^+} R{-}\overset{|}{\underset{|}{C}}{-}OH$$

此反应是一种增碳反应，所增加的碳原子数目随加格利雅试剂中烃基碳原子数的变化而定。

格利雅试剂和甲醛加成后，水解可得到比格氏试剂中的烃基多一个碳原子的伯醇；其他的醛与格氏试剂加成的最终产物是仲醇；而酮的反应产物是叔醇。

$$\underset{\text{甲醛}}{\ce{H2C=O}} + R\text{—}MgX \longrightarrow R\text{—}\underset{H}{\overset{H}{C}}\text{—}O\text{—}MgX \xrightarrow{H_2O} \underset{\text{伯醇}}{R\text{—}CH_2\text{—}OH} + Mg(OH)X$$

$$\underset{\text{普通醛}}{R_1(H)C{=}O} + R\text{—}MgX \longrightarrow R\text{—}\overset{R_1}{CH}\text{—}OMgX \xrightarrow{H_2O} \underset{\text{仲醇}}{R\text{—}\overset{R_1}{CH}\text{—}OH} + Mg(OH)X$$

$$\underset{\text{酮}}{R_1(R_2)C{=}O} + R\text{—}MgX \longrightarrow R\text{—}\underset{R_2}{\overset{R_1}{C}}\text{—}OMgX \xrightarrow{H_2O} \underset{\text{叔醇}}{R\text{—}\underset{R_2}{\overset{R_1}{CH}}\text{—}OH} + Mg(OH)X$$

由此可见，只要选择适当的原料，除甲醇外，几乎是任何醇都可以通过格利雅试剂来合成。

(4) 加醇（半缩醛和缩醛的生成） 醇作为一种亲核试剂，可以对醛、酮进行亲核加成。但由于醇分子的亲核性较弱，反应也是可逆的，只有在酸性催化条件下（通常用干燥氯化氢气体）才有利于亲核加成反应的进行。醛与一分子醇的亲核加成产物是半缩醛。

$$R_1(H)C{=}O + R_2OH \xrightleftharpoons{HCl(g)} \underset{\text{半缩醛}}{R_1(H)C(OR_2)(OH)}$$

半缩醛是羟基醚，结构上很不稳定，容易分解为原来的醛。在酸性条件下半缩醛可与另一分子的醇发生分子间脱水，生成稳定的醚型产物——缩醛。

$$R_1(H)C(OR_2)(OH) + R_3OH \xrightleftharpoons{HCl(g)} \underset{\text{缩醛}}{R_1(H)C(OR_2)(OR_3)} + H_2O$$

缩醛是具有花果香味的液体，从结构上看它相当于同碳二醚，比较稳定，但与醚不同的是，缩醛比较容易水解，在室温下它就能被稀酸水解成原来的醛，所以生成缩醛的反应必须在无水条件下进行。

与醛相比，酮形成半缩酮和缩酮要困难一些，它一般也不和一元醇反应。但某些二元醇（例如乙二醇、1,3-丙二醇等）与醛或酮很容易反应，生成环状的缩醛或缩酮，由于生成的是稳定的五元环状结构，因此这些二元醇的缩醛或缩酮很稳定。例如酮和乙二醇的反应。

$$R_2C{=}O + \begin{matrix}HO\text{—}CH_2\\ |\\ HO\text{—}CH_2\end{matrix} \xrightleftharpoons{H^+} R_2C\begin{matrix}O\text{—}CH_2\\ \\ O\text{—}CH_2\end{matrix} + H_2O$$

缩醛与环状缩酮在稀酸中都能水解生成原来的醛或酮；但对碱、氧化剂和还原剂却很稳定。根据这一特性，在有机合成中，常利用形成缩醛或环状缩酮来保护醛基和酮基。

例如，欲从 $OHC\text{—}C_6H_4\text{—}CH_2OH$ 合成 $OHC\text{—}C_6H_4\text{—}COOH$ 时，就需要保护醛基。

$$OHC\text{—}C_6H_4\text{—}CH_2OH \xrightarrow[\text{HCl（干）}]{CH_3OH} (CH_3O)_2CH\text{—}C_6H_4\text{—}CH_2OH \xrightarrow{\text{冷稀 }KMnO_4}$$

$$(CH_3O)_2CH\text{—}C_6H_4\text{—}COOH \xrightarrow[\triangle]{HCl} OHC\text{—}C_6H_4\text{—}COOH$$

缩醛反应也可应用于合成纤维的生产中，例如合成纤维“维尼纶”，就是将含有许多亲水羟基而不适合作为合成纤维使用的聚乙烯醇在酸催化的条件下用甲醛进行处理，使部分羟基缩醛化，提高其耐水性，就得到了性能优良的合成纤维——“维尼纶”。

$$\cdots CH_2-\underset{OH}{CH}-CH_2-\underset{OH}{CH}\cdots \underset{H^+}{\overset{HCHO}{\rightleftharpoons}} \cdots CH_2-CH-CH_2-CH\cdots + H_2O$$

（维尼纶：两个 CH 上的 O 由 $O-CH_2-O$ 相连）

聚乙烯醇　　　　维尼纶

（5）与氨及其衍生物的加成缩合　氨分子中一个氢原子被其他基团取代后形成的一系列化合物统称为氨的衍生物，通式为 $Z-\ddot{N}H_2$。例如羟氨（$HO-NH_2$）、肼（H_2N-NH_2）、苯肼（$C_6H_5-NHNH_2$）、2,4 - 二硝基苯肼、氨基脲等，它们都是含氮的亲核试剂，能与羰基发生加成缩合反应，脱去一分子水，生成含 C═N 双键的化合物。利用它们还可以鉴定羰基的存在，因此，它们总称为碳基试剂。

羰基试剂亲核性较弱，所以它们与醛、酮的加成反应一般是在乙酸-乙酸钠溶液的催化下进行。醋酸的作用是使碳基的氧质子化，以增加碳基碳原子的正电性。其反应历程如下。

$$\underset{(H)R}{\overset{R}{}}\!\!>C=O \underset{}{\overset{H^+}{\rightleftharpoons}} \underset{(H)R}{\overset{R}{}}\!\!>C=\overset{+}{O}H + H_2\ddot{N}-Z \underset{加成}{\rightleftharpoons} \left[\underset{(H)R}{\overset{R}{}}\!\!>\underset{OH}{C}-\underset{H}{\overset{+}{N}H}-Z\right] \xrightarrow[消除]{-H_2O} \underset{(H)R}{\overset{R}{}}\!\!>C=N-Z + H^+$$

羰基化合物与各类氨衍生物经过加成缩合反应后的产物名称及结构如下所示。

$$\underset{(H)R}{\overset{R}{}}\!\!>C=O + \begin{cases} H_2N-OH \xrightarrow[-H_2O]{H^+} \underset{(H)R}{\overset{R}{}}\!\!>C=N-OH \\ \text{羟胺} \qquad\qquad \text{肟} \\ HN_2-NH_2 \xrightarrow[-H_2O]{H^+} \underset{(H)R}{\overset{R}{}}\!\!>C=N-NH_2 \\ \text{肼} \qquad\qquad \text{腙} \\ H_2N-NH-C_6H_5 \xrightarrow[-H_2O]{H^+} \underset{(H)R}{\overset{R}{}}\!\!>C=N-NH-C_6H_5 \\ \text{苯肼} \qquad\qquad \text{苯腙} \\ H_2N-NH-C_6H_3(NO_2)_2 \xrightarrow[-H_2O]{H^+} \underset{(H)R}{\overset{R}{}}\!\!>C=N-NH-C_6H_3(NO_2)_2 \\ \text{2,4-二硝基苯肼} \qquad\qquad \text{2,4-二硝基苯腙} \\ H_2N-NH-\overset{O}{\overset{\|}{C}}-NH_2 \xrightarrow[-H_2O]{H^+} \underset{(H)R}{\overset{R}{}}\!\!>C=N-NH-\overset{O}{\overset{\|}{C}}-NH_2 \\ \text{氨基脲} \qquad\qquad \text{缩氨脲} \end{cases}$$

除肼以外，其他碳基试剂与醛、酮的反应产物通常都是不溶于水的晶体，具有明确的熔点，且易于纯化。因此只要测定反应产物的熔点，与文献或手册上的数据相比较，就能确定原来是何种醛、酮。当醛或酮滴加到 2,4-二硝基苯肼溶液中时，即可得到 2,4-二硝基苯腙黄色晶体，反应灵敏，是常用的羰基试剂，常用来鉴别醛、酮。

此外，上述反应产物在稀酸存在下能水解为原来的醛、酮，故又可用来分离和提纯醛、酮。例如：

$$\underset{(H)R}{\overset{R}{>}}C{=}O + H_2N{-}OH \xrightarrow[-H_2O]{H^+} \underset{(H)R}{\overset{R}{>}}C{=}N{-}OH \xrightarrow[\triangle]{HCl/H_2O} \underset{(H)R}{\overset{R}{>}}C{=}O + H_2N{-}OH$$

环己酮与羟胺加成缩合的产物环己酮肟，是工业上合成锦纶-6的原料。

$$C_6H_{10}{=}O + H_2N{-}OH \xrightarrow[-H_2O]{H^+} C_6H_{10}{=}N{-}OH$$

2. α-活泼氢的反应

醛、酮分子中与羰基相连的α-碳原子上的氢称为α-氢原子。受羰基的吸电子效应和σ-π超共轭效应的影响，α-碳氢键极性加强，α-氢具有质子化倾向，化学性质较活泼，具有一定的酸性，容易被其他原子和基团所取代。

$$-\underset{H}{\overset{|}{C}}\rightarrow\overset{H(R)}{\overset{|}{C}}{=}O$$

(1) 酸性和互变异构　醛、酮中的α-H在碳基的影响下（—I效应，—C效应），具有一定的弱酸性。例如：

	CH_3CHO	CH_3COCH_3	环己酮	$C_6H_5COCH_3$
pK_a	~17	~20	~17	~16

在溶液中析出α-H而具有一定弱酸性的羰基化合物是以酮式和烯醇式互变平衡而存在的。

$$\underset{\text{酮式}}{H{-}CH_2{-}\underset{CH_3}{\underset{|}{C}}{=}O} \rightleftharpoons H^+ + \underset{\text{共轭碱}}{\left[\bar{C}H_2{-}\underset{CH_3}{\underset{|}{C}}{=}O \longleftrightarrow CH_2{=}\underset{CH_3}{\underset{|}{C}}{-}O^-\right]} \rightleftharpoons \underset{\substack{\text{烯醇式}\\1.5\times10^{-4}\%}}{CH_2{=}\underset{CH_3}{\underset{|}{C}}{-}OH}$$

共轭碱的存在是互变异构平衡移动的关键。一般情况下，酮式比烯醇式稳定，平衡体系中烯醇式的含量很少。

(2) 卤化和卤仿反应　醛、酮分子中的α-H容易被卤素（氯、溴、碘）取代，生成α-卤代醛、酮，这是合成α-卤代羰基化合物的重要方法。醛、酮的卤化反应能够生成一卤代、二卤代甚至多卤代醛、酮，例如农药“敌百虫”的原料三氯乙醛就是由乙醛和氯水作用得到的。

$$CH_3CHO + 3Cl_2 \xrightarrow{H_2O} CCl_3CHO + 3HCl$$

醛、酮的卤代反应可以被酸、碱催化。酸催化主要生成一元卤代醛、酮。例如：

$$CH_3COCH_3 + X_2 \xrightarrow{H^+} CH_2XCOCH_3 + HX$$
$$X{=}Cl,\ Br,\ I$$

卤化反应如果在碱性条件下进行，具有 $-\overset{O}{\overset{\|}{C}}-CH_3$ 构造的醛（乙醛）、酮（甲基酮）一般不易控制生成一元、二元卤代物，而是生成三卤代物。例如：

$$RCOCH_3 + 3X_2 + 3OH^- \longrightarrow RCOCX_3 + 3X^- + 3H_2O$$

在生成的α-三卤代物分子中，由于三卤甲基具有强烈的吸电子效应，使碳基碳原子带有更多正电荷，在碱的作用下，迅速与OH^-发生亲核加成反应。而后—$\bar{C}X_3$离去，生成卤仿和少一个碳原子的羧酸。

$$R-\overset{\overset{\displaystyle O}{\|}}{C}\rightarrow CX_3+OH^- \longrightarrow R-\underset{\underset{\displaystyle OH}{|}}{\overset{\overset{\displaystyle O^-}{|}}{C}}\rightarrow CX_3 \longrightarrow R-\overset{\overset{\displaystyle O}{\|}}{C}-OH+\bar{C}X_3 \longrightarrow RCOO^-+HCX_3$$

这个反应的产物之一是卤仿，故称卤仿反应。其通式表示如下。

$$RCOCH_3+3X_2+4OH^- \longrightarrow CHX_3+RCOO^-+3X^-+3H_2O$$

乙醇和含有 $CH_3-\overset{\overset{\displaystyle OH}{|}}{C}H-$ 构造的醇可以被卤素的碱溶液（即次卤酸钠的碱性溶液）氧化成具有 $-\overset{\overset{\displaystyle O}{\|}}{C}-CH_3$ 构造的乙醛和甲基酮，故上述的醇也可以发生卤仿反应。

如果所用的卤素为碘，则发生的反应称为碘仿反应。生成的产物碘仿（CHI_3）是具有特殊气味的不溶于水的亮黄色晶体，反应现象十分明显，故常利用碘仿反应来鉴定乙醛和甲基酮以及含 $CH_3-\overset{\overset{\displaystyle OH}{|}}{C}H-$ 构造的醇。碘仿本身还可用作消毒防腐剂。

（3）羟醛缩合反应

① 羟醛缩合　在稀碱作用下，一分子醛的 α-氢原子加到另一分子醛的羰基氧原子上，其余部分加到羰基碳原子上，生成 β-羟基醛，此反应称为羟醛缩合（或醇醛缩合）反应。此反应首先是碱（OH^-）夺取 α-氢原子形成烯醇型碳负离子，形成的烯醇型碳负离子可以作为亲核试剂进攻另一分子醛的羰基碳原子，发生亲核加成反应，形成 β-羟基醛。例如：

$$CH_3-\overset{\overset{\displaystyle O}{\|}}{C}-H+\overset{\overset{\displaystyle H}{|}}{C}H_2-\overset{\overset{\displaystyle O}{\|}}{C}-H \xrightarrow{稀OH^-} CH_3-\overset{\overset{\displaystyle OH}{|}}{C}H-CH_2-\overset{\overset{\displaystyle O}{\|}}{C}-H$$

β-羟基丁醛

β-羟基醛的 α-氢同时受羟基和羰基两个官能团的影响，性质很活泼，受热或稍加大碱的浓度即可发生分子内脱水，得到 α,β-不饱和醛。有时候羟醛缩合反应甚至会因为反应温度较高或碱的浓度较大而得不到 β-羟基醛而直接得到 α,β-不饱和醛。但如果反应的中间产物 β-羟基醛中不存在 α-H，则不发生进一步的脱水。具有 α-H 的 β-羟基醛的脱水反应举例如下。

$$CH_3-\overset{\overset{\displaystyle OH}{|}}{C}H-\overset{\overset{\displaystyle H}{|}}{C}H-\overset{\overset{\displaystyle O}{\|}}{C}-H \xrightarrow[\triangle]{-H_2O} CH_3-CH=CH-\overset{\overset{\displaystyle O}{\|}}{C}-H$$

α,β-丁烯醛

这是制备 α,β-不饱和醛的一种方法。α,β-不饱和醛进一步催化加氢，可得到饱和醇。

$$CH_3CH=CHCHO \xrightarrow[Ni]{2H_2} CH_3CH_2CH_2CH_2OH$$

正丁醇

羟醛缩合反应在有机合成上具有重要意义，产物的碳原子数比原来的醛增加一倍，也能产生支链，通过羟醛缩合可以合成比原料醛增多一倍碳原子的羟基醛、不饱和醛或醇，以及通过进一步反应制备饱和醛或醇，这是有机合成上增长碳链的方法之一。

除乙醛外，其他醛所得到的羟醛缩合产物都是在 α-碳原子上带有支链的羟醛或烯醛。烯醛进一步催化加氢，则得到 β-碳原子上带有支链的饱和醇。其通式表示如下。

$$RCH_2-\overset{\overset{\displaystyle O}{\|}}{C}-H+H\underset{\underset{\displaystyle R}{|}}{C}HCHO \xrightarrow{稀\ OH^-} RCH_2-\overset{\overset{\displaystyle OH}{|}}{C}H-\underset{\underset{\displaystyle R}{|}}{C}HCHO \xrightarrow[\triangle]{-H_2O}$$

$$RCH_2—\underset{\substack{|\\R}}{C}H═CCHO \xrightarrow[Ni]{H_2} RCH_2—CH_2\underset{\substack{|\\R}}{C}HCH_2OH$$

在生物体内也有类似于羟醛缩合的反应，例如在酶的催化下，含有羰基的丙糖衍生物缩合生成己糖衍生物。

磷酸丙酮

$$\begin{array}{c} CH_2OPO_3H_2 \\ | \\ C═O \\ | \\ CH_2OH \\ + \\ H—C═O \\ | \\ H—C—OH \\ | \\ CH_2OPO_3H_2 \end{array} \xrightarrow{酶} \begin{array}{c} CH_2OPO_3H_2 \\ | \\ C═O \\ | \\ HO—C—H \\ | \\ H—C—OH \\ | \\ H—C—OH \\ | \\ CH_2OPO_3H_2 \end{array}$$

3-磷酸甘油醛　　　　1,6-二磷酸果糖

② 交叉羟醛缩合　在不同的醛分子之间进行的缩合反应称为交叉羟醛缩合。不同的含有 α-H 的醛分子之间进行交叉羟醛缩合，可产生四种 β-羟基醛，但产率都不高，这在有机合成中是没有实际应用价值的。但如果一个醛分子中有 α-H，而另一个醛（例如甲醛、苯甲醛）分子中没有 α-H，则它们之间发生的交叉的经醛缩合反应就只有两种 β-羟基醛产物，若控制好反应条件则有制备意义。

在实际操作中是把含有 α-H 的醛慢慢地加入到不含 α-H 的醛与碱的混合物中，由于混合物中含有 α-H 的醛浓度较低，发生自身羟醛缩合反应的可能性不大，因此绝大部分立即与不含 α-H 的醛发生缩合。通过这样的控制，可获得较唯一的产物，在合成上具有实际意义。例如：

$$CH_3CHO + HCHO \xrightarrow{稀\ OH^-} \xrightarrow[\triangle]{-H_2O} CH_2═CH—CHO$$

$$C_6H_5—CHO + CH_3CHO \xrightarrow[50℃]{稀\ OH^-} \xrightarrow[\triangle]{-H_2O} C_6H_5CH═CHCHO$$

工业上制备季戊四醇，就是利用甲醛（无 α-H）和乙醛的交叉羟醛缩合反应而得。此反应第一步是含有三个 α-H 的乙醛分子与三分子甲醛发生羟醛缩合反应。

$$3HCHO + CH_3CHO \xrightarrow[55℃]{Ca(OH)_2} HOCH_2—\overset{\substack{CH_2OH\\|}}{\underset{\substack{|\\CH_2OH}}{C}}—CHO$$

三羟甲基乙醛

第二步是乙醛和甲醛交叉缩合所产生的三羟甲基乙醛再与一分子甲醛发生歧化反应（康尼扎罗反应），生成季戊四醇。

$$HOCH_2—\overset{\substack{CH_2OH\\|}}{\underset{\substack{|\\CH_2OH}}{C}}—CHO + HCHO \xrightarrow[55℃]{Ca(OH)_2} HOCH_2—\overset{\substack{CH_2OH\\|}}{\underset{\substack{|\\CH_2OH}}{C}}—CH_2OH + (HCOO)_2Ca$$

季戊四醇

季戊四醇是略有甜味的无色固体，大量用于油漆的醇酸树脂的生产，也可用于工程塑料聚醚的生产；它的四硝酸酯具有扩张血管的作用，可用于冠心病患者的治疗；它的硝酸酯是优良的炸药，脂肪酸酯可用作 PVC 树脂的增塑剂和稳定剂。

③ 羟酮缩合　含有 α-氢原子的酮在碱的催化下也可发生羟酮缩合反应，得到 β-羟基酮

和α,β-不饱和酮。但由于酮的空间位阻影响，反应比醛困难，速率较慢，生成物的产率也很低。但如果能够把生成的产物及时分离出来，也可使平衡向右移动。在实验室和工业上也对羟酮缩合反应有所应用，例如工业上制备二丙酮醇（4-甲基-4-羟基-2-戊酮），就是利用丙酮的羟酮缩合反应。

$$CH_3\overset{O}{\overset{\|}{C}}CH_3 + CH_3\overset{O}{\overset{\|}{C}}CH_3 \xrightarrow{Ba(OH)_2} H_3C-\underset{CH_3}{\underset{|}{\overset{OH}{\overset{|}{C}}}}-CH_2-\overset{O}{\overset{\|}{C}}-CH_3$$

4-甲基-4-羟基-2-戊酮

β-羟基酮也可脱水生成α,β-不饱和酮。例如二丙酮醇就可在碘或磷酸的催化下加热脱水。

$$H_3C-\underset{CH_3}{\underset{|}{\overset{OH}{\overset{|}{C}}}}-\overset{H}{\overset{|}{C}}H-\overset{O}{\overset{\|}{C}}-CH_3 \xrightarrow[\triangle\ -H_2O]{I_2} H_3C-\underset{CH_3}{\underset{|}{C}}=CH-\overset{O}{\overset{\|}{C}}-CH_3$$

4-甲基-3-戊烯-2-酮

有些二元酮还能够发生分子内的羟酮缩合反应，生成环状化合物。一般情况下所生成的环应当为稳定的五元或六元环。例如：

$$CH_3\overset{O}{\overset{\|}{C}}CH_2CH_2CH_2\overset{O}{\overset{\|}{C}}CH_3 \xrightarrow{OH^-} \xrightarrow[\triangle]{-H_2O} \text{3-甲基-2-环己烯酮}(CH_3)$$

④ α,β-不饱和醛、酮的羟醛缩合　α,β-不饱和醛、酮，例如2-丁烯醛，α,β-碳碳不饱和键与羰基碳氧双键构成π-π共轭体系，γ碳上的甲基氢与α,β-不饱和键构成σ-π超共轭，由此构成一个大的共轭体系。

$$H-\underset{H}{\underset{|}{\overset{H}{\overset{|}{C}}}}-CH=CH-\overset{H}{\overset{|}{C}}=O$$

氧原子的吸电子作用通过共轭链传递，使得甲基氢原子仍然保持着像乙醛α-氢原子那样的活性，在稀碱作用下，也能发生羟醛缩合反应。

$$CH_3CH=CHCHO + CH_3CH=CHCHO \xrightarrow{稀\ OH^-} CH_3CH=CH\overset{OH}{\overset{|}{C}H}CH_2CH=CHCHO \xrightarrow[\triangle]{-H_2O}$$

$$CH_3CH=CHCH=CHCH=CHCHO$$

2,4,6-辛三烯醛

在2,4,6-辛三烯醛中，又存在共轭的左侧甲基碳氢键，由于共轭效应，则左端甲基氢具有一定的“酸性”，当它与碱作用形成负离子时，由于大共轭体系的存在，使之较为稳定，会与其他的羰基发生缩合反应，而生成更大的共轭体系。

3. 氧化反应

从结构上来看，由于醛至少具有一个直接和羰基相连的氢原子，而酮没有，因此它们在化学性质上有一定的差异，在氧化反应中差异表现尤为明显。醛非常容易被氧化变成相应碳原子数的羧酸，即使是弱氧化剂也能将其氧化；而酮通常需要使用较强的氧化剂或强烈的氧化条件才能发生氧化，并伴随着碳链的断裂。

醛暴露在空气中易被氧气氧化，光对氧化过程有催化作用，芳香醛比脂肪醛在空气中的氧化速度更快。因此，醛类化合物的存放应避光和隔氧，久置的醛在使用时应重新蒸馏。

(1) 醛的氧化　醛容易被氧化变为羧酸，即使是弱氧化剂也能将其氧化，常用的弱氧化剂有托伦试剂和费林试剂。由于酮不能被弱氧化剂氧化，托伦试剂和费林试剂也常用于鉴别醛和酮。

① 托伦（Tollens）试剂　托伦试剂是硝酸银的氨溶液。其中含有银氨络离子 $Ag(NH_3)^{2+}$，它能将醛氧化为羧酸，Ag^+ 则还原为金属银。如果盛反应液的容器很洁净，析出的银会附着在容器内壁形成明亮的银镜，所以此反应又叫银镜反应。

$$RCHO+2Ag(NH_3)_2OH \longrightarrow RCOONH_4+2Ag\downarrow+3NH_3+H_2O$$

工业上利用银镜反应在玻璃制品上镀银（例如镜子的生产），不过实际生产中常用葡萄糖来代替醛作为还原剂。

除 α-羟基酮外，所有的酮都不与托伦试剂反应，因此常用托伦试剂区别醛和酮。

$$R-\overset{\overset{O}{\|}}{C}-\overset{\overset{OH}{|}}{CH}-R' +2Ag(NH_3)_2OH \longrightarrow R-\overset{\overset{O}{\|}}{C}-\overset{\overset{O}{\|}}{C}-R' +2Ag\downarrow+4NH_3+2H_2O$$

② 费林（Fehling）试剂　费林试剂是由硫酸铜溶液和酒石酸钾钠的碱溶液等量混合而成的，起氧化作用的是 Cu^{2+}。酒石酸钾钠可以和 Cu^{2+} 形成络离子，从而避免生成 $Cu(OH)_2$ 沉淀。所有脂肪醛都可被它氧化为羧酸，Cu^{2+} 则还原为砖红色的氧化亚铜沉淀。

$$RCHO+2Cu^{2+}+OH^-+H_2O \longrightarrow RCOO^-+Cu_2O\downarrow+4H^+$$

只有脂肪醛能够和费林试剂发生反应，因此，利用费林试剂可以鉴别脂肪醛与酮和芳香醛。

这两种弱氧化剂都不能对烯键、β 位或比 β 位更远的羟基产生氧化作用，所以是良好的选择性氧化剂。例如：

$$CH_3CH{=}CHCHO \xrightarrow{\text{托伦试剂或费林试剂}} CH_3CH{=}CHCOOH$$

$$HOCH_2CH_2CHO \xrightarrow{\text{托伦试剂或费林试剂}} HOCH_2CH_2COOH$$

(2) 酮的氧化　酮在强氧化剂（如重铬酸钾加浓硫酸）或在强烈条件（如提高反应温度）下才能发生氧化反应。氧化时羰基与 α-碳之间的碳碳键断裂，生成碳原子较少的几种羧酸的混合物。一般来说，由于产物复杂，这种反应实际应用价值不大。

$$RCH_2 \overset{①}{\vdots} \overset{\overset{O}{\|}}{C} \overset{②}{\vdots} CH_2R' \xrightarrow{[O]} \begin{cases} ①\ R-\overset{\overset{O}{\|}}{C}-OH+R'CH_2-\overset{\overset{O}{\|}}{C}-OH \\ ②\ RCH_2-\overset{\overset{O}{\|}}{C}-OH+R'-\overset{\overset{O}{\|}}{C}-OH \end{cases}$$

但是，脂环酮的氧化可以得到单一的二元酸。例如：环己酮在五氧化二钒催化下，用硝酸氧化，生成己二酸，是工业上生产己二酸（合成尼龙-66 的原料）的重要途径之一。

$$\text{环己酮}{=}O \xrightarrow[V_2O_5]{HNO_3} HOOCCH_2CH_2CH_2CH_2COOH$$

4. 还原反应

(1) 还原为醇　醛和酮在催化剂（铂、钯、镍、CuO-CrO_3）存在下加氢，或用化学试剂（氢化铝锂 $LiAlH_4$、硼氢化钠 $NaBH_4$、金属和醇等）还原，都能容易地分别被还原为伯醇和仲醇，如：

$$\begin{matrix}H\\ \diagdown\\ C{=}O+H_2\\ \diagup\\ R\end{matrix} \xrightarrow{Ni} \underset{\text{伯醇}}{RCH_2OH}$$

$$R(R')C=O + H_2 \xrightarrow{Ni} R(R')CHOH$$

仲醇

① 催化氢化　醛、酮在过渡金属催化剂存在下加氢可以生成伯醇和仲醇。反应同时也可以使很多官能团（如碳碳双键和三键、$-NO_2$、$-CN$ 等基团）还原，例如：

$$CH_3CH=CHCHO \xrightarrow[\text{雷内 Ni}]{H_2} CH_3CH_2CH_2CH_2OH$$

② 用化学还原剂还原

a. $LiAlH_4$ 还原：氢化铝锂是强还原剂，但其选择性差，除了烯键、炔键之外，其他的不饱和键都能被它还原。氢化铝锂遇到含有活泼氢的化合物容易分解，因此实际操作中常在无水醚或 THF 中进行反应。

b. $NaBH_4$ 还原：硼氢化钠是较缓和金属氢化物还原剂，其活性较小，反应选择性较高，只能还原醛、酮，不能还原烯键和炔键、羧酸和酯。硼氢化钠对含有活泼氢的化合物不敏感，因此反应可在水或醇溶液中进行，例如：

$$CH_3CH=CHCHO \xrightarrow[H_2O]{NaBH_4} CH_3CH=CHCH_2OH$$

c. $Al[OCH(CH_3)_2]_3/HOCH(CH_3)_2$ 还原：使用异丙醇铝-异丙醇对醛、酮进行还原，反应的操作条件比较缓和，反应选择性也高，不影响碳碳双键、碳碳三键、羧基等基团。异丙醇铝-异丙醇中异丙醇铝为催化剂，异丙醇将醛、酮还原为醇，自身则被氧化成为丙酮。此反应为可逆反应，只要在反应过程中不断蒸出丙酮，便可使反应不断进行，得到较高的收率。

$$\text{(环己烯基)}=O + (CH_3)_2CHOH \xrightleftharpoons{[(CH_3)_2CHO]_3Al} \text{(环己烯基)}-OH + CH_3COCH_3$$

（2）羰基还原为亚甲基　在酸性或碱性条件下，用适当的还原剂，可使醛、酮分子中的羰基还原为亚甲基，这是羰基的彻底还原。

$$>C=O \xrightarrow{[H]} >CH_2$$

① 克莱门森还原　醛或酮与锌汞齐（金属锌与汞形成的合金）和盐酸加热回流，羰基直接还原为亚甲基。这个反应称为克莱门森（Clemmensen）还原。例如：

$$R(H)-\overset{O}{\overset{\|}{C}}-R' \xrightarrow{Zn(Hg),\text{浓 }HCl} R(H)-CH_2-R' + H_2O$$

烃

这一反应由英国化学家克莱门森于 1913 年发现，并用于制备烷烃、烷基芳烃和烷基酚类化合物。克莱门森还原对羰基具有很好的选择性，该反应很少用于醛，常用于酮，特别是芳香酮的还原，在有机合成中，常用来合成直链烷基苯。

$$\text{2,4-}(HO)_2C_6H_3-C(=O)(CH_2)_3CH_3 \xrightarrow[84\%]{Zn\text{-}Hg,HCl} \text{2,4-}(HO)_2C_6H_3-CH_2(CH_2)_3CH_3$$

克莱门森反应是在强酸性条件下进行的，对酸不稳定的酮不能使用该反应。

② 吉尔聂尔-沃尔夫-黄鸣龙还原　对酸不稳定的醛、酮，可以使用吉尔聂尔-沃尔夫-黄

鸣龙还原法，将醛或酮与85%的水合肼、3mol的氢氧化钾（或氢氧化钠）在高沸点溶剂（如乙二醇、三甘醇）中加热回流，可使羰基还原为亚甲基。

$$RR'(H)C{=}O \xrightarrow[-H_2O]{H_2NNH_2} RR'(H)C{=}NNH_2 \xrightarrow[200℃]{KOH,乙二醇} RR'(H)CH_2 + H_2\uparrow$$

这个反应广泛地应用在复杂的天然产物的研究上，特别是适用于还原对酸不稳定的醛、酮。

$$C_6H_5{-}O{-}C_6H_4{-}COCH_2CH_2COOH \xrightarrow[三甘醇,195℃]{85\%水合肼,KOH} \xrightarrow{H_3O^+} C_6H_5{-}O{-}C_6H_4{-}CH_2CH_2CH_2COOH \quad (95\%)$$

而克莱门森还原成本低廉，适用于对碱不稳定的醛、酮的还原，实际操作中可根据醛、酮的情况将这两种还原反应互补利用。

5. 歧化反应（康尼扎罗反应）

不含α-氢原子的醛，例如HCHO、R_3CCHO、C_6H_5CHO，在浓碱作用下，可发生自身氧化还原反应。即一分子醛氧化成羧酸（羧酸盐），另一分子醛则被还原成醇。这种反应称为歧化反应，又称康尼扎罗（Cannizzaro）反应。例如：

$$2HCHO + NaOH \longrightarrow HCOONa + CH_3OH$$

两种不含α-氢原子的醛在浓碱作用下能发生交叉歧化反应，在交叉歧化反应中，活泼的醛被氧化，例如：

$$HCHO + C_6H_5CHO \xrightarrow{浓\ NaOH} HCOONa + C_6H_5CH_2OH$$

由于在醛类化合物中，甲醛具有较强的还原性，所以在有甲醛参加的歧化反应中，总是甲醛被氧化变成甲酸，其他的醛被还原成醇。这一反应在有机合成上常用来把芳醛还原成芳醇，例如：

$$m\text{-}CH_3OC_6H_4CHO + HCHO \xrightarrow[H_2O,CH_3OH]{30\%NaOH} m\text{-}CH_3OC_6H_4CH_2OH + HCOONa$$

工业上生产季戊四醇就是用甲醛和乙醛作为原料，通过交叉羟醛缩合反应和交叉歧化反应得到的。

$$3HCHO + CH_3CHO \xrightarrow{稀\ OH^-} (HOCH_2)_3C{-}CHO$$

$$(HOCH_2)_3C{-}CHO + HCHO \xrightarrow{稀\ OH^-} (HOCH_2)_4C + HCOO^-$$

第三节　醛和酮的重要化合物

一、甲醛

甲醛（HCHO）俗名蚁醛，是最简单也是非常重要的醛。常温常压下甲醛是无色有刺激性气味的气体，对人眼鼻有刺激作用；沸点－21℃，与空气混合后遇火爆炸，爆炸范围7%～73%（体积分数）；易溶于水，一般以水溶液保存，它的36%～40%水溶液（通常含6%～12%甲醇作稳定剂来防止甲醛聚合）称为“福尔马林”。福尔马林具有凝固蛋白质的作用，对皮肤有强腐蚀性，广泛地用作消毒剂和防腐剂，能保护动物标本。在农业上，甲醛可用于谷仓、蚕室、接种室等场所的熏蒸消毒剂和小麦、棉花的浸种杀菌剂。

甲醛分子中的羰基直接和两个氢原子相连接，立体阻碍很小，性质非常活泼。甲醛有较强的还原性，易氧化成甲酸，并进一步氧化成二氧化碳和水。

甲醛容易发生自身的羰基加成生成聚合物。在常温下，甲醛气体就可以自动聚合成三聚甲醛。用65%～70%的甲醛溶液在少量硫酸存在下煮沸，也可以聚合形成三聚甲醛。

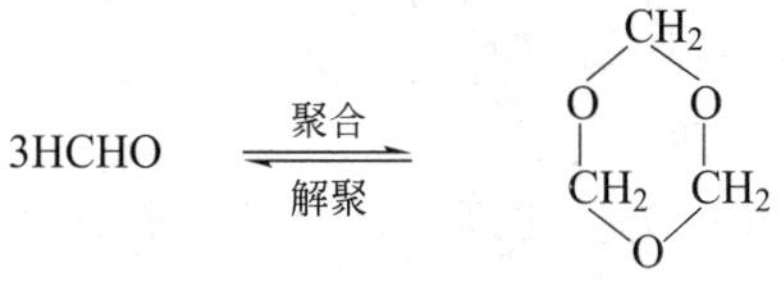

$$3HCHO \underset{\text{解聚}}{\overset{\text{聚合}}{\rightleftharpoons}} \text{三聚甲醛（}CH_2\text{—O 六元环）}$$

气体　　三聚甲醛(固体)

三聚甲醛为白色晶体，熔点62℃，它没有醛的性质，在中性和碱性条件下相当稳定，在酸性介质中加热可以解聚生成甲醛。当用高纯度的三聚甲醛为原料，并用三氟化硼乙醚络合物作催化剂，在溶剂中（如加氢汽油）进行再聚合，可得到分子量为数万至十多万的线性高聚物，通常把它称作聚甲醛；它具有较高的机械强度和化学稳定性，是优质的工程塑料，可以代替某些金属材料，用来制造轴承、齿轮等。

在甲醛水溶液中，甲醛与甲醛水合物存在着平衡，慢慢加热甲醛水溶液，可以得到甲醛多分子聚合物，称为多聚甲醛。甲醛在水溶液中也可以发生聚合，长期放置的浓甲醛水溶液便出现多聚甲醛的白色沉淀。福尔马林即使在低温下，放置时间过久，也会因析出多聚甲醛而变混浊。

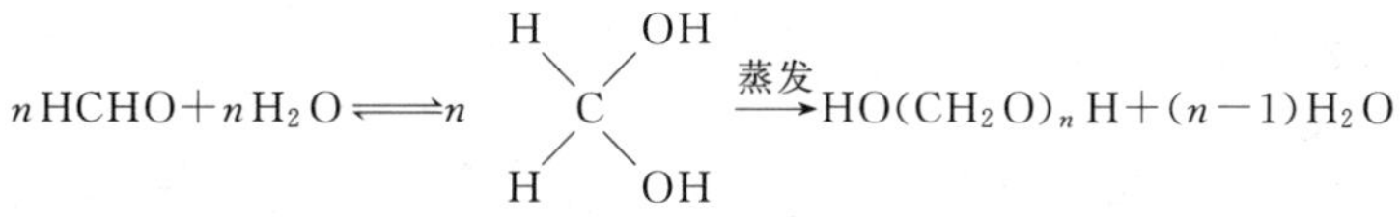

$$nHCHO + nH_2O \rightleftharpoons n\,C(H)_2(OH)_2 \xrightarrow{\text{蒸发}} HO(CH_2O)_nH + (n-1)H_2O$$

甲醛水合物　　多聚甲醛

多聚甲醛具有甲醛的刺激性气味，分子中的n一般为8～100，在少量硫酸催化下加热或直接加热至180～200℃，多聚甲醛又可以解聚成甲醛。由于气态的甲醛不方便运输，且容易被氧化，因此，甲醛常常以这种多聚体的形式贮存和运输，使用时再解聚。

甲醛还容易与氨作用形成环状的化合物，环六亚甲基四胺$(CH_2)_6N_4$，药名为乌洛托品（Urotropine）。

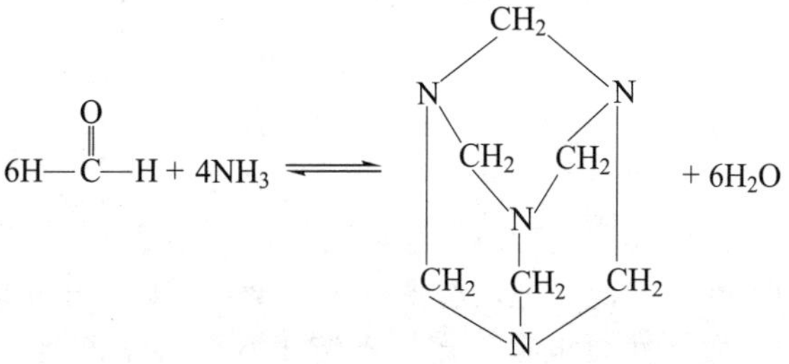

$$6H\text{—}\overset{\overset{O}{\|}}{C}\text{—}H + 4NH_3 \rightleftharpoons (CH_2)_6N_4 + 6H_2O$$

环六亚甲基四胺(乌洛托品)

乌洛托品为白色结晶，熔点263℃，易溶于水，有甜味，是橡胶工业的硫化促进剂，纺织品的防缩剂。在医药上，可用作泌尿系统的消毒剂和利尿剂，以及抗流感和抗风湿剂，又是制造烈性炸药三亚甲基三硝胺的原料。

甲醛是一种非常重要的化工原料，除上述用途外，甲醛还大量用于制造酚醛、脲醛、聚甲醛和三聚氰胺等树脂以及各种黏结剂，还可用来生产季戊四醇以及其他药剂及染料。

工业上生产甲醛，一般采用甲醇氧化法或甲烷氧化法。

(1) 甲醇氧化法　以甲醇蒸气和空气的混合物为原料，在 600℃高温下，通过银催化剂，使甲醇转化为甲醛。这是目前生产甲醛的主要方法。

$$CH_3OH + \frac{1}{2}O_2(\text{空气}) \xrightarrow[600℃]{\text{Ag-浮石}} HCHO + H_2O$$

此法的工业产品是 37%～40%的甲醛水溶液，并含有 5%～7%的甲醇。近年我国采用铁钼氧化物作为催化剂，可使产品中甲醇的含量下降为 1.3%，能直接用于三聚甲醛的制备。

(2) 甲烷氧化法　以一氧化氮为催化剂，以天然气中的甲烷为原料，在 600℃和常压作用下用空气将甲烷氧化（甲烷：空气=1：3.7），制得甲醛。

$$CH_4 + O_2 \xrightarrow[600℃]{NO} HCHO + H_2O$$

此法产率较低，操作复杂，与甲醇氧化法相比优势不明显，当前仍不能代替甲醇氧化法。但是由于原料便宜，故仍有其发展前景。

二、乙醛

乙醛是有辛辣刺激性气味的无色液体，对眼及皮肤有刺激作用，易挥发，沸点 20.8℃。易溶于水、乙醇、乙醚、氯仿等溶剂。乙醛易燃烧，蒸气在空气的爆炸极限为 4%～57%(体积分数)。

乙醛具有典型的醛的性质。室温时，在少量 H_2SO_4 存在下，乙醛容易聚合成三聚乙醛(无色液体，沸点 124℃)；在 0℃或 0℃以下，用干燥氯化氢处理，乙醛则聚合为四聚乙醛(无色固体，熔点 246℃)。

$$3CH_3CHO \xrightarrow[20℃]{H_2SO_4} \begin{array}{c} CH_3 \\ | \\ CH \\ O \quad\quad O \\ | \quad\quad | \\ CH_3-CH \quad CH-CH_3 \\ O \end{array}$$

三聚乙醛

$$4CH_3CHO \xrightarrow[\leqslant 0℃]{\text{干 HCl}} \begin{array}{c} CH_3 \\ | \\ O-CH-O \\ | \quad\quad\quad | \\ CH_3-CH \quad\quad CH-CH_3 \\ | \quad\quad\quad | \\ O-CH-O \\ | \\ CH_3 \end{array}$$

四聚乙醛

三聚乙醛是具有香味的液体，具有醚和缩醛的性质，很稳定，不易氧化。若加少量硫酸并加热，可以解聚成为乙醛。因此常把乙醛聚合为三聚乙醛以便于运输。

四聚乙醛没有醛的性质，性质也很稳定，不溶于水，溶于乙醚，在 112～115℃可以升华，升华的同时部分分解。在酸中加热能完全解聚为乙醛。

乙醛是重要的有机化工原料，主要用于生产乙酸（酐）、乙酸乙酯、丁醛、正丁醇、季戊四醇等。

工业上用乙炔水合法、乙醇氧化法和乙烯直接氧化法生产乙醛。

(1) 乙炔水合法　将乙炔通入含硫酸汞的稀硫酸溶液中，可制得乙醛。

$$CH\equiv CH + H_2O \xrightarrow[95\sim105℃,1.5\text{大气压}]{HgSO_4,H_2SO_4} \left[\begin{array}{c} OH \\ | \\ CH_2=CH \end{array}\right] \longrightarrow CH_3-\overset{O}{\overset{\|}{C}}-H$$

此法工艺成熟，乙醛的产率和纯度都比较高。但其缺点是催化剂硫酸汞具有较大毒性，且对设备腐蚀严重。较新的方法是以磷酸锌等作为催化剂，在250～350℃下，使乙炔和水蒸气在气相下反应来制备。

（2）乙醇氧化法　将乙醇蒸气与空气混合，在500℃下用银来催化，乙醇被空气氧化得到乙醛。

$$CH_3CH_2OH + 1/2O_2 \xrightarrow[500℃]{Ag} CH_3CHO + H_2O$$

（3）乙烯氧化法　乙烯和氧气（空气）通过氯化铜和氯化钯水溶液，乙烯被氧化生成乙醛。

$$CH_2=CH_2 + 1/2O_2 \xrightarrow{PdCl_2\text{-}CuCl_2} CH_3CHO$$

此法的优点是随着石油工业的发展，原料乙烯比价容易获得，反应在常温常压下就能进行。缺点是钯催化剂较贵，但Pd在氯化铜的作用下，可以再生为氯化钯，因此Pd消耗量不是很大。这是工业上生产乙醛最好的方法。

三、丙酮

丙酮是最简单也是非常重要的酮，常温常压下为无色带有香味的液体，易燃、易挥发，沸点56.1℃；能与水、乙醇、乙醚、氯仿、吡啶、二甲基甲酰胺等溶剂混溶，并能溶解油脂、树脂、涂料、炸药、胶片、化学纤维等。丙酮也是各种维生素和激素生产过程中的萃取剂。丙酮蒸气与空气混合能发生爆炸，爆炸极限2.55%～12.8%。

丙酮具有典型的酮的化学性质，在工业上是重要的有机溶剂，广泛应用于油漆工业及合成纤维、电影胶片的生产。同时也是重要的有机化工原料，用来制造环氧树脂、有机玻璃、二丙酮醇、氯仿、碘仿、乙烯酮、合成橡胶和药物等。

糖尿病患者由于代谢紊乱，体内常有过量丙酮产生，从尿液和汗液中排出，严重时甚至呼出的气体都带有丙酮的味道。因此可通过检测尿液中的丙酮含量来诊断糖尿病。

丙酮的工业制法主要异丙醇催化脱氢法；异丙醇催化氧化法；丙烯直接氧化法和异丙苯法等。例如：

$$CH_3\overset{OH}{\overset{|}{C}}HCH_3 \xrightarrow[\triangle]{\text{催化剂}} CH_3\overset{O}{\overset{\|}{C}}CH_3 + H_2$$

$$CH_3\overset{OH}{\overset{|}{C}}HCH_3 + \frac{1}{2}O_2 \xrightarrow[\triangle]{Cu} CH_3\overset{O}{\overset{\|}{C}}CH_3 + H_2O$$

$$CH_3CH=CH_2 + \frac{1}{2}O_2 \xrightarrow[\triangle]{PdCl_2\text{-}CuCl_2} CH_3\overset{O}{\overset{\|}{C}}CH_3$$

四、环己酮

环己酮是无色油状液体，有丙酮的气味，沸点155.6℃；微溶于水，较易溶于乙醇、乙醚等溶剂；皮肤经常与之接触会引起皮炎，其蒸气对人的视网膜和上呼吸道黏膜有刺激性。

环己酮蒸气与空气能形成爆炸性的混合物。

环己酮具有典型的酮的化学性质，它能被用作溶剂和稀释剂，又是合成己二酸（尼龙-66的原料）和己内酰胺（尼龙-6的原料）的原料。

环己酮通常由环己烷氧化所得，或由环己醇用氧化锌为主的催化剂，在常压和高温下进行催化脱氢制得。

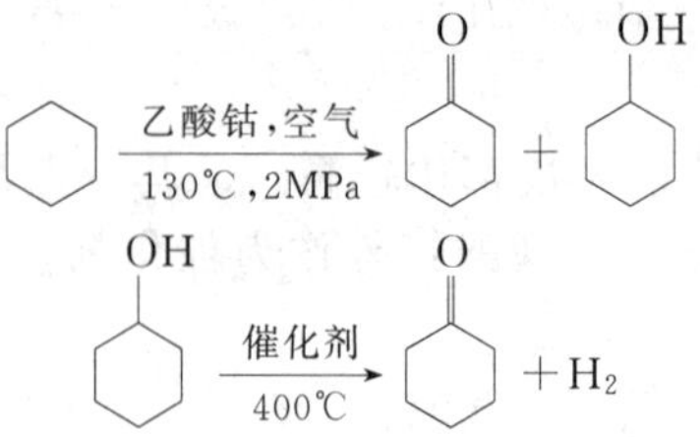

$$\text{环己烷} \xrightarrow[130℃,2MPa]{乙酸钴,空气} \text{环己酮} + \text{环己醇}$$

$$\text{环己醇} \xrightarrow[400℃]{催化剂} \text{环己酮} + H_2$$

五、苯甲醛

苯甲醛是无色油状液体，有苦杏仁味，俗称苦杏仁油；沸点179℃，微溶于水，易溶于乙醇、乙醚、苯、氯仿等有机溶剂，有毒。自然界它常与葡萄糖或氢氰酸缩合成苷的形式，存在于杏仁、桃仁、李仁中，尤以苦杏仁中含量最高。

苯甲醛在室温时能在光的催化作用下自动被空气中的氧缓慢地氧化成苯甲酸，析出苯甲酸结晶。因此长期贮存苯甲醛时，应避光和隔绝空气，也可加入微量的对苯二酚抗氧化剂来防止自动氧化。

苯甲醛是重要的有机化工原料，用于合成染料及其中间体，也用于制造肉桂酸、苯甲酸苄酯、合成香料、药物等。

六、乙烯酮

乙烯酮（$CH_2{=}C{=}O$）是最简单的不饱和酮，为无色气体，沸点－56℃，能溶于乙醚和丙酮，具有类似于氯气和乙酸酐的刺激性气味和很强的毒性，吸入后会引起剧烈头痛。

乙烯酮的性质特别活泼，即使是低温下，与空气接触时也能生成爆炸性的过氧化物，所以只能密封保存于低温（－80℃）的环境中。

乙烯酮容易与含有活泼氢的试剂发生加成反应，生成乙酸或乙酸衍生物，乙烯酮是一种优良的乙酰化试剂，常用来为化合物加入乙酰基，工业上大量用于制备乙酸酐。

$$CH_2{=}C{=}O + HO{-}\overset{\overset{\large O}{\|}}{C}{-}CH_2CH_3 \longrightarrow CH_3{-}\overset{\overset{\large O}{\|}}{C}{-}O{-}\overset{\overset{\large O}{\|}}{C}{-}CH_3$$

【阅读材料】

关注双酚A与食品级塑料的安全性

双酚A，也称BPA，化学名为2,2-二（4-羟基苯基）丙烷，是丙酮和苯酚的重要衍生物。双酚A是重要的有机化工原料，主要用于生产聚碳酸酯、环氧树脂、聚砜树脂、聚苯醚树脂、不饱和聚酯树脂等多种高分子材料。

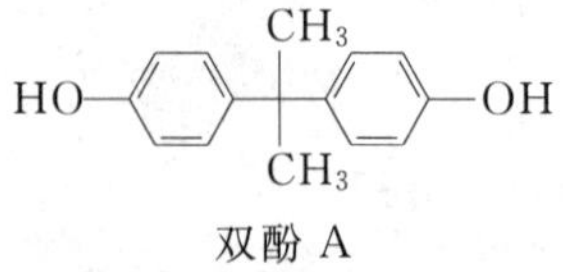

$$HO{-}C_6H_4{-}C(CH_3)_2{-}C_6H_4{-}OH$$

双酚A

双酚A是全球产量最高且使用最广泛的化学物质之一，每年生产220多万吨。我们日常生活中的许多塑料制品都是高分子材料制成的，双酚A作为一种单体，是合成聚碳酸酯等多种高分子材料的基础原料。而且双酚A并不仅仅作为聚碳酸酯塑料的原料存在于我们周围，在各方面，它都得到广泛应用。添加有双酚A的塑料产品具有无色透明、耐用、轻巧和突出的防冲击性等特性，尤其能防止酸性蔬菜和水果从内部侵蚀金属容器，因此广泛用于生产水壶、餐具、医疗器材、假牙材料、罐头防腐内膜等，尤其是在婴儿奶瓶等商品中应用非常广泛。

双酚A在生活中应用广泛，成为人们经常能接触到的物质，这种化学物质可能会溶解入液体，并融入容器中的婴儿奶粉、水或食物中，其安全性问题成为了公众的关注的焦点。双酚A是否危害健康尤其是儿童健康的争论由来已久，许多科学家认为，双酚A在体内可能会发挥类似雌激素的作用，扰乱人体内的代谢过程。动物试验发现双酚A有模拟雌激素的效果，即使很低的剂量也能使动物产生雌性早熟、精子数下降、前列腺增长等作用。此外，有资料显示双酚 A 具有一定的胚胎毒性和致畸性，可明显增加动物卵巢癌、前列腺癌、白血病等癌症的发生。

有专家指出，其实不论用哪种单体聚合而成的材料，其中未聚合残留的单体都可能会迁移，包括某些塑料添加剂等，这是塑料制品都不能避免的，而不仅仅是双酚 A。反复加热消毒、灌入沸水都可能造成双酚 A 析出。有关专家建议，人们在减少双酚 A 的接触上可以采取如下措施：为了避免聚碳酸酯塑料制成的食品器具析出更多的双酚 A，不要将它们长时间加温，避免反复使用已经老化的塑料器具，更不要用强碱性的洗涤剂去洗这些器具，扔掉有划痕或磨损的含有双酚 A 的瓶子或杯子，同时不要将非常热的液体倒入其中，并要检查它们上面的商标以确定它们在微波炉上加热是安全的。

除了婴儿奶瓶，我们每天更多接触到的是用来存放食物的塑料盒、塑料袋、塑料餐具等。这些用品，必须是采用“食品级原料”制造而成，绝不可含有非食品级的染料和回收料，否则将有可能释放出有毒物质。在购买此类用品时，要留意产品的标签。规范的塑料容器都会在产品底部或者标签上说明该产品是用什么材料制成。所有的食品用塑料容器材料基本可分成七个类型。

① PET（聚对苯二甲酸乙二醇酯），用于矿泉水瓶、碳酸饮料瓶，不能加热，不可反复使用。

② HDPE（高密度聚乙烯），用于装牛乳、果汁、酱油，也用于装清洁、沐浴产品。

③ PVC（聚氯乙烯），受热时容易产生有毒物质，目前较少用于食品包装。如果用于食品包装，接触食品的内衬面必须是复合聚乙烯等食品用塑料。

④ LDPE（低密度聚乙烯），用于保鲜膜、塑料膜等。

⑤ PP（聚丙烯），能耐高温，微波炉餐盒与食品贮藏、保鲜盒一般都用它制造。

⑥ PS（聚苯乙烯），用于快餐盒、碗装泡面盒、一次性杯子、塑料泡沫等，受热会产生有害物质。

⑦ PC（聚碳酸酯），用于水壶、水杯、奶瓶、水桶。

买塑料制品时，要留意产品底部三角形里的数字，如需加热，则选用底部三角图形数字为 5 的聚丙烯（PP）材料较为安全。使用塑料制品盛装食品时，要睁大眼睛看清楚：聚氯乙烯（PVC）、聚苯乙烯（PS）等塑料容易释放有毒物质，要尽量避免使用；而用聚丙烯（PP）、低密度聚乙烯（LDPE）、高密度聚乙烯（HDPE）制造的塑料瓶比较安全，可以反复使用。人们尤其应避免用那些回收标志为数字 7 的塑料容器来加热食品，因为高温会使容器中的双酚 A 释放出来。市面上一些颜色深、暗，且价格便宜的食品容器，大多是用回收的废旧塑料再加工的再生塑料，为了掩盖废旧塑料的老化变色，加工时加入了非食品级染料，不能用于盛装食品，更不能加温。

现代毒理学的基本原则是“剂量导致毒性”，即使是有毒物质也可以是安全的，只要其剂量保持低于一定的水平。但随着生物监测技术水平的提高，人们对微小剂量双酚 A 的风险认识越来越多。有专家指出，远离双酚 A 是对自身健康负责的态度。

本章小结

1. 醛、酮的分子中含有相同的官能团羰基，统称为羰基化合物。

醛是羰基碳原子连有一个烃基和一个氢原子，或者直接和两个氢原子相连，甲醛 $H-\overset{O}{\overset{\|}{C}}-H$ 是最简单的醛。酮是羰基直接和两个烃基相连，丙酮 $H_3C-\overset{O}{\overset{\|}{C}}-CH_3$ 是最简单的酮。

2. 醛和酮的命名与醇相似，选择含有羰基的最长碳链作为主链，称为某醛或某酮。主链上碳原子的编号要从距离羰基最近的一端开始，然后把取代基的位次、数目及名称写在醛、酮母体名称前面。

3. 醛、酮的化学性质主要由官能团羰基决定。醛和酮可发生三种类型的反应：羰基的亲核加成及还原，α-C—H 键的断裂，醛基 C—H 键的断裂。醛和酮的反应与结构关系如下图所示。

R_1 / $R_2-C(H)-C(=O)-R\ (H)$

醛和酮的主要反应归纳如下。

（1）加成反应

$$>C=O \xrightarrow{\text{加成}} \begin{cases} \xrightarrow{HCN} >C(OH)(CN) \\ \xrightarrow{NaHSO_3} >C(OH)(SO_3Na) \\ \xrightarrow[\text{干醚}]{R''MgX} >C(OMgX)(R'') \xrightarrow{H_2O} >C(OH)(R'') \\ \xrightarrow[\text{干HCl}]{ROH} >C(OH)(OR) \xrightleftharpoons{R'OH,\ H^+} >C(OR')(OR) \end{cases}$$

（2）与氨衍生物的加成缩合

$$>C=O \xrightarrow{\text{加成缩合}} \begin{cases} \xrightarrow[H^+,\ -H_2O]{H_2N—OH} >C=N—OH \quad \text{肟} \\ \xrightarrow[H^+,\ -H_2O]{HN_2—NH_2} >C=N—NH_2 \quad \text{腙} \\ \xrightarrow[H^+,\ -H_2O]{H_2N—NH—C_6H_5} >C=N—NH—C_6H_5 \quad \text{苯腙} \end{cases}$$

（3）α-H 的反应

① 互变异构及酸性

$$HCH_2—\underset{CH_3}{\underset{|}{C}}=O \rightleftharpoons CH_2=\underset{CH_3}{\underset{|}{C}}—OH$$

酮式　　　　烯醇式

② 卤仿反应

$$(CH_3)(R(H))C=O \xrightarrow[NaOH+X_2]{NaOX} CHX_3 + (H)R—\overset{O}{\overset{\|}{C}}—ONa$$

③ 羟醛缩合反应

羟醛缩合：$RCH_2\overset{O}{\overset{\|}{C}}H + H—\overset{R}{\overset{|}{C}}HCHO \xrightarrow{NaOH(10\%)} RCH_2\overset{HO}{\overset{|}{C}}H\overset{R}{\overset{|}{C}}HCHO \xrightarrow{-H_2O} RCH_2CH=\overset{R}{\overset{|}{C}}CHO$

羟酮缩合：$RCH_2\overset{O}{\overset{\|}{C}}R' + H—\overset{R}{\overset{|}{C}}HCOR' \xrightarrow{NaOH(10\%)} RCH_2\underset{R'}{\underset{|}{\overset{HO}{\overset{|}{C}}}}—\overset{R}{\overset{|}{C}}HCOR' \xrightarrow{-H_2O} RCH_2\underset{R'}{\underset{|}{C}}=\overset{R}{\overset{|}{C}}COR'$

（4）氧化反应

托伦试剂：$RCHO \xrightarrow[\triangle]{Ag(NH_3)_2OH} RCOONH_4 + Ag\downarrow$（银镜）

费林试剂：$RCHO \xrightarrow[\triangle]{Cu(OH)_2+NaOH} RCOONa + Cu_2O\downarrow$（砖红色）

（5）还原反应

① 还原为醇

催化氢化：$\underset{(H)R'}{\overset{R}{}}\!\!\searrow C=O \xrightarrow[Ni]{H_2} R-\underset{R'(H)}{\overset{H}{C}}-OH$

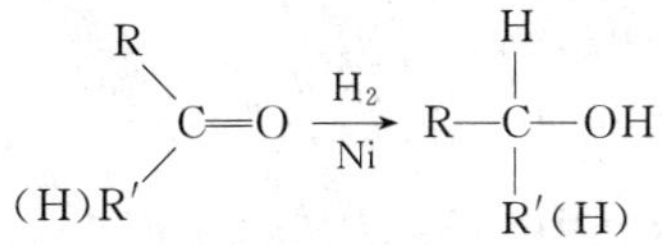

化学还原剂还原：$RCH=CHCHO \xrightarrow[\text{或 } Al[OCH(CH_3)_2]_3/HOCH(CH_3)_2]{LiAlH_4\text{，干醚或 } NaBH_4} RCH=CHCH_2OH$

② 羰基还原为亚甲基（羰基的彻底还原）

克莱门森还原：

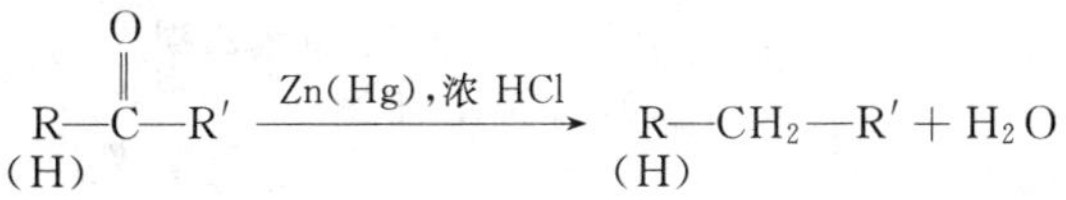

$$\underset{(H)}{R}-\overset{O}{\overset{\|}{C}}-R' \xrightarrow{Zn(Hg)\text{，浓 } HCl} \underset{(H)}{R}-CH_2-R' + H_2O$$

吉尔聂尔-沃尔夫-黄鸣龙还原：

$$R(H)R'C=O \xrightarrow[-H_2O]{H_2NNH_2} R(H)R'C=NNH_2 \xrightarrow[200℃]{KOH\text{，乙二醇}} R(H)R'CH_2 + N_2\uparrow$$

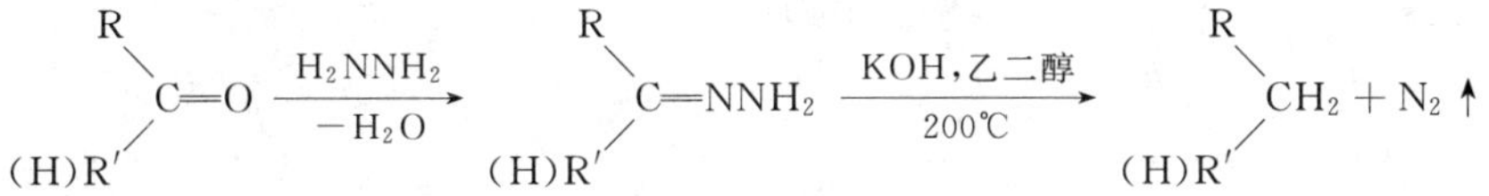

（6）歧化反应（康尼扎罗反应）

自身歧化：$2HCHO + NaOH \longrightarrow HCOONa + CH_3OH$

交叉歧化：$HCHO + C_6H_5CHO \xrightarrow{\text{浓 } NaOH} HCOONa + C_6H_5CH_2OH$

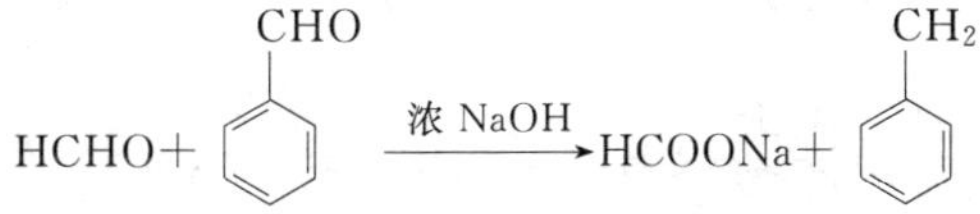

习　题

1. 单项选择题

（1）将 $CH_3CH=CHCHO$ 氧化成 $CH_3CH=CHCOOH$ 选择下列哪种试剂较好？（　　）

A. 酸性 $KMnO_4$　　B. $K_2Cr_2O_7 + H_2SO_4$　　C. 托伦试剂　　D. HNO_3

（2）下列化合物能发生坎尼扎罗（歧化）反应的有（　　）

A. 苯乙酮　　B. 丙酮　　C. 乙醛　　D. 苯甲醛

（3）下列物质中不能发生碘仿反应的是（　　）

A. 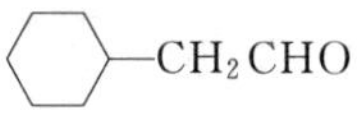 环己基$-CH_2CHO$　　B. 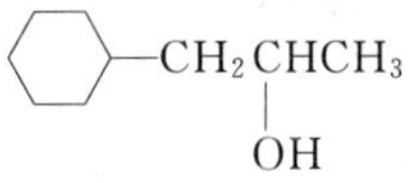 环己基$-CH_2\underset{OH}{CH}CH_3$

C. $(CH_3)_3CCOCH_3$　　D. 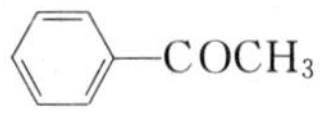 苯基$-COCH_3$

2. 命名下列化合物

（1）$CH_3\underset{CH_2CH_3}{CH}CH_2CHO$　　（2）$CH_3CH_2\overset{O}{\overset{\|}{C}}CH(CH_3)_2$

（3）$CH_3O-C_6H_4-CHO$（间位）　　（4）$CH_3\overset{O}{\overset{\|}{C}}CH_2\overset{O}{\overset{\|}{C}}CH_3$

（5）环己基$=NOH$　　（6）$CH_2=CHCH_2\overset{O}{\overset{\|}{C}}CH_3$

（7）$CH_3-C_6H_3(OH)-CHO$（OH 位于 CHO 邻位）　　（8）$O=C_6H_8(C_2H_5)=O$（2-乙基环己-1,4-二酮结构）

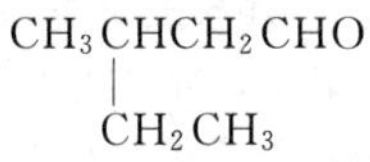

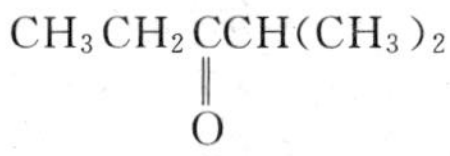

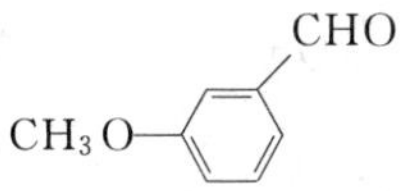

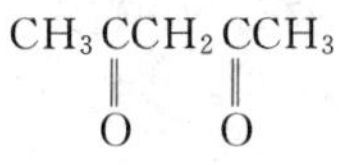

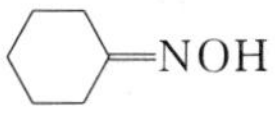

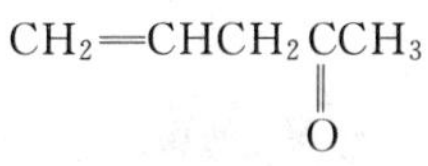

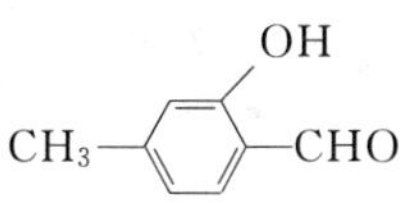

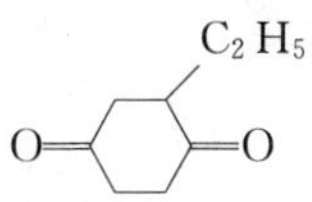

(9) 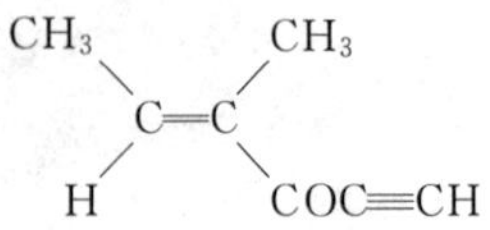 $\underset{H}{\overset{CH_3}{}}\!\!\;C\!=\!C\!\overset{CH_3}{\underset{COC\equiv CH}{}}$

(10) 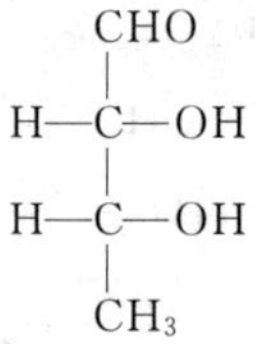 $CH_3-CH(OH)-CH(OH)-CHO$（Fischer投影式：CHO / H—C—OH / H—C—OH / CH_3）

3. 写出下列化合物的构造式

(1) 2-甲基-5-溴-6-庚烯-3-酮　　(2) 苯乙酮肟

(3) 甲醛苯腙　　(4) 三聚甲醛

(5) 丙酮缩氨基脲　　(6) 2-苯基-2-羟基苯乙酮

(7) β-苯基乙酮　　(8) 3-羟基-丁酮

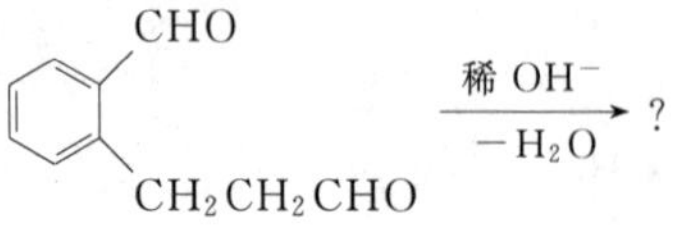

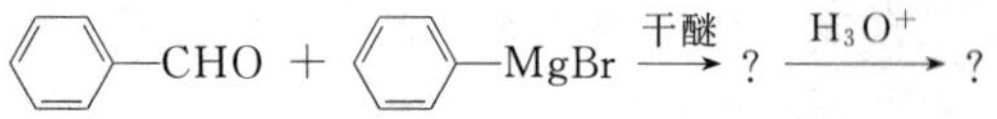

4. 完成下列反应式

(1) 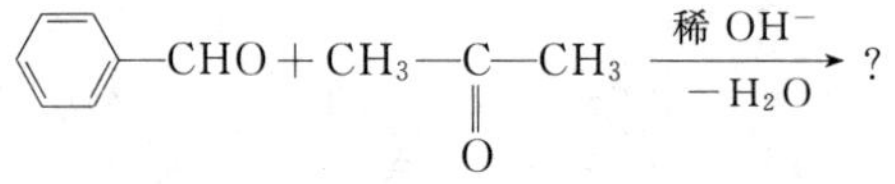 $2\,C_6H_5-CHO + CH_3-\overset{\overset{O}{\|}}{C}-CH_3 \xrightarrow[-H_2O]{\text{稀 }OH^-} ?$

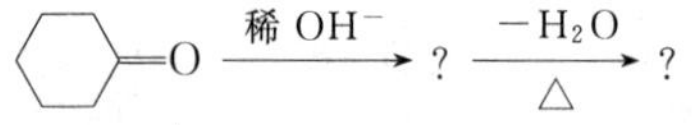

(2) 2 环己酮 $\xrightarrow{\text{稀 }OH^-} ? \xrightarrow[\triangle]{-H_2O} ?$

(3) 邻位含 CHO 与 CH_2CH_2CHO 的苯 $\xrightarrow[-H_2O]{\text{稀 }OH^-} ?$

(4) $C_6H_5-CHO + C_6H_5-MgBr \xrightarrow{\text{干醚}} ? \xrightarrow{H_3O^+} ?$

(5) $C_6H_5-CHO + CH_3CH{=}CHCHO \xrightarrow[-H_2O]{\text{稀 }OH^-} ?$

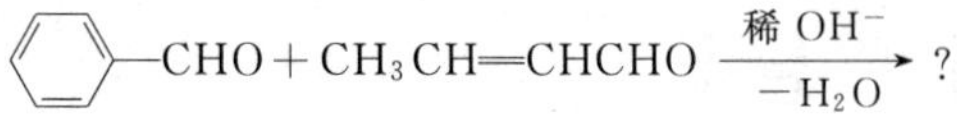

(6) 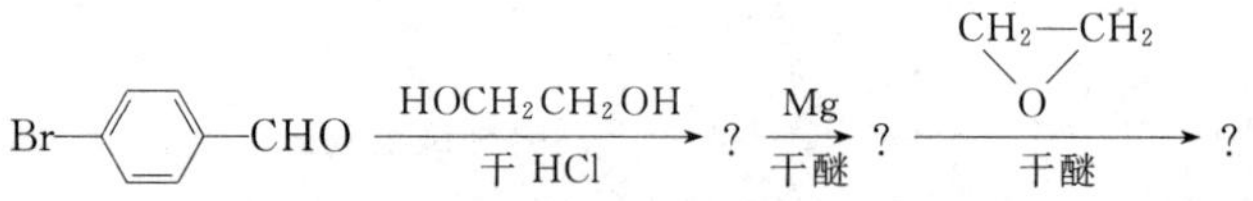 $Br-C_6H_4-CHO \xrightarrow[\text{干 }HCl]{HOCH_2CH_2OH} ? \xrightarrow[\text{干醚}]{Mg} ? \xrightarrow[\text{干醚}]{\text{环氧乙烷 }(CH_2-CH_2,\ O)} ?$

(7)  $CH_3CH_2CH_2CH_2CHOH + H_2N\overset{\overset{O}{\|}}{C}NHNH_2 \longrightarrow ?$

5. 用化学方法鉴别下列各组化合物

(1) 甲醛、乙醛、丙酮和苯乙醛　　(2) 1-丁醇、2-丁醇、丁醛和丁酮

(3) 甲醛、乙醛、丙烯醛和烯丙醇　　(4) 丙酮、丙醛、正丙醇、异丙醇和正丙醚

6. 分析题

(1) 化合物 A 的分子式为为 $C_8H_{14}O$。A 可使溴水很快褪色，又能与苯肼反应。A 氧化后生成一分子丙酮和另一化合物 B。B 具有酸性，能与 NaOCl 的碱溶液作用，生成一分子氯仿和一分子丁二酸二钠盐。写出 A 和 B 的构造式。

(2) 化合物 A 的分子式是 $C_9H_{10}O_2$，能溶于氢氧化钠溶液，既可与羟氨、氨基脲等反应，又能与 $FeCl_3$ 溶液发生显色反应。但不与托伦试剂反应。A 经 $LiAlH_4$ 还原则生成化合物 B，分子式为 $C_9H_{12}O_2$。A 和 B 均能起卤仿反应。将 A 用 Zn-Hg 齐在浓盐酸中还原，可以生成化合物 C，分子式为 $C_9H_{12}O$。将 C 与 NaOH 溶液作用，然后与碘甲烷煮沸，得到化合物 D，分子式为 $C_{10}H_{14}O$。D 用 $KMnO_4$ 溶液氧化，最后得到对甲氧基苯甲酸。写出 A、B、C 和 D 的构造式。

第九章　羧酸及其衍生物

学习目标

1. 熟悉羧酸的分类并掌握其命名；理解羧酸的结构。
2. 理解羧酸及其衍生物的物理性质；掌握羧酸及其衍生物的重要化学性质。
3. 了解羧酸的重要化合物。

第一节　羧　　酸

一、羧酸的分类和命名

烃分子中的氢原子被羧基（—COOH）取代而形成的化合物称为羧酸。可以用通式RCOOH和ArCOOH表示。羧基—COOH是羧酸的官能团。

（一）羧酸的分类

① 根据羧酸分子中与羧基所连的烃基不同，羧酸可分为脂肪酸、脂环酸和芳香酸。例如：

CH_3COOH 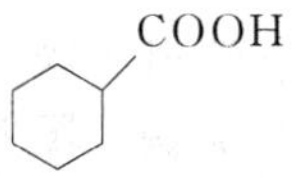 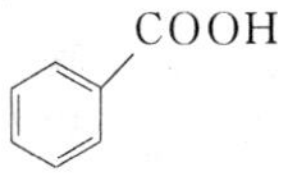　乙酸(脂肪酸)

环己烷甲酸(脂环酸)

苯甲酸(芳香酸)

② 按照烃基是否饱和可以分为饱和羧酸与不饱和羧酸。例如：

$CH_3CH_2CH_2COOH$　丁酸(饱和羧酸)

$CH_2{=}CHCOOH$　丙烯酸(不饱和羧酸)

③ 根据羧酸分子中所含羧基的数目，羧酸可分为一元羧酸、二元羧酸和多元羧酸。自然界存在的脂肪主要成分是高级一元羧酸的甘油酯，因此开链的一元羧酸又称脂肪酸。

（二）羧酸的命名

1. 习惯命名法

许多羧酸最初是由其来源而得名的。如甲酸最初来自于蚂蚁，故称之为蚁酸；乙酸存在于食醋中，故又名醋酸；苯甲酸是由安息香胶制得的，因此也叫安息香酸。

2. 系统命名法

① 脂肪酸的系统命名原则为：选择含有羧基的最长碳链作为主链，按主链碳原子的数目称为某酸，编号从羧基碳原子开始，用阿拉伯数字（或从羧基相邻的碳原子开始用希腊字母α，β，γ等）标明取代基的位次，并将取代基的位次、数目、名称写于酸名称之前。例如：

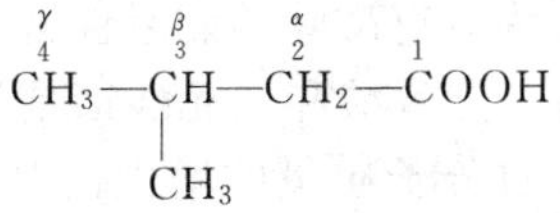

$$\overset{\gamma}{\underset{4}{C}}H_3—\overset{\beta}{\underset{3}{C}}H(CH_3)—\overset{\alpha}{\underset{2}{C}}H_2—\underset{1}{C}OOH$$

3-甲基丁酸或β-甲基丁酸

② 对于不饱和酸，则选取含有不饱和键和羧基的最长碳链，称为某烯酸或某炔酸，并

标明不饱和键的位次。例如：

$$\overset{\delta}{\underset{5}{C}}H_3-\overset{\gamma}{\underset{4}{C}}H=\overset{\beta}{\underset{3}{C}}H-\overset{\alpha}{\underset{2}{C}}H_2-\underset{1}{C}OOH$$

3-戊烯酸或 β-戊烯酸

③ 命名脂肪二元羧酸时，则选择含有两个羧基的最长碳链作为主链，称为某二酸。例如：

$$HOOC-\underset{\displaystyle CH_3}{\underset{|}{CH}}-CH_2-COOH$$

2-甲基丁二酸

④ 芳香酸分为两类：一类是羧基连在芳环上，以芳甲酸为母体，环上其他基团作为取代基来命名；另一类是羧基连在侧链上，则以脂肪酸为母体，芳基作为取代基来命名。例如：

邻甲基苯甲酸　　对苯二甲酸(1,4-苯二甲酸)

3-苯丙烯酸(肉桂酸)　　β-萘乙酸

二、羧基的结构

在羧基中，碳原子是 sp^2 杂化，它的三个 sp^2 杂化轨道在一个平面内，键角约为 120°，三个 sp^2 杂化轨道分别与羰基氧原子、羟基氧原子、碳原子（或甲酸的氢原子）的原子轨道形成三个 σ 键。羰基碳原子的未杂化的 p 轨道与羰基氧原子的 p 轨道都垂直于 σ 键所在的平面，它们互相平行，肩并肩重叠形成一个 π 键（图 9-1）。

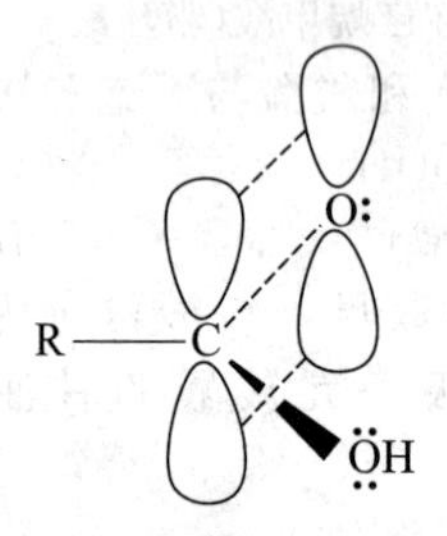

图 9-1　羰基的结构

羟基氧原子的未共用电子对所在的 p 轨道与碳氧双键的 π 轨道平行在侧面交盖，形成 p-π 共轭体系。在此共轭体系中，由于共轭效应的影响，体系的电子云密度平均化，结果使羟基氧原子上的电子云密度有所降低，羰基碳原子上的电子云密度有所增高。

$$-\overset{\displaystyle O}{\overset{\|}{C}}-\ddot{O}-H$$

三、羧酸的性质

（一）羧酸的物理性质

直链饱和脂肪酸中，C_1～C_3 酸为具有酸味的刺激性液体，C_4～C_9 酸为有腐败气味的油状液体，C_{10} 以上的羧酸为石蜡状固体。芳香酸和二元酸都是晶体。固态羧酸基本上没有气味。

直链饱和脂肪酸的沸点随着相对分子质量的增大而升高，熔点则随碳原子数的增加而呈锯齿状变化，含偶数碳原子酸的熔点比前、后两个相邻的奇数碳原子酸的熔点都高。一些羧酸的物理常数见表 9-1。

表 9-1　一些羧酸的物理常数

名　称	熔点/℃	沸点/℃	溶解度(25℃)/(g/100g 水)	pK_a(25℃)	
				pK_a 或 pK_{a1}	pK_{a2}
甲酸(蚁酸)	8	100.5	∞	3.76	
乙酸(醋酸)	16.6	118	∞	4.76	
丙酸(初油酸)	−21	141	∞	4.87	
丁酸(酪酸)	−6	164	∞	4.81	
戊酸(缬草酸)	−34	187	4.97	4.82	
己酸(羊油酸)	−3	205	1.08	4.88	
癸酸	31	269	0.015	4.85	
十二酸(月桂酸)	44	179(2399.8Pa)	0.006		
十四酸(肉豆蔻酸)	54	200(2666.4Pa)	0.002		
十六酸(软脂酸)	63	219(2666.5Pa)	0.0007		
十八酸(硬脂酸)	70	235(2666.4Pa)	0.0003		
苯甲酸(安息香酸)	122	250	0.34	4.19	
1-萘甲酸	160		不溶	3.70	
2-萘甲酸	185		不溶	4.7	
乙二酸(草酸)	189(分解)		10.2	1.23	4.19
丙二酸(缩苹果酸)	136		138	2.85	5.70
丁二酸(琥珀酸)	182	235(脱水分解)	6.8	4.16	5.60
己二酸(肥酸)	153	330.5(分解)		4.43	5.62
顺丁烯二酸(马来酸)	131		78.8	1.85	6.07
反丁烯二酸(富马酸)	287		0.70	3.03	4.44
邻苯二甲酸	210～211(分解)		0.70	2.89	5.41
间苯二甲酸	345,升华(350)		0.01	3.54	4.60
对苯二甲酸	384～420,升华(300)		0.003	3.51	4.82

羧酸分子间能形成较强的氢键，如图 9-2(a) 所示。

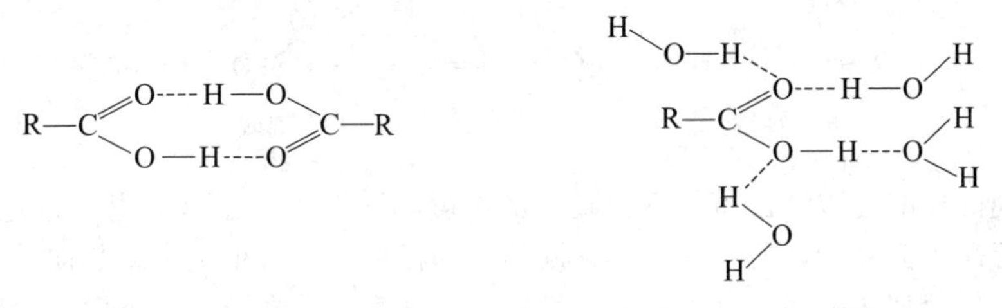

(a) 羧酸分子间的氢键　　(b) 羧酸与水分子间的氢键

图 9-2　分子间氢键示意图

羧酸分子间的氢键比醇分子间的氢键更强些，氢键的强度足以使羧酸作为二聚体存在，相对分子质量低的羧酸如甲酸、乙酸即使在气态时，也以二聚体形式存在。分子间的氢键缔合使羧酸的沸点比相对分子质量相当的醇还要高（表 9-2）。

表 9-2　羧酸与相对分子质量相当醇的沸点比较

相对分子质量	羧　酸	沸点/℃	醇	沸点/℃
46	甲酸	100.5	乙醇	78.3
60	乙酸	118	丙醇	97.4
74	丙酸	141	1-丁醇	117.3

低级羧酸也能与水形成较强的氢键，如图 9-2(b) 所示，因此在水中的溶解度也比相对分子质量相当的醇更大。例如，丙酸与 1-丁醇的相对分子质量相当，丙酸能与水混溶，1-丁

醇在水中溶解度仅为 8g/100g。C_1～C_4 酸能与水混溶，从戊酸开始，随着碳链增长，水溶性迅速下降，C_{10} 以上的羧酸不溶于水。羧酸一般都能溶于乙醇、乙醚、氯仿等有机溶剂中。

芳香酸一般具有升华特性，有些能随水蒸气挥发，这些特性可用来分离、精制芳香酸。

（二）羧酸的化学性质

羧酸的化学性质主要取决于其官能团羧基。羧基形式上是由羰基和羟基组成，它在一定程度上反映了羰基、羟基的某些性质，但又与醛、酮中的羰基和醇中的羟基有显著差别。由于羰基与羟基相互影响，结果使羧酸具有某些特殊性质。

例如，由于羟基氧原子上孤对电子与羰基的 π 电子发生离域，使羧酸具有明显的酸性，同时也使羧基中羰基碳原子的正电性降低，不利于发生亲核反应。羧酸不能与 HCN、HO—NH_2 等亲核试剂发生羰基上的加成反应。

羧基对烃基的影响是使 α-H 活化；当羧基直接与芳环相连时，使芳环亲电取代反应钝化。

根据羧酸的构造特点，其化学反应可在分子的四个部位发生：O—H 键断裂显酸性；C—O 键断裂生成羧酸衍生物；C α—H 键断裂发生取代反应和脱羧反应。

1. 羧酸的酸性

羧酸在水中可解离出质子而呈酸性，能使蓝色石蕊试纸变红。羧酸与无机强酸相比为弱酸，但其酸性比碳酸（pK_a=6.38）和酚（pK_a≈10）强。一些羧酸的 pK_a 值列于表 9-1 和表 9-3 中。

大多数一元羧酸的 pK_a 值在 3.5～5 范围内，比醇的酸性强 10^{10} 以上。这主要是因为羧酸解离后的负离子发生电荷离域，负电荷完全均等地分布在两个氧原子上，使羧酸根负离子比羧基更为稳定的缘故。这可以由物理方法测得的键长得以证明。例如，甲酸分子中 C—O 键的键长为 0.136nm，比甲醇分子中的 C—O 键的键长（0.143nm）短；C═O 键的键长为 0.123nm，比甲醛分子中的 C═O 键的键长（0.120nm）长。这显然是由于羧基中羟基氧原子上的孤对电子与碳氧双键的 π 电子发生共轭而离域，使键长平均化。甲酸根负离子中的两个 C—O 键的键长均为 0.127nm，键长完全平均化，说明羧酸根负离子具有更大的共轭稳定作用。

$$R-\overset{\overset{O}{\|}}{C}-\ddot{O}-H + H_2O \rightleftharpoons R-\overset{\overset{O}{|}}{C}\overset{-}{\cdots}O + H_3O^+$$

电子离域　　　　　　　　　　　　　　电荷离域

较小的共轭稳定作用　　　　　　　　　较大的共轭稳定作用

构造不同的羧酸的酸性强弱各不相同。虽然影响酸性的因素（如电子效应、立体效应、溶剂化效应等）十分复杂，但有一点是共同的，即任何使羧酸根负离子趋向更稳定的因素都使酸性增强，任何使羧酸根负离子趋向不稳定的因素都使酸性减弱。下面讨论取代基的电子效应对羧酸酸性的影响。

$$G\leftarrow\overset{\overset{O}{|}}{C}\overset{-}{\cdots}O \qquad\qquad G\rightarrow\overset{\overset{O}{|}}{C}\overset{-}{\cdots}O$$

G吸电子，负离子稳定　　　　　　　G供电子，使负离子不稳定

酸性增强　　　　　　　　　　　　　酸性减弱

G—COOH 的酸性随 G 而变化，G 的吸电子效应愈强，酸性愈强；G 的斥电子效应愈强，酸性愈弱。

从表 9-3 中所列出的 pK_a 值可以看出取代脂肪酸的酸性变化符合上述规律。例如，卤原子的吸电子效应为 F＞Cl＞Br＞I，不同卤代乙酸的酸性也是上述次序。由于诱导效应随距离增大而迅速减弱，故取代基距离羧基愈远，对羧基的酸性影响愈小，当与羧基距离 3～4 个 σ 键时，其影响已微不足道。例如，γ-氯丁酸的酸性强度与丁酸是同一数量级，其酸性比 α-氯丁酸弱得多。

表 9-3　不同羧酸的酸性

名　称	构 造 式	pK_a	名　称	构 造 式	pK_a
甲酸	$HCOOH$	3.77	对氯苯甲酸	$Cl-C_6H_4-COOH$	4.03
乙酸	CH_3COOH	4.76	苯甲酸	C_6H_5-COOH	4.17
丙酸	CH_3CH_2COOH	4.88	2-氯丁酸	$CH_3CH_2CH(Cl)COOH$	2.84
异丁酸	$CH_3CH(CH_3)COOH$	5.05	3-氯丁酸	$CH_3CH(Cl)CH_2COOH$	4.08
氯乙酸	$ClCH_2COOH$	2.86	4-氯丁酸	$CH_2(Cl)CH_2CH_2COOH$	4.52
二氯乙酸	$Cl_2CHCOOH$	1.29	丁酸	$CH_3CH_2CH_2COOH$	4.82
三氯乙酸	Cl_3CCOOH	0.65			
溴乙酸	$BrCH_2COOH$	2.90			
碘乙酸	ICH_2COOH	3.18			
对硝基苯甲酸	$O_2N-C_6H_4-COOH$	3.40			

二元羧酸有两个可解离的氢，因此有两个解离常数 pK_{a1} 和 pK_{a2}。低级二元酸中的两个羧基距离较近，由于羧基的－I 效应使其酸性（pK_{a1}）比饱和一元酸强；当第二步解离时，由于羧酸根负离子的＋I 效应，使二元酸的 pK_{a2} 总是比其 pK_{a1} 大得多。

由于羧酸具有酸性，它能与碱中和生成羧酸盐和水，能分解碳酸盐或碳酸氢盐放出二氧化碳，羧酸盐与无机强酸作用，又转化为羧酸，这个性质常用于鉴别、分离和精制羧酸。

$$R-\overset{O}{\overset{\|}{C}}-OH + NaOH \longrightarrow R-\overset{O}{\overset{\|}{C}}-ONa + H_2O$$

$$R-\overset{O}{\overset{\|}{C}}-OH + NaHCO_3 \longrightarrow R-\overset{O}{\overset{\|}{C}}-ONa + CO_2\uparrow + H_2O$$

$$R-\overset{O}{\overset{\|}{C}}-ONa + HCl \longrightarrow R-\overset{O}{\overset{\|}{C}}-OH + NaCl$$

羧酸盐是离子化合物，钠、钾盐在水中溶解度较大。例如，C_{10} 以下的一元羧酸钠盐或钾盐溶于水，$C_{10}\sim C_{18}$ 的羧酸钠盐或钾盐在水中呈胶体溶液。某些羧酸盐有抑制细菌生长的作用，用于食品加工中作为防腐剂，常用的食品防腐剂有苯甲酸钠、乙酸钙和山梨酸钾等。

2. 羧酸衍生物的生成

羧酸分子中的羟基可被其他原子或基团取代，生成羧酸衍生物。

$$R-\overset{O}{\overset{\|}{C}}-OH \longrightarrow \begin{cases} R-\overset{O}{\overset{\|}{C}}-X & \text{酰卤} \\ R-\overset{O}{\overset{\|}{C}}-O-\overset{O}{\overset{\|}{C}}-R' & \text{酸酐} \\ R-\overset{O}{\overset{\|}{C}}-OR' & \text{酯} \\ R-\overset{O}{\overset{\|}{C}}-NH_2 & \text{酰胺} \end{cases}$$

（1）酰卤的生成　羧酸分子中的羟基可被卤素原子（Cl、Br、I）取代而生成酰卤。羧酸（除甲酸外）与三氯化磷（PCl_3）、五氯化磷（PCl_5）、亚硫酰氯（$SOCl_2$）等作用生成相应的酰氯，但 HCl 不能使羧酸生成酰氯。例如：

$$3R-\overset{O}{\overset{\|}{C}}-OH + PCl_3 \longrightarrow 3R-\overset{O}{\overset{\|}{C}}-Cl + \underset{\text{亚磷酸(200℃分解)}}{H_3PO_3}$$

$$R-\overset{O}{\overset{\|}{C}}-OH + PCl_5 \longrightarrow R-\overset{O}{\overset{\|}{C}}-Cl + \underset{\text{三氯氧磷(沸点 107℃)}}{POCl_3} + HCl$$

$$R-\overset{O}{\overset{\|}{C}}-OH + SOCl_2 \longrightarrow R-\overset{O}{\overset{\|}{C}}-Cl + SO_2 + HCl$$

制备酰氯时，采用哪种试剂取决于原料、产物和副产物之间的沸点差别，差别越大，越容易分离。酰氯很活泼，易水解，通常用蒸馏法将产物分离。PCl_3 适于制备低沸点酰氯如乙酰氯（沸点52℃）。PCl_5 适于制备沸点较高的酰氯如苯甲酰氯（沸点197℃）。虽然 $SOCl_2$ 活性比氯化磷低，但它是最常用的试剂。它是低沸点（沸点 79℃）的液体，在制备酰氯时，它既可作溶剂又可作试剂。制备时，常将羧酸加到亚硫酰氯中，副产物 SO_2 和 HCl 作为气体释放出来，然后蒸出过量的试剂，所得到的酰氯纯度好、产率高。酰氯是一类重要的酰基化试剂。

（2）酸酐的生成　羧酸（除甲酸外）在脱水剂（如 P_2O_5、乙酸酐等）作用下，加热脱水生成酸酐。

$$2\,R-\overset{O}{\overset{\|}{C}}-OH \xrightarrow[\triangle]{P_2O_5} R-\overset{O}{\overset{\|}{C}}-O-\overset{O}{\overset{\|}{C}}-R + H_2O$$

由于乙酸酐能较迅速地与水反应，价格又较低廉，且与水反应生成沸点较低的乙酸可通过分馏除去，因此常用乙酸酐作为制备其他酸酐时的脱水剂。例如：

$$2\,\underset{\text{熔点 122℃}}{C_6H_5COOH} + \underset{\text{沸点 140℃}}{(CH_3CO)_2O} \longrightarrow \underset{\text{熔点 42℃，沸点 360℃}}{C_6H_5-\overset{O}{\overset{\|}{C}}-O-\overset{O}{\overset{\|}{C}}-C_6H_5} + \underset{\text{沸点 140℃}}{2CH_3COOH}$$

两个羧基相隔 2～3 个碳原子的二元酸不需要任何脱水剂，加热就能使分子内脱水生成五元或六元环酐。例如：

$$\text{顺丁烯二酸 (HC(COOH)=CH(COOH))} \xrightarrow{150℃} \text{顺丁烯二酸酐} + H_2O \quad 95\%$$

$$\text{邻苯二甲酸 } C_6H_4(COOH)_2 \xrightarrow{230℃} \text{邻苯二甲酸酐} + H_2O \quad 约\ 100\%$$

（3）酯的生成　在强酸（如浓 H_2SO_4、干 HCl、对甲基苯磺酸或强酸性离子交换树脂）

的催化下，羧酸与醇作用生成羧酸酯的反应称酯化反应。这是制备酯的最重要的方法。

$$R-\overset{\overset{O}{\|}}{C}-OH + HOR' \xrightleftharpoons{H^+} R-\overset{\overset{O}{\|}}{C}-OR' + H_2O$$

酯化反应是可逆反应。为了提高酯的产率，通常采用加过量的酸或醇，在大多数情况下，是加过量的醇，它既作试剂又作溶剂。例如：

$$C_6H_5-COOH + CH_3OH \longrightarrow C_6H_5-\overset{\overset{O}{\|}}{C}-OCH_3$$

（4）酰胺的生成　羧酸与氨或胺反应，首先生成铵盐，然后高温（150℃以上）分解得到酰胺。这是一个可逆反应。反应过程中不断蒸出所生成的水使平衡右移，产率很高。

$$R-\overset{\overset{O}{\|}}{C}-OH + NH_3 \rightleftharpoons R-\overset{\overset{O}{\|}}{C}-\overset{-}{O}\overset{+}{N}H_4 \xrightarrow[\triangle]{} R-\overset{\overset{O}{\|}}{C}-NH_2 + H_2O$$

例如：

$$CH_3-\overset{\overset{O}{\|}}{C}-OH + NH_3 \rightleftharpoons CH_3-\overset{\overset{O}{\|}}{C}-\overset{-}{O}\overset{+}{N}H_4 \xrightarrow[\triangle]{150℃} CH_3-\overset{\overset{O}{\|}}{C}-NH_2 + H_2O$$

$$C_6H_5-\overset{\overset{O}{\|}}{C}-OH + H_2N-C_6H_5 \xrightleftharpoons{180\sim190℃} C_6H_5-\overset{\overset{O}{\|}}{C}-NH-C_6H_5 + H_2O$$

这类反应在工业上可用于制备聚酰胺。

聚己二酰己二胺树脂经熔融抽丝制成聚酰胺-66（尼龙-66）纤维，其强度大，不腐烂，耐磨，宜制衣、袜、渔网等。定向抽成的丝强度更大，可制尼龙防弹衣。

3. 脱羧反应

羧酸脱去二氧化碳的反应称为脱羧反应。羧酸的碱金属盐与碱石灰（NaOH+CaO）共热，则发生脱羧反应。

$$CH_3-\overset{\overset{O}{\|}}{C}-ONa + NaOH(CaO) \longrightarrow CH_4 + Na_2CO_3$$

脂肪羧酸的羧基较稳定，不易脱羧。长链脂肪酸的脱羧要求高温，并常伴有大量的分解产物，产率低，在合成上没有什么价值。只有当羧酸或羧酸盐的 α-碳上连有强吸电子基团，加热即可脱羧。芳基作为吸电子基，使芳香酸的脱羧比脂肪酸容易。例如：

$$Cl_3CCOOH \xrightarrow{100\sim150℃} CHCl_3 + CO_2$$

$$CH_3COCH_2COOH \longrightarrow CO_2 + CH_3COCH_3$$

$$2,4,6\text{-}(O_2N)_3C_6H_2-COOH \xrightarrow[H_2O]{约100℃} 1,3,5\text{-}(O_2N)_3C_6H_3 + CO_2\uparrow$$

4. α-氢的取代反应

羧基与羰基类似，能使 α-H 活化，但羧基的致活作用比羰基小得多，必须在碘、硫或红磷等催化剂存在下，α-H 才能被卤原子取代。

$$R-CH_2-COOH \xrightarrow[P]{X_2} R-\underset{\underset{X}{|}}{CH}-COOH \xrightarrow[P]{X_2} R-\underset{\underset{X}{|}}{\overset{\overset{X}{|}}{C}}-COOH$$

$(X_2=Cl_2, Br_2)$

$$CH_3COOH \xrightarrow[P]{Cl_2} \underset{\displaystyle Cl}{\underset{|}{CH_2}}COOH \xrightarrow[P]{Cl_2} \underset{\displaystyle Cl}{\underset{|}{\overset{\displaystyle Cl}{\overset{|}{C}}H}}COOH \xrightarrow[P]{Cl_2} Cl—\underset{\displaystyle Cl}{\underset{|}{\overset{\displaystyle Cl}{\overset{|}{C}}}}COOH$$

控制反应条件可使反应停留在一元或二元取代阶段，α-卤代酸可转变为其他的 α-取代酸和 α,β-不饱和酸。

$$\underset{\displaystyle X}{\underset{|}{RCH}}COOH \xrightarrow{NaCN,\ OH^-} \underset{\displaystyle CN}{\underset{|}{RCH}}COONa \xrightarrow{H_3O^+} \underset{\displaystyle CN}{\underset{|}{RCH}}COOH$$

$$\underset{\displaystyle X}{\underset{|}{RCH}}COOH \xrightarrow{OH^-} \underset{\displaystyle OH}{\underset{|}{RCH}}COO^- \xrightarrow{H_3O^+} \underset{\displaystyle OH}{\underset{|}{RCH}}COOH$$

$$\underset{\displaystyle X}{\underset{|}{RCH}}COOH \xrightarrow[H_2O]{NH_3(过量)} \underset{\displaystyle NH_2}{\underset{|}{RCH}}COO^{-+}NH_4 \xrightarrow{H_3O^+} \underset{\displaystyle NH_2}{\underset{|}{RCH}}COOH$$

$$\underset{\displaystyle H}{\underset{|}{RCH}}—\underset{\displaystyle X}{\underset{|}{C}}HCOOH \xrightarrow[ROH]{KOH} RCH═CHCOOK \xrightarrow{H_3O^+} RCH═CHCOOH$$

5. 还原

一般情况下羧基不易被还原，但在强还原剂（如氢化铝锂）作用下可还原羧酸为伯醇。例如：

$$(CH_3)_3CCOOH + LiAlH_4 \xrightarrow[②H_2O]{①干醚} \underset{92\%}{(CH_3)_3CCH_2OH}$$

$$CH_2═CH(CH_2)_4COOH + LiAlH_4 \xrightarrow[②H_2O]{①干醚} \underset{83\%}{CH_2═CH(CH_2)_4CH_2OH}$$

氢化铝锂还原羧酸不仅可获得高产率的伯醇，而且分子中的碳碳不饱和键不受影响，但由于它价格昂贵，仅限于实验室使用。

四、羧酸的重要化合物

1. 甲酸

甲酸俗称蚁酸，为无色有强烈刺激性气味的液体，沸点 100.5℃，能与水、乙醇、乙醚混溶。其酸性是饱和一元酸中最强的（$pK_a=3.76$）。有腐蚀性，能刺激皮肤起泡。它存在于红蚂蚁体液中，也是蜂毒的主要成分。

甲酸的构造特殊，羧基与氢原子相连，既有羧基构造，又有醛基构造。

$$H—\overset{\displaystyle O}{\overset{\|}{C}}—OH$$

因此甲酸具有还原性，是一个还原剂。它能被托伦试剂和费林试剂氧化，也易被高锰酸钾氧化，使高锰酸钾溶液退色。这些性质常用于甲酸的定性鉴别。

甲酸与浓硫酸共热分解生成一氧化碳和水，这是实验室制备纯一氧化碳的方法。

$$HCOOH \xrightarrow[60\sim80℃]{浓\ H_2SO_4} CO + H_2O$$

甲酸的工业制法是将一氧化碳与氢氧化钠溶液在加热加压下反应生成甲酸钠，然后用浓硫酸处理，蒸出甲酸。

$$CO+NaOH\xrightarrow[0.6\sim1MPa]{约210℃}HCOONa\xrightarrow{H_2SO_4}HCOOH$$

甲酸在工业上用作酸性还原剂、媒染剂、防腐剂、橡胶凝聚剂。

2. 乙酸

乙酸俗称醋酸，常温时为无色透明具有刺激性气味的液体，沸点118℃，熔点16.6℃。低于熔点时无水醋酸凝固成冰状固体，俗称冰醋酸。乙酸能与水、乙醇、乙醚、四氯化碳等混溶。

乙酸可以乙醛为原料，在醋酸锰或醋酸钴催化下用氧气（或空气）进行液相氧化而得。

$$CH_3CHO+1/2O_2\xrightarrow[70\sim80℃,0.2\sim0.3MPa]{(CH_3COO)_2Mn}CH_3COOH$$

以低级烷烃为原料，以醋酸钴或醋酸锰为催化剂，用空气进行液相氧化是近年来制取乙酸的一种重要方法。例如：

$$CH_3CH_2CH_2CH_3+5/2O_2\xrightarrow[150\sim225℃,约5.5MPa]{(CH_3COO)_2Co}2CH_3COOH+H_2O$$

75%～80%

乙酸是人类最早使用的有机酸，可用于调味（食醋中约含6%～8%乙酸）。乙酸在工业上应用很广，它是重要的有机化工原料，主要用于制取乙酸乙烯酯，也用于制造乙酐、氯乙酸及各种乙酸酯。乙酸不易被氧化，常用作氧化反应的溶剂。

3. 乙二酸

$$\begin{matrix}COOH\\|\\COOH\end{matrix}\cdot 2H_2O$$

乙二酸俗称草酸，为无色透明单斜晶体，常含有两分子结晶水，熔点101.5℃；加热至100℃可失去结晶水而得无水草酸，熔点189℃（分解），157℃时升华，易溶于水和乙醇，而不溶于乙醚。

工业上是用甲酸钠迅速加热至400℃制得草酸钠，然后用稀硫酸酸化制得草酸。

$$HOOCNa\xrightarrow[迅速加热]{400℃}\begin{matrix}COONa\\|\\COONa\end{matrix}\xrightarrow{稀\ H_2SO_4}\begin{matrix}COOH\\|\\COOH\end{matrix}$$

草酸是最简单的饱和二元羧酸，在二元羧酸中它的酸性最强（$pK_a=1.23$）。它除了具有羧酸的通性外，还有如下一些特殊性质。

草酸分子中两个羧基直接相连。碳碳键稳定性降低，易被氧化而断键生成二氧化碳和水，因此可用作还原剂。例如：

$$5HOOC—COOH+2KMnO_4+3H_2SO_4\longrightarrow K_2SO_4+2MnSO_4+10CO_2+8H_2O$$

此反应是定量进行的，常用来标定高锰酸钾溶液的浓度。

草酸急速加热易脱羧生成甲酸和二氧化碳。

草酸能与多种金属离子形成水溶性络合盐，例如，草酸能与Fe^{3+}生成易溶于水的络离子，因此草酸在纺织、印染、服装工业中广泛用作除铁迹用剂；大量用于稀土元素的提取；草酸及其铝盐、锑盐可作为媒染剂。

4. 苯甲酸

苯甲酸常以苯甲酸苄酯形式存在于安息香胶中，故俗称安息香酸。苯甲酸为无色晶体，略有特殊气味。熔点122℃，沸点250℃。100℃时可升华。微溶于冷水，能溶于热水，溶于乙醇、乙醚、氯仿等有机溶剂中。苯甲酸的酸性（$pK_a=4.19$）比一般脂肪酸（除甲酸外）的酸性强。

苯甲酸的工业制法是甲苯氧化。

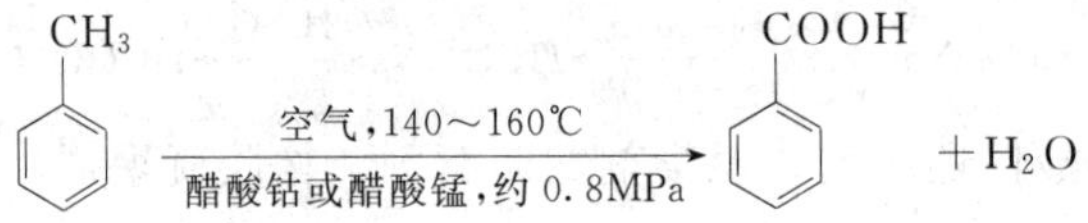

$$C_6H_5CH_3 \xrightarrow[\text{醋酸钴或醋酸锰，约 0.8MPa}]{\text{空气，140～160℃}} C_6H_5COOH + H_2O$$

苯甲酸用于制备香料等。它的钠盐可用作食品和药物中的防腐剂。

第二节 羧酸衍生物

一、羧酸衍生物的命名

羧酸衍生物是指羧基中羟基被其他原子或基团所取代而得到的生成物，即指酰卤、酸酐、酯和酰胺。它们都含有酰基 $R-\overset{O}{\overset{\|}{C}}-$ 或 $Ar-\overset{O}{\overset{\|}{C}}-$ ，因此统称为酰基化合物。

酰氯是以其相应的酰基命名，称为“某酰卤”。例如：

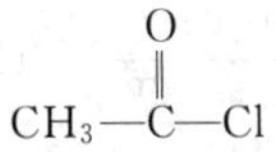

$CH_3-\overset{O}{\overset{\|}{C}}-Cl$ 乙酰氯　　$C_6H_5-\overset{O}{\overset{\|}{C}}-Cl$ 苯甲酰氯

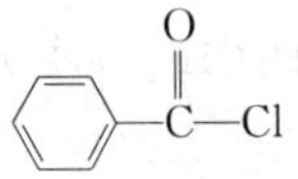

酸酐是根据相应的酸命名为“某酸酐”，有时省略“酸”字而叫做“某酐”。例如：

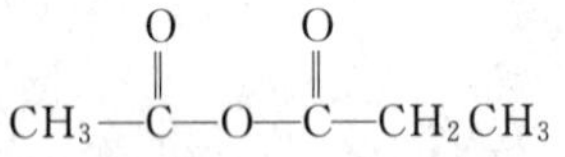

$CH_3-\overset{O}{\overset{\|}{C}}-O-\overset{O}{\overset{\|}{C}}-CH_2CH_3$ 乙丙(酸)酐　　$C_6H_5-\overset{O}{\overset{\|}{C}}-O-\overset{O}{\overset{\|}{C}}-C_6H_5$ 苯甲酸酐 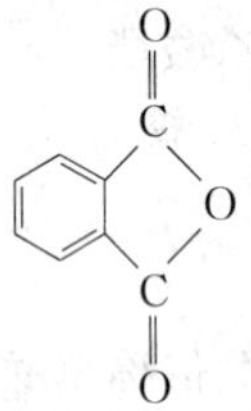　　邻苯二甲酸酐

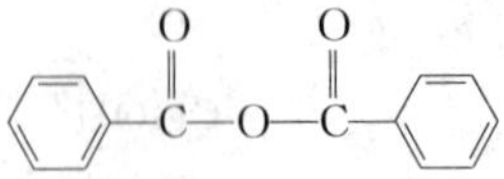

酯的命名是按照形成它的酸和醇称为某酸某酯，多元醇酯也可把酸的名称放在后面。例如：

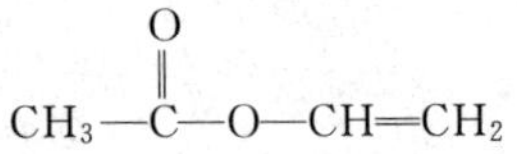

$CH_3-\overset{O}{\overset{\|}{C}}-O-CH=CH_2$ 乙酸乙烯酯　　$C_6H_5-\overset{O}{\overset{\|}{C}}-OCH_2CH_3$ 苯甲酸乙酯　　$CH_3-\overset{O}{\overset{\|}{C}}-OCH_2CH_2O-\overset{O}{\overset{\|}{C}}-CH_3$ 乙二醇二乙酸酯

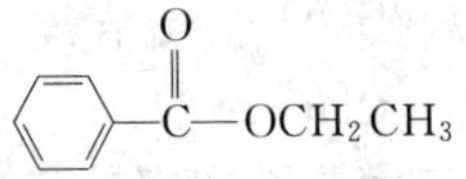

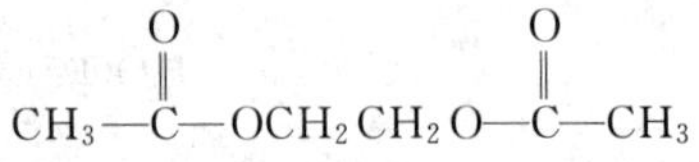

含一个—COO—的环状酯称为内酯。例如：

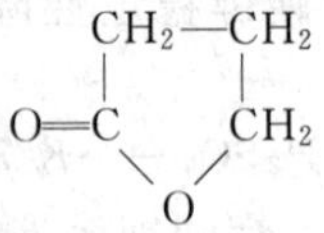

γ-丁内酯

酰胺是以其相应的酰基命名。例如：

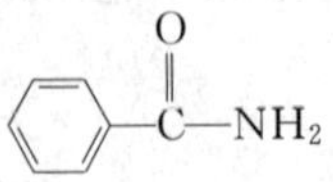

$C_6H_5-\overset{O}{\overset{\|}{C}}-NH_2$ 苯甲酰胺 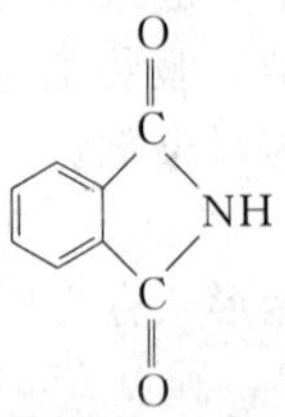　　邻苯二甲酰胺

酰胺分子中氮原子上的氢原子被烃基取代生成的取代酰胺命名时，在酰胺前冠以 *N*-烃基。例如：

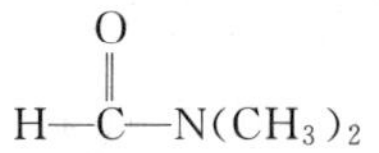

$$\mathrm{H-\overset{\overset{\large O}{\|}}{C}-N(CH_3)_2}$$

N,*N*-二甲基甲酰胺

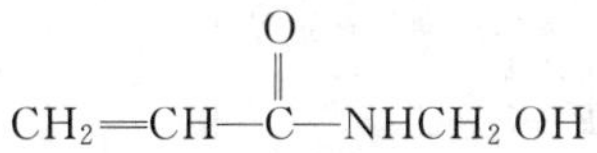

$$\mathrm{CH_2{=}CH-\overset{\overset{\large O}{\|}}{C}-NHCH_2OH}$$

N-羟甲基丙烯酰胺

含一个—CONH—基的环状酰胺称为内酰胺。例如：

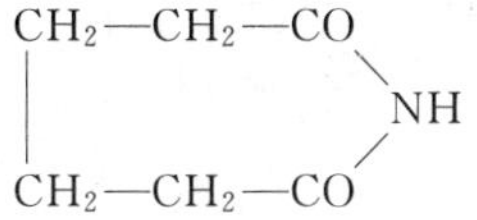

$$\begin{array}{l} \mathrm{CH_2-CH_2-CO} \\ \mid \qquad\qquad\qquad\quad \backslash \\ \mid \qquad\qquad\qquad\qquad \mathrm{NH} \\ \mid \qquad\qquad\qquad\quad / \\ \mathrm{CH_2-CH_2-CO} \end{array}$$

ε-己内酰胺

二、羧酸衍生物的物理性质

低级酰氯是无色有刺激性气味的液体，高级酰氯是白色固体，酰氯的沸点比原来的羧酸低。

低级酸酐是有刺激性气味的液体，壬酸酐以上的简单酸酐是固体。酸酐的沸点比相对分子质量相近的羧酸要低。

低级酯无色，具有果香气味，存在于水果中，可用作香料（例如乙酸异戊酯等）。C_{14}以下的羧酸甲酯、乙酯均为液体。高级酯为蜡状固体。酯的沸点比相对分子质量相近的醇和羧酸都要低。

除甲酰胺为高沸点液体以外，大多数酰胺和*N*-取代酰胺在室温时是晶体。由于分子间的氢键缔合随氨基上氢原子逐步被取代而减少，故脂肪族*N*,*N*-二取代酰胺常为液体。

酰胺由于分子间氢键缔合比羧酸强，故沸点比相应的羧酸高（图9-3）；而酰氯、酸酐和酯则因分子间没有氢键缔合，它们的沸点比相对分子质量相近的羧酸低得多。例如，乙酰胺的沸点为222℃，比乙酸（沸点118℃）高得多，而乙酰氯的沸点为52℃，比乙酸低得多。

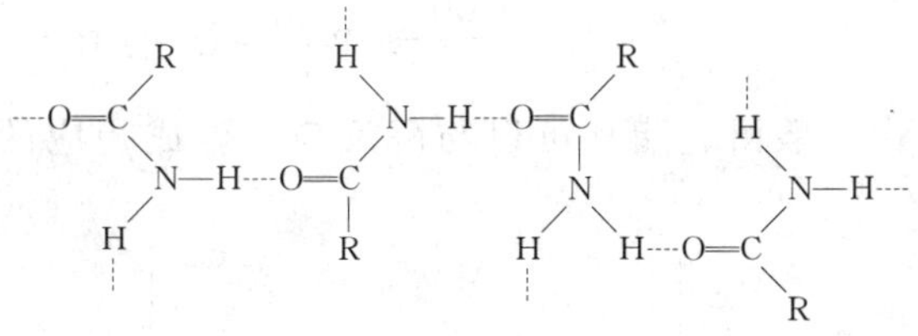

图9-3　酰胺分子间氢键示意图

酰氯、酸酐的水溶性比相应的羧酸小，低级的遇水分解。低级酯（$C_3\sim C_5$）有一定的水溶性，但随着碳原子数的增加而大大降低。低级酰胺可溶于水。*N*,*N*-二甲基甲酰胺和*N*,*N*-二甲基乙酰胺可与水混溶。

羧酸衍生物都可溶于有机溶剂。乙酸乙酯本身就是一个很好的有机溶剂，大量用于油漆工业。

三、羧酸衍生物的化学性质

1. 取代反应

羧酸衍生物的亲核取代反应也是按照加成-消除机理进行的。羧酸衍生物发生取代反应的相对活性为：

$$\mathrm{R-\overset{\overset{\large O}{\|}}{C}-Cl} > \mathrm{R-\overset{\overset{\large O}{\|}}{C}-O-\overset{\overset{\large O}{\|}}{C}-R} > \mathrm{R-\overset{\overset{\large O}{\|}}{C}-OR} > \mathrm{R-\overset{\overset{\large O}{\|}}{C}-NH_2}$$

羧酸衍生物可通过取代反应而相互转化，活性较低的酰基化合物可从活性较高的酰基化合物合成，而逆方向的反应常常是困难的。

（1）水解反应　酰卤、酸酐、酯、酰胺都可以与水反应，生成相应的羧酸。

$$\left.\begin{array}{l} R-\overset{O}{\overset{\|}{C}}-Cl \\ R-\overset{O}{\overset{\|}{C}}-O-\overset{O}{\overset{\|}{C}}-R \\ R-\overset{O}{\overset{\|}{C}}-OR' \\ R-\overset{O}{\overset{\|}{C}}-NH_2 \end{array}\right\} + H-O-H \longrightarrow R-\overset{O}{\overset{\|}{C}}-OH + \left\{\begin{array}{l} HCl \\ R-\overset{O}{\overset{\|}{C}}-OH \\ R'OH \\ NH_3 \end{array}\right.$$

它们的活性不同。酰氯、酸酐容易水解，低级酰氯、酸酐能较快地被空气中水汽水解，尤其是酰氯。因此在制备及贮存这两类化合物时，必须隔绝水汽。酯和酰胺水解都需要酸或碱催化，还需加热。

酯在酸催化下水解是酯化反应的逆过程，水解不完全。在碱作用下水解充分，碱实际上既是催化剂又是反应试剂，产物为羧酸盐和相应的醇。

$$R-\overset{O}{\overset{\|}{C}}-OR' \xrightleftharpoons{OH^-} R-\overset{O}{\overset{\|}{C}}-OH + R'O^- \longrightarrow R-\overset{O}{\overset{\|}{C}}-O^- + R'OH$$

酯在碱作用下的水解是不可逆反应。生成的羧酸盐可从平衡体系中除去，故在足量碱的存在下水解可进行到底。酯在碱性溶液中水解反应又称皂化。

酰胺在酸性溶液中水解得到羧酸和铵盐；在碱作用下水解得到羧酸盐并放出氨。

$$R-\overset{O}{\overset{\|}{C}}-NH_2 + HOH \begin{cases} \xrightarrow{H_3O^+} R-\overset{O}{\overset{\|}{C}}-OH + NH_4^+ \\ \xrightarrow{OH^-} R-\overset{O}{\overset{\|}{C}}-O^- + NH_3\uparrow \end{cases}$$

（2）醇解反应　酰卤、酸酐、酯都可以与醇反应，生成相应的酯。酰胺难进行醇解反应。

$$\left.\begin{array}{l} R-\overset{O}{\overset{\|}{C}}-Cl \\ R-\overset{O}{\overset{\|}{C}}-O-\overset{O}{\overset{\|}{C}}-R \\ R-\overset{O}{\overset{\|}{C}}-OR \end{array}\right\} + HOR' \longrightarrow R-\overset{O}{\overset{\|}{C}}-OR' + \left\{\begin{array}{l} HCl \\ R-\overset{O}{\overset{\|}{C}}-OH \\ ROH \end{array}\right.$$

羧酸与醇直接酯化是一个可逆反应。当羧酸和醇反应中心附近有大的立体障碍时，酯化速率显著降低。如果把羧酸转变为酰氯或酸酐，然后与醇作用，生成酯的反应则快得多，而且反应基本上是不可逆的。因此这是制备酯常用的一种方法。酰氯的醇解反应常用来制备其他方法难制备的羧酸酯。

$$(CH_3)_3CCOCl + C_2H_5OH \xrightarrow[\text{吡啶}]{} (CH_3)_3CCOOC_2H_5 + C_5H_5NH^+Cl^-$$

80%

$$C_6H_5-COCl + C_6H_5-OH \longrightarrow C_6H_5-COO-C_6H_5$$

酯的醇解生成新的酯和新的醇的反应，又称酯交换反应。酯交换反应是可逆的，受酸、碱催化，要使反应趋于完成，需用过量的醇 R′OH 及蒸出低沸点的醇 ROH 或酯 RCOOR′。

例如：

$$CH_3CH_2COOCH_3 + CH_3(CH_2)_3OH \xrightleftharpoons{CH_3-C_6H_4-SO_3H} CH_3CH_2COOCH_2CH_2CH_2CH_3 + CH_3OH$$

（3）氨解反应　酰卤、酸酐、酯都可以顺利地与氨反应，生成相应的酰胺。

$$\left.\begin{matrix} R-\overset{O}{\overset{\|}{C}}-Cl \\ R-\overset{O}{\overset{\|}{C}}-O-\overset{O}{\overset{\|}{C}}-R \\ R-\overset{O}{\overset{\|}{C}}-OR \end{matrix}\right\} + NH_3 \longrightarrow R-\overset{O}{\overset{\|}{C}}-NH_2 + \left\{\begin{matrix} NH_4Cl \\ R-\overset{O}{\overset{\|}{C}}-O^- NH_4^+ \\ ROH \end{matrix}\right.$$

酰氯与浓氨水或胺（RNH_2、R_2NH）在室温或低于室温下反应是实验室制备酰胺或*N*-取代酰胺的方法。反应迅速，产率高。酯与氨或胺的反应虽较慢，但也常用于合成中。例如：

$$(CH_3)_2CH-\overset{O}{\overset{\|}{C}}-Cl \xrightarrow{NH_3,H_2O} (CH_3)_2CH-\overset{O}{\overset{\|}{C}}-NH_2 + NH_4Cl \quad 83\%$$

$$C_6H_{11}-\overset{O}{\overset{\|}{C}}-Cl + 2(CH_3)_2NH \longrightarrow C_6H_{11}-\overset{O}{\overset{\|}{C}}-N(CH_3)_2 + (CH_3)_2NH_2^+Cl^- \quad 89\%$$

2. 还原反应

酰卤、酸酐、酯、酰胺都可以被氢化铝锂还原，生成相应的醇和胺。

$$R-\overset{O}{\overset{\|}{C}}-Z \xrightarrow[②H_2O,H^+]{①LiAlH_4} R-OH \qquad Z=X,OCOR,OR$$

$$R-\overset{O}{\overset{\|}{C}}-Z' \xrightarrow[②H_2O,H^+]{①LiAlH_4} R-NH_2 \qquad Z'=NH_2,NHR,NR_2$$

酯的还原还可以用催化氧化或化学还原法把酯还原为伯醇，并释放出原有酯中的醇或酚。

（1）催化氢化　酯的催化氢化比烯、炔及醛、酮困难，它需要高温（200～250℃）、高压（14～28MPa）以及特殊的催化剂 $Cu_2O+Cr_2O_3$。例如：

$$C_6H_5-\overset{O}{\overset{\|}{C}}-OC_2H_5 + H_2 \xrightarrow[200\sim250℃,14\sim28MPa]{Cu_2O+Cr_2O_3} C_6H_5-CH_2OH + C_2H_5OH$$

（2）化学还原　酯最常用的还原剂是金属钠和无水乙醇，也可采用氢化铝锂还原剂。这两种还原剂都不影响分子中的碳碳双键。例如：

$$CH_3(CH_2)_7CH=CH(CH_2)_7\overset{O}{\overset{\|}{C}}-OCH_3 \xrightarrow[②H_2O,H^+]{①LiAlH_4,干醚} CH_3(CH_2)_7CH=CH(CH_2)_7CH_2OH + CH_3OH$$

$$\underset{月桂酸乙酯}{n\text{-}C_{11}H_{23}-\overset{O}{\overset{\|}{C}}-OCH_3} \xrightarrow{Na,无水 C_2H_5OH} \underset{月桂醇(65\%\sim75\%)}{n\text{-}C_{11}H_{23}CH_2OH + CH_3OH}$$

3. 与格利雅试剂的反应

酯与过量的格利雅试剂在干醚中进行反应，然后水解，可以高产率地得到醇。这是制备叔醇和仲醇（以甲酸酯为原料）的一种方法。例如：

$$CH_3-\overset{O}{\overset{\|}{C}}-OC_2H_5 + 2C_6H_5Br \xrightarrow[②H_3O^+]{①干醚} (C_6H_5)_2\overset{OH}{\overset{|}{C}}-CH_3 \quad 82\%$$

$$H-\overset{O}{\overset{\|}{C}}-OC_2H_5 + 2CH_3(CH_2)_3MgBr \xrightarrow[②H_3O^+]{①干醚} (CH_3CH_2CH_2CH_2)_2CHOH \quad 85\%$$

4. 酯缩合反应

酯分子中的 α-氢原子比较活泼。在醇钠作用下，两分子酯缩去一分子醇，生成 β-酮酸酯，这个反应叫做酯缩合，也叫克莱森（Claisen）酯缩合。

例如：乙酸乙酯在醇钠作用下，发生酯缩合反应，生成乙酰乙酸乙酯。

$$2CH_3-\overset{O}{\overset{\|}{C}}-OC_2H_5 \xrightarrow[②H^+]{①CH_3CH_2ONa} CH_3-\overset{O}{\overset{\|}{C}}-CH_2-\overset{O}{\overset{\|}{C}}-OC_2H_5$$

乙酰乙酸乙酯的 α-氢原子比较活泼，使其在有机合成中应用广泛。

如果用两种不同的都含有 α-氢原子的酯进行酯缩合反应，不但每种酯本身发生缩合反应，而且两种酯还将交叉地发生缩合反应，生成四种不同的 β-酮酸酯的混合物，在合成中应用价值不大。

5. 酰胺的特殊性质

酰胺除了具有羧酸衍生物的通性（水解、醇解、氨解等）外，还有某些特殊性。

（1）酰胺的酸碱性　氨呈碱性，当氨分子中的氢原子被酰基取代，生成的酰胺则碱性减弱，不能使石蕊变色。但在一定条件下酰胺还能表现出弱碱性和弱酸性。例如，在乙酰胺的醚溶液中通入氯化氢可生成不稳定的弱碱强酸的盐，遇水即分解。酰胺与浓 H_2SO_4 也可生成盐而溶于浓 H_2SO_4 中。

$$CH_3-\overset{O}{\overset{\|}{C}}-NH_2 + HCl \xrightarrow{乙醚} CH_3-\overset{O}{\overset{\|}{C}}-NH_3^+Cl^-$$

酰氨基是一个共轭体系。共轭的结果一方面使氨基碱性减弱，另一方面，增加了 N—H 键的极性，因而酰胺还可表现出一定的弱酸性（pK_a 为 14～16）。例如，酰胺与金属钠在乙醚溶液中可生成钠盐，但遇水即分解。在通常情况下，酰胺是中性物质。

$$-\overset{\overset{\delta^-}{O}}{\overset{\|}{C}}-\ddot{N}H_2 \quad (\delta^+)$$

如果氨分子中的两个氢原子都被酰基取代，生成的酰亚胺氮原子上的氢原子显示出明显的酸性（pK_a 为 9～10），能与强碱如氢氧化钠（或钾）的水溶液作用生成盐。

$$C_6H_4(CO)_2NH \xrightarrow{KOH} C_6H_4(CO)_2NK$$

邻苯二甲酰亚胺的盐与卤代烷作用得到 N-烷基邻苯二甲酰亚胺，后者被氢氧化钠溶液水解则生成伯胺。这是合成纯伯胺的一个方法，叫做盖布瑞尔（Gabriel）合成。

$$\text{邻苯二甲酰亚胺钾 (C}_6\text{H}_4\text{(CO)}_2\text{NK)} \xrightarrow{\text{伯 RCl}} \text{C}_6\text{H}_4\text{(CO)}_2\text{N—R} \xrightarrow[H_2O]{NaOH} \text{C}_6\text{H}_4\text{(COONa)}_2 + \underset{\text{伯胺}}{RNH_2}$$

（2）霍夫曼降解　酰胺与氯或溴在碱溶液中作用时脱去羰基生成伯胺。这是由霍夫曼（Hoffmann）发现的制备纯伯胺的一个好方法，在反应中碳链减少了一个碳原子，故称霍夫曼降解。

$$R—\overset{O}{\overset{\|}{C}}—NH_2 + Br_2 + 4NaOH \xrightarrow{H_2O} R—NH_2 + 2NaBr + Na_2CO_3 + 2H_2O$$

例如：

$$CH_3(CH_2)_4\overset{O}{\overset{\|}{C}}—NH_2 \xrightarrow[NaOH, H_2O]{Br_2} \underset{88\%}{CH_3(CH_2)_3CH_2NH_2}$$

（3）酰胺脱水反应　酰胺与强脱水剂共热则脱水生成腈。这是实验室制备腈的一种方法（尤其是对于那些用卤代烃和 NaCN 反应难以制备的腈）。通常采用 P_2O_5、PCl_5、$POCl_3$、$SOCl_2$ 或乙酸酐等为脱水剂。例如：

$$(CH_3)_2CH—\overset{O}{\overset{\|}{C}}—NH_2 \xrightarrow[200℃]{P_2O_5} \underset{86\%}{(CH_3)_2CH—C\equiv N} + H_2O$$

$$(CH_3)_3C—\overset{O}{\overset{\|}{C}}—NH_2 \xrightarrow[\triangle]{SOCl_2} (CH_3)_3C—C\equiv N + SO_2 + 2HCl$$

【阅读材料】

反式脂肪酸与人体健康

脂肪的性质与其中所含的脂肪酸有关。构成脂肪的脂肪酸种类很多，可根据键的饱和情况分为饱和脂肪酸和不饱和脂肪酸。不饱和脂肪酸分子含有一个到六个不饱和键，不饱和键多为双键。

不饱和脂肪酸根据碳链上氢原子的位置，又可以分成两种，如果氢原子都位于同一侧，叫做“顺式脂肪酸”；如果氢原子位于两侧，叫做“反式脂肪酸”。

食物的饱和脂肪酸主要来自动物产品和某些植物油（包括椰子油、棕榈油和可可油），不饱和脂肪酸主要来自植物油和海产品，其中橄榄油、菜籽油、花生油等富含单不饱和脂肪酸，大豆油、芝麻油、玉米油、葵花籽油等富含多不饱和脂肪酸。

食物中的不饱和脂肪酸主要是顺式的，动物脂肪有一小部分是反式的。人们在用化学方法对油进行加工时，有时会通过氢化作用给多不饱和脂肪酸加上氢原子，新加入的氢原子位于两侧，变成了反式脂肪酸，这种人工化合物最典型的代表就是人造奶油或人造黄油。

反式脂肪酸比较稳定，便于保存。反式脂肪酸的性质类似于饱和脂肪酸。

脂肪酸的结构发生改变，其性质也跟着起了变化。含多不饱和脂肪酸的红花油、玉米油、棉籽油可以降低人体血液中的胆固醇水平，但是当它们被氢化为反式脂肪酸后，作用却恰恰相反，反式脂肪酸能升高 LDL（即低密度脂蛋白胆固醇，其水平升高可增加患冠心病的危险）、降低 HDL（即高密度脂蛋白胆固醇，其水平升高可降低患冠心病的危险），因而增加患冠心病的危险性。

反式脂肪酸还会引起下列问题：①婴儿体重不足；②母乳质量不佳；③精液制造异常；④男性睾丸酮分泌减少；⑤增加患心脏血管疾病概率；⑥癌症概率增加；⑦前列腺（摄护腺）病变概率增加；⑧糖尿病概率增加；⑨肥胖症概率增加；⑩免疫力不足和必需脂肪酸不足。反式脂肪酸是潜在的动脉硬化原因之一。

欧洲 8 个国家联合开展的多项有关反式脂肪酸危害的研究显示，对于心血管疾病的发生发展，反式脂肪酸负有极大的责任。它导致心血管疾病的概率是饱和脂肪酸的 3～5 倍，甚至还会损害人的认知功能。此外，反式脂肪酸还会诱发肿瘤（乳腺癌等）、哮喘、2 型糖尿病、过敏等疾病，对胎儿体重、青少年发育也有不利影响。

生活中的反式脂肪酸来源于以下几个方面：首先是油脂加氢过程产生的反式脂肪酸，即所谓的“人造油”，这是反式脂肪酸的主要来源；反刍动物的肉以及乳制品是膳食中天然反式脂肪酸的主要来源；油脂的精炼烹调过程也可以产生反式脂肪酸。例如植物油在脱色、脱臭等精炼过程中，多不饱和脂肪酸发生热聚合反应，造成脂肪酸的异构化，会产生部分反式脂肪酸，研究表明，高温脱臭后的油脂中反式脂肪酸的含量可增加 1%～4%；另外，在不当的烹调习惯中，过度加热或反复煎炸也可导致反式脂肪酸的产生。

丹麦是最早开始关注食物反式脂肪酸问题的国家。美国 FDA 要求从 2006 年 1 月起对加工食品中的反式脂肪酸含量进行强制标示。东西方传统饮食的差异使国内对反式脂肪酸的认识远远落后于西方，但随着西式快餐的兴起、饮食文化的西化，以及人造奶油、植物起酥油等氢化油在我国的大量生产和使用，反式脂肪酸已经在一定程度上进入了我国居民的膳食中，因此其潜在健康问题必须引起政府、学术界和公众的重视。为了身体健康，除了少吃含有反式脂肪酸的食物，生活中人们还应养成良好的饮食习惯，做到膳食平衡，这样才能既保证身体所需的营养，又减少不健康物质的摄入。

本章小结

1. 烃分中的氢原子被羧基取代而形成的化合物称为羧酸。羧酸可以用通式 RCOOH 和 ArCOOH 表示。羧基是羧酸的官能团。

2. 羧酸的习惯命名是由其来源而得名的。脂肪酸的系统命名原则为：选择含有羧基的最长碳链作为主链，按主链碳原子的数目称为某酸，编号从羧基碳原子开始，并将取代基的位次、数目、名称写于酸名称之前。对于不饱和酸，则选取含有不饱和键和羧基的最长碳链称为某烯酸或某炔酸，并标明不饱和键的位次。

3. 羧酸分子间能形成较强的氢键，直链饱和脂肪酸的沸点随着相对分子质量的增大而升高，熔点则随碳原子数的增加而呈锯齿状变化，含偶数碳原子酸的熔点比前、后两个相邻的奇数碳原子酸的熔点都高。

4. 羧酸的化学性质主要取决于其官能团羧基。根据羧酸的构造特点，其化学反应主要有：O—H 键断裂，具有酸性；C—O 键断裂，羟基被取代的反应；$\overset{\alpha}{C}$—H 键断裂，α-H 的反应和脱羧反应。

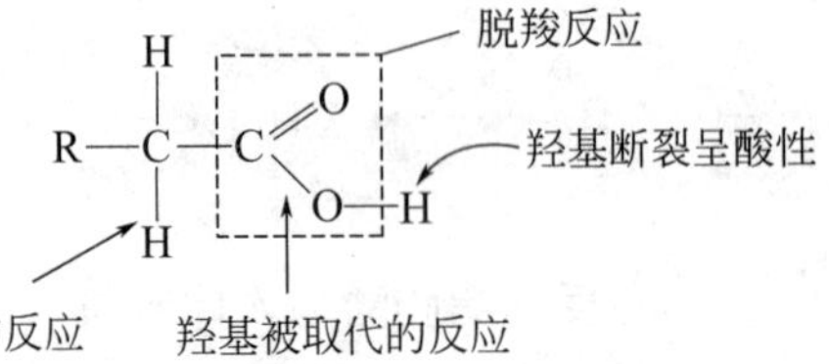

$$R-\underset{H}{\overset{H}{C}}-C(=O)-O-H$$

脱羧反应

羟基断裂呈酸性

α-H的反应

羟基被取代的反应

羧酸主要反应归纳如下：

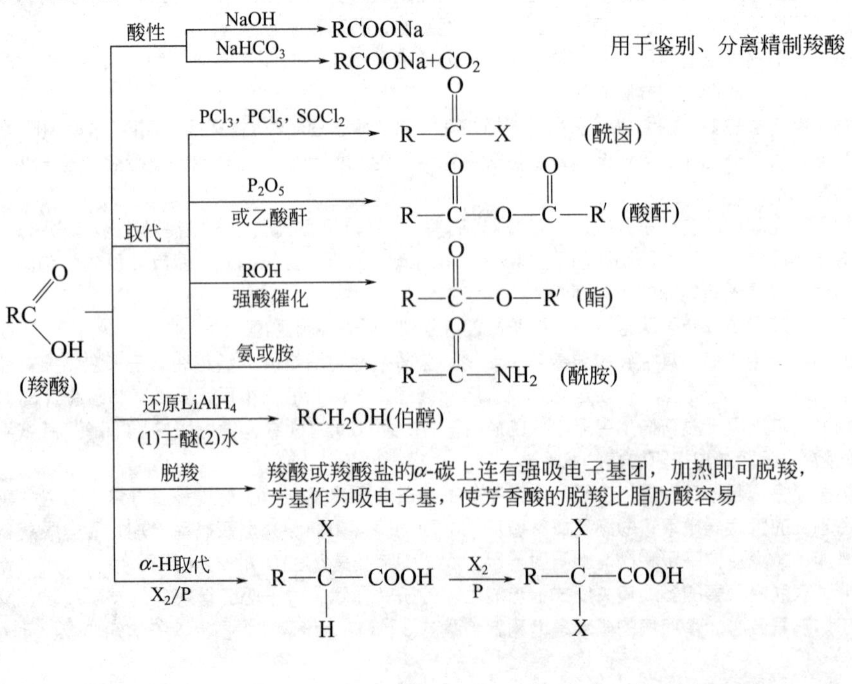

RCOOH（羧酸）：

- 酸性：
  - $\xrightarrow{NaOH}$ RCOONa
  - $\xrightarrow{NaHCO_3}$ $RCOONa+CO_2$
  - 用于鉴别、分离精制羧酸
- 取代：
  - $\xrightarrow{PCl_3,\ PCl_5,\ SOCl_2}$ $R-\overset{O}{\overset{\|}{C}}-X$ （酰卤）
  - $\xrightarrow[\text{或乙酸酐}]{P_2O_5}$ $R-\overset{O}{\overset{\|}{C}}-O-\overset{O}{\overset{\|}{C}}-R'$ （酸酐）
  - $\xrightarrow[\text{强酸催化}]{ROH}$ $R-\overset{O}{\overset{\|}{C}}-O-R'$ （酯）
  - $\xrightarrow{\text{氨或胺}}$ $R-\overset{O}{\overset{\|}{C}}-NH_2$ （酰胺）
- $\xrightarrow[\text{(1)干醚(2)水}]{\text{还原}LiAlH_4}$ RCH_2OH（伯醇）
- 脱羧 → 羧酸或羧酸盐的α-碳上连有强吸电子基团，加热即可脱羧，芳基作为吸电子基，使芳香酸的脱羧比脂肪酸容易
- $\xrightarrow[X_2/P]{\alpha\text{-H取代}}$ $R-\underset{H}{\overset{X}{C}}-COOH \xrightarrow[P]{X_2} R-\underset{X}{\overset{X}{C}}-COOH$

5. 羧酸衍生物可通过取代反应而相互转化，活性较低的酰基化合物可从活性较高的酰基化合物合成，而逆方向的反应常常是困难的。羧酸衍生物发生取代反应的相对活性为：

$$R-\overset{O}{\overset{\|}{C}}-Cl > R-\overset{O}{\overset{\|}{C}}-O-\overset{O}{\overset{\|}{C}}-R > R-\overset{O}{\overset{\|}{C}}-OR > R-\overset{O}{\overset{\|}{C}}-NH_2$$

6. 酯分子中的 α-氢原子比较活泼。两分子酯能发生酯缩合即克莱森酯缩合反应。酰胺具有一定酸碱性；与氯或溴在碱溶液中作用时脱去羰基生成伯胺，发生霍夫曼降解反应；与强脱水剂共热则脱水生成腈。

习　题

1. 命名下列化合物。

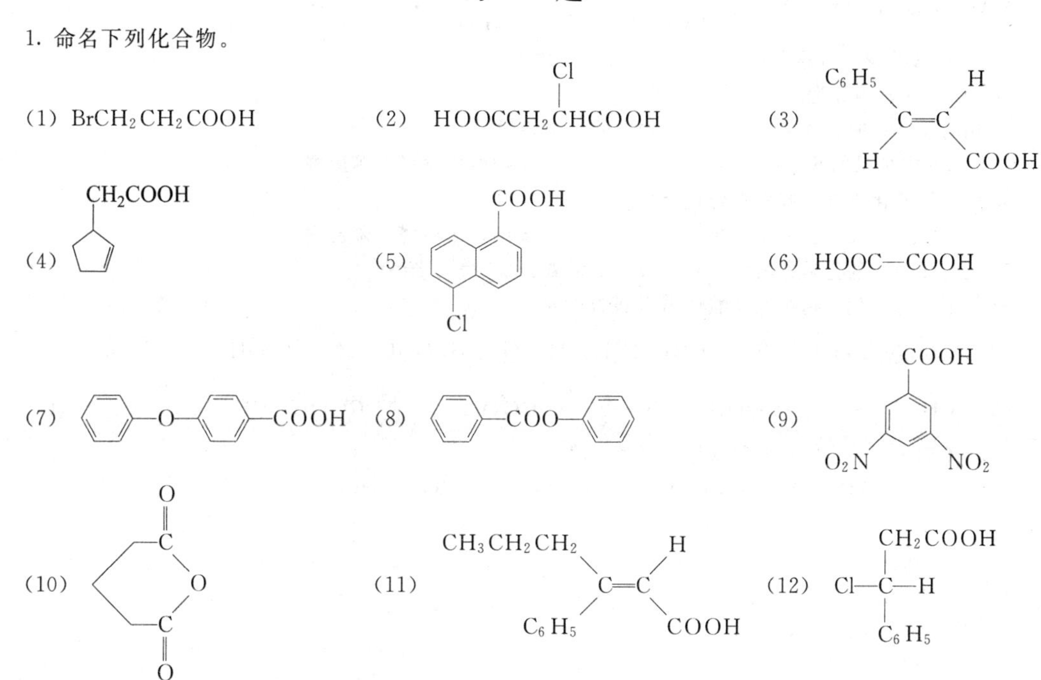

2. 写出下列化合物的结构式。

(1) 2,2-二甲基戊酸　　(2) γ-甲基-β-戊酮酸　　(3) (3*R*)-3-羟基丁醛酸

(4) α-萘乙酸　　(5) 反丁烯二酸（富马酸）　　(6) 顺丁烯二酸（马来酸）

(7) 邻苯甲酰苯甲酸　　(8) 邻羟基苯甲酸苄酯　　(9) 对乙酰氧基苯甲酰氯

(10) 过氧化苯甲酰　　(11) *N*-甲基-*N*-乙基对异丙基苯甲酰胺

(12) (*R*)-4-甲基-2-羟基-4-戊烯酸

3. 完成下列反应式。

(1) 1-溴萘 $\xrightarrow[\text{干醚}]{Mg}$? $\xrightarrow[②H_3O^+]{①CO_2}$? $\xrightarrow{SOCl_2}$?

(2) $CH_3CH_2COOH \xrightarrow[P]{Br_2}$? $\xrightarrow[\text{醇溶液}]{NaCN}$? $\xrightarrow{?}$ $CH_3CH_2\underset{COOH}{\underset{|}{C}}HCOOH$

(3) 1-(COOH)$_2$-2-COOH-环己烷（1,1,2-环己烷三羧酸） $\xrightarrow[\triangle]{-CO_2}$ $\xrightarrow[\triangle]{-H_2O}$?

(4) 丁二酸酐 $\xrightarrow[1mol]{CH_3CH_2OH}$? $\xrightarrow{PCl_3}$? $\xrightarrow{C_6H_5OH}$?

(5) $CH_2=CHCH_2CH_2COOH \xrightarrow[②H_3O^+]{①LiAlH_4,干醚} ?$

(6) $\text{环戊基}-COCH_3 \xrightarrow[②H_3O^+]{①I_2,NaOH} ? \xrightarrow{SOCl_2} ? \xrightarrow{NH_3} ? \xrightarrow[NaOH,\ H_2O]{Br_2} ?$

(7) $CH_3CH_2COOCH_2CH_3 \xrightarrow[②H_3O^+]{①CH_3MgBr\ (2mol)} ?$

(8) $2HOCH_2CH_2OH + HOOC-C_6H_4-COOH \overset{H^+}{\rightleftharpoons} ?$（对位）

(9) $2CH_3CH_2COOC_2H_5 \xrightarrow[C_2H_5OH]{C_2H_5ONa} ? \xrightarrow{HCl} ? \xrightarrow[②H_3O^+]{①NaOH,\ \triangle} ? \xrightarrow[\triangle]{-CO_2} ?$

4.（1）以戊酸、乙醇为原料，合成3-乙基-3-庚醇。

（2）以甲酸、丙醇为原料，合成4-庚醇。

5. 用简便合理的方法除去下列化合物中的少量杂质。

（1）苯酚中少量的苯甲酸　　（2）苯甲醇中少量的苯甲醛

6. 用简便的化学方法鉴别下列化合物。

（1）甲酸、乙酸、乙醛和丙酮　　（2）苯酚、苯甲醛、苯乙酮和苯甲酸

7. 用简便合理的化学方法分离苯甲酸、苯甲醚、苯甲醛、苯酚。

8. 将下列各组化合物按照其酸性由强到弱排列。

（1）H_2O，C_2H_5OH，CH_3COOH，NH_3，H_2CO_3，$HCOOH$，C_6H_5-OH

（2）$CH_3N^+-C_6H_4-COOH$　$Cl_3C-C_6H_4-COOH$　C_6H_5-COOH　$CH_3-C_6H_4-COOH$

9. 将下列各组化合物按照其碱性由强到弱排列。

（1）OH^-，Cl_3CCOO^-，F_3CCOO^-，CH_3COO^-，HCO_3^-，$HCOO^-$

（2）$C_6H_5NH_2$（苯胺）　$C_6H_5CONH_2$（苯甲酰胺）　邻苯二甲酰亚胺（$C_6H_4(CO)_2NH$）

10. 化合物A、B的分子式都是$C_4H_6O_2$，它们都不溶于NaOH溶液，也不与Na_2CO_3作用，但可以使溴水褪色，有类似乙酸乙酯的香味。它们与NaOH共热后，A生成CH_3COONa和CH_3CHO，B生成甲醇和羧酸钠盐。该钠盐用硫酸中和后蒸馏出的有机物可使溴水褪色。写出A、B的构造式及有关反应式。

11. 化合物A的分子式为$C_5H_6O_3$，它能与1mol C_2H_5OH作用得到两个互为异构体的化合物B和C。将B和C分别与亚硫酰氯作用后再加入乙醇得到相同的化合物D。写出A、B、C、D的构造式及有关反应式。

第十章 取 代 酸

学习目标

1. 掌握取代酸的结构特征和命名方法。
2. 了解取代酸的物理性质及其在生物体内的作用。
3. 能说出取代酸的官能团。
4. 能比较取代酸的酸性强弱。

羧酸分子中烃基上的氢原子被其他原子或原子团取代后的产物称为取代酸。它包括卤代酸、羟基酸、羰基酸和氨基酸等。本章仅介绍羟基酸和羰基酸。

第一节 羟 基 酸

一、羟基酸的分类

羟基酸可分为醇酸和酚酸。脂肪羧酸烃基上的氢原子被羟基取代的属于醇酸，芳香羧酸芳香环上的氢原子被烃基取代的属于酚酸。它们都广泛存在于生物体内，在生物体的代谢过程中起着非常重要的作用。

二、羟基酸的命名

羟基酸的命名一般以羧酸为母体，羟基作为取代基，醇酸中羟基的位次可以用阿拉伯数字或希腊字母表示。大多数羟基酸都有俗名（表 10-1）。

表 10-1　一些羟基酸的结构式和名称

类别	系统命名	俗名	结构式
醇酸	2-羟基丙酸（α-羟基丙酸）	乳酸	$CH_3CH(OH)COOH$
	羟基丁二酸	苹果酸	$HOOC—CH(OH)—CH_2—COOH$
	2,3-二羟基丁二酸（α,β-二羟基丁二酸）	酒石酸	$HO—CH—COOH$ / $HO—CH—COOH$
	3-羟基-3 羧基戊二酸	柠檬酸	$HO—C(CH_2COOH)_2—COOH$
酚酸	邻羟基苯甲酸	水杨酸	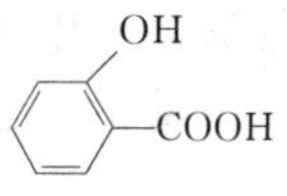 o-$HO—C_6H_4—COOH$
	3,4,5-三羟基苯甲酸	没食子酸	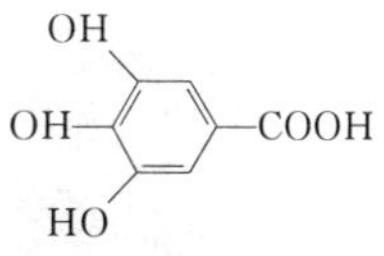 $(HO)_3C_6H_2—COOH$

三、羟基酸的物理性质

羟基酸属多官能团类有机化合物。分子中的羟基和羧基均能与水形成氢键，所以其水溶性一般都很大，大于相应的羧酸；又因羟基、羧基之间易形成氢键，所以熔点比相应的羧酸也高，大多数为结晶或黏稠液体。

四、羟基酸的化学性质

羟基酸具有羟基、羧基官能团，除具有羟基和羧基的典型性质外，还具有由于两者相互影响而产生的自身特性。这些特性依据两官能团的相对位置不同而有所差异，两个官能团越靠近，相互影响越大。

1．酸性

因羟基的吸电子诱导效应，羟基酸（醇酸）的酸性比相应的羧酸强。羟基距离羧基越远，对酸性的影响越小。

	CH_3CH_2COOH	$CH_3CH(OH)COOH$	$CH_2(OH)CH_2COOH$
pK_a	4.88	3.87	4.51

2．α-羟基酸的分解反应

α-羟基酸与稀硫酸共热，羧基与 α-碳原子之间的键断裂，生成醛（或酮）和甲酸。例如：

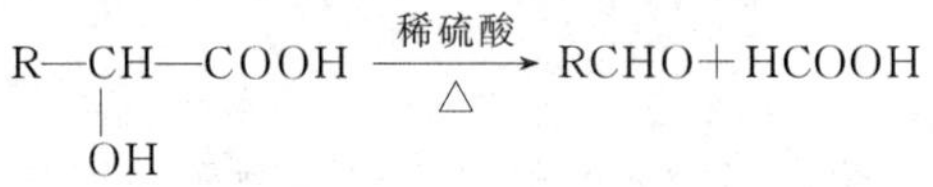

$$R-CH(OH)-COOH \xrightarrow[\triangle]{稀硫酸} RCHO + HCOOH$$

（醛）

$$R-C(R')(OH)-COOH \xrightarrow[\triangle]{稀硫酸} R-C(=O)-R' + HCOOH$$

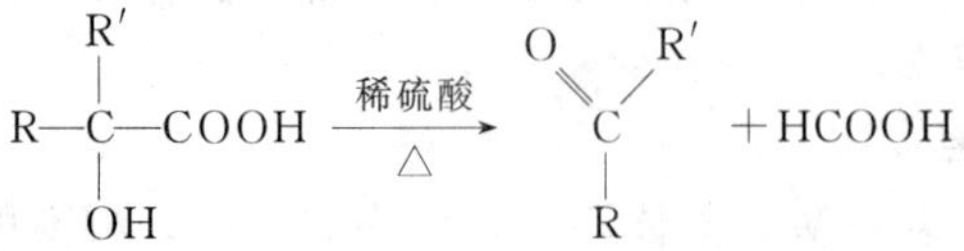

（酮）

3．α-羟基酸的氧化反应

受羧基的影响，α-羟基酸中的羟基比醇分子中的羟基更容易被氧化，生成相应的羰基酸。例如：

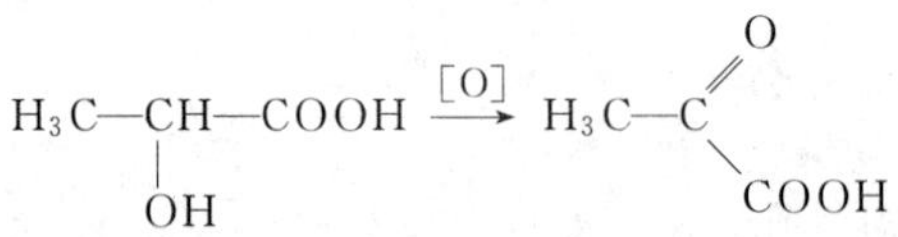

$$H_3C-CH(OH)-COOH \xrightarrow{[O]} H_3C-C(=O)-COOH$$

生物体内的醇酸在酶的催化下也能发生类似的氧化反应。例如：

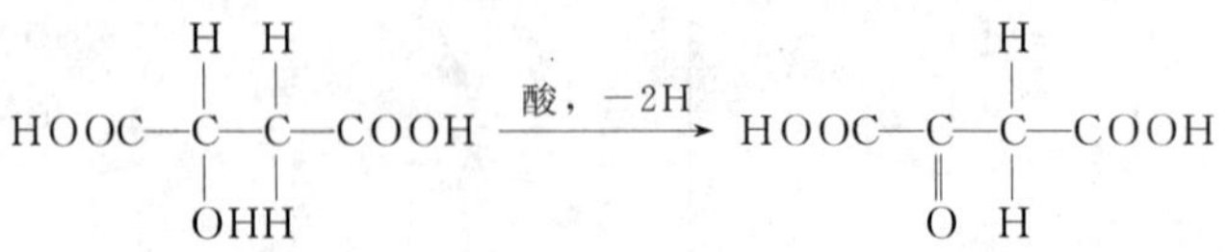

$$HOOC-CH(OH)-CH_2-COOH \xrightarrow{酸，-2H} HOOC-C(=O)-CH_2-COOH$$

苹果酸　　　　草酰乙酸

4．酚酸的脱羧反应

酚酸是酚分子中芳香环上的氢原子被羧基所代替。酚酸具有酚和芳香酸的一般性质，如能和三氯化铁发生显色反应。羟基在邻位或对位的酚酸，受热易发生脱羧反应。

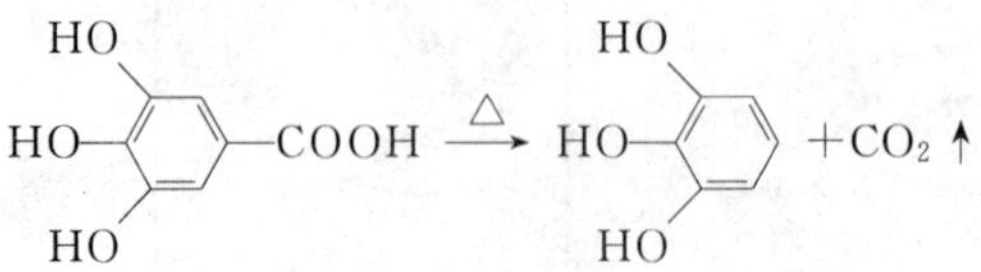

$$3,4,5-(HO)_3C_6H_2-COOH \xrightarrow{\triangle} 1,2,3-(HO)_3C_6H_3 + CO_2\uparrow$$

没食子酸　　　　没食子酚

$$\text{(邻羟基苯甲酸)} \xrightarrow{\triangle} C_6H_5OH + CO_2\uparrow$$

五、生物体内重要的羟基酸

1. 乳酸（α-羟基丙酸）

乳酸因存在于酸牛乳中而得名。乳酸存在于青贮饲料、酸乳和泡菜中，也存在于动物肌肉中，特别是肌肉在剧烈运动后，由于体内 α-酮酸转化为乳酸，乳酸的含量增加，人会感觉到肌肉酸胀。乳酸是无色或微黄色黏稠状液体，熔点 18℃，有很强的吸湿性，可溶于水，乙醇和乙醚中，不溶于氯仿和油脂。乳酸和苯酚的三氯化铁溶液作用，能使溶液的紫色褪去而呈亮黄色。利用这个反应可检验乳酸的存在。

工业上由糖经乳酸菌发酵而制得：

$$C_6H_{12}O_6 \xrightarrow[35\sim40℃]{\text{乳酸菌}} 2\ H_3C-CH(OH)-COOH$$

由酸牛乳、糖发酵及肌肉里得到的乳酸，构造式相同，但旋光性不同（旋光异构中介绍），因此它们不是同一种物质。

乳酸的用途很广，工业上常用作还原剂和除钙剂，印染业用作媒染剂；食品工业上用作酸味剂；医药上则用乳酸钙治疗佝偻病等缺钙症。

2. 酒石酸（2,3-二羟基丁二酸）

酒石酸或其盐广泛存在于自然界中，常存在于多种水果中，尤以葡萄中含量最多。酿制葡萄酒时析出的酒石主要是酒石酸氢钾，酒石酸由此而得名。酒石酸为无色半透明结晶或结晶粉末，熔点 170℃，易溶于水，不溶于有机溶剂。酒石酸氢钾是发酵粉的原料，酒石酸钾钠用做泻药、配制斐林试剂。酒石酸锑用作催吐剂和治疗血吸虫病的药物。在食品工业上，酒石酸可作酸味剂。

$$\begin{array}{l} OH-CH-COOK \\ \qquad\ | \\ OH-\underset{H}{C}-COOSb \end{array}$$

3. 苹果酸（α-羟基丁二酸）

α-羟基丁二酸广泛存在于水果、蔬菜和某些植物中，未成熟的苹果果实中含量高，故又称苹果酸，是植物体内重要的有机酸之一。纯净的苹果酸为无色针状结晶，熔点 100℃，易溶于水和乙醇，微溶于乙醚。苹果酸是生物体代谢的中间产物，常用于制药和食品工业。苹果酸受热能以 β-羟基酸的形式脱水生成丁烯二酸，丁烯二酸加水后，又可得到苹果酸，后一个反应是工业上制备苹果酸常用的方法。

$$HOOC-\overset{H}{\underset{OH}{C}}-CH_2COOH \underset{\text{稀硫酸}}{\overset{\triangle}{\rightleftharpoons}} HOOC-\underset{H}{C}=\underset{H}{C}-COOH$$

4. 水杨酸（邻羟基苯甲酸）

水杨酸存在于柳树皮、叶内。纯品为白色针状结晶，熔点 159℃，79℃时升华，微溶于水，易溶于乙醇、乙醚、氯仿和沸水中，与三氯化铁溶液作用呈紫红色，加热至 20℃以上可脱羧生成苯酚。

水杨酸的用途很广，可用作消毒剂、防腐剂，有解热镇痛和抗风湿作用，由于对胃肠有刺激作用，不能内服，故医学上常用作外用杀菌剂和防腐剂，以治疗某些皮肤病。其钠盐及其某些衍生物是常见的药物。例如：

水杨酸钠治疗风湿及关节炎症 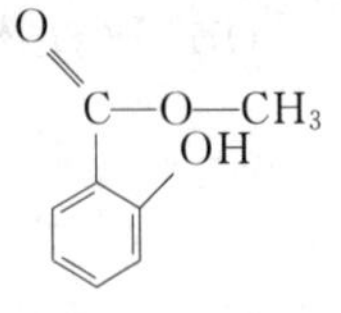　　水杨酸甲酯（冬青油）防腐、抗风湿 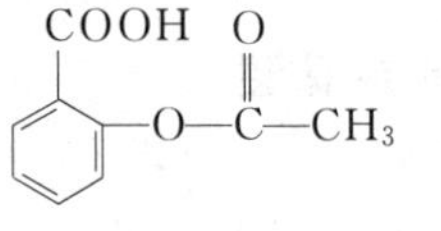　　乙酰水杨酸（商品名阿司匹林）解热、镇痛 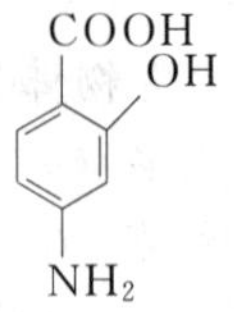　　对氨基水杨酸抗结核药

5. 柠檬酸（3-羧基-3-羟基戊二酸）

柠檬酸又称枸橼酸，它主要存在于柑橘果实中，尤以柠檬中含量最多（未成熟的柠檬中含量可高达 6%），故名柠檬酸。

纯品为无色晶体，含一分子结晶水的样品熔点 100℃，不含结晶水的为 153℃。易溶于水和乙醇，有爽口的酸味。在食品工业中，柠檬酸常用作糖果、清凉饮料的调味品。柠檬酸的盐类在医药上有多种用途。钠盐为抗凝血剂，钾盐为祛痰剂和利尿剂，锌盐为温和的泻剂，铁铵盐可作补血剂。

柠檬酸加热到 150℃，可发生分子内脱水生成顺乌头酸，后者加水可产生柠檬酸和异柠檬酸的两种异构体。

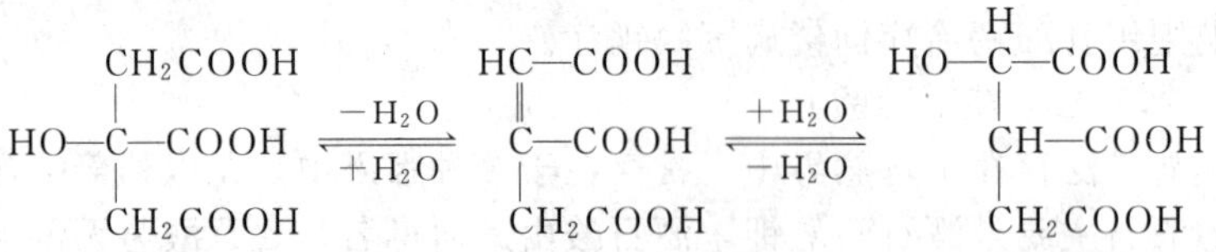

$$\underset{\text{柠檬酸}}{HO-C(COOH)(CH_2COOH)_2} \underset{+H_2O}{\overset{-H_2O}{\rightleftharpoons}} \underset{\text{顺乌头酸}}{HC(COOH)=C(COOH)CH_2COOH} \underset{-H_2O}{\overset{+H_2O}{\rightleftharpoons}} \underset{\text{异柠檬酸}}{HO-CH(COOH)-CH(COOH)-CH_2COOH}$$

生物体内，上述反应是在酶催化下进行的，糖、脂肪、蛋白质的代谢均要经过这一过程。

6. 没食子酸（3,4,5-三羟基苯甲酸）和单宁

没食子酸也叫五倍子酸，是植物中分布最广的酚酸。常以游离态或结合单宁存在于五倍子、槲树皮、茶叶和其他植物中，特别是在没食子和五倍子中含量最多。没食子酸纯品为白色结晶型粉末，熔点 253℃，难溶于冷水，易溶于热水、乙醇和乙醚中，在空气中能被氧化成暗褐色，故可作抗氧剂。其水溶液与三氯化铁溶液能析出蓝黑色沉淀，常用作蓝墨水的原料。没食子酸有强还原性，可用作照片显影剂。当加热至 200℃ 以上，即脱羧生成没食子酚（1,2,3-苯三酚）。

单宁又叫鞣酸、鞣质，单宁是从植物中提取的一大类天然产物，存在于石榴、柿子、苹果、茶叶、咖啡等许多植物中。未成熟的水果的较硬肉质和涩味就是因含较多的单宁所致。由不同来源可得到组成和结构不同的单宁，但都是没食子酸的衍生物。我国的五倍子单宁是由葡萄糖和不同数目的没食子酸形成的糖脂混合物。

单宁是无定型粉末，有涩味，能溶于水和乙醇等，有强收敛性和还原性，易被氧化变成褐色，能与三氯化铁反应生成蓝黑色沉淀，能与许多生物碱和重金属盐反应生成不溶于水的沉淀，有杀菌、防腐和凝固蛋白质的作用。医药上常用作止血剂、收敛剂、生物碱和重金属盐中毒的解毒剂。

7. 赤霉酸

赤霉酸简称 GA_3，商品名为“九二〇”，是一种内源植物激素。结构如下：

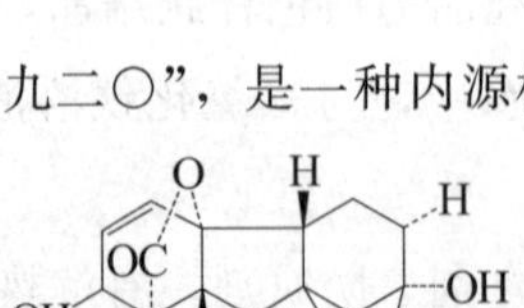

赤霉酸是白色晶体，易溶于乙醇、冰醋酸或丙酮，难溶于水和苯，加热至233℃以上可分解。因分子中存在的内酯结构，故在酸性、碱性乃至中性溶液中会被水解，从而失去生理活性，加热失效更快。赤霉酸具有促进植物茎叶伸长，诱导开花，防止水稻早衰和棉花落铃等生理活性；能使葡萄、柑橘等结出无籽果实。

第二节　羰　基　酸

一、羰基酸的分类

分子中含有羰基和羧基的化合物称为羰基酸，是一种多官能团类有机化合物。依据羰基在碳链中的位置不同，羰基酸又分为醛酸和酮酸。许多酮酸是生物代谢过程中的重要物质，因此酮酸比醛酸更为重要。

二、羰基酸的命名

羰基酸命名时把含有羧基和羰基的最长碳链为主链，称为"某酮（或醛）酸"，用阿拉伯数字或希腊字母标出羰基的位置，放在主链名称之前，也可以用酰基法命名，称为某酰某酸，命名法见表10-2。

表10-2　羰基酸的命名

类别	结构简式	系统命名	酰基法命名
酮酸	$H_3C-\overset{\overset{O}{\|}}{C}-COOH$	丙酮酸	乙酰甲酸
	$H_3C-\overset{\overset{O}{\|}}{C}-\underset{H}{\overset{H}{C}}-COOH$	β-丁酮酸（3-丁酮酸）	乙酰乙酸
	$HOOC-\overset{\overset{O}{\|}}{C}-\underset{H}{\overset{H}{C}}-COOH$	丁酮二酸	草酰乙酸
	$HOOC-\overset{\overset{O}{\|}}{C}-\underset{H}{\overset{H}{C}}-\underset{H}{\overset{H}{C}}-COOH$	α-戊酮二酸	草酰丙酸
醛酸	$HOOC-CHO$	乙醛酸	甲酰甲酸
	$HOOC-CH_2-CHO$	丙醛酸	甲酰乙酸

三、羰基酸的化学性质

羰基酸也是双官能团化合物，醛酸具有醛和羧酸的典型性质；酮酸除具有一般酮和羧酸的典型性质外，还有以下一些特性。

1. 脱羧反应

酮酸中由于酮基和羧基的相互影响，易发生脱羧反应，α-酮酸在一定条件下脱羧生成醛，β-酮酸室温或微热就能脱羧生成酮。例如：

$$H_3C-\overset{\overset{O}{\|}}{C}-COOH \xrightarrow[\triangle]{\text{稀硫酸}} CH_3CHO + CO_2$$

$$H_3C-\overset{\overset{O}{\|}}{C}-\overset{H_2}{C}-COOH \xrightarrow{\triangle} H_3C-\overset{\overset{O}{\|}}{C}-CH_3 + CO_2$$

生物体内的 α-酮酸、β-酮酸在酶的作用下，都能发生脱羧反应。例如：

$$\mathrm{HOOC{-}\overset{\overset{\displaystyle O}{\|}}{C}{-}\overset{H_2}{C}{-}COOH \xrightarrow{酶} H_3C{-}\overset{\overset{\displaystyle O}{\|}}{C}{-}CH_3 + CO_2}$$

植物、微生物体内的丙酮酸在缺氧的条件下，脱羧生成乙醛，继而加氢还原成乙醇。

$$\mathrm{H_3C{-}\overset{\overset{\displaystyle O}{\|}}{C}{-}COOH \xrightarrow{酶} CO_2 + CH_3CHO \xrightarrow[+2H]{酶} CH_3CH_2OH}$$

2. 氧化和还原反应

α-酮酸较易发生氧化脱羧反应。如用托伦试剂或新制的碱性氢氧化铜即可氧化脱羧。

$$\mathrm{H_3C{-}\overset{\overset{\displaystyle O}{\|}}{C}{-}COOH \xrightarrow{[O]} CH_3COOH + CO_2}$$

醇酸能氧化成羰基酸，羰基酸也能还原成醇酸。这种氧化还原反应在生物体内普遍存在。

$$\mathrm{H_3C{-}\overset{\overset{\displaystyle O}{\|}}{C}{-}COOH \underset{-2H}{\overset{+2H}{\rightleftharpoons}} H_3C{-}\overset{\overset{\displaystyle OH}{|}}{CH}{-}COOH}$$

$$\mathrm{HOOC{-}\overset{\overset{\displaystyle O}{\|}}{C}{-}CH_2COOH \underset{-2H}{\overset{+2H}{\rightleftharpoons}} HOOC{-}\overset{\overset{\displaystyle OH}{|}}{CH}{-}CH_2COOH}$$

3. 互变异构现象

β-酮酸酯，如乙酰乙酸酯，除具有酮的典型性质外，还能与金属钠反应放出 H_2，说明分子中有羟基；能使溴水褪色，说明分子中含有碳碳不饱和键；能与三氯化铁作用显紫色，说明分子中具有烯醇式结构。

实验证明：乙酰乙酸乙酯在溶液中是由酮式和烯醇式两种异构体组成的互变平衡体系。

$$\mathrm{H_3C{-}\overset{\overset{\displaystyle O}{\|}}{C}{-}\overset{H_2}{C}{-}\underset{\underset{\displaystyle O}{\|}}{C}{-}OC_2H_5 \rightleftharpoons H_3C{-}\overset{\overset{\displaystyle OH}{|}}{C}{=}\overset{H}{C}{-}\underset{\underset{\displaystyle O}{\|}}{C}{-}OC_2H_5}$$

醇式（92.5%）　　　　烯醇式（7.5%）

这种同分异构体间自动互变并以动态平衡同时存在的现象叫做互变异构现象。酮式和烯醇式互变是互变异构现象中最常见的一种。除乙酰乙酸乙酯外，一般分子结构为 R—CO—CH_2Y（Y 为—COR′、—COOR′、—CN、—CHO 等吸电子基团）的化合物都能发生互变异构。

在生物体内的代谢过程中，酮式和烯醇式的互变异构现象普遍存在。例如：

$$\mathrm{HOOC{-}\overset{\overset{\displaystyle O}{\|}}{C}{-}CH_2COOH \underset{-2H}{\overset{+2H}{\rightleftharpoons}} HOOC{-}\overset{\overset{\displaystyle OH}{|}}{C}{=}CHCOOH}$$

四、生物体内重要的羰基酸

1. 乙醛酸

乙醛酸是最简单的醛酸，存在于未成熟的水果和动植物组织中。无水的乙醛酸为黏稠状液体，具有醛和羧酸的一般性质。因分子中无 α-氢，所以与碱共热时能发生歧化反应，表现出醛的性质。

$$\mathrm{2\begin{array}{l}COOH\\|\\CHO\end{array} \xrightarrow[\triangle]{NaOH} \begin{array}{l}COONa\\|\\CH_2OH\end{array} + \begin{array}{l}COONa\\|\\COONa\end{array}}$$

羟基乙酸钠　乙二酸钠

2. 丙酮酸

丙酮酸是最简单的酮酸，为无色有刺激臭味的液体，沸点165℃，易溶于水、乙醇和醚中。除有羧酸和酮的性质外，还具有α-酮酸的特有性质，如氧化脱羧等。丙酮酸是动植物体内糖、蛋白质代谢的中间产物，可由乳酸氧化而得。

3. 草酰乙酸（α-丁酮二酸）

草酰乙酸可由反-丁烯二酸制得。

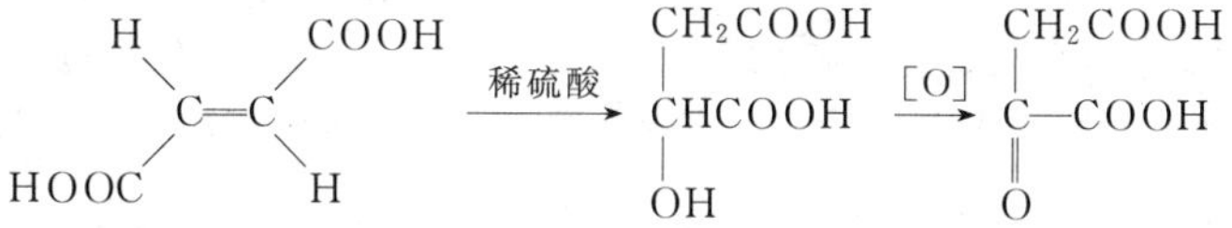

$$\underset{\text{HOOC}\qquad\text{H}}{\overset{\text{H}\qquad\text{COOH}}{\text{C}=\text{C}}} \xrightarrow{\text{稀硫酸}} \text{HOOCCH}_2\text{CH(OH)COOH} \xrightarrow{[O]} \text{HOOCCH}_2\text{COCOOH}$$

草酰乙酸为晶体，能溶于水。草酰乙酸既是α-酮酸，又是β-酮酸，所以它只在低温下稳定，室温以上很容易脱羧生成丙酮酸。

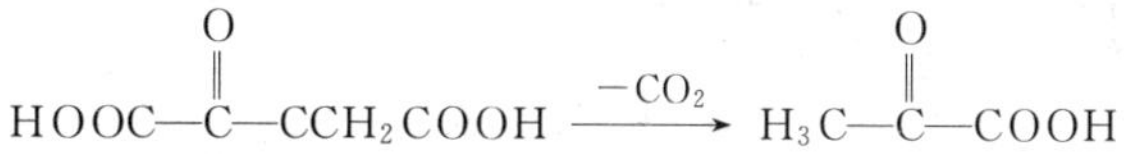

$$\text{HOOC}-\overset{\text{O}}{\overset{\|}{\text{C}}}-\text{CCH}_2\text{COOH} \xrightarrow{-\text{CO}_2} \text{H}_3\text{C}-\overset{\text{O}}{\overset{\|}{\text{C}}}-\text{COOH}$$

在生物体内，草酰乙酸与丙酮酸在一些特殊酶的作用下，经缩合、脱羧和氧化等反应可得柠檬酸。

4. 前列腺素

前列腺素是存在于哺乳动物各重要组织中的具有广泛生理活性的一类化合物，可分为A、B、E、F、G等几种类型，母体是前列腺烷酸，结构如下：

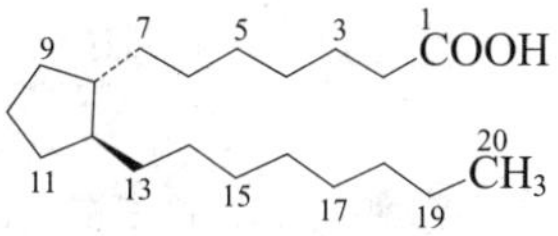

不同种类和数量的前列腺素的生理活性不同。例如，PGE_1 能抑制血小板凝聚，扩张外周血管，增加血液流量；能收缩子宫平滑肌，用于人畜引产。PGF_{2a} 有强的溶解黄体的作用，用于家畜同期发情和提高人工授精的成功率等。PGE_2 对血小板的作用，在低浓度时，是某些聚集形式的增强剂，而较高浓度时则是抑制剂。

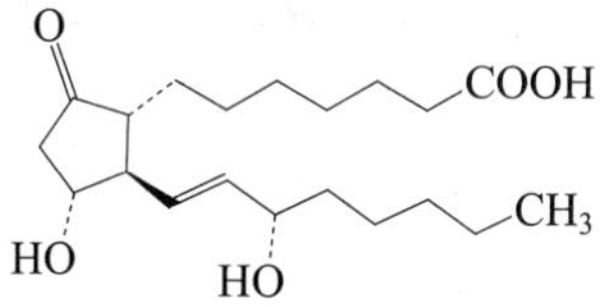

PGE_1 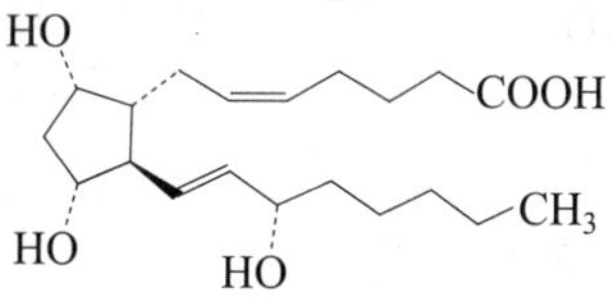　　　　PGF_{2a}

【阅读材料】

食品防腐剂

食品防腐剂是防止食品在贮存、流通过程中因微生物繁殖引起的腐败、变质而延长其食用价值的可食用的添加物。防腐剂可以抵制细菌的生长，不添加防腐剂，食物会很快霉变、腐烂。花生等食品中产生的黄曲霉毒素、肉类中产生的芽孢杆菌毒性都很大，不使用防腐剂，就更容易对人体造成危害。

我国目前允许食用的防腐剂主要分为合成和天然防腐剂两大类。常用的合成防腐剂有苯甲酸及其盐、山梨酸及其盐和尼泊金酯类等。其中尼泊金酯类（对羟基苯甲酸酯类）为取代酸。

尼泊金酯类有对羟基苯甲酸甲酯、对羟基苯甲酸乙酯、对羟基苯甲酸丙酯、对羟基苯甲酸丁酯等。其中对羟基苯甲酸丁酯防腐作用最好。我国主要使用的是对羟基苯甲酸乙酯和对羟基苯甲酸丙酯，在日本使用最多的是对羟基苯甲酸丁酯。尼泊金酯类最大的特点是系列产品多，抑菌谱广。

如今已经出现了很多新型的天然防腐剂，如葡萄糖氧化酶、鱼精蛋白、溶菌酶、乳酸菌、壳聚糖、果胶分解物等。消费者应尽可能选用含天然防腐剂的食品。特别是儿童、孕妇等特殊人群，应该尽量少吃含有防腐剂的食品。

本章小结

1. 取代酸是双官能团化合物，不仅具有各个官能团的典型性质，而且还有官能团之间相互影响所表现的一些特性。

2. 羟基酸分子中含有羟基和羧基，由于羟基的吸电子性，其酸性比羧酸强。增强的程度与羟基在烃基上的位置有关，羟基在烃基上的位置离羧基越近，酸性越强。α-羟基酸的分解反应可用于从高级羧酸合成减少一个碳原子的醛酮。α-羟基酸中的羟基比醇羟基容易氧化，弱氧化剂能把 α-羟基酸氧化为 α-羰基酸。酚酸的脱羧比芳香羧酸容易进行。

3. 羰基酸易发生脱羧反应，α-酮酸与稀硫酸共热脱羧生成醛，β-酮酸受热脱羧生成酮。

4. 互变异构现象：这种同分异构体间自动互变并以动态平衡同时存在的现象叫做互变异构现象。互变异构现象是生物体内普遍存在的一种重要的异构现象。

习 题

1. 命名下列化合物或写出结构式

(1) 苹果酸　　(2) 水杨酸

(3) 3-羟基-3 羧基戊二酸　　(4) 2-羟基丙酸

(5) 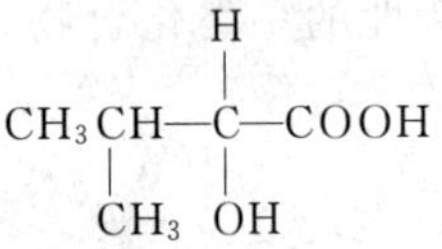 $CH_3CH(CH_3)—C(H)(OH)—COOH$

(6) 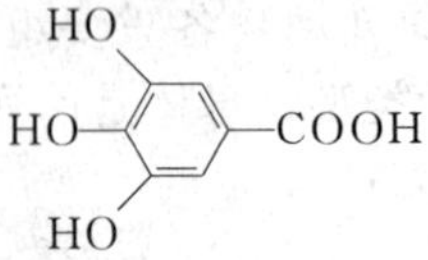 3,4,5-三羟基苯甲酸结构：HO、HO、HO 取代的苯环—$COOH$

(7) 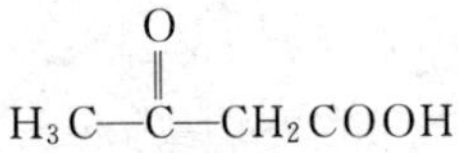 $H_3C—\overset{O}{\overset{\|}{C}}—CH_2COOH$　　(8) 丙醛酸

2. 完成下列反应式

(1) 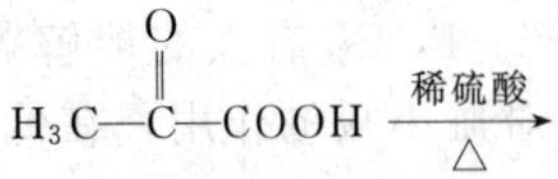 $H_3C—\overset{O}{\overset{\|}{C}}—COOH \xrightarrow[\triangle]{\text{稀硫酸}}$

(2) 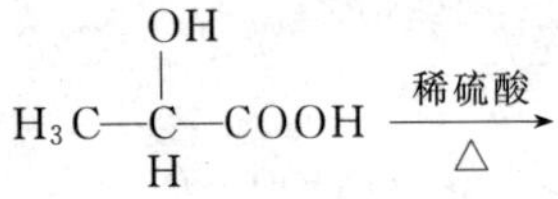 $H_3C—\underset{H}{\overset{OH}{\overset{|}{\underset{|}{C}}}}—COOH \xrightarrow[\triangle]{\text{稀硫酸}}$

(3) 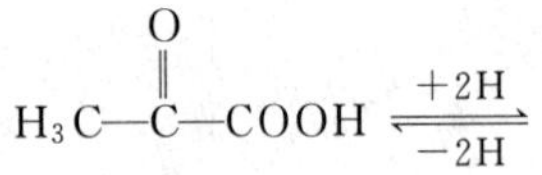 $H_3C—\overset{O}{\overset{\|}{C}}—COOH \underset{-2H}{\overset{+2H}{\rightleftharpoons}}$

第十一章　含氮化合物

学习目标

1. 掌握胺的分类和命名以及硝基化合物的命名，重点掌握胺的化学性质。

2. 熟悉芳香族重氮盐的性质，了解重氮盐在合成上的应用。

3. 理解硝基化合物的性质。

4. 了解偶氮染料与指示剂。

烃类分子中一个或几个氢原子被各种含氮基团取代的生成物，叫做含氮化合物。也可以简单地讲，含氮化合物是分子中含有氮元素的有机化合物。在前面的有关章节中介绍过的酰胺、脲、氨基酸和蛋白质等，都属于含氮化合物，本章主要学习的含氮化合物有胺、重氮化合物、偶氮化合物、硝基化合物等。

第一节　胺

一、胺的分类和命名

（一）胺的分类

胺可以看作是氨（NH_3）分子中的氢原子被一个或几个烃基取代后的衍生物，正如醇、醚是水的衍生物一样。根据氨分子中一个、两个或三个氢原子被烃基取代的情况，将胺分为伯胺、仲胺、叔胺。铵离子（NH_4^+）中氮原子所连接的四个氢原子被烃基取代所形成的化合物称为季铵盐。季铵盐分子中的酸根离子被 OH^- 取代而成的化合物，叫季铵碱。

NH_3	RNH_2	R_2NH
氨	伯胺	仲胺
R_3N	$[R_4N]^+X^-$	$[R_4N]^+OH^-$
叔胺	季铵盐	季铵碱

应该注意：伯、仲、叔胺中的伯、仲、叔的含义与卤代烃和醇中的不同。例如：

$$(CH_3)_3C-OH \qquad\qquad (CH_3)_3C-NH_2$$

叔丁醇（叔醇）　　叔丁胺（伯胺）

根据分子中氮原子所连接烃基的种类不同，将胺分为脂肪胺和芳香胺。氮原子直接与脂肪烃相连的胺称为脂肪胺，氮原子直接与芳环相连的胺称为芳香胺。根据胺分子中所含氨基（$-NH_2$）的数目多少将胺分为一元胺、二元胺、多元胺。例如：

$$CH_3CH_2NH_2 \qquad H_2NCH_2CH_2NH_2 \qquad H_2NCH_2CH(NH_2)CH_2NH_2$$

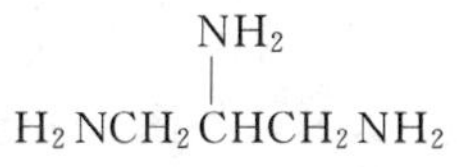

一元胺　　二元胺　　三元胺

（二）胺的命名

胺的命名有两种：简单的胺是以胺作母体，烃基作为取代基，命名时将烃基的名称和数目写在母体胺的前面，“基”字一般可以省略。例如：

$CH_3CH_2NH_2$	CH_3NHCH_3	$CH_3CH_2NHCH_3$	C_6H_5—NH_2
乙胺	二甲胺	甲乙胺	苯胺

当氮原子上同时连有芳香基和脂肪烃基时，则以芳香胺作为母体，命名时在脂肪烃基前加上字母“*N*”，表示该脂肪烃基是直接连在氮原子上。例如：

H_3C—C_6H_4—$NHCH_2CH_3$	C_6H_5—$N(CH_3)CH_2CH_3$
对甲基-*N*-乙基苯胺	*N*-甲基-*N*-乙基苯胺

复杂的胺则以系统命名法命名，是把胺看作烃的氨基衍生物，即把氨基作为取代基，烃作为母体来命名。例如：

$$CH_3CH(CH_3)CH_2CH(NH_2)CH_2CH_3$$

2-甲基-4-氨基己烷

铵盐及季铵化合物可看作是铵的衍生物，铵盐亦可称为某胺的某盐。例如：

$CH_3NH_3^+Cl^-$	$[(CH_3)_4N]^+I^-$	$[(CH_3)_3NCH_2CH_3]^+OH^-$
氯化甲铵	碘化四甲铵	氢氧化三甲乙铵

命名时注意氨、胺和铵的含义：在表示基团时用“氨”；表示 NH_3 的烃基衍生物时用“胺”；表示铵盐或季铵碱时用“铵”；相应于氢氧化铵和铵盐的四烃基取代物，分别称为季铵碱和季铵盐。例如：

$(CH_3)_4N^+OH^-$	$(CH_3)_3N^+C_2H_5Cl^-$
季铵碱	季铵盐

（三）胺的结构

氮原子的电子构型是 $1s^22s^22p^3$，最外层有三个未成对电子，占据着 3 个 2p 轨道，氨和胺分子中的氮原子为不等性的 sp^3 杂化，其中三个 sp^3 杂化轨道分别与三个氢原子或碳原子形成三个 σ 键，氮原子上的另一个 sp^3 杂化轨道被一对孤对电子占据，位于棱锥形的顶端，类似第四个基团。这样，氨的空间结构与甲烷分子的正四面体结构相类似，氮在四面体的中心，如图 11-1 所示。

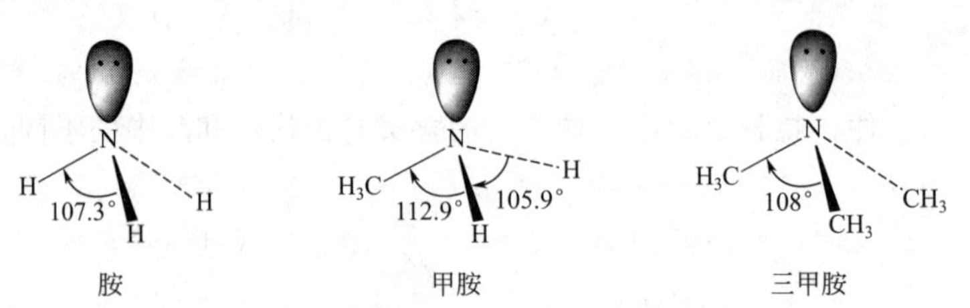

图 11-1　胺、甲胺和三甲胺的结构

苯胺分子中，氨基的结构虽然与氨的结构相似，但未共用电子对所占杂化轨道的 p 成分要比氨多。因此，苯胺氮原子上的未共用电子对所在的轨道与苯环上的 p 轨道虽不完全平行，但仍可与苯环的 π 轨道形成一定的共轭。苯胺分子中氮原子仍稍现棱锥形结构，H—N—H键角为 113.9°，较氨中的 H—N—H 键角（107.3°）大。H—N—H 平面与苯环平面的夹角为 39.4°，如图 11-2 所示。

如果把胺分子中的未共用电子对看成是一个附加的取代基，如果氮上连有三个不同原子或原子团时，就应该具有手性。如甲乙胺分子的氮原子上连接了四个不同的取代基——甲基、乙基、氢原子和 sp^3 杂化轨道内的未共用电子对，该分子是手性分子，应有对映异构

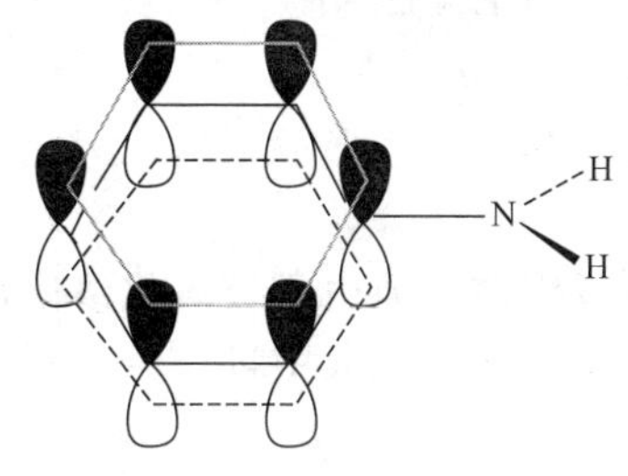

图 11-2　苯胺的结构

体，遗憾的是至今还没能分离出类似甲乙胺分子的两个对映体。这是因为对于那些烃基较小的胺来说，两个异构体之间的势能差较小（一般为 25.1kJ/mol 的活化能），在室温下，分子的热运动足以克服势能差使构型发生翻转而迅速地相互转变，所以它们的对映异构体通常不能分离出来，如图 11-3 所示。

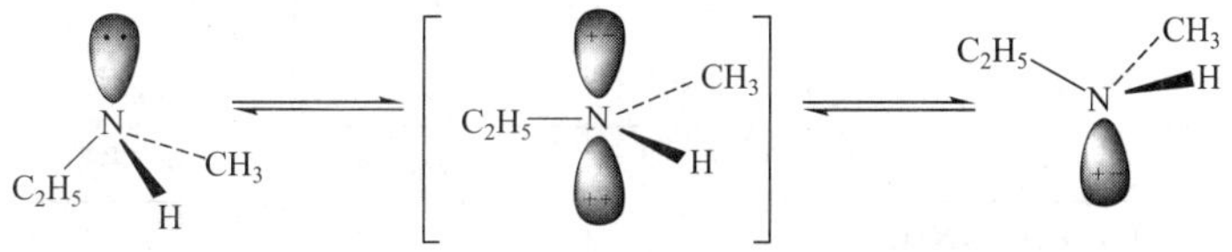

图 11-3　甲乙胺对映体的转化

季铵盐或季铵碱中的氮原子四个 sp^3 杂化轨道都用于成键，氮的转化不易发生，如果氮上的四个基团不同，则该分子具有手性，并能分离出比较稳定的、具有光学活性的对映体。如图 11-4 所示化合物就可以进行拆分。

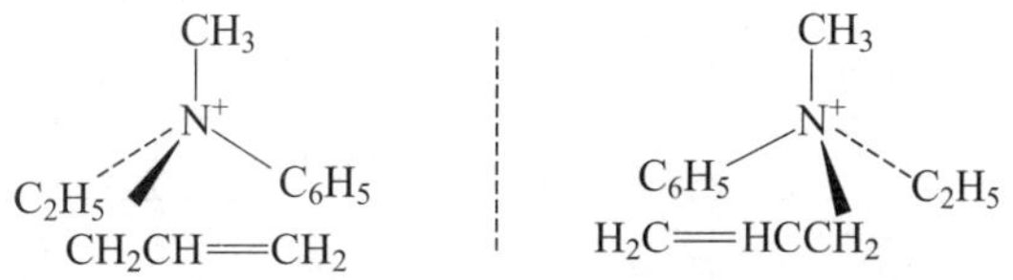

图 11-4　季铵盐正离子的对映体

二、胺的性质

（一）胺的物理性质

相对分子质量较低的低级脂肪胺如甲胺、二甲胺、三甲胺和乙胺等在常温下均为气体，其他低级胺为液体，高级胺则为固体。低级胺的气味与氨相似，有的还有鱼腥味。烂鱼的恶臭味就是三甲胺 $(CH_3)_3N$ 的气味。这种鱼腥味随着分子量的增加、挥发性的减小而逐渐减小，以致几乎没有气味。对于 $H_2N(CH_2)_4NH_2$、$H_2N(CH_2)_5NH_2$ 等二元胺来说，胺的特殊气味就更加明显，如人们把丁二胺称为腐胺，而把戊二胺称为尸胺。

像氨一样，胺也是极性物质，除叔胺外，均可形成分子间氢键，因此，伯胺和仲胺的沸点比分子量相近的烷烃高。但因氮的电负性小于氧，N—H…N 氢键比 O—H…O 氢键弱，所以其沸点低于分子量相近的醇和羧酸，如：

	$CH_3(CH_2)_4CH_3$	$CH_3(CH_2)_4NH_2$	$CH_3(CH_2)_3CH_2OH$	$CH_3(CH_2)_2COOH$
有机物	己烷	戊胺	戊醇	丁酸
相对分子质量	86	87	88	88
沸点/℃	69	104.4	138	164

叔胺虽然是极性分子，但由于氮原子上没有氢原子，故不能形成分子间氢键，其沸点与分子量相近的烷烃接近。在分子量相同的脂肪胺中，伯胺沸点最高，仲胺次之，叔胺最低。例如：

	$CH_3CH_2CH_2NH_2$	$CH_3CH_2NHCH_3$	$(CH_3)_3N$
沸点/℃	48.7	36	2.9

无论是伯胺、仲胺还是叔胺，均可与水形成氢键，因此，都能溶于水，但在水中的溶解度随着分子量的增加而迅速降低。

纯净的芳香族胺是无色液体或固体，但由于被氧化致使常带点黄色或棕色。它们都具有特殊的臭味和毒性，长期吸入苯胺蒸气会使人中毒。芳胺易渗入皮肤，被吸收以致中毒。

常见胺的物理常数见表 11-1。

表 11-1 某些胺的物理常数

名　称	结　构　式	熔点/℃	沸点/℃	相对密度(d_4^{20})	折射率(n_D^{20})
甲胺	CH_3NH_2	−92	−7.5	0.6628	1.432(17.5℃)
二甲胺	$(CH_3)_2NH$	−96	7.5	$0.6804^{0℃}$	1.350(17℃)
三甲胺	$(CH_3)_3N$	−117	3	0.6356	1.3631(0℃)
乙胺	$CH_3CH_2NH_2$	−80	17	0.6829	1.3663
二乙胺	$(CH_3CH_2)_2NH$	−39	55	0.7056	1.3864
三乙胺	$(CH_3CH_2)_3N$	−115	89	0.7275	1.4010
正丙胺	$CH_3CH_2CH_2NH_2$	−83	48.7	0.7173	1.3870
正丁胺	$CH_3(CH_2)_2CH_2NH_2$	−50	77.8	0.7414	1.4031
正戊胺	$CH_3(CH_2)_3CH_2NH_2$	−55	104.4	0.7547	1.4118
乙二胺	$H_2NCH_2CH_2NH_2$	8	117	0.8995	1.4565
丁二胺	$H_2N(CH_2)_4NH_2$	27～28	158～160	0.877(25℃)	
戊二胺	$H_2N(CH_2)_5NH_2$	9	178～180	0.867(25℃)	1.4561(25℃)
己二胺	$H_2N(CH_2)_6NH_2$	41～42	204～205		
氢氧化四甲铵	$(CH_3)_4N^+OH^-$	63	135(分解)		
苯胺	$-NH_2$	−6	184	1.02173	1.5863
N-甲基苯胺	$-NH-CH_3$	−57	196	0.98912	1.5684
N,*N*-二甲基苯胺	$-N(CH_3)_2$	3	194	0.9557	1.5582(77℃)
二苯胺	$(\ )_2NH$	53	302	1.160(25℃)	
三苯胺	$(\ )_3N$	127	365	0.774(0℃)	
联苯胺	H_2N- $-NH_2$	125	400[740mmHg (98.66kPa)]		
α-萘胺	NH_2	50	300.8	1.1229 (25℃,259nm)	1.67034(51℃)
β-萘胺	$-NH_2$	113	306.1	1.0614(25℃)	1.64927(96℃)

（二）胺的化学性质

1. 碱性与成盐反应

胺与氨相似，由于氮原子上的未共用电子对能与质子结合，形成带正电荷的铵离子，因此它们都具有碱性。胺溶于水时，发生下面解离反应：

$$R\ddot{N}H_2 + H_2O \rightleftharpoons RNH_3^+ + OH^-$$

这样，我们可以很方便地通过测量胺类从水中接受质子的程度来比较它们的碱性强度，该反应的平衡常数以 K_b 或其负对数 pK_b 表示。

$$K_b = \frac{[RNH_3^+][OH^-]}{[RNH_2]}$$

如果一个胺的 K_b 值愈大或 pK_b 值愈小，则该胺的碱性愈强。

有机化学中往往还用它的共轭酸 RNH_3^+ 的强度来表示胺的碱性强度。显然，胺的共轭酸的 K_a 值愈大或 pK_a 值愈小，胺的碱性就愈强。

某些胺的 pK_b 值及其共轭酸的 pK_a 值列于表 11-2。

表 11-2　胺的碱性

胺	pK_b(25℃)	共轭酸	pK_a(25℃)
NH_3	4.76	$\overset{+}{N}H_4$	9.24
CH_3NH_2	3.38	$CH_3\overset{+}{N}H_3$	10.62
$(CH_3)_2NH$	3.27	$(CH_3)_2\overset{+}{N}H_2$	10.73
$(CH_3)_3N$	4.21	$(CH_3)_3\overset{+}{N}H$	9.79
$CH_3CH_2NH_2$	3.36	$CH_3CH_2\overset{+}{N}H_3$	10.64
$(CH_3CH_2)_2NH$	3.06	$(CH_3CH_2)_2\overset{+}{N}H_2$	10.94
$(CH_3CH_2)_3N$	3.25	$(CH_3CH_2)_3\overset{+}{N}H$	10.75
$C_6H_5NH_2$	9.40	$C_6H_5\overset{+}{N}H_3$	4.60
$(C_6H_5)_2NH$	13.8	$(C_6H_5)_2\overset{+}{N}H_2$	1.20
$C_6H_5NHCH_3$	9.6	$C_6H_5\overset{+}{N}H_2CH_3$	4.40
$C_6H_5N(CH_3)_2$	9.62	$C_6H_5\overset{+}{N}H(CH_3)_2$	4.38

胺类的碱性强弱与其结构有关。其基本规律如下。

胺类的碱性强弱取决于氮原子上未共用电子对与质子结合的能力。若以氨为标准，脂肪胺中因烷基是供电子基，使氮上的电子密度增加，增强了对质子的吸引能力，故其碱性比氨强。同理，若仅考虑供电子的影响，脂肪胺分子中氮上所连烷基增多，其碱性也相应地增强。因此，下面三种脂肪胺的碱性强弱次序应该是：

$$(CH_3)_3\ddot{N} > (CH_3)_2\ddot{N}H > CH_3\ddot{N}H_2 > \ddot{N}H_3$$

这个结论在气态时是正确的。布朗曼（Brauman）等人用离子回旋加速器对各种胺的碱性进行了进一步研究，其结果表明：

$$(CH_3)_3CNH_2 > (CH_3)_3CCH_2NH_2 > (CH_3)_2CHNH_2 > CH_3CH_2CH_2NH_2 > CH_3CH_2NH_2 > CH_3NH_2;$$

$$(C_2H_5)_2NH > (CH_3)_2NH;\ (C_2H_5)_3N > (CH_3)_3N > (C_2H_5)_2NH > C_2H_5NH_2$$

该研究结果不仅表明碱性是按伯、仲、叔胺的顺序递增，而且也表明在同为伯胺或仲胺时，烷基分支越多或烃基越大的氨其碱性越强。

但从在水中实际测得的 pK_b 值大小来看，叔胺的碱性反而减弱。如：

	CH_3NH_2	$(CH_3)_2NH$	$(CH_3)_3N$
pK_b	3.38	3.27	4.21
	$CH_3CH_2NH_2$	$(CH_3CH_2)_2NH$	$(CH_3CH_2)_3N$
pK_b	3.36	3.06	3.25

说明溶剂对胺的碱性强弱有一定的影响。这是因为脂肪胺在水中的碱性强度不仅取决于氮原子上电子密度的大小，同时还取决于它们与质子结合后生成的铵离子是否易于溶剂化。在这些铵离子中，氮上连接的氢原子愈多，则因氢键而发生的溶剂化作用也愈强，铵离子也就愈稳定，胺的碱性也就愈强。

$$R-\overset{+}{N}(-H\cdots OH_2)_3 > R_2\overset{+}{N}(H\cdots OH_2)_2 > R_3\overset{+}{N}-H\cdots OH_2$$

从诱导效应看，胺的氮原子上烷基增多，碱性增强；但从溶剂化效应考虑，烷基增多，碱性则减弱，两种效应正好相反。因此，脂肪胺在水中的碱性强弱是电子效应与溶剂化效应二者综合影响的结果，此外还包括一定的空间效应，如烷基体积较大，使质子不易与氮原子结合。这些因素导致的总结果是使脂肪族叔胺在水溶液中的碱性降低。

在氯仿、乙腈、氯苯等非质子传递溶剂中测定胺的碱性强弱，可以避免生成氢键的干扰。例如：在氯苯中测定的丁胺、二丁胺和三丁胺的碱性依次增强。在胺分子中导入吸电子基团后因吸电子诱导效应使碱性减弱，例如 $(CF_3)_3N$ 几乎没有碱性。

芳胺亦呈现碱性，但其碱性一般比脂肪胺弱，这是由于氨基氮原子上的未共用电子对与苯环上的 π 电子组成共轭体系，发生了电子的离域，使氮原子上的电子云密度部分地移向苯环（如图 11-5 所示），而相应地削弱了它与质子结合的能力。因此，苯胺的碱性（$pK_b=9.40$）不仅比脂肪胺弱得多，而且比氨（$pK_b=4.76$）也弱得多。

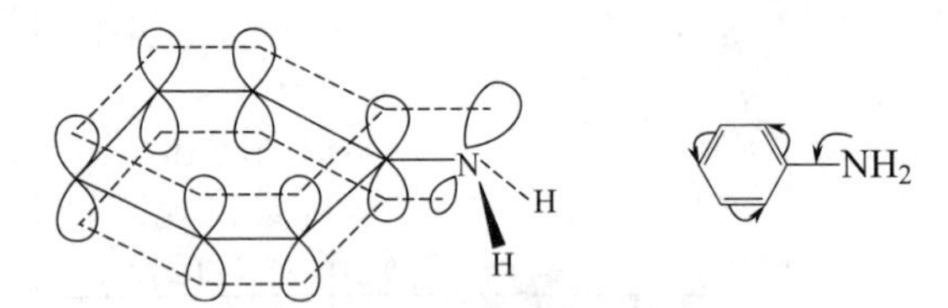

图 11-5　苯胺分子近似于棱锥结构的氨基与苯环 π 体系共轭

胺类具有碱性，可与强酸作用生成稳定的盐。铵盐易溶于水而不溶于醚、烃等。

$$CH_3\ddot{N}H_2 + HCl \longrightarrow CH_3NH_3^+Cl^-\text{（或 }CH_3NH_2\cdot HCl\text{）}$$

苯胺的碱性虽弱，但仍可与盐酸、硫酸等强酸成盐，如：

$$C_6H_5-NH_2 + H_2SO_4 \longrightarrow C_6H_5-NH_3^+\ HSO_4^-\ \left(\text{或 } C_6H_5-NH_2\cdot H_2SO_4\right)$$

利用这一性质可以鉴别胺和不溶于酸的有机物，如硝基化合物等。

二苯胺虽然可与强酸成盐，但遇水就分解；而三苯胺即使与强酸也不能成盐。

由于铵盐系弱碱形成的盐，故一遇强碱即可游离出胺来。利用这一性质可以区别、分离和提纯不溶于水的胺和不溶于水的有机物。

2. 烷基化反应

胺和氨可作为亲核试剂，与卤代烃（通常为伯卤代烃和具有活泼卤原子的芳卤化物）、醇、酚等烷基化试剂作用，氨基上的氢原子被烷基取代。

伯胺与卤代烷作用，则可生成仲胺、叔胺和季铵盐。

$$C_6H_5-NH_2 + R-X \longrightarrow \left[C_6H_5-\overset{+}{N}H_2R\right]X^- \xrightarrow{NaOH} C_6H_5-NHR + NaX + H_2O$$

$$C_6H_5-NHR + R-X \longrightarrow \left[C_6H_5-\overset{+}{N}HR_2\right]X^- \xrightarrow{NaOH} C_6H_5-NR_2 + NaX + H_2O$$

$$C_6H_5-NR_2 + R-X \longrightarrow C_6H_5-\overset{+}{N}R_3X^-$$

在高温高压下，硫酸存在时，用过量的甲醇和苯胺作用，则生成 *N*,*N*-二甲基苯胺。

$$C_6H_5-NH_2 + 2CH_3OH \xrightarrow[2.5\sim3MPa]{H_2SO_4, 230\sim235℃} C_6H_5-N(CH_3)_2 + 2H_2O$$

N,*N*-二甲基苯胺是合成香兰素的基础物质之一。香兰素是一种重要的香料，广泛用于日用香精，也是饮料和食品的重要增香剂。此外，*N*,*N*-二甲基苯胺还是重要的合成染料中间体，在有机合成工业中也有重要的用途。

在硫酸存在下，β-萘酚与苯胺作用生成 *N*-苯基-β-萘胺。

$$\beta\text{-}C_{10}H_7-OH + C_6H_5-NH_2 \xrightarrow[\triangle]{H_2SO_4} \beta\text{-}C_{10}H_7-NH-C_6H_5 + H_2O$$

N-苯基-β-萘胺是用作橡胶和润滑油的抗氧剂。

胺与被活化的烯键也能发生共轭加成反应而烷基化。例如：

$$\text{环己-2-烯酮} + H-N(\text{哌啶}) \longrightarrow \text{3-哌啶基环己酮}$$

3. 酰基化反应

伯胺和仲胺作为亲核试剂可与酰卤、酸酐等酰基化试剂反应，生成 *N*-取代酰胺和 *N*,*N*-二取代酰胺。

叔胺的氮原子上没有氢原子，故不发生酰基化反应。

$$\left.\begin{array}{l} C_6H_5-NH_2 \\ C_6H_5-NHCH_3 \end{array}\right] \xrightarrow[CH_3COCl]{(CH_3CO)_2O} \left[\begin{array}{l} C_6H_5-NHCOCH_3 \\ C_6H_5-N(CH_3)COCH_3 \end{array}\right.$$

羧酸的酰化能力较弱，在反应过程中需要加热并不断除去反应中的水。例如，工业上制备乙酰苯胺即是由苯胺与乙酸加热 160℃制得。

胺的酰基衍生物多为结晶固体，具有一定的熔点，经熔点测定可推断出原来是哪一个胺，故酰基化反应可用来鉴定伯胺和仲胺。

胺经酰基化后生成的 *N*-取代酰胺呈中性，不能与酸作用生成盐，因此在醚溶液中，伯、仲、叔胺的混合物经乙酸酐酰化后，再加稀盐酸，则只有叔胺仍能与盐酸作用生成盐，利用该性质可以把叔胺从伯、仲和叔胺的混合物中分离出来，而伯胺和仲胺的酰化产物经水解后又得到原来的胺。因此，利用酰基化和酰胺还原反应，可以用一类胺制取另一类胺。

$$CH_3CONHR(\text{或 } CH_3CONR_2) + H_2O \xrightarrow{H^+\text{或 }OH^-} RNH_2(\text{或 } R_2NH) + CH_3COOH$$

在芳胺的氮原子上引入酰基，在有机合成上具有重要意义。其目的有二：一是引入暂时性的酰基起保护氨基或降低氨基对芳环的致活能力；二是引入永久性酰基。后者是合成许多药物时常用的反应。例如对羟基乙酰苯胺，又叫扑热息痛，是一种解热镇痛药物，它的制备即经过乙酰基化反应。

$$Cl-C_6H_4-NO_2 \xrightarrow[②H_2O, H^+]{①NaOH, H_2O} OH-C_6H_4-NO_2 \xrightarrow{H_2, Ni} OH-C_6H_4-NH_2 \xrightarrow{(CH_3CO)_2O} OH-C_6H_4-NH\overset{O}{\overset{\|}{C}}CH_3$$

4. 磺酰化反应

苯胺与浓硫酸混合，首先生成苯胺硫酸盐，后者在 180～190℃烘焙，即得到对氨基苯磺酸。

$$C_6H_5\text{—}NH_2 \xrightarrow{H_2SO_4} C_6H_5\text{—}\overset{+}{N}H_3\,\overset{-}{O}SO_3H \xrightarrow{180\sim190℃} H_2N\text{—}C_6H_4\text{—}SO_3H$$

在对氨基苯磺酸分子中同时具有碱性氨基和酸性磺酸基，故可在分子内成盐，该盐称之为内盐。

$$H_3\overset{+}{N}\text{—}C_6H_4\text{—}SO_2O^-$$

对氨基苯磺酸为白色晶体，约在 280～300℃分解。微溶于冷水，易溶于沸水。可溶于氢氧化钠和碳酸钠溶液，是重要的染料中间体和常用的农药。

对氨基苯磺酸的酰胺（简称磺胺）是最简单的磺胺药物，它的合成过程如下：

$$C_6H_5NHCOCH_3 \xrightarrow{ClSO_3H} p\text{-}CH_3CONH\text{—}C_6H_4\text{—}SO_2Cl \xrightarrow{NH_3} p\text{-}CH_3CONH\text{—}C_6H_4\text{—}SO_2NH_2 \xrightarrow{H_2O} p\text{-}NH_2\text{—}C_6H_4\text{—}SO_2NH_2$$

如果在氨解过程中，采用相应的氨基化合物，反应产物就是各种磺胺药物，如磺胺胍（SG）：

$$p\text{-}CH_3CONH\text{—}C_6H_4\text{—}SO_2Cl + H_2N\text{—}C(NH_2)\text{=}NH \xrightarrow{-HCl} p\text{-}CH_3CONH\text{—}C_6H_4\text{—}SO_2\text{—}NH\text{—}C(NH_2)\text{=}NH \xrightarrow{H_2} p\text{-}NH_2\text{—}C_6H_4\text{—}SO_2\text{—}NH\text{—}C(NH_2)\text{=}NH$$

磺化时如氨基的对位被占据，则生成邻位化合物，也以内盐形式存在。

5. 与亚硝酸的反应

伯、仲、叔胺都可与亚硝酸反应，但有各种不同的反应现象和产物，因此可以用来鉴别伯、仲、叔胺。由于亚硝酸不稳定，反应中一般用亚硝酸钠与盐酸或硫酸作用产生。

（1）伯胺与亚硝酸的反应　伯胺与亚硝酸反应形成重氮盐。脂肪族重氮盐极不稳定，即使在低温下也会自动分解，并发生取代、消除等一系列反应，生成醇与烯烃类的混合物，并定量放出氮气。例如乙胺与亚硝酸的反应：

$$CH_3CH_2NH_2 + NaNO_2 + HCl \longrightarrow [CH_3CH_2\text{—}\overset{+}{N}\equiv NCl^-] \longrightarrow CH_3\overset{+}{C}H_2 + Cl^- + N_2\uparrow$$

生成的碳正离子可以发生各种不同的反应：

$$CH_3CH_2Cl \xleftarrow{Cl^-} CH_3\overset{+}{C}H_2 \xrightarrow{OH^-} CH_3CH_2OH$$

$$CH_3\overset{+}{C}H_2 \xrightarrow{-H^+} CH_2\text{=}CH_2$$

由于脂肪族伯胺与亚硝酸反应产物比较复杂，在合成上用途不大，但这个反应释放出的氮是定量的，因此可以测定某一物质或混合物中氨基的含量。

芳香伯胺与亚硝酸在低温条件下反应生成芳香族重氮盐，这一反应称为重氮化反应。

$$C_6H_5\text{—}NH_2 + NaNO_2 + HCl \xrightarrow{0\sim5℃} C_6H_5\text{—}\overset{+}{N}\equiv NCl^- + NaCl + H_2O$$

氯化重氮苯

芳香族重氮盐只有在水溶液和低温时才稳定。遇热分解，增加放出氮气，干燥时易爆炸，故制备后直接在水溶液中应用。芳香重氮盐的用途很广，将在下一节介绍。

（2）仲胺与亚硝酸的反应　脂肪仲胺和芳香仲胺与亚硝酸反应的结果基本相同，都得到亚硝基化合物。

$$(C_2H_5)_2NH \xrightarrow{NaNO_2+HCl} (C_2H_5)_2N{-}NO$$

N-亚硝基二乙胺

$$C_6H_5{-}NHCH_3 \xrightarrow{NaNO_2+HCl} C_6H_5{-}N(CH_3){-}NO$$

N-甲基-*N*-亚硝基苯胺

这种反应生成的产物因氮上没有可供转移的氢，因此产物是稳定的，但生成的 *N*-亚硝基化合物与稀酸共热，则分解成原来的仲胺。因此可利用此性质来精制仲胺。

N-亚硝基胺是难溶于水的黄色油状物或固体。大量的实验证明亚硝胺是一种强致癌物，现认为它在生物体内可以转化成活泼的烷基化试剂并可与核酸反应，这是它具有诱发癌变的原因。

$$(H_3C)_2N{-}NO \xrightarrow{\text{羟基酶}} (H_3C)(HOH_2C)N{-}NO \xrightarrow{\text{分解}} CH_3NHNO_2 + HCHO$$

$$CH_3NHNO_2 \xrightarrow{\text{异构化}} CH_3N{=}NOH \xrightarrow{\text{分解}} CH_3^+ + N_2 + OH^-$$

$$CH_3^+ + DNA \longrightarrow CH_3{-}DNA$$

不对称硝胺可诱发食道癌，环状亚硝胺可诱发肝癌和食道癌等。亚硝酸盐、硝酸盐进入人体，在胃肠道会和仲胺作用生成亚硝胺，成为潜在的危险因素。

过去腌制腊肉、火腿及制作罐头食品时常加入少量 $NaNO_2$ 以防腐并保持色泽鲜艳，但这可产生亚硝胺，所以现在已基本禁止使用。

(3) 叔胺与亚硝酸的反应　叔胺的氮原子上没有氢，与亚硝酸的作用和伯、仲胺不同，脂肪叔胺与亚硝酸作用生成不稳定的盐，该盐若以强碱处理则重新游离析出叔胺。

$$R_3N + HNO_2 \longrightarrow R_3\overset{+}{N}HNO_2^- \xrightarrow{NaOH} R_3N + NaNO_2 + H_2O$$

芳香叔胺因为氨基的强致活作用，芳环上电子云密度较高，易与亲电试剂反应。因此，在芳环上发生亲电取代反应生成对亚硝基胺，如对位已被占据，则反应发生在邻位。

$$C_6H_5{-}N(CH_3)_2 \xrightarrow{NaNO_2+HCl} p\text{-}ON{-}C_6H_4{-}N(CH_3)_2$$

对亚硝基-*N*,*N*-二甲基苯胺

$$p\text{-}CH_3{-}C_6H_4{-}N(CH_3)_2 \xrightarrow{NaNO_2+HCl} \text{2-NO-4-}CH_3{-}C_6H_3{-}N(CH_3)_2$$

2-亚硝基-4-甲基-*N*,*N*-二甲基苯胺

2-亚硝基-4-甲基-*N*,*N*-二甲基苯胺在酸性条件下是橘黄色的盐，在碱性条件下显翠绿色。

由于伯、仲、叔胺与亚硝酸作用的产物不同，现象有明显差异，故常利用这些反应来鉴别三类不同的胺。

(三) 胺的重要化合物

胺的重要化合物主要包括季铵盐与季铵碱。

1. 季铵盐

叔胺与卤代烃（脂肪族或被活化的芳卤代烃）、硫酸酯、磺酸酯等烷基化试剂起 S_N2 反

应生成季铵盐。

$$R_3N+RX \rightleftharpoons R_4N^+X^-$$

季铵盐分子中氮的四个 sp^3 杂化轨道均已成键，与不对称碳原子一样，含不对称氮原子的季铵盐也有对映异构现象，且对映体之间的转化不能再发生，故具光学活性的季铵盐，如下两个化合物的对映异构体均已得到。

$$H_3C-\overset{CH_2CH_3}{\underset{C_6H_5}{\overset{|}{\underset{|}{N^{*+}}}}}-C_2H_5Cl^- \qquad H_3C-\overset{CH_2C_6H_5}{\underset{CH_2CH_3}{\overset{|}{\underset{|}{N^{+*}}}}}-CH_2CH=CH_2Cl^-$$

季铵盐是白色结晶固体，离子型化合物，具有盐的性质，溶于水而不溶于非极性有机溶剂；熔点高，常常在加热条件下分解为叔胺和卤代烃。

季铵盐与强碱作用得到含季铵碱的平衡混合物。

$$R_4N^+X^-+KOH \rightleftharpoons R_4N^+OH^-+KX$$

季铵盐反应必须在强碱的醇溶液中进行，由于碱金属的卤化物不溶于醇，可使反应进行到底制得季铵盐。如果用湿的氧化银代替氧化钾，反应亦可顺利完成。

$$(CH_3)_4N^+I^-+AgOH \longrightarrow (CH_3)_4N^+OH^-+AgI\downarrow$$

滤出碘化银沉淀，再减压蒸馏滤液，即可得到结晶的季铵碱。

2. 季铵碱

季铵碱是强碱，其碱强度与氢氧化钠或氢氧化钾相当。它具有碱的一般性质。如：能吸收空气中的二氧化碳，易潮解，易溶于水等。

季铵碱加热时很容易分解，其分解产物为叔胺和另一化合物，它们取决于氮原子上所连烃基的结构。

当季铵碱分子中没有 β-H，例如氢氧化四甲铵受热分解时，发生 S_N2 反应，生成三甲胺和甲醇。

$$(CH_3)_4N^+OH^- \xrightarrow{\triangle} (CH_3)_3N+CH_3OH$$

当季铵碱的烃基上含有 β-H 时，加热则分解生成叔胺和烯烃，该反应称为霍夫曼（Hofmann）消除反应。例如：

$$(CH_3CH_2)_3\overset{+}{N}CH_2CH_3OH^- \xrightarrow{\triangle} (CH_3CH_2)_3N+CH_2=CH_2+H_2O$$

得到的主要产物是双键碳上烷基较少的烯烃，这个定向作用称为霍夫曼规则，正好与查依切夫规律相反。

$$\underset{\overset{|}{^+N(CH_3)_3}}{CH_3CH_2CHCH_3}\,OH^- \longrightarrow \underset{\text{主要产物}}{CH_3CH_2CH=CH_2}+CH_3CH=CHCH_3+(CH_3)_3N$$

季铵盐和季铵碱是一类重要的化合物。某些低碳链的季铵盐或季铵碱具有生理活性，例如：氯化胆碱 $[(CH_3)_3NCH_2CH_2OH]^+Cl^-$ 具有促进碳水化合物和蛋白质的新陈代谢作用，除被用作治疗脂肪肝和肝硬化的药物外，还被大量用作饲料添加剂；乙酰胆碱 $[(CH_3)_3NCH_2CH_2OOCCH_3]^+OH^-$ 对动物神经有调节保护作用；矮壮素 $[(CH_3)_3NCH_2CH_2Cl]^+Cl^-$ 是植物生长调节剂，它能抑制农作物细胞伸长，但不抑制细胞分裂，从而使植株变矮，杆茎变粗，叶色变绿，具有提高农作物耐旱、耐盐碱和抗倒伏的能力。

第二节　重氮化合物和偶氮化合物

重氮和偶氮化合物均含有—N═N—官能团。该原子团两端均与羟基相连的化合物称为偶氮化合物，可用通式 R—N═N—R 来表示，其中 R 可以是脂肪族烃基或芳香族烃基，

例如：

$C_6H_5-N=N-C_6H_5$　　　　$C_6H_5-N=N-C_6H_4-NH_2$（对位）

偶氮苯　　　　对氨基偶氮苯

$CH_3-N=N-CH_3$　　　　$CH_3-\underset{CN}{\overset{CH_3}{C}}-N=N-\underset{CN}{\overset{CH_3}{C}}-CH_3$

偶氮甲烷　　　　偶氮二异丁腈

若该官能团的一端与烃基相连，另一端与除碳以外的其他原子或原子团相连，则称为重氮化合物，例如：

$C_6H_5-\overset{+}{N}\equiv NCl^-$ 或 $C_6H_5N_2Cl$　　　　CH_2N_2

氯化重氮苯（或重氮苯盐酸盐）　　　　重氮甲烷

脂肪族重氮和偶氮化合物为数不多，远不及芳香族重氮和偶氮化合物重要，因此这里着重讨论芳香族重氮盐和偶氮化合物。

一、芳香族重氮盐

（一）重氮盐的性质及其在合成中的应用

在低温和强酸水溶液中，伯芳胺与亚硝酸作用生成重氮盐的反应称为重氮化反应。例如，苯胺在盐酸溶液中与亚硝酸钠在低温下反应生成氯化重氮苯（又叫重氮苯盐酸盐）。

$$C_6H_5-NH_2+NaNO_2+2HCl \longrightarrow C_6H_5-N_2Cl+NaCl+2H_2O$$

若以硫酸代替盐酸，则得到重氮苯硫酸盐（$C_6H_5-N_2HSO_4$）。

重氮盐的结构可表示为$[Ar-\overset{+}{N}\equiv N]X^-$ 或简写为 $Ar\overset{+}{N_2}X^-$，重氮正离子的两个氮原子和苯环上直接相连的碳原子是线形结构，而且两个氮原子的 π 轨道和苯环的 π 轨道形成离域的共轭体系，其结构如图 11-6 所示。

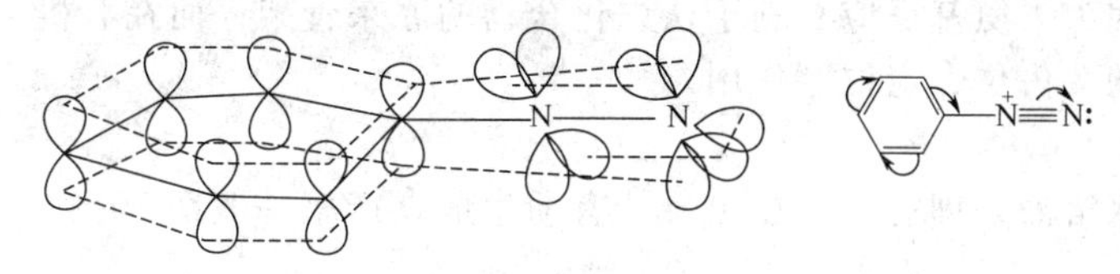

图 11-6　苯重氮正离子的轨道结构

重氮盐的性质与铵相似，溶于水而不溶于有机溶剂，其水溶液能导电。重氮盐在水溶液中离解成 ArN_2^+ 正离子和 X^- 负离子。

干燥状态的重氮盐极不稳定，当受热或震动时易发生爆炸。在水溶液中低温时重氮盐较为稳定，温度升高时，则容易分解，因此，重氮化反应通常都在低温下（0～5℃）进行。重氮化反应生成的重氮盐不需要分离，直接以混合溶液的形式用于有机合成反应。

重氮盐中的重氮基可被氢、羟基、卤素、氰基等原子或原子团取代，同时放出氮气。在合成反应上通过该反应可以把氨基经重氮化为其他基团。

1. 被氢原子取代

重氮盐与还原剂次磷酸（H_3PO_2）或氢氧化钠-甲醛溶液作用，重氮基即被氢原子取代而生成芳烃，产率达 80%左右。

$$ArN_2HSO_4+H_3PO_2+H_2O \longrightarrow Ar-H+N_2\uparrow+H_3PO_3+H_2SO_4$$

$$ArN_2Cl+HCHO+2NaOH \longrightarrow ArH+N_2\uparrow+HCOONa+NaCl+H_2O$$

重氮盐与乙醇作用，重氮基亦可被氢原子取代，但往往有副产物醚生成，产率一般在

50%～60%。如果用甲醇代替乙醇，生成醚的量很大。

$$ArN_2Cl+C_2H_5OH \longrightarrow Ar—H+N_2\uparrow+CH_3CHO+HCl$$

$$ArN_2Cl+C_2H_5OH \longrightarrow Ar—O—C_2H_5+N_2\uparrow+HCl$$

该反应在合成上可作为去氨基或硝基的方法。利用这一性质，首先在苯环上引入氨基，再借助氨基的定位效应，引入其他基团进入苯环的某个位置，最后将氨基去掉，从而可得到用其他方法不易或不能直接取代得到的某些化合物。例如：1,3,5-三溴苯的合成，若由苯直接溴代是不可能得到该化合物的。但由苯为原料经过下列步骤却可达到合成1,3,5-三溴苯的目的。

$$C_6H_6 \xrightarrow{HNO_3,\ H_2SO_4} C_6H_5NO_2 \xrightarrow{Fe+HCl} C_6H_5NH_2 \xrightarrow{Br_2+H_2O} \text{2,4,6-}Br_3C_6H_2NH_2 \xrightarrow{NaNO_2+H_2SO_4}$$

$$\text{2,4,6-}Br_3C_6H_2N_2HSO_4 \xrightarrow{H_3PO_2+H_2O} \text{1,3,5-}Br_3C_6H_3$$

$$H_3C-C_6H_5 \xrightarrow{混酸} H_3C-C_6H_4-NO_2 \xrightarrow{[H]} p\text{-}CH_3C_6H_4NH_2 \xrightarrow{(CH_3CO)_2O} p\text{-}CH_3C_6H_4NHCOCH_3 \xrightarrow[\text{②}OH^-,\ H_2O]{\text{①}Br_2,\ H_2O} \text{4-}CH_3\text{-2-}BrC_6H_3NH_2 \xrightarrow[0\sim5℃]{NaNO_2+H_2SO_4} \text{4-}CH_3\text{-2-}BrC_6H_3N_2HSO_4 \xrightarrow[H_2O]{H_3PO_2} m\text{-}CH_3C_6H_4Br$$

通过此反应，可以从芳胺变为芳烃，所以常称去氨基反应。此反应在结构证明及有机合成中都很有用。因为去氨基反应有利于认识化合物的原来骨架；而在有机合成中，则可以起到在特定位置上的“占位、定位”作用。

2. 被羟基取代

加热重氮盐水溶液，即有氮气放出，并有酚生成，产率一般在50%～60%。

$$ArN_2HSO_4+H_2O \xrightarrow{\triangle} Ar—OH+N_2\uparrow+H_2SO_4$$

重氮盐被羟基取代的反应是按 S_N1 历程进行的。首先，重氮正离子是因失去稳定的氮（N_2），生成苯基正离子。

$$C_6H_5-N_2^+ \xrightarrow{慢} C_6H_5^+ + N_2\uparrow$$

由于苯基正离子是因失去 σ 电子形成的，其空轨道为杂化轨道，它与苯环的 π 轨道不能共轭，即不能形成离域轨道，其正电荷集中在一个碳原子上。苯基正离子轨道如图11-7所示。

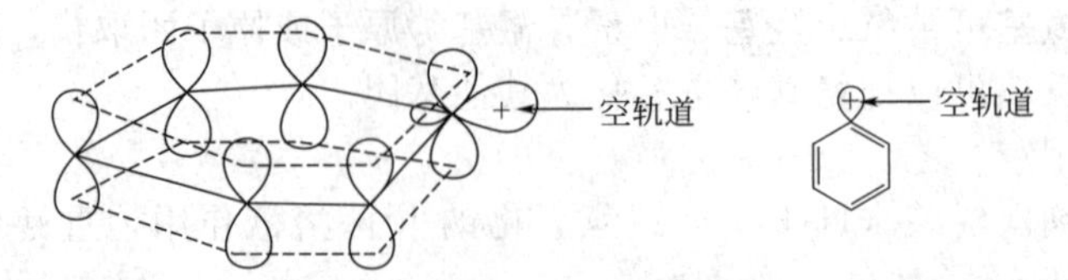

图11-7　苯基正离子轨道图

因此，苯基正离子能量较高，很活泼，一旦生成，即与水反应也生成酚。同时，也与溶液中其他的亲核试剂结合。

$$\ce{C6H5+ ->[H_2O][快] C6H5OH2+ ->[-H^+] C6H5OH}$$

$$\ce{C6H5+ ->[Cl^-][快] C6H5Cl}$$

在用重氮盐制备酚时，通常用芳香族重氮硫酸盐在强酸性的热硫酸溶液（40%～50%）中进行。这是因为：其一，若采用重氮盐酸盐在盐酸溶液中进行，则由于体系的Cl^-作为亲核试剂也能与苯基正离子反应，生成副产物氯苯；其二，水解反应中已生成的酚易与尚未反应的重氮盐发生偶合反应，强酸性的硫酸溶液不仅可使偶合反应减少到最低程度，而且还可提高分解反应的温度，使水解进行得更加迅速、彻底。

在有机合成中通常通过重氮盐的途径使氨基转化成烃基来制备某些不能用芳磺酸盐碱熔法来制备的酚类。例如，间溴苯酚就不宜用间溴苯磺酸钠碱熔来制取，因为溴原子在碱熔时也会被水解掉。因此，可用间溴苯胺经重氮化、水解来制备间溴苯酚。

$$\text{间溴苯胺 }(NH_2,\ Br) \xrightarrow{NaNO_2+H_2SO_4} \text{间溴苯重氮硫酸盐 }(N_2HSO_4,\ Br) \xrightarrow[\triangle]{H_2O} \text{间溴苯酚 }(OH,\ Br)$$

3. 被卤原子取代

重氮盐的水溶液和碘化钾一起加热，重氮基即被碘原子所取代，生成碘化物并放出氮气，这是把碘原子引入苯环的好方法，产率很高。

$$ArN_2HSO_4+KI \xrightarrow{\triangle} ArI+N_2\uparrow+KHSO_4$$

例如：

$$\text{对硝基苯胺 }(NH_2,\ NO_2) \xrightarrow{NaNO_2+H_2SO_4} (N_2^+HSO_4^-,\ NO_2) \xrightarrow[\triangle]{KI} (I,\ NO_2)$$

该反应属于S_N1历程。氯离子和溴离子的亲核能力比碘离子要弱，因此氯化钾和溴化钾就难于进行上述反应，要使反应进行，必须使用催化剂。用氯化亚铜或溴化亚铜作催化剂，使重氮盐与相应的氢卤酸共热，分别生成芳基氯或芳基溴的反应称为桑德迈尔（Sandmeyer）反应。将CuI或CuF用桑德迈尔反应，不能得到相应的碘化物或氟化物。如果改用铜粉作为催化剂，反应也可以进行，但产率较低，这个反应称为伽特曼（Gttermann）反应。

$$ArN_2Cl \xrightarrow[HCl]{CuCl\text{ 或 }Cu} ArCl+N_2\uparrow$$

$$ArN_2Br \xrightarrow[HBr]{CuBr\text{ 或 }Cu} ArBr+N_2\uparrow$$

例如：

$$\text{邻甲苯胺 }(CH_3,\ NH_2) \xrightarrow{NaNO_2+HCl} (CH_3,\ N_2Cl) \xrightarrow[HCl]{CuCl\text{ 或 }Cu} (CH_3,\ Cl)$$

$$\text{间溴苯胺 }(NH_2,\ Br) \xrightarrow{NaNO_2+HBr} (N_2Br,\ Br) \xrightarrow[HBr]{CuBr\text{ 或 }Cu} (Br,\ Br)$$

在制备溴化物时，可用硫酸代替氢溴酸进行重氮化，因为它对溴化物的产率影响很小，且价格便宜。但不能用盐酸代替，否则将得到氯化物和溴化物的混合物。

芳香族氟化物也可由此法制备，但需首先将重氮盐转变为氟硼酸重氮盐。方法是将氟硼酸（硼酸溶于氢氟酸中）加到重氮盐溶液中，使生成氟硼酸重氮盐沉淀，经分离并干燥后再小心加热，即逐渐分解而制得相应的芳香族氟化物。该反应称为希曼（Shemmn）反应。

$$ArN_2X \xrightarrow{HBF_4} ArN_2BF_4 \xrightarrow{\triangle} ArF + BF_3 + N_2\uparrow$$

例如：

$$\text{间甲基苯胺 }(NH_2, CH_3) \xrightarrow{HCl,\ NaNO_2} \text{间甲基苯重氮盐 }(N_2Cl, CH_3) \xrightarrow{HBF_4} (N_2^+BF_4^-, CH_3) \xrightarrow{\triangle} \text{间氟甲苯 }(F, CH_3)$$

该反应也可以在氟硼酸中进行重氮化反应，则反应完毕后重氮氟硼酸盐直接沉淀出来。利用重氮基被卤素取代的反应可制备某些不易或不能用卤代法得到的卤素衍生物。

4. 被氰基取代

重氮盐与氰化亚铜的氰化钾水溶液作用（桑德迈尔反应）或在铜粉存在下与氰化钾水溶液作用（伽特曼反应），则重氮基可被氰基取代，生成芳腈。例如：

$$\text{邻硝基苯胺 }(NO_2, NH_2) \xrightarrow{NaNO_2 + HCl} (NO_2, N_2Cl) \xrightarrow[\text{或 } Cu + KCN]{CuCN + KCN} (NO_2, CN)$$

氰基可以水解成羧基，因此该反应也是通过重氮盐在苯环上引入一个羧基的较好方法。例如：

$$(NH_2, Br, CH_3) \xrightarrow{NaNO_2 + HCl} (N_2Cl, Br, CH_3) \xrightarrow[KCN]{CuCN} (CN, Br, CH_3) \xrightarrow{H_3O^+} (COOH, Br, CH_3)$$

（二）偶合反应

重氮盐在一定条件下可与酚或芳香胺发生反应，生成有颜色的偶氮化合物，此类反应称为偶合反应。在此类反应中，重氮正离子作为亲电试剂与活泼的芳环发生亲电取代反应，故芳环上的电子云密度越大，越有利于偶合反应的发生。

1. 与酚的偶合反应

重氮盐与酚的偶合反应在弱碱性条件下进行最快。

$$C_6H_5-N_2^+Cl^- + C_6H_5-OH \xrightarrow[0℃]{\text{弱碱性}} C_6H_5-N{=}N-C_6H_4-OH$$

对羟基偶氮苯（橘黄色）

因为酚在弱碱性溶液中转变成酚盐，苯氧基负离子（$C_6H_5-O^-$）的“$-O^-$”比“$-OH$”更强烈地供电子给苯环，使苯环的电子云密度增大，反应加快。但是溶液的碱性不能太强，这是因为在强碱条件下，重氮离子存在如下平衡：

$$C_6H_5-\overset{+}{N_2} + OH^- \rightleftharpoons C_6H_5-N{=}N-OH \rightleftharpoons C_6H_5-N{=}N-O^- + H^+$$

重氮酸（pH＝9～11）　　重氮酸盐（pH＝11～13）

重氮酸和重氮酸盐都不能进行偶合反应。

2. 与芳香胺的偶合反应

重氮盐与芳香胺在弱酸性或中性条件下反应生成黄色固体的偶氮化合物。例如：

$$C_6H_5-\overset{+}{N_2}Cl^- + C_6H_5-N(CH_3)_2 \xrightarrow{\text{中性或弱酸性，}0℃} C_6H_5-N{=}N-C_6H_4-N(CH_3)_2$$

对二甲氨基偶氮苯（4-二甲氨基偶氮苯）

反应的最佳 pH 为 5～7，这是因为胺类在中性或弱酸性溶液中主要以游离胺的形式存在，这时胺的苯环上电子云密度较大，反应较快。溶液的酸性太强，芳香胺与酸作用生成铵盐，使苯环上的电子云密度降低，不利于偶合反应。

重氮盐与芳香胺或酚的偶合反应受电子效应和空间效应的影响，通常发生在羟基或氨基的对位，当对位被其他取代基占据时则发生在邻位。

（三）还原反应

重氮盐可被氯化亚锡和盐酸、亚硫酸钠、亚硫酸氢钠等还原剂还原，也可进行电解还原，保留氮而生成芳基肼。例如：

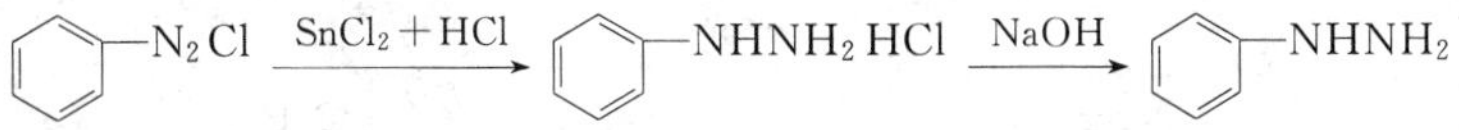

$$C_6H_5-N_2Cl \xrightarrow{SnCl_2+HCl} C_6H_5-NHNH_2\,HCl \xrightarrow{NaOH} C_6H_5-NHNH_2$$

苯肼是无色油状液体，微溶于水，熔点 19.5℃，是常用的羰基试剂，也是合成药物和染料的原料。苯肼极毒，使用时要注意安全。

如果用较强的还原剂（如锌和盐酸），则生成苯胺和氨：

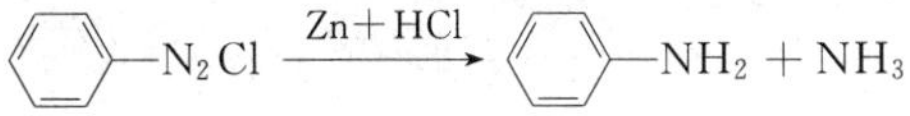

$$C_6H_5-N_2Cl \xrightarrow{Zn+HCl} C_6H_5-NH_2 + NH_3$$

二、偶氮染料与指示剂

1. 偶氮染料

芳香族偶氮化合物的通式为 Ar—N═N—Ar′，它们都具有颜色，性质稳定，可广泛地用作染料，称为偶氮染料。例如：

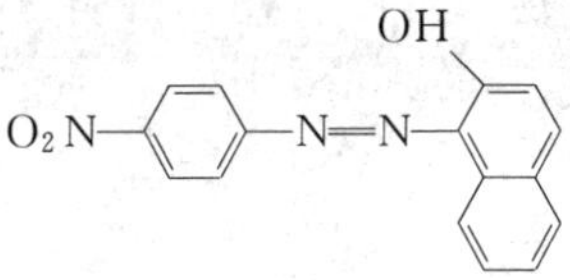

对位红（染料）

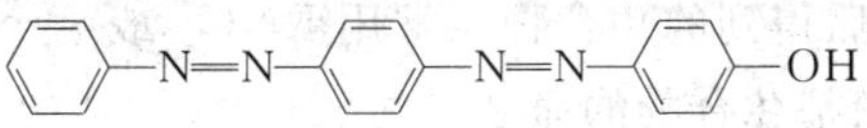

分散黄（染料）

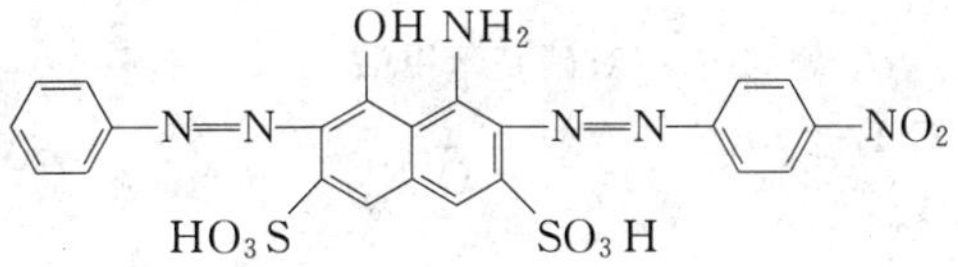

萘酚蓝黑 B（染棉毛等）

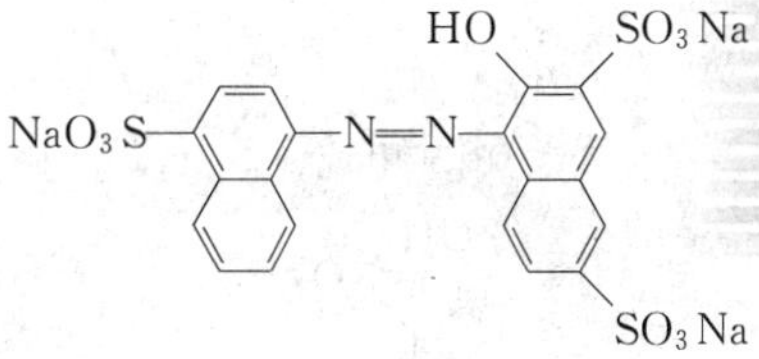

苋菜红（染料）

偶氮染料的分子中都具有偶氮基—N═N—，这类化合物所以具有颜色，与偶氮基结构有关。

偶氮染料是合成染料中品种最多的一种，约占全部染料的一半，包括酸性、媒染、分散、中性、阳离子等偶氮染料，颜色从黄到黑各色品种俱全，而以黄、橙、红、蓝品种最多，色调最为鲜艳。广泛应用于棉、毛、丝、麻织品以及塑料、印刷、食品、皮革、橡胶等产品的染色。

2. 指示剂

其中有些偶氮化合物由于颜色不稳定，可作分析化学的指示剂。指示剂的颜色变化是由于不同 pH 值对其结构不同而引起的。常用的偶氮指示剂有以下几种。

（1）甲基橙　甲基橙是有对氨基苯磺酸钠的重氮盐与 *N*,*N*-二甲基苯胺在弱酸溶液中偶合而成。它在中性或碱性中呈黄色，在酸性中：pH＜3，显红色，在 pH＝3～4 之间显橙色。这种颜色变化是由可逆的两性离子结构引起的。

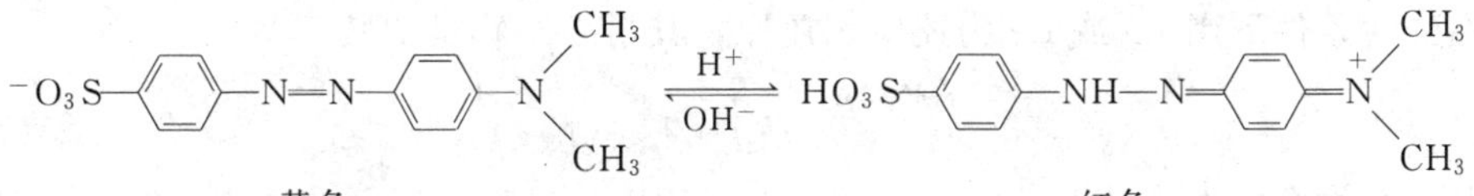

$$^{-}O_3S-C_6H_4-N{=}N-C_6H_4-N(CH_3)_2 \underset{OH^-}{\overset{H^+}{\rightleftharpoons}} HO_3S-C_6H_4-NH-N{=}C_6H_4{=}\overset{+}{N}(CH_3)_2$$

黄色　　　　红色

甲基橙是酸碱滴定的常用指示剂。

（2）刚果红　刚果红是由联苯胺重氮盐与4-氨基苯磺酸偶合而成。它在弱酸性、中性或碱性介质中均以磺酸钠形式存在，呈红色，在强酸性（pH<3）时，以具有邻醌结构的磺酸内盐形式存在，显蓝色。

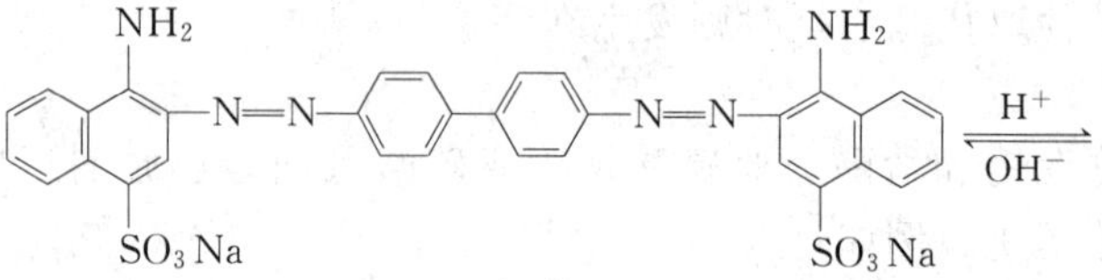

红色

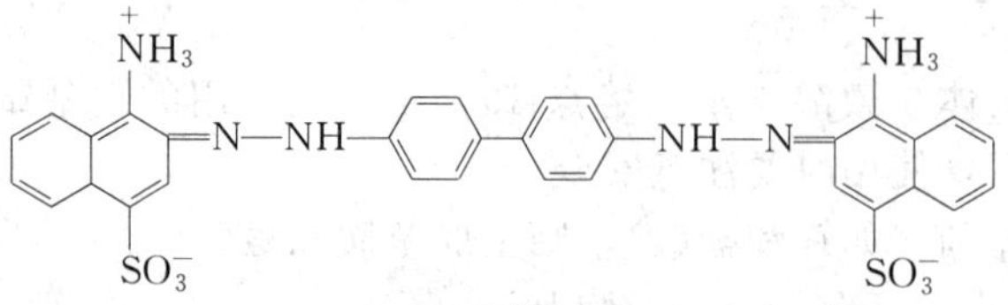

蓝色

第三节　其他含氮化合物

一、硝基化合物

硝基化合物是指分子中含有硝基（—NO_2）的化合物，可以看作是烃分子中的氢原子被硝基取代后得到的化合物，常用 RNO_2 或 $ArNO_2$ 表示。

（一）硝基化合物的命名

与卤代烃的命名相似，通常硝基作为取代基。

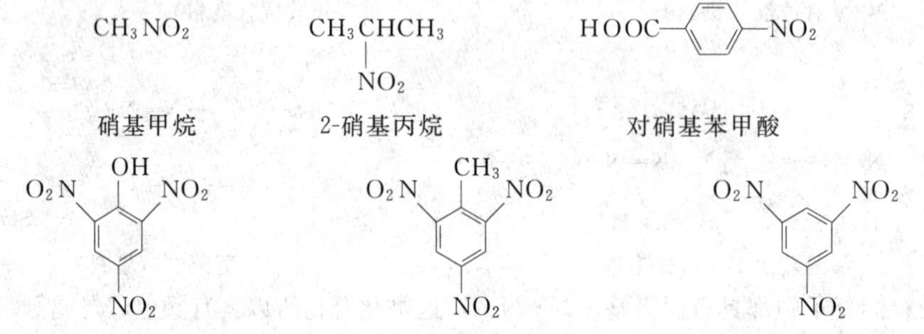

硝基甲烷　　2-硝基丙烷　　对硝基苯甲酸

2,4,6-三硝基苯酚（苦味酸）　2,4,6-三硝基甲苯（TNT）　1,3,5-三硝基苯（TNB）

（二）硝基化合物的性质

脂肪族硝基化合物是无色而具有香味的液体，相对密度都大于1，难溶于水，易溶于醇和醚。并能溶于浓 H_2SO_4 中而形成鎓盐。大部分芳香族硝基化合物是黄色的固体，有的还具有苦杏仁味。多硝基化合物在受热时易分解、易发生爆炸，可作为炸药使用。

硝基化合物有毒性，能透过皮肤而被吸收，能和血液中的血红素作用，严重时可以致死。硝基是强极性基团，硝基化合物的沸点比相对分子质量相当的酮、酯等都高。

1. 还原反应

硝基化合物易被还原，可在酸性还原系统中（Fe、Zn、Sn和盐酸）或催化氢化为胺。硝基苯在酸性条件下用Zn或Fe为还原剂还原，其最终产物是伯胺。

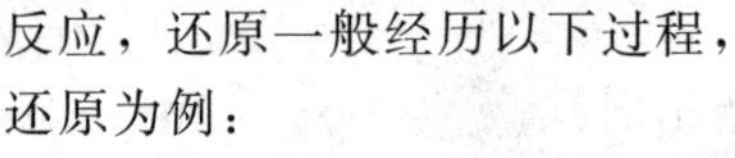

$$C_6H_5\text{—}NO_2 \xrightarrow[\text{HCl}]{\text{Fe 或 Zn}} C_6H_5\text{—}NH_2$$

硝基化合物在酸性条件下反应，还原一般经历以下过程，还原产物为一级胺，但不能从中间物中分离出来。以硝基苯还原为例：

$$C_6H_5NO_2 \longrightarrow C_6H_5NO \longrightarrow C_6H_5NHOH \longrightarrow C_6H_5NH_2$$

亚硝基苯　N-羟基苯胺

芳香族硝基化合物在不同的还原条件下得到不同的还原产物。若选用适当的还原剂，在不同的条件下可以使硝基苯生成各种不同的还原产物，又在一定的条件下相互转变。

$$C_6H_5NO_2 \xrightarrow{NaAsO_3} C_6H_5-\overset{O}{\overset{\uparrow}{N}}=N-C_6H_5 \quad \text{氧化偶氮苯}$$

$$C_6H_5NO_2 \xrightarrow{Fe,NaOH} C_6H_5-N=N-C_6H_5 \quad \text{偶氮苯}$$

$$C_6H_5NO_2 \xrightarrow{Zn,NaOH} C_6H_5-NHNH-C_6H_5 \quad \text{氢化偶氮苯}$$

$$C_6H_5NO_2 \xrightarrow{Zn,NH_4Cl} C_6H_5-NHOH \quad \text{苯胲}$$

$$C_6H_5NO_2 \xrightarrow{Zn,H_2O} C_6H_5-NO \quad \text{亚硝基苯}$$

若选用适当的还原剂，可使硝基苯还原成各种不同的中间还原产物，这些中间产物又在一定的条件下互相转化。

2. 脂肪族硝基化合物的酸性

脂肪族硝基化合物中，硝基为强吸电子基，α-氢受硝基的影响，较为活泼，可发生类似酮-烯醇互变异构，从而具有一定的酸性。

$$RCH_2-\overset{O}{\overset{\|}{N}}-O \rightleftharpoons RCH=\overset{OH}{\overset{|}{N}}-O$$

酮式（硝基式）　烯醇式（假酸式）

烯醇式中连在氧原子上的氢相当活泼，反映了分子的酸性，称假酸式，其能与强碱成盐，所以含有 α-氢硝基化合物可溶于氢氧化钠溶液中，无 α-氢硝基化合物则不溶于氢氧化钠溶液。利用这个性质，可鉴定是否含有 α-氢的伯、仲硝基化合物和叔硝基化合物。

例如硝基甲烷、硝基乙烷、硝基丙烷的 pK_a 值分别为：10.2、8.5、7.8。

$$R-CH_2-\overset{+}{N}(=O)-O^- \rightleftharpoons R-CH=\overset{+}{N}(-OH)-O^- \xrightarrow{NaOH} \left[R-CH=\overset{+}{N}(-O)-O^-\right]^- Na^+$$

假酸式（主）　酸式（较少）

3. 芳香环上的取代反应

硝基苯中，硝基的邻位或对位上的某些取代基常显示出特殊的活性。

氯苯是稳定的化合物，普通条件下要使氯苯与氢氧化钠作用转变为苯酚很困难。但在氯原子的邻位或对位上有硝基时，卤素的活性增大，容易被羟基取代，硝基越多，卤素的活性越强。例如：

$$C_6H_5Cl \xrightarrow[\text{高温，高压}]{NaOH，Cu} C_6H_5OH$$

$$2,4-(NO_2)_2C_6H_3Cl \xrightarrow[\text{煮沸}]{10\%Na_2CO_3} 2,4-(NO_2)_2C_6H_3OH$$

这是由于硝基的吸电子共轭效应使苯环上的电子云密度降低，特别是使硝基的邻位或对位碳原子上的电子云密度降低，使氯原子容易被取代。

由于同样原因，硝基也使苯环上的羟基或羧基，特别是处于邻位或对位的羟基或羧基上的氢原子质子化倾向增强，即酸性增强。例如：

	苯酚 (OH)	邻硝基苯酚 (OH, NO_2)	对硝基苯酚 (OH, NO_2)	间硝基苯酚 (OH, NO_2)
pK_a	10.00	7.21	7.16	8.30

	苯甲酸 (COOH)	邻硝基苯甲酸 (COOH, NO_2)	对硝基苯甲酸 (COOH, NO_2)	间硝基苯甲酸 (COOH, NO_2)
pK_a	4.17	2.21	3.40	3.49

二、腈类化合物

（一）腈的命名

腈可以看作是氢氰酸（HCN）分子中的氢原子被烃基取代所生成的生成物，通式为 RCN 或 ArCN。

腈的命名是按腈分子中所含碳原子的数目而称为“某腈”。例如：

CH_3CN 乙腈　　CH_3CH_2CN 丙腈　　$CH_2{=}CHCN$ 丙烯腈

也可以把烃作为母体，氰基作为取代基，称为“氰基某烃”；也可以看作是烃基的氰化物，称为“某烃基腈”。例如：

CH_3CN 氰基甲烷　　CH_3CH_2CN 氰基乙烷

（二）腈的性质

低级腈为无色液体，高级腈为固体。乙腈能与水混溶，随着分子量的增加，在水中的溶解度迅速降低，丁腈以上就难溶于水。腈的沸点比分子量相近的胺、醛等都高。但比羧酸的沸点低，与醇的沸点相近。表 11-3 为腈与分子量相近的胺、醛、羧酸、醇的沸点比较。

表 11-3　腈与分子量相近的胺、醛、羧酸、醇的沸点比较

项　目	乙　腈	二　甲　胺	乙　醛	甲　酸	乙　醇
相对分子质量	41	45	44	46	46
沸点/℃	82	7.3	21	100.5	78.5

腈分子中含有碳氮叁键，可以起各种加成反应。它们的性质与羧酸衍生物相似，可发生水解和还原等反应。

1. 水解反应

腈在酸或碱的催化下，水解生成羧酸，但在酸催化下得到游离的羧酸和铵盐，而在碱催化下得到羧酸盐和氨。

$$R{-}CN + H_2O \xrightarrow{H^+} RCOOH + NH_4^+$$

$$R{-}CN + H_2O \xrightarrow{OH^-} RCOO^- + NH_3\uparrow$$

腈的水解被认为是分步进行的，第一步生成酰胺，第二步生成羧酸。但该反应一般情况下难以停留在酰胺阶段。如若想使反应停止在酰胺阶段，就必须控制适当的反应条件。工业上用己二腈水解制备己二酸。

2. 还原反应

腈加氢或还原则生成伯胺，这是制备伯胺的方法之一。

$$RCN + H_2 \xrightarrow{Ni} R—CH═NH \xrightarrow{H_2/Ni} R—CH_2—NH_2$$

伯胺

$$R—CH═NH + R—CH_2—NH_2 \longrightarrow R—CH(NH_2)—NH—CH_2—R \xrightarrow[-NH_3]{\triangle} R—CH═N—CH_2—R \xrightarrow{H_2}$$

$$R—CH_2NHCH_2—R \longrightarrow \longrightarrow (RCH_2)_3N$$

叔胺

为了抑制副反应，需加入过量的 NH_3，也可加些 KOH 等碱类。工业上用己二腈催化加氢制己二胺。

【阅读材料】

红酒与生物胺

生物胺是一类主要由氨基酸脱羧或醛和酮氨基化形成的弱碱性低分子量含氮化合物。生物胺存在于多种食品尤其是发酵食品（如奶酪、葡萄酒、啤酒、米酒、发酵香肠、调味品、水产品及肉类产品等）中。当人体摄入过量的生物胺（尤其是同时摄入多种生物胺）时，会引起诸如头痛、恶心、心悸、血压变化、呼吸紊乱等过敏反应，严重的还会危及生命。这就是为什么有人认为葡萄酒中的组胺及其他生物胺的含量可以作为衡量葡萄酒生产过程中卫生条件好坏的一个主要指标。

现在不少人都知道红酒对降低心血管病发病率有益，这与酿造红酒所使用的原料以及制作工艺有关。红酒是红葡萄连皮带肉和葡萄籽搅成浆液，经发酵而成。而红葡萄的皮和籽中含有异常丰富的多酚类物质“白藜芦醇”，经科学研究证实，白藜芦醇是一种强抗氧剂，它能摧毁人体内的自由基，从而防止自由基对血管和其他组织造成的伤害。更重要的是，红酒所含的白藜芦醇还有“出色”的降血脂作用，故可预防冠心病、中风等症。最典型的例子是，法国国民的冠心病发病率在欧美发达国家中是最低，其主要原因与法国人素有餐前喝一杯红酒的习惯有关。

红酒虽好，但并非人人适合饮用。如：有些人喝红酒后会引起头痛的症状。过去有人认为红酒里的酒精是引起头痛的主要因素，但美国的最新研究结果表明，实际上喝红酒引起头痛的真正原因并非酒精，而是红酒中所含的一些特殊的“生物胺”类物质，其中包括酪胺和组胺等，它们均为红酒在酿制过程中自然产生的物质，而烧酒、啤酒等酒类则基本不含生物胺类物质。美国科学家发现，红酒所含的胺类物质除引起头痛外，还会诱发高血压、心悸，并可促进肾上腺素分泌量增加。

总之，红酒并非像人们之前所想的那样是“有百利而无一弊”的酒类。如果人们想以喝红酒的方式来增加白藜芦醇的摄入量，防止心血管病的发生，那还不如经常吃些花生，因为花生同样含有丰富的白藜芦醇成分，而且即使常吃花生也不会引起头痛。

本 章 小 结

一、胺

（一）胺的分类

根据氨分子中一个、两个或三个氢原子被烃基取代的情况，将胺分为伯胺、仲胺、叔胺。根据胺分子中所含氨基（$—NH_2$）数目的多少将胺分为一元胺、二元胺、多元胺。

（二）胺的命名

简单的胺是以胺作母体，烃基作为取代基，命名时将烃基的名称和数目写在母体胺的前面，“基”字一般可以省略。例如：

$CH_3CH_2NH_2$	CH_3NHCH_3	$CH_3CH_2NHCH_3$	$C_6H_5—NH_2$
乙胺	二甲胺	甲乙胺	苯胺

复杂的胺则以系统命名法命名，是把胺看作烃的氨基衍生物，即把氨基作为取代基，烃作为母体来命

名。例如：

$$\begin{array}{c} \quad CH_3 \quad\quad NH_2 \\ \quad | \quad\quad\quad | \\ CH_3CHCH_2CHCH_2CH_3 \end{array}$$

2-甲基-4-氨基己烷

（三）胺的性质

1. 胺的物理性质

相对分子质量较低的低级脂肪胺在常温下均为气体，其他低级胺为液体，高级胺则为固体。胺也是极性物质，除叔胺外均可形成分子间氢键，因此，伯胺和仲胺的沸点比分子量相近的烷烃高。

2. 胺的化学性质

(1) 碱性与成盐反应

$$R\ddot{N}H_2 + H_2O \rightleftharpoons RNH_3^+ + OH^-$$

$$CH_3\ddot{N}H_2 + HCl \longrightarrow CH_3NH_3^+Cl^- (或\ CH_3NH_2 \cdot HCl)$$

(2) 烷基化反应

$$C_6H_5{-}NH_2 + R{-}X \longrightarrow [C_6H_5{-}\overset{+}{N}H_2R]X^- \xrightarrow{NaOH} C_6H_5{-}NHR + NaX + H_2O$$

$$C_6H_5{-}NHR + R{-}X \longrightarrow [C_6H_5{-}\overset{+}{N}HR_2]X^- \xrightarrow{NaOH} C_6H_5{-}NR_2 + NaX + H_2O$$

$$C_6H_5{-}NR_2 + R{-}X \longrightarrow C_6H_5{-}\overset{+}{N}R_3X^-$$

(3) 酰基化反应

$$\left.\begin{array}{l} C_6H_5{-}NH_2 \\ C_6H_5{-}NHCH_3 \end{array}\right] \xrightarrow[CH_3COCl]{(CH_3CO)_2O} \left[\begin{array}{l} C_6H_5{-}NHCOCH_3 \\ C_6H_5{-}N(CH_3)COCH_3 \end{array}\right.$$

(4) 磺酰化反应

$$C_6H_5{-}NH_2 \xrightarrow{H_2SO_4} C_6H_5{-}\overset{+}{N}H_3\ \overset{-}{O}SO_3H \xrightarrow{180\sim190℃} H_2N{-}C_6H_4{-}SO_3H$$

(5) 与亚硝酸的反应

$$CH_3CH_2NH_2 + NaNO_2 + HCl \longrightarrow [CH_3CH_2{-}\overset{+}{N}{\equiv}NCl^-] \longrightarrow CH_3\overset{+}{C}H_2 + Cl^- + N_2\uparrow$$

$$(C_2H_5)_2NH \xrightarrow{NaNO_2+HCl} (C_2H_5)_2N{-}NO$$

N-亚硝基二乙胺

$$C_6H_5{-}NHCH_3 \xrightarrow{NaNO_2+HCl} C_6H_5{-}N(CH_3){-}NO$$

（四）胺的重要化合物

胺的重要化合物主要包括季铵盐与季铵碱。

二、重氮化合物和偶氮化合物

重氮和偶氮化合物均含有—N═N—官能团，可用通式 R—N═N—R 来表示，主要学习了芳香族重氮盐和偶氮化合物。

1. 被氢原子取代

$$ArN_2HSO_4 + H_3PO_2 + H_2O \longrightarrow Ar{-}H + N_2\uparrow + H_3PO_3 + H_2SO_4$$

$$ArN_2Cl + HCHO + 2NaOH \longrightarrow ArH + N_2\uparrow + HCOONa + NaCl + H_2O$$

2. 被羟基取代

$$ArN_2HSO_4 + H_2O \xrightarrow{\triangle} Ar{-}OH + N_2\uparrow + H_2SO_4$$

3. 被卤原子取代

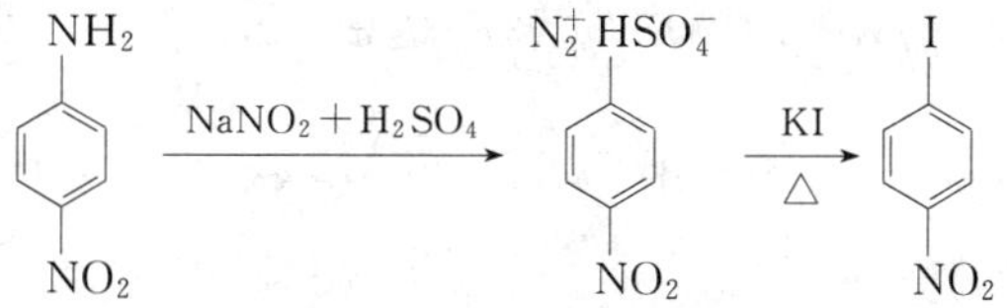

$$p\text{-}NO_2C_6H_4NH_2 \xrightarrow{NaNO_2+H_2SO_4} p\text{-}NO_2C_6H_4N_2^+HSO_4^- \xrightarrow[\triangle]{KI} p\text{-}NO_2C_6H_4I$$

4. 被氰基取代

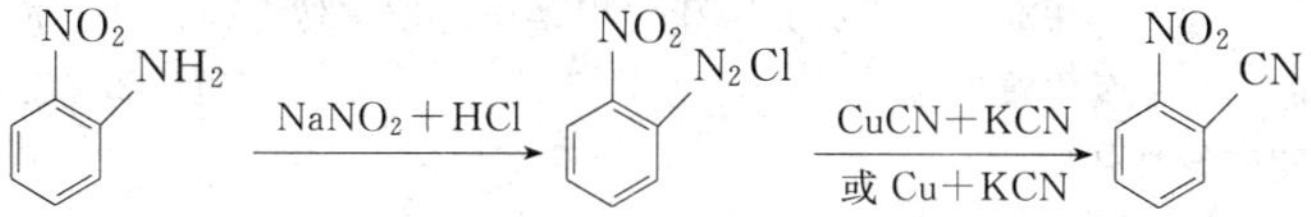

$$o\text{-}NO_2C_6H_4NH_2 \xrightarrow{NaNO_2+HCl} o\text{-}NO_2C_6H_4N_2Cl \xrightarrow[\text{或 } Cu+KCN]{CuCN+KCN} o\text{-}NO_2C_6H_4CN$$

三、其他含氮化合物

（一）硝基化合物

1. 还原反应

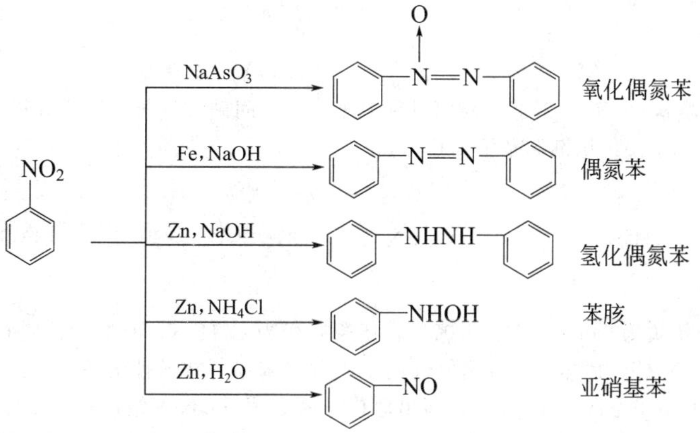

$C_6H_5NO_2$：

- $\xrightarrow{NaAsO_3}$ $C_6H_5N(\rightarrow O)=NC_6H_5$ 氧化偶氮苯
- $\xrightarrow{Fe,NaOH}$ $C_6H_5N=NC_6H_5$ 偶氮苯
- $\xrightarrow{Zn,NaOH}$ $C_6H_5NHNHC_6H_5$ 氢化偶氮苯
- $\xrightarrow{Zn,NH_4Cl}$ C_6H_5NHOH 苯胲
- $\xrightarrow{Zn,H_2O}$ C_6H_5NO 亚硝基苯

2. 脂肪族硝基化合物的酸性

$$RCH_2-N(=O)-O \rightleftharpoons RCH=N(OH)-O$$

酮式（硝基式） 烯醇式（假酸式）

3. 芳香环上的取代反应

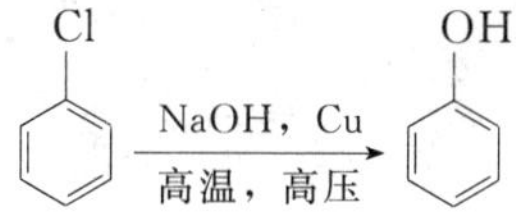

$$C_6H_5Cl \xrightarrow[\text{高温，高压}]{NaOH，Cu} C_6H_5OH$$

（二）腈类化合物

1. 水解反应

$$R-CN+H_2O \xrightarrow{H^+} RCOOH+NH_4^+$$

$$R-CN+H_2O \xrightarrow{OH^-} RCOO^-+NH_3\uparrow$$

2. 还原反应

$$R-CH=NH \xrightarrow{H_2/Ni} R-CH_2-NH_2$$

伯胺

$$R-CH=NH+R-CH_2-NH_2 \longrightarrow R-CH(NH_2)-NH-CH_2-R \xrightarrow[-NH_3]{\triangle} R-CH=N-CH_2-R \xrightarrow{H_2}$$

$$R-CH_2NHCH_2-R \longrightarrow \longrightarrow (RCH_2)_3N$$

叔胺

习 题

1. 命名下列化合物，并指出是哪一种胺？

(1) $CH_3CH_2NH_2$　(2) $C_2H_5NHC_2H_5$　(3) $(C_2H_5)_3N$　(4) $NH_2CH_2CH_2NH_2$

(5) $C_6H_5NH_3^+Br^-$　(6) $(CH_3)_4N^+OH^-$　(7) 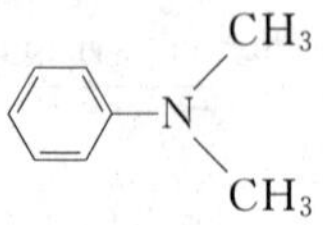 $C_6H_5-N(CH_3)_2$

2. 写出下列化合物的结构式。

(1) TNT　(2) 苦味酸　(3) 溴化三甲基十二烷基铵　(4) 己二胺　(5) 丙烯腈

(6) 乙二胺四乙酸　(7) 氯化重氮苯　(8) 偶氮苯　(9) 偶氮二异丁腈

3. 比较下列化合物的碱性强弱。

(1) 苯胺、对甲基苯胺与间硝基苯胺

(2) 脲、乙酰胺、乙胺与丙二酰脲

(3) 氨、二甲胺、三乙胺

4. 如何由苯胺合成对苯二甲酸?

5. 完成下列转变。

(1) 乙烯→己二胺　(2) 丙烯→己二胺　(3) 苯→对硝基苯胺

(4) 硝基苯→间溴苯酚　(5) 苯胺→对氨基偶氮苯　(6) 间硝基氯苯→间溴氯苯

6. 试从苯开始,用适当的试剂制备下列化合物。

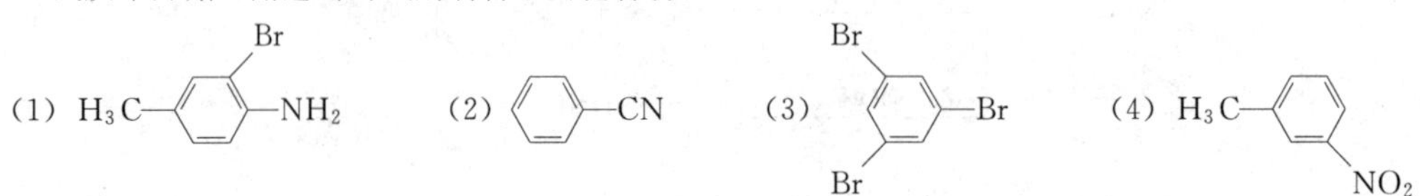

7. 一化合物的分子式为 $C_7H_7O_2N$,无碱性,还原后变为 C_7H_9N,有碱性;使 C_7H_9N 的盐酸盐与亚硝酸作用,生成 $C_7H_7N_2Cl$,加热后能放出氮气而生成对甲苯酚。在碱性溶液中上述 $C_7H_7N_2Cl$ 与苯酚作用生成具有鲜艳颜色的化合物 $C_{13}H_{12}ON_2$。写出原化合物 $C_7H_7O_2N$ 的结构式,并写出各有关反应式。

8. 在进行重氮化反应时,往往加入 $NaNO_2$,然后再用淀粉碘化钾试纸检定有过量的亚硝基存在时,加入脲,将过量的亚硝基除去,才进行下一步反应,请解释这一系列的变化。

第十二章　含硫、含磷有机化合物

学习目标

1. 掌握硫、磷化合物的命名。
2. 了解硫、磷化合物的性质。

第一节　含硫有机化合物

含硫有机化合物包括硫醇、硫酚和硫醚。

硫在周期表中与氧同属第六主族，它们的最外层电子数都是六个，都能形成两价化合物。醇、酚、醚分子中的氧原子被硫原子替代后分别形成与氧类似的化合物——硫醇、硫酚、硫醚。其通式分别为：

R—SH	Ar—SH	R—S—R′
硫醇	硫酚	硫醚

此外，由于硫原子具有 3d 空轨道，还能形成高价硫化合物，如亚磺酸（R—SOOH）、磺酸（RSO_2OH）、亚砜（RSOR′）、砜（RSO_2R'）等。

（一）硫醇、硫酚和硫醚的命名

硫醇和硫酚可看作是烃分子中的一个氢原于被巯基取代后的衍生物，常用通式 R—SH 表示。—SH 称为巯基，巯基是硫醇和硫酚的官能团。

硫醇和硫酚的命名法较简单，只需在相应的醇、酚的含氧化合物名称前加一“硫”字，或以巯基作为取代基加以命名。硫醚的官能团是 C—S—C。硫醚的命名同样是在相应的含氧醚的“醚”字前加一“硫”字即可。例如：

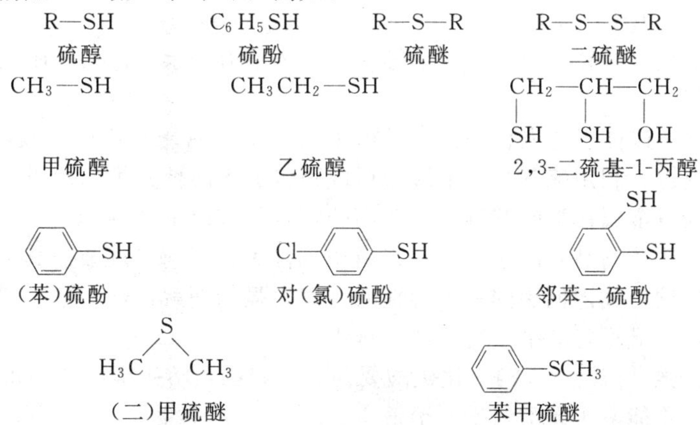

硫原子又可形成高价的含硫化合物，如亚砜、砜、亚磺酸、磺酸等：

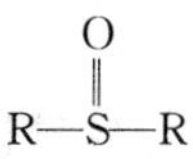

R—S(=O)—R	R—S(=O)₂—R	R—S(=O)—OH	R—S(=O)₂—OH
亚砜	砜	亚磺酸	磺酸

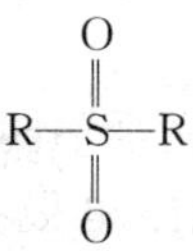

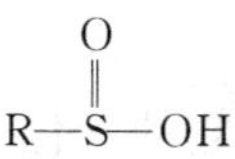

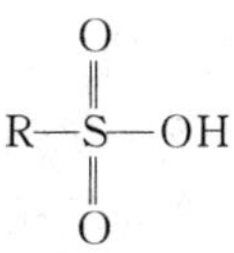

（二）**硫醇、硫酚和硫醚的物理性质**

低级的硫醇具有难闻的臭味，其臭味随着相对分子质量的增加而逐渐减小。乙硫醇在空气中的浓度为 5×10^{-10} g/L 即能为人所感觉。黄鼠狼散发出来的臭气中就含有丁硫醇。

硫的电负性比氧小，外层电子离核较远，所以硫醇的巯基之间相互作用弱，形成氢键的能力极弱，而且巯基不能与水形成氢键，水溶性很弱。所以它的沸点及在水中的溶解度比相应的醇和酚低得多。例如，乙醇的沸点为 78.5℃，与水完全混溶；而乙硫醇的沸点为 37℃，在 100g 水中只能溶解 1.5g。

硫醚为无色、有臭味液体，沸点比相应的醚高（如甲醚的沸点为－24.9℃，甲硫醚的沸点为 37.6℃）。硫醚不能与水形成氢键，不溶于水，可溶于醇和醚中。

（三）**硫醇和硫酚的化学性质**

在化学性质上，由于硫醇与醇有类似的结构，所以硫醇也有与醇类似的化学性质。如巯基上的氢原子比较活泼，也能生成类似于醇的化合物。但由于硫原子的特性，使硫醇也呈现一定的特性。例如由于硫原子的电负性小，对氢原子的吸引力减小，故氢原子更活泼，硫醇的酸性比醇强。在氧化反应上，也因硫原子有 3d 空轨道，易氧化成高价化合物，这与醇有显著的差异。

1. 酸性

硫醇的酸性比醇强，显示弱酸性。因为 3p 轨道比 2p 轨道扩散，它与 1s 轨道交盖不如 2p 轨道有效，所以氢更易离解。

	$ArSO_3H$	ArCOOH	ArSH	ArOH	RSH	ROH
pK_a	－0.6	4～5	7.8	10	10.5	15～19

硫醇可以与氢氧化钠和某些金属（尤其是重金属）的氧化物或氢氧化物反应，生成相应的硫醇盐。例如：

$$R{-}SH + NaOH \longrightarrow R{-}SNa + H_2O$$

$$2R{-}SH + HgO \longrightarrow (RS)_2Hg\downarrow + H_2O$$

$$\begin{matrix} CH_2{-}SH \\ | \\ CH{-}SH \\ | \\ CH_2{-}OH \end{matrix} + R{-}As{=}O \longrightarrow \begin{matrix} CH_2{-}S \\ | \quad\quad \\ CH{-}S \\ | \\ CH_2{-}OH \end{matrix}\!\!\!\!> As{-}R + H_2O$$

硫醇的重金属盐（如砷、汞、铅、铜等盐类）都不溶于水。这一性质在临床上可用作重金属中毒的解毒剂。

许多种金属盐所以能引起人兽中毒，是由于这些重金属能与机体内某些酶的巯基结合，而使酶丧失生理活性。利用巯基与重金属盐形成稳定的不溶性盐类的性质，可以向体内注入含巯基化合物作为重金属盐类的解毒剂。常用的解毒剂有以下几种。

二巯基丙醇（医药商品名巴尔，BAL）由于毒性大，目前已逐渐被其他解毒剂所代替。

二巯基丁二酸钠是我国创制的一个毒性低、效力强的新解毒药。这些解毒剂能夺取与体内酶结合的金属，形成稳定的络合物从尿中排出。

硫酚的酸性更强（$pK_a=7.8$），比碳酸要强，故硫酚可溶于碳酸氢钠水溶液中。而苯酚的酸性比碳酸弱，不能溶于碳酸氢钠水溶液中。

$$C_6H_5SH + NaHCO_3 \longrightarrow C_6H_5SNa + H_2O + CO_2$$

2. 氧化反应

硫醇可被氧化剂氧化，但是它的氧化方式与醇类完全不同，硫醇很容易被氧化成二硫化合物，通常称为二硫醚，氧化剂为 I_2 或稀 H_2O_2；硫酚也很容易被氧化成二硫醚：将硫酚溶解于二甲亚砜（DMSO）中，在 80～90℃加热，可得二芳基二硫醚。

$$X-C_6H_4-SH \xrightarrow[\text{加热}]{DMSO} X-C_6H_4-S-S-C_6H_4-X$$

$(X=H, CH_3, Cl)$

在生物体中，S—S键对保持蛋白质分子的特殊构型具有重要的作用，例如胱氨酸就是半胱氨酸的过硫化物，它们在酶的作用下互相转化：

$$2HOOCCH(NH_2)CH_2SH \underset{[H]}{\overset{[O]}{\rightleftharpoons}} HOOCCH(NH_2)CH_2S-SCH_2CH(NH_2)COOH$$

硫醇、硫酚在高锰酸钾和硝酸等强氧化剂的作用下，则发生较强烈的氧化反应，生成磺酸：

$$CH_3CH_2-SH \xrightarrow[H^+]{KMnO_4} CH_3CH_2-SO_3H$$

乙基磺酸

3. 亲核性

由于硫的价电子离核较远，受核的束缚力小，其极化度较强，加上硫原子周围空间大、空间阻碍小以及溶剂化程度小等因素，导致 RS^- 的给电子能力强、亲核性强，易发生 S_N2 亲核取代反应。

$$CH_3CH_2SH + (CH_3)_2CHCH_2Br \xrightarrow[OH^-]{H_2O} CH_3CH_2SCH_2CH(CH_3)_2$$

硫醇还可以与羰基化合物发生亲核加成反应。

与酰卤、酸酐反应生成硫代羧酸酯。

$$RC(=O)Cl + R'SH \longrightarrow RC(=O)SR' + HCl$$

硫代羧酸酯

与醛、酮反应生成硫代缩醛或缩酮。

$$(CH_3)_2C=O + 2C_2H_5SH \xrightarrow[ZnCl_2]{H^+} (CH_3)_2C(SC_2H_5)_2$$

丙酮缩二乙硫醇

生成的硫代缩醛或缩酮在金属盐如 $HgCl_2$ 存在下，很容易水解，再生出醛或酮。

$$RR'C=O \xrightarrow[H^+]{HS(CH_2)_3SH} RR'C(SCH_2CH_2CH_2S) \xrightarrow[HgCl_2]{H_2O} RR'C=O$$

1,3 二噻烷

(四) 硫醚的化学性质

1. 亲核反应

可与 $HgCl_2$、$PtCl_4$ 等金属盐形成不溶性络合物，可与卤代烃形成锍盐，如：

$$(CH_3)_2\ddot{S}: + CH_3-I \longrightarrow (CH_3)_3S^+I^-$$

碘化三甲锍为晶体，熔点201℃，易溶于水，略溶于乙醇，加热至215℃，又分解为碘甲烷和甲硫醚：

$$I^- + CH_3-S^+(CH_3)_2 \xrightarrow{\text{加热}} CH_3I + (CH_3)_2S\uparrow$$

2. 氧化反应

硫醚可被氧化为亚砜或砜，常用的氧化剂是 H_2O_2：

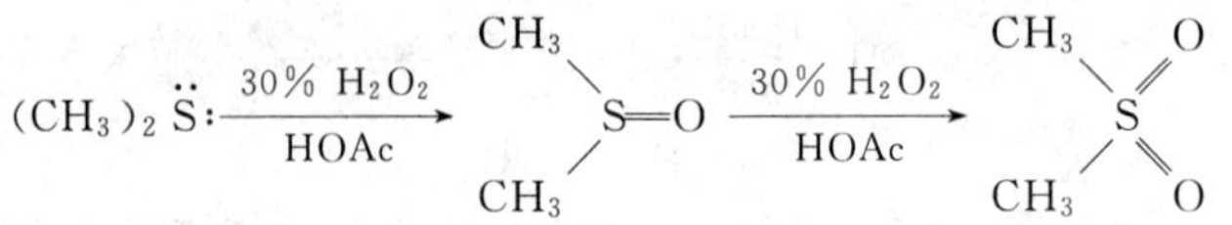

$$(CH_3)_2\ddot{S}: \xrightarrow[HOAc]{30\%\ H_2O_2} (CH_3)_2S{=}O \xrightarrow[HOAc]{30\%\ H_2O_2} (CH_3)_2S(=O)_2$$

若使用 N_2O_4、$NaIO_4$ 及间氯过氧苯甲酸等作为氧化剂，可使反应控制在生成亚砜的阶段上，以乙腈和二氯甲烷为溶剂，用三氯乙腈酸为选择性氧化剂，也成功地将硫醚氧化成为亚砜，在体系中没有发现砜的存在：

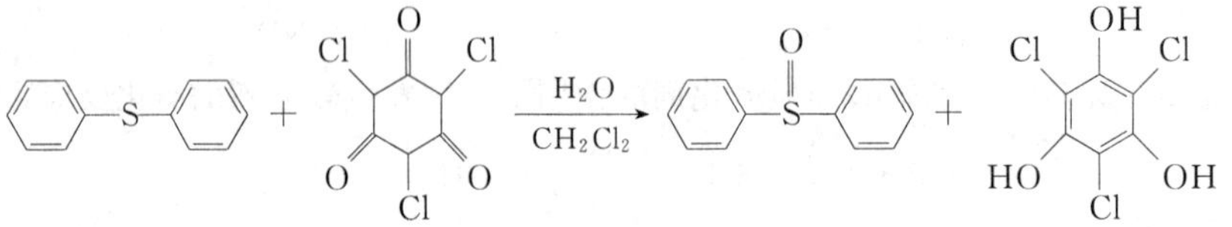

$$C_6H_5{-}S{-}C_6H_5 + \text{(2,4,6-三氯环己-1,3,5-三酮)} \xrightarrow[CH_2Cl_2]{H_2O} C_6H_5{-}S(=O){-}C_6H_5 + \text{(2,4,6-三氯-1,3,5-苯三酚)}$$

3. 亚砜和砜

(1) 优良的强极性非质子溶剂　如二甲亚砜（DMSO），介电常数很大（$\varepsilon=48$），与水混溶，可溶解大多数有机化合物，可溶解许多无机盐。由于分子中氧原子上电子出现的概率大，能使阳离子强烈地溶剂化，而不使负离子溶剂化，因此，在二甲亚砜中，诸如 OH^-、OR^-、CN^-、NH_2^- 等负离子为很好的亲核试剂。

(2) 温和的氧化剂　亚砜可被氧化为砜，容易被各种还原剂如 HI、RSH、$LiAlH_4$ 等还原为硫醚，前已提及：将硫酚溶解于二甲亚砜（DMSO）中，在 80～90℃加热，可得二芳基二硫醚。

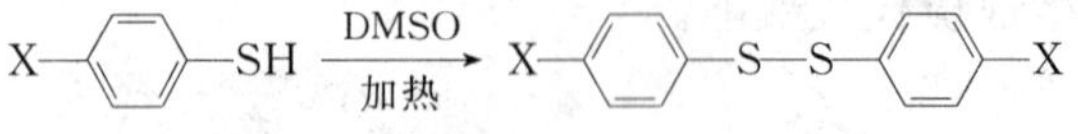

$$X{-}C_6H_4{-}SH \xrightarrow[\text{加热}]{DMSO} X{-}C_6H_4{-}S{-}S{-}C_6H_4{-}X$$

$(X=H, CH_3, Cl)$

第二节　磺酸及其衍生物

一、磺酸

1. 磺酸的结构

$R{-}SO_3H$ 可以看作为硫酸分子中的一个—OH 被烃基取代后的衍生物，例如：

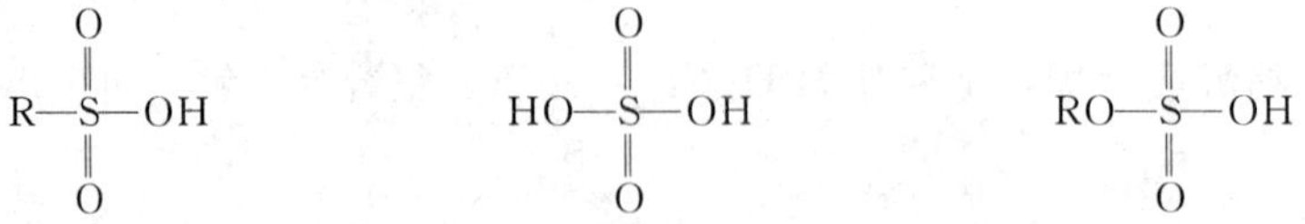

$$R{-}S(=O)_2{-}OH \qquad HO{-}S(=O)_2{-}OH \qquad RO{-}S(=O)_2{-}OH$$

磺酸　　硫酸　　硫酸酯

2. 磺酸的命名

磺酸前加上相应的烃基的名称。如：

$C_2H_5SO_3H$ 乙磺酸　　$C_6H_5{-}SO_3H$ 苯磺酸　　$CH_3{-}C_6H_4{-}SO_3H$ 对甲苯磺酸

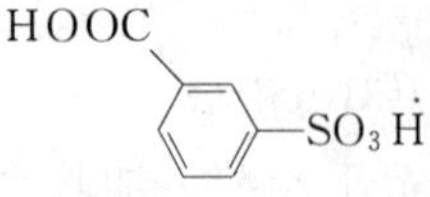

$HOOC{-}C_6H_4{-}SO_3H$ 间磺酸基苯甲酸　　$HO{-}C_6H_4{-}SO_3H$ 邻羟基苯磺酸

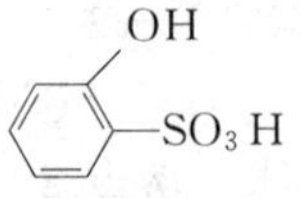

3. 磺酸的制备

(1) 脂肪族磺酸的制备

① 硫醇的氧化　在过氧化氢、高锰酸钾、硝酸等强氧化剂的作用下，硫醇被氧化为脂肪族磺酸。

$$ClCH_2CH_2\overset{CH_3}{\underset{CH_3}{C}}—SH + 3H_2O_2 \xrightarrow{HOAc} ClCH_2CH_2\overset{CH_3}{\underset{CH_3}{C}}—SO_3H + 3H_2O$$

② 卤代烷与亚硫酸氢钠的亲核取代反应

$$(CH_3)_2CHCH_2CH_2Br + HO—\overset{O}{\overset{\|}{S}}—O^-Na \xrightarrow{H_3O^+} (CH_3)_2CHCH_2CH_2SO_3H$$

（2）芳香族磺酸的制备　芳烃直接磺化制备芳香族磺酸，常用的磺化试剂有浓硫酸、发烟硫酸和氯磺酸：

$$C_6H_6 \xrightarrow{H_2SO_4} C_6H_5—SO_3H + H_2O$$

$$C_6H_6 \xrightarrow{ClSO_3H} C_6H_5—SO_3H + HCl$$

由于磺酸易溶于水且易潮解，通常在饱和食盐水中制成磺酸钠，而分离纯制。

4. 磺酸的用途

合成洗涤剂、染料工业及强酸性离子交换树脂都含磺酸基。

由于苯环上的磺酸基可在压力下水解除去，在有机合成中常用来制备一些特定结构的化合物，如：

$$\text{苯酚} \xrightarrow[\text{加热}]{H_2SO_4} \text{2-羟基-1,5-苯二磺酸 (}HO_3S\text{, OH, }SO_3H\text{)} \xrightarrow{Br_2} \text{3-溴-2-羟基-1,5-苯二磺酸} \xrightarrow[\text{水蒸气蒸馏}]{H_3O^+} \text{邻溴苯酚 (OH, Br)}$$

二、磺酸的衍生物

磺酸分子中的羟基被—X、—NH_2、—OR′等取代生成相应的磺酰氯、磺酰胺及磺酸酯等。

1. 磺酰氯

（1）磺酰氯的制备　用五氯化磷或三氯化磷与磺酸共热可制备磺酰氯，也可用过量的氯磺酸与芳烃直接作用来合成，如：

$$3C_6H_5—SO_2OH + PCl_3 \longrightarrow 3C_6H_5—SO_2Cl + H_3PO_3$$

$$C_6H_6 + ClSO_2OH \longrightarrow C_6H_5—SO_2Cl + H_2O$$

（2）磺酰氯的性质　与醇、胺、水等亲核试剂反应，分别生成磺酸酯、磺酰胺和磺酸，但反应活性远不如酰氯（接受亲核试剂进攻的能力更弱；S的 sp^3 杂化决定了其位阻要大于酰氯），如：

$$m\text{-}ClO_2S—C_6H_4—COCl + H_2O \longrightarrow m\text{-}ClO_2S—C_6H_4—COOH + HCl$$

易被还原为亚磺酸，在更强的条件下，被还原为硫醇。

$$CH_3-C_6H_4-SO_2Cl \xrightarrow[H_2O]{Zn} CH_3-C_6H_4-\overset{O}{\overset{\|}{S}}OH \xrightarrow[H_2SO_4]{Zn} CH_3-C_6H_4-SH$$

对苯亚磺酸

2. 磺酸酯

(1) 磺酸酯的制备　用磺酰氯的醇解来制备：

$$CH_3-C_6H_4-SO_2Cl + ROH + C_5H_5N \longrightarrow CH_3-C_6H_4-SO_2OR + C_5H_5N \cdot HCl$$

(2) 磺酸酯的性质和用途

① 磺酸根是很好的离去基团，用以合成各种取代产物。

$$CH_3-C_6H_4-SO_2OR \begin{cases} \xrightarrow{X^-} RX(X=F, Cl, Br, I) \\ \xrightarrow[\text{或}R'O^-]{R'OH} R'OR \\ \xrightarrow[\text{或}RS^-]{R'SH} R'SR + CH_3-C_6H_4-SO_2O^- \\ \xrightarrow{CH_3COO^-} CH_3COOR \\ \xrightarrow{CN^-} RCN \end{cases}$$

提供了从醇出发，经对甲苯磺酸酯，合成各类化合物的合成路线。

② 在合成过程中不发生分子的重排。

$$CH_3-\underset{CH_3}{CH}-\underset{OH}{CH}-CH_3 \xrightarrow[\text{加热}]{\text{浓 }HCl} CH_3-\underset{Cl}{\overset{CH_3}{C}}-CH_2CH_3$$

$$\downarrow TsCl/\text{碱}$$

$$CH_3-\underset{CH_3}{CH}-\underset{OTs}{CH}-CH_3 \xrightarrow{Cl^-} CH_3-\underset{CH_3}{CH}-\underset{Cl}{CH}-CH_3$$

3. 磺酰胺

(1) 磺酰胺的制备　由磺酰氯与胺或氨作用制备。

$$C_6H_5-SO_2Cl + 2NH_3 \longrightarrow C_6H_5-SO_2NH_2 + NH_4Cl$$

(2) 磺酰胺的性质和用途

① 磺酰胺的水解速度比羧酸酰胺慢　提供了由苯胺为原料合成对氨基苯磺酰胺的合成路线：

$$C_6H_5NH_2 \xrightarrow[180℃]{H_2SO_4} p\text{-}H_2N-C_6H_4-SO_3H \xrightarrow{(CH_3CO)_2O} p\text{-}CH_3CONH-C_6H_4-SO_3H \xrightarrow{PCl_5} p\text{-}CH_3CONH-C_6H_4-SO_2Cl \xrightarrow{NH_3} p\text{-}CH_3CONH-C_6H_4-SO_2NH_2 \xrightarrow[30\sim40min]{HCl(1:1)} p\text{-}H_2N-C_6H_4-SO_2NH_2$$

合成的对氨基苯磺酰胺又称磺胺。

② 一级胺所形成的磺酰胺分子中氮上的氢原子具有酸性，可与氢氧化钠水溶液反应生成盐，这是兴斯堡反应的基础。

$$Ar-SO_2NHR + OH^- \longrightarrow Ar-SO_2N^--R + H_2O$$

4. 磺胺药物

磺胺类药是 20 世纪 30 年代发现的能有效防治全身性细菌性感染的第一类化疗药物，

是重要的广适性的抗生（抗菌）药物。它们都含有对氨基苯磺酰胺基团，故称为磺胺类药物。在临床上现已大部被抗生素及喹诺酮类药取代，但由于磺胺药有对某些感染性疾病（如流脑、鼠疫）具有疗效良好、使用方便、性质稳定、价格低廉等优点，故在抗感染的药物中仍占一定地位。磺胺类药与磺胺增效剂甲氧苄啶合用，使疗效明显增强，抗菌范围增大。

它不仅能局部外用，而且可内服，预防和治疗局部和全身细菌感染，如肺炎、脑膜炎、败血症等。目前常用的磺胺药有磺胺嘧啶（SD）：

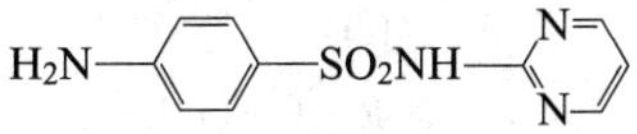

$H_2N-C_6H_4-SO_2NH-$（2-嘧啶基）

磺胺甲基异噁唑（SMZ）：

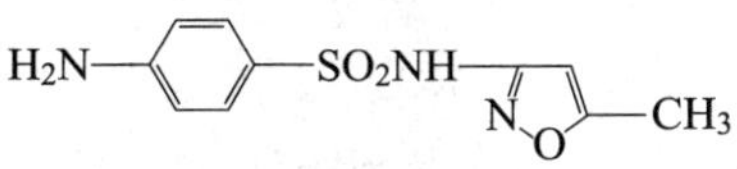

$H_2N-C_6H_4-SO_2NH-$（5-甲基异噁唑-3-基）

若分子中酰氨基的一个氢被甲氧吡嗪 CH_3O（吡嗪基）基团取代便成为长效磺胺。若被5,6-二甲氧基嘧啶 CH_3O、OCH_3（嘧啶基）取代，其药效可增长至150h（半衰期）。人们还发现了若把广谱增效剂——甲氧苄胺嘧啶（TMP）与磺胺药物合用，可使抗菌作用增强数倍到数十倍。

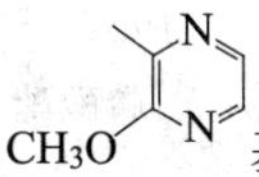

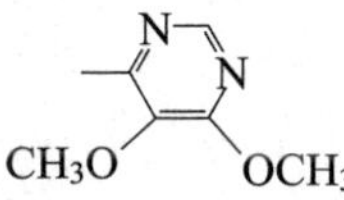

第三节　含磷有机化合物

一、磷化物的分类

（一）三价磷化合物

1. 膦

可看作是磷化氢 PH_3 的烃基衍生物。

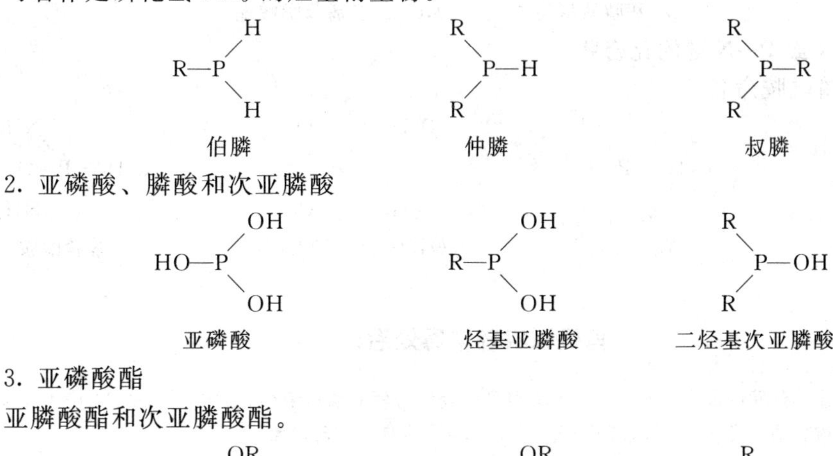

2. 亚磷酸、膦酸和次亚膦酸

3. 亚磷酸酯

亚膦酸酯和次亚膦酸酯。

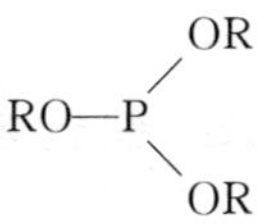

$P(OR)_3$　　$RP(OR)_2$　　R_2P-OR

亚磷酸酯 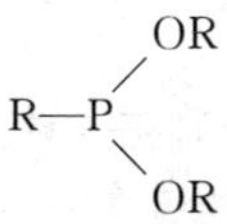　　烃基亚膦酸酯 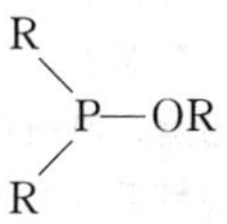　　二烃基次亚膦酸酯

（二）五价磷化合物

1．膦烷

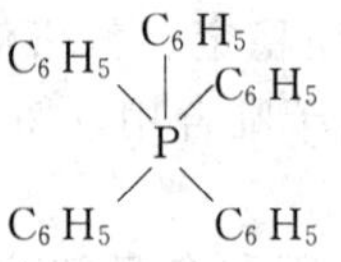

五苯膦 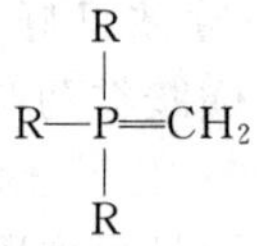　　亚甲基三烃基膦

2．磷酸、膦酸和次膦酸

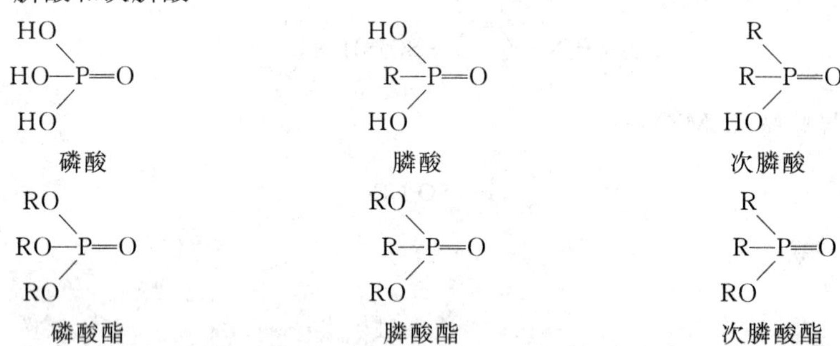

磷酸　　膦酸　　次膦酸

磷酸酯　　膦酸酯　　次膦酸酯

二、命名

（一）膦、亚膦酸和膦酸的命名

在相应的类名前加上烃基的名称。

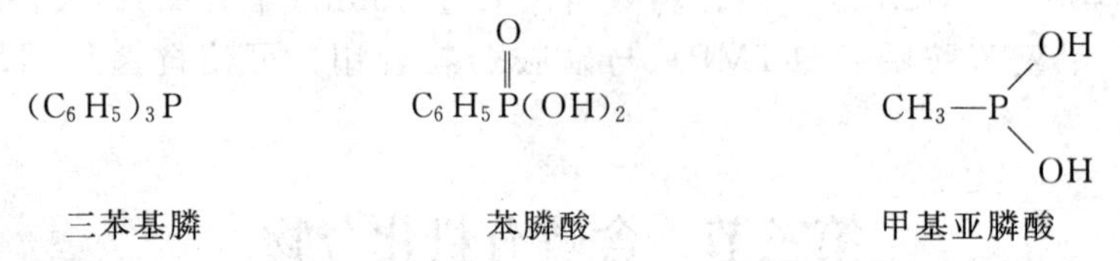

三苯基膦　　苯膦酸　　甲基亚膦酸

（二）含氧的酯基

用 *O*-烃基表示。

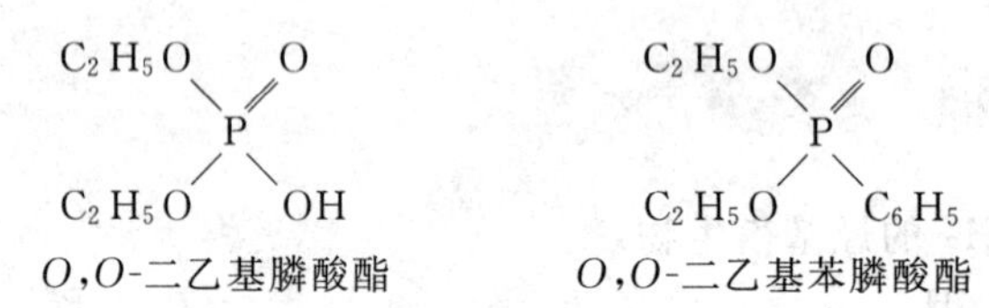

O,*O*-二乙基膦酸酯　　*O*,*O*-二乙基苯膦酸酯

（三）含 P—X 或 P—N 键的化合物

按膦酰卤或膦酰胺命名。

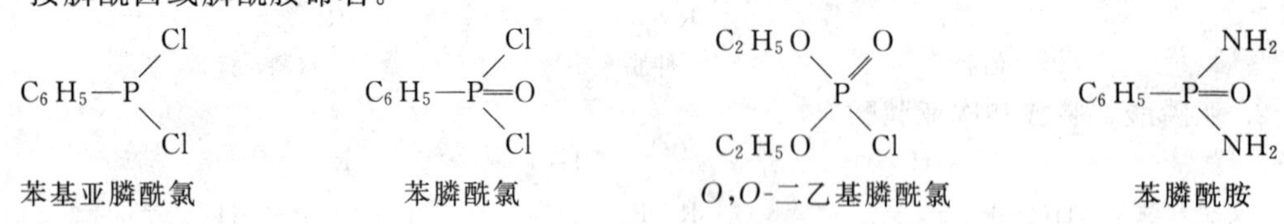

苯基亚膦酰氯　　苯膦酰氯　　*O*,*O*-二乙基膦酰氯　　苯膦酰胺

【阅读材料】

有机磷农药中毒处治

有机磷农药是我国目前使用最广泛的农药，按其用途一般分为有机磷杀虫剂、除草剂和杀菌剂 3 种。有机磷农药对人和畜均有毒性，可经皮肤、黏膜、呼吸道、消化道侵入人体，引起中毒。

常见的有机磷农药如下。

敌百虫：中等毒类，具有特殊臭味（无蒜臭味），在中性及弱酸性溶液中较稳定，在碱性溶液中易脱去一分子的氯化氢而转变成毒性增高约 10 倍的敌敌畏，故中毒清洗时不宜用碱性溶液。

乐果：中等毒类，主要用于棉花、蔬菜、水果、茶叶及油料作物杀虫，尤以产棉区使用较多，是当前农村发生急性中毒的主要品种。

对硫磷（1605）：剧毒类，因其急性毒性多，发病相对较快，如不及时救治，则死亡率甚高。

常见中毒原因：生产过程中毒、应用杀虫剂过程中毒、误服农药、服毒自杀。

中毒途径：有机磷农药毒性强，侵入机体途径多，一般可通过呼吸道、皮肤黏膜和消化道等途径而迅速引起中毒，但以呼吸道吸入中毒发病最为迅速，在短时间内便可致死。所以，抢救必须迅速、及时、准确。

本章小结

一、含硫有机化合物

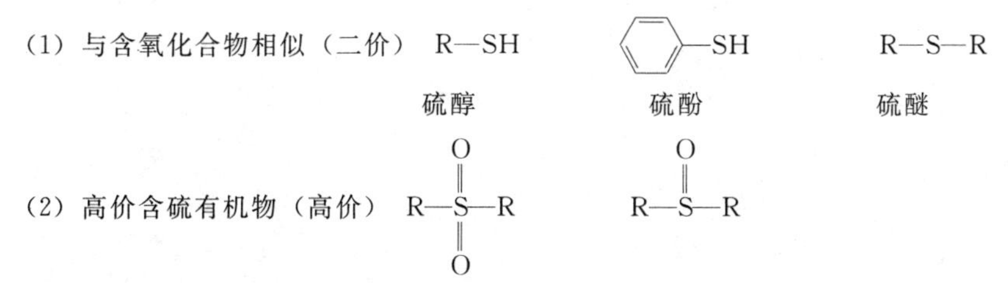

二、化学性质

酸性：

	乙醇	乙硫醇	苯酚	苯硫酚
pK_a	18	10.5	10	7.8

$$C_2H_5SH + NaOH \longrightarrow C_2H_5SNa + H_2O$$

结论：硫醇＞乙醇；硫酚＞苯酚

硫醇、硫酚的酸性增强，可解释如下。

（1）可从S、O原子的价电子处于不同的能级来解释（3p-1s，2p-1s）。

（2）也可从S原子体积大、电荷密度小、拉质子能力差来解释。

（3）还可从键能说明：O—H，462.8kJ/mol；S—H，347.3kJ/mol。

三、含磷有机化合物

$$2C_6H_6 + PCl_3 \xrightarrow{AlCl_3} (C_6H_5)_2PCl \xrightarrow[\text{干醚}]{CH_3MgCl} (C_6H_5)_2PCH_3$$

$$C_6H_5P(Cl)CH_3 + CH_3CH_2MgCl \xrightarrow{\text{干醚}} C_6H_5P(CH_2CH_3)CH_3$$

烷基膦分子中，随着P上的烃基增加，烃化反应活性增大。

$$R_3P > R_2PH > RPH_2$$

胺的烃化反应顺序恰好相反：

$$R_3N < R_2NH < RNH_2$$

习　　题

1. 试写出分子式为 $C_4H_{10}S$ 的各种可能的化合物，并命名之。

2. 命名下列化合物。

（1）$CH_3CH_2CH(SH)CH_3$　　（2）2-硝基-5-巯基苯甲酸结构式：苯环上 NO_2、COOH、SH 取代

(3) 4-巯基吡啶-2-甲酸（吡啶环4位连 SH，2位连 COOH）

(4) 邻巯基苯酚（苯环上相邻位置连 SH 和 OH）

3. 试以酸性增强的顺序排列下列化合物。

C_6H_5COOH　　C_6H_5OH　　$p\text{-}O_2NC_6H_4COOH$　　C_6H_5SH　　$C_6H_5SO_3H$

第十三章　杂环化合物和生物碱

学习目标

1. 了解杂环化合物的结构和芳香性，掌握其命名和分类。

2. 理解含一个杂原子的五元和六元杂环化合物的重要化学性质；了解其他杂环化合物。

3. 了解生物碱的提取方法及一些重要的生物碱类化合物。

第一节　杂环化合物的分类、命名及结构

杂环化合物是由碳原子和非碳原子共同组成环状骨架结构的一类化合物。这些非碳原子统称为杂原子，常见的杂原子为氮、氧、硫等。杂环化合物的种类繁多，数量庞大，在自然界分布极为广泛，许多天然杂环化合物在动、植物体内起着重要的生理作用。例如：植物中的叶绿素、动物血液中的血红素、中草药中的有效成分生物碱及部分苷类、部分抗生素和维生素、组成蛋白质的某些氨基酸和核苷酸的碱基等都含有杂环的结构。在现有的药物中，含杂环结构的约占半数。因此，杂环化合物在有机化合物（尤其是有机药物）中占有重要地位。本章就小分子杂环单体的部分性质做一些简单介绍。

一、杂环化合物的分类和命名

（一）杂环化合物的分类

杂环化合物按其芳香性可分为芳香性杂环化合物和非芳香性杂环化合物（如环氧乙烷、哌啶等）两大类；若按其组成杂环骨架原子数，则可分为五元和六元等杂环化合物；若按杂环数目，则可分为单环、双环、三环、四环体系杂环化合物等。

（二）杂环化合物的命名

1. 音译法

杂环化合物中文名称一般采用外文的译音，常用带“口”字旁的同音汉字表示，如 Furan 的名称为呋喃。

2. 系统命名法

通常情况下，杂环化合物的编号从环中的杂原子开始，即杂原子被编为“1”号（异喹啉是一个例外）。当杂环化合物中含有两个或两个以上杂原子时，按 O、S、NH、N 的顺序编号，还要使杂原子的位次号的和最小；若有取代基，则要考虑到取代基编号最小。

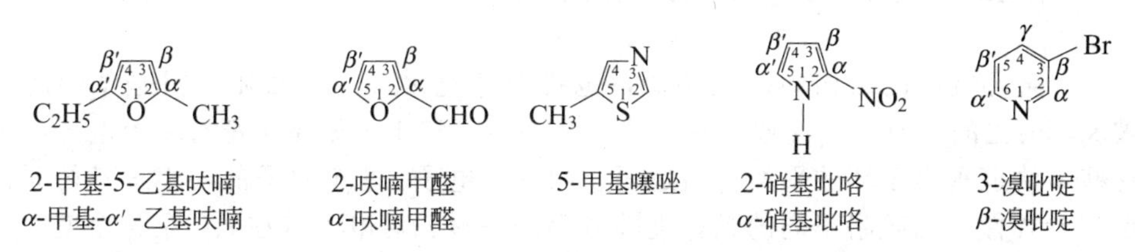

杂环化合物的分类和名称见表 13-1。

表 13-1　杂环化合物的分类和名称

类　别	杂环母环
含一个杂原子的五元杂环	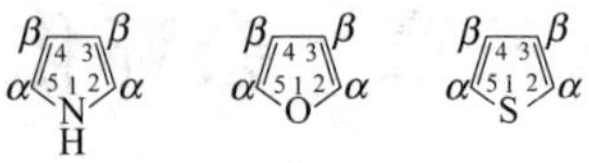 吡咯 Pyrrole□；呋喃 Furan；噻吩 Thiophene
含两个杂原子的五元杂环	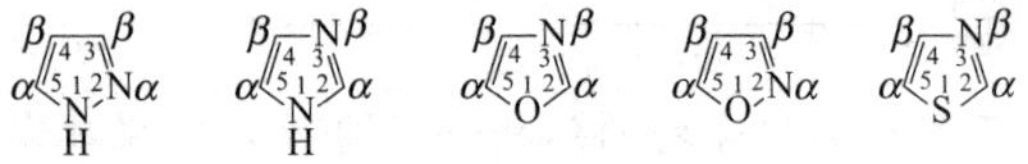 吡唑 Pyrazole□；咪唑 Imidazole；噁唑 Oxazole；异噁唑 Isoxazole；噻唑 Thiazole
五元稠杂环	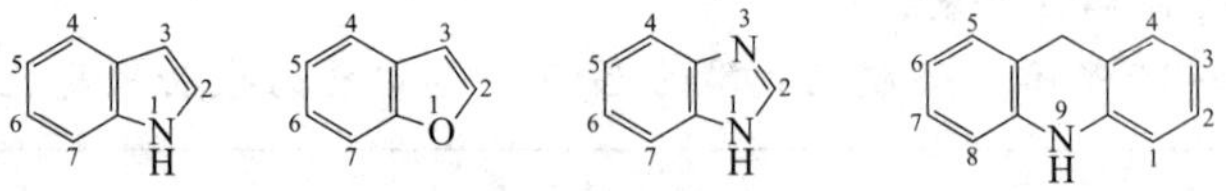 吲哚 Indole□；苯并呋喃 Benzofuran；苯并咪唑 Benzimdazole；咔唑 Carbazole
含一个杂原子的六元杂环	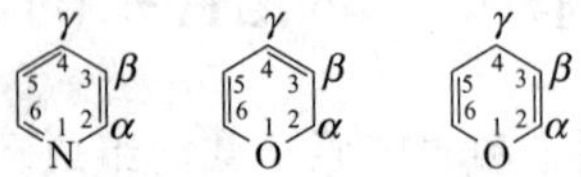 吡啶 Pyridine；2*H*-吡喃 2*H*-Pyran；4*H*-吡喃 4*H*-Pyran
含两个杂原子的六元杂环	 哒嗪 Pyridazine；嘧啶 Pyrimidine；吡嗪 Pyrazine
六元稠杂环	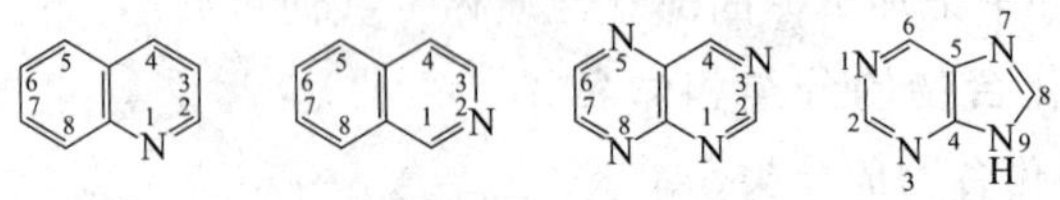 喹啉 Quinoline；异奎啉 Isoquinoline；喋啶 Pteridine；嘌呤 Purine；吖啶 Acridine；吩嗪 Phenazine；吩噻嗪 Phenothiazine 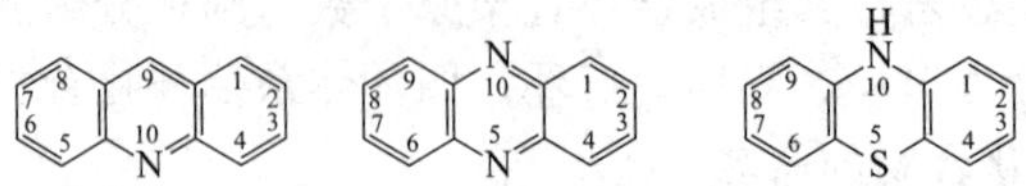

二、杂环化合物的结构和芳香性

呋喃、噻吩、吡咯是最重要的一类含杂原子的五元杂环化合物。近代物理方法研究表明，这三个化合物都为平面结构，环上所有原子都是 sp^2 杂化，各原子之间都以 sp^2 杂化轨道“头-头”重叠形成 σ 键。每个碳原子上都有一个未杂化的带一个电子的 p 轨道，杂原子中 p 轨道有一对电子。这五个 p 轨道都垂直于环所在平面互相肩并肩交盖，形成闭合的环状共轭体系。体系中 π 电子数目为 6。符合休克尔的 $4n+2$ 规则，所以这三个杂环都具有芳香性。

六元单杂环吡啶的结构和苯很相似，也符合休克尔 $4n+2$ 规则，只是苯中的一个碳原子被 sp^2 杂化的氮原子所代替，环上的 5 个碳原子和 1 个氮原子都有 1 个电子在 p 轨道上，这些 p 轨道垂直于环的平面，组成闭合的 6 个电子、6 个原子的共轭 π 键体系。所以吡啶也有芳香性，与吡咯不同的是，吡啶氮上的一对孤对电子（在 sp^2 杂化轨道上）不参与共轭。

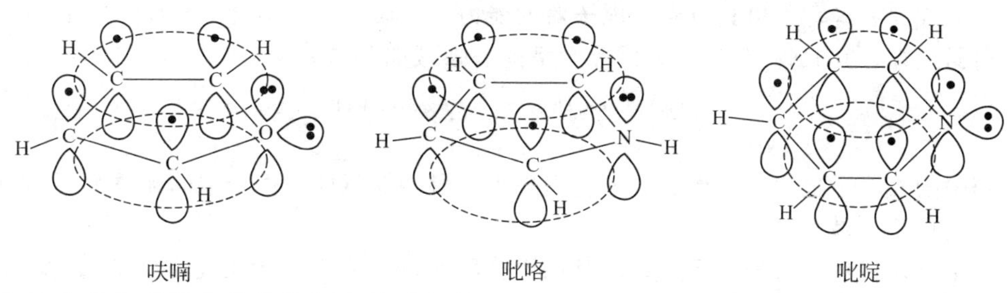

呋喃　　　　吡咯　　　　吡啶

由于这些杂环化合物都是闭合的共轭体系，所以环中的单、双键都不同程度地趋向于平均化，单键比普通单键短，双键比普通双键长。例如：

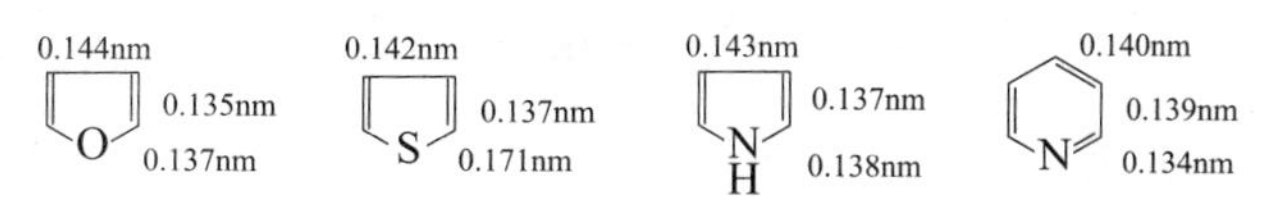

芳香性是衡量闭合环状共轭多烯结构稳定性的指标，芳香性的化学行为表现在环上易取代，不易加成或不易开环。芳香性的大小决定于化合物结构中环内张力和环骨架结构中键长的平均化程度。环内张力小，结构中键长平均化程度高，分子能量低，结构稳定，噻吩中硫原子体积大，环内键角张力最小，稳定性高，芳香性强。吡咯、呋喃环内张力接近，但氮原子电负性小，孤对电子向环上离域倾向性大，结构中键长的平均化程度比呋喃的高，所以它们的稳定性——即芳香性顺序如下：

噻吩 ＞ 吡咯 ＞ 呋喃

和苯环相比，上述三个化合物中环内张力都大，结构中键长平均化程度差，故即芳香性都比苯小，其稳定性比苯差。

第二节　五元杂环化合物

五元杂环包括含一个杂原子的五元杂环和含两个或多个杂原子的五元杂环；其中杂原子主要是氮、氧和硫。另外，还包括五元杂环与苯环或其他杂环稠合的多种环系。

一、吡咯、呋喃和噻吩

吡咯　　　　呋喃　　　　噻吩

1. 电子结构及芳香性

吡咯、呋喃和噻吩三个五元杂环中，组成的大 π 键不同于苯和吡啶，由于 5 个 p 轨道中分布着 6 个电子，因此杂环上碳原子的电子云密度比苯环上碳原子的电子云密度高，所以又称这类杂环为“多 π”（富电子）芳杂环。多 π 杂环的芳香稳定性不如苯环，它们与“缺 π”的六元杂环在性质上有显著差别。可以预测，它们进行亲电取代反应将比苯容易得多。

2. 性质

（1）溶解性　吡咯、呋喃和噻吩三个五元杂环都难溶于水。其原因是杂原子的一对 p 电子都参与形成大 π 键，杂原子上的电子云密度降低，与水缔合能力减弱。但是它们的水溶性仍有差别，吡咯氮上的氢可与水形成氢键，呋喃环上的氧与水也能形成氢键，但相对较弱，而噻吩环上的硫不能与水形成氢键，因此三个杂环的水溶解度顺序为：吡咯＞呋喃＞噻吩。

（2）酸碱性　吡咯分子中虽有仲胺结构，但并没有碱性，其原因是氮原子上的一对电子都已参与形成大π键，不再具有给出电子对的能力，与质子难以结合。相反，氮上的氢原子却显示出弱酸性，其 pK_a 为17.5，因此吡咯能与强碱如金属钾及干燥的氢氧化钾共热成盐。

$$\text{吡咯(NH)} + KOH \longrightarrow \text{吡咯负离子}(N^- K^+) + H_2O$$

呋喃中的氧原子也因参与形成大π键而失去了醚的弱碱性。噻吩中的硫原子不能与质子结合，因此也不显碱性。

（3）亲电取代反应　三个五元杂环都属于多π杂环，碳原子上的电子云密度都比苯高，亲电取代反应容易发生，活性顺序为：吡咯＞呋喃＞噻吩≫苯。亲电取代反应需在较弱的亲电试剂和温和的条件下进行。相反，在强酸性条件下，吡咯和呋喃会因发生质子化而破坏芳香性，会发生水解、聚合等副反应。另外。亲电取代反应主要发生在α位上，β位产物较少。

① 卤代反应

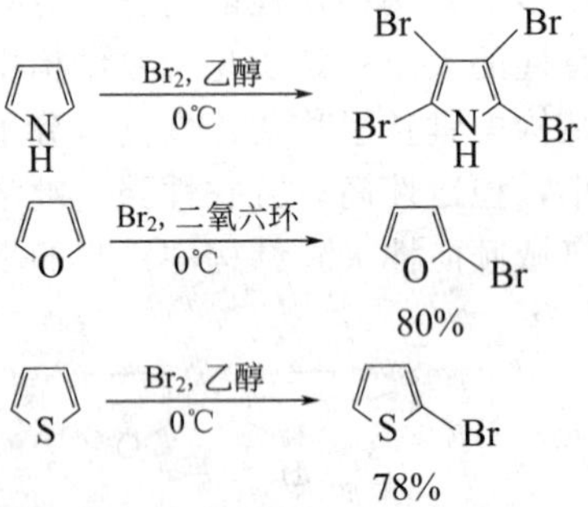

吡咯 $\xrightarrow[0℃]{Br_2,\text{乙醇}}$ 2,3,4,5-四溴吡咯

呋喃 $\xrightarrow[0℃]{Br_2,\text{二氧六环}}$ 2-溴呋喃　80%

噻吩 $\xrightarrow[0℃]{Br_2,\text{乙醇}}$ 2-溴噻吩　78%

② 硝化反应　不能用硝酸或混酸进行硝化反应，只能用较温和的非质子性的硝酸乙酰酯作为硝化试剂，并且在低温条件下进行反应。

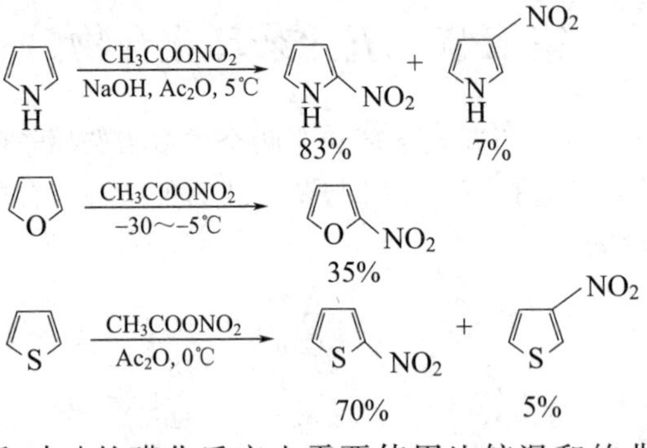

吡咯 $\xrightarrow[NaOH,\ Ac_2O,\ 5℃]{CH_3COONO_2}$ 2-硝基吡咯（83%）＋ 3-硝基吡咯（7%）

呋喃 $\xrightarrow[-30\sim-5℃]{CH_3COONO_2}$ 2-硝基呋喃（35%）

噻吩 $\xrightarrow[Ac_2O,\ 0℃]{CH_3COONO_2}$ 2-硝基噻吩（70%）＋ 3-硝基噻吩（5%）

③ 磺化反应　吡咯和呋喃的磺化反应也需要使用比较温和的非质子性的磺化试剂，常用吡啶三氧化硫作为磺化试剂。例如：

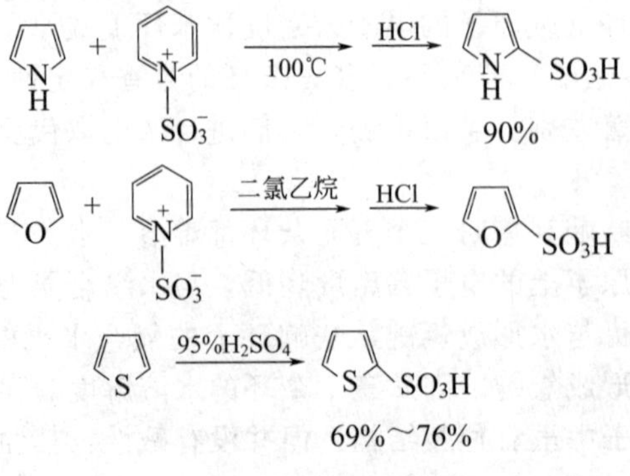

吡咯 ＋ 吡啶三氧化硫（$C_5H_5N^+-SO_3^-$）$\xrightarrow{100℃}$ $\xrightarrow{HCl}$ 吡咯-2-磺酸（SO_3H）　90%

呋喃 ＋ 吡啶三氧化硫（$C_5H_5N^+-SO_3^-$）$\xrightarrow{\text{二氯乙烷}}$ $\xrightarrow{HCl}$ 呋喃-2-磺酸（SO_3H）

噻吩 $\xrightarrow{95\%H_2SO_4}$ 噻吩-2-磺酸（SO_3H）　69%～76%

由于噻吩比较稳定，可直接用硫酸进行磺化反应。利用此反应可以把煤焦油中共存的苯和噻吩分离开来。

④ 傅-克酰基化

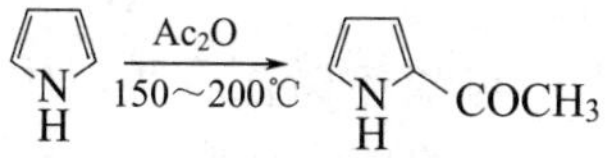

吡咯 $\xrightarrow[150\sim200℃]{Ac_2O}$ 2-乙酰吡咯（$COCH_3$）　60%

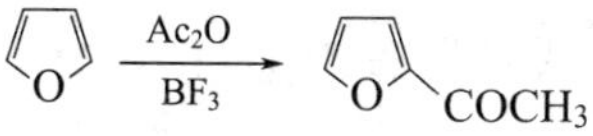

呋喃 $\xrightarrow[BF_3]{Ac_2O}$ 2-乙酰呋喃（$COCH_3$）　75%～92%

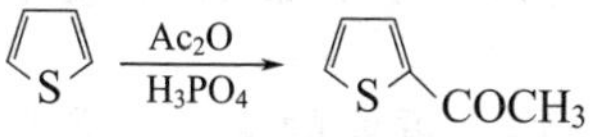

噻吩 $\xrightarrow[H_3PO_4]{Ac_2O}$ 2-乙酰噻吩（$COCH_3$）　94%

（4）加成反应

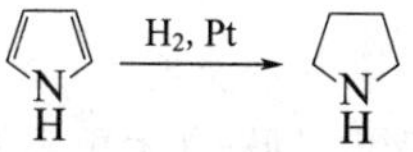

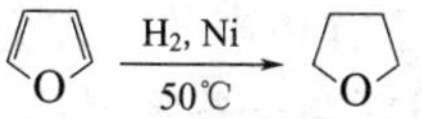

吡咯 $\xrightarrow{H_2,\ Pt}$ 四氢吡咯

呋喃 $\xrightarrow[50℃]{H_2,\ Ni}$ 四氢呋喃(THF)

噻吩 $\xrightarrow{H_2,\ MoS_2}$ 四氢噻吩

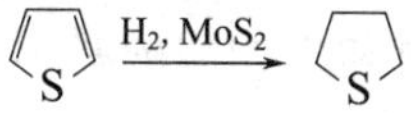

呋喃的离域能较小，环稳定性差，具有明显的共轭二烯烃的性质，可以发生双烯加成类的反应（Diels-Alder 反应）。

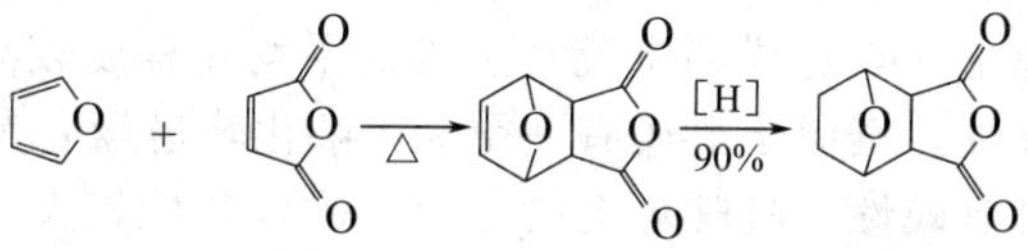

呋喃 + 马来酸酐 $\xrightarrow{\triangle}$ 加成产物 $\xrightarrow[90\%]{[H]}$ 去甲斑蝥素

（5）环上取代基的反应　杂环上的取代基一般都保持原来的性质，如呋喃甲醛（糠醛）就具有芳香醛的性质。

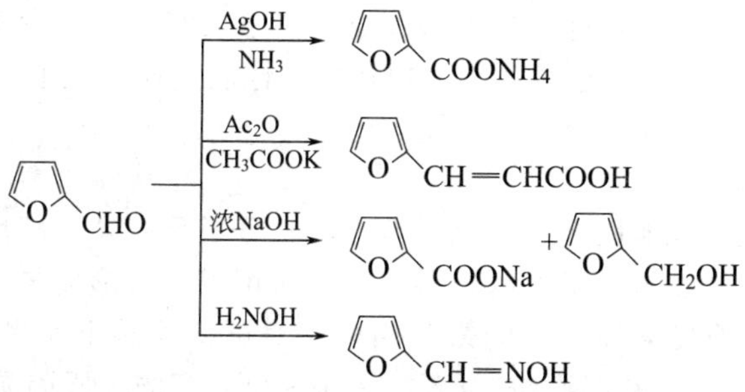

糠醛（CHO）：

- $\xrightarrow[NH_3]{AgOH}$ 呋喃-$COONH_4$
- $\xrightarrow[CH_3COOK]{Ac_2O}$ 呋喃-$CH{=}CHCOOH$
- $\xrightarrow{浓NaOH}$ 呋喃-$COONa$ + 呋喃-CH_2OH
- $\xrightarrow{H_2NOH}$ 呋喃-$CH{=}NOH$

二、吲哚

吲哚具有苯并吡咯的结构，存在于煤焦油中，为无色片状结晶，熔点 52℃，具有粪臭味，但极稀溶液则有花香气味，可溶于热水、乙醇、乙醚中。吲哚环系在自然界分布很广，如蛋白质水解得色氨酸，天然植物激素 β-吲哚乙酸（也是一类消炎镇痛药物的结构）、蟾蜍素、利血平、毒扁豆碱等都是吲哚衍生物。吲哚的许多衍生物具有生理与药理活性，如5-羟色胺（5-HT）、褪黑素等。

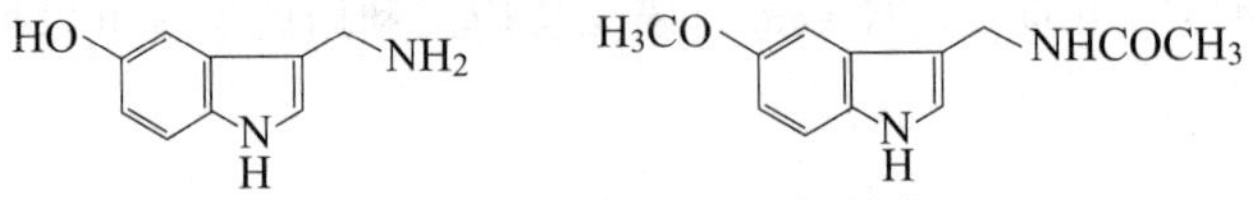

5-HT　　褪黑素

吲哚环比吡咯环稳定，其原因是与苯环稠合后共轭体延长，芳香性随之增加。吲哚对酸、碱及氧化剂都表现较不活泼，吲哚的碱性比吡咯还弱，其 pK_b 为约 3.5；酸性比吡咯稍强，其 pK_a 为 17.0。这是由于氮原子上未共用电子对在更大范围内离域的结果。吲哚的亲电取代反应活性比苯高，反应主要发生在 3(β) 位。

第三节　六元杂环化合物

六元杂环化合物是杂环类化合物最重要的部分，尤其是含氮的六元杂环化合物，如吡啶、嘧啶等，它们的衍生物广泛存在于自然界，很多合成药物也含有吡啶环和嘧啶环。六元杂环化合物包括含一个杂原子的六元杂环；含两个杂原子的六元杂环；以及六元稠杂环等。

一、吡啶

吡啶是从煤焦油中分离出来的具有特殊臭味的无色液体，沸点为 115.3℃，相对密度为 0.982，吡啶结构中的烃基使它与有机分子有相当的亲和力，所以可以溶解极性或非极性的有机化合物。而氮原子上的未共用电子对能与一些金属离子如 Ag^+、Ni^{2+}、Cu^{2+} 等形成络合物，而致使它可以溶解无机盐类。因此，吡啶是性能良好的溶剂和脱酸剂。其衍生物广泛存在于自然界中，是许多天然药物、染料和生物碱的基本组成部分。

1. 电子结构及芳香性

吡啶的结构与苯非常相似，近代物理方法测得，吡啶分子中的碳碳键长为 0.139nm，介于 C—N 单键（0.147nm）和 C═N 双键（0.128nm）之间，而且其碳碳键与碳氮键的键长数值也相近，键角约为 120°，这说明吡啶环上键的平均化程度较高，但没有苯完全。

吡啶具有一定的芳香性。氮原子上还有一个 sp^2 杂化轨道没有参与成键，被一对未共用电子对所占据，使吡啶具有碱性。吡啶环上的氮原子的电负性较大，对环上电子云密度分布有很大影响，使 π 电子云向氮原子上偏移，在氮原子周围电子云密度高，而环的其他部分电子云密度降低，尤其是邻、对位上降低显著。所以吡啶的芳香性比苯差。

在吡啶分子中，氮原子的作用类似于硝基苯的硝基，使其邻、对位上的电子云密度比苯环降低，间位则与苯环相近，这样，环上碳原子的电子云密度远远少于苯，因此像吡啶这类芳杂环又被称为“缺 π”杂环。这类杂环表现在化学性质上使亲电取代反应变难，亲核取代反应变易，氧化反应变难，还原反应变易。

2. 性质

（1）溶解度　吡啶与水能以任何比例互溶，吡啶分子具有高水溶性的原因除了分子具有较大的极性外，还因为吡啶氮原子上的未共用电子对可以与水形成氢键。

（2）碱性和成盐　吡啶氮原子上的未共用电子对可接受质子而显碱性。吡啶的 pK_a 为 5.19，比氨（pK_a 为 9.24）和脂肪胺（pK_a 为 10～11）都弱。原因是吡啶中氮原子上的未共用电子对处于 sp^2 杂化轨道中，其 s 轨道成分较 sp^3 杂化轨道多，离原子核近，电子受核的束缚较强，给出电子的倾向较小，因而与质子结合较难，碱性较弱。但吡啶与芳胺（如苯胺，pK_a=4.6）相比，碱性稍强一些。

吡啶与强酸可以形成稳定的盐，某些结晶型盐可以用于分离、鉴定及精制工作中。吡啶的碱性在许多化学反应中用于催化剂脱酸剂，由于吡啶在水中和有机溶剂中的良好溶解性，所以它的催化作用常常是一些无机碱无法达到的。

吡啶不但可与强酸成盐，还可以与路易斯酸成盐。例如：

$$C_5H_5N + HCl \longrightarrow C_5H_5N^+H\ Cl^- \text{ 或 } C_5H_5N \cdot HCl$$

$$C_5H_5N + BF_3 \longrightarrow C_5H_5N^+-BF_3^- \text{ 或 } C_5H_5N \cdot BF_3$$

$$C_5H_5N + SO_3 \longrightarrow C_5H_5N^+-SO_3^- \text{ 或 } C_5H_5N \cdot SO_3$$

其中吡啶三氧化硫是一个重要的非质子型的磺化试剂。

此外，吡啶还具有叔胺的某些性质，可与卤代烃反应生成季铵盐，也可与酰卤反应成盐。例如：

$$C_5H_5N + CH_3I \longrightarrow C_5H_5N^+-CH_3\ I^-$$ 碘化*N*-甲基吡啶

$$C_5H_5N + CH_3-\overset{O}{\overset{\|}{C}}-Cl \longrightarrow C_5H_5N^+-COCH_3\ Cl^-$$ 氯化*N*-乙酰基吡啶

吡啶与酰卤生成的*N*-酰基吡啶盐是良好的酰化试剂。

（3）亲电取代反应　吡啶是“缺π”杂环，环上电子云密度比苯低，因此其亲电取代反应的活性也比苯低，与硝基苯相当。由于环上氮原子的钝化作用，使亲电取代反应的条件比较苛刻，且产率较低，取代基主要进入3(β)位。如：

吡啶（1 N，2 α，3 β，4 γ，5，6）：

$$\xrightarrow[200^\circ C]{Cl_2} \text{3-氯吡啶（3-Cl）}$$

$$\xrightarrow[300^\circ C]{Br_2} \text{3-溴吡啶（3-Br）}$$

$$\xrightarrow[300^\circ C]{浓HNO_3,\ 浓H_2SO_4} \text{3-硝基吡啶（3-}NO_2\text{）}$$

$$\xrightarrow[HgSO_4,\ 220^\circ C]{发烟H_2SO_4} \text{3-吡啶磺酸（3-}SO_3H\text{）}$$

$$\xrightarrow{付克反应条件} 不发生反应$$

（4）亲核取代反应　由于吡啶环上氮原子的吸电子作用，环上碳原子的电子云密度降低，尤其在2位和4位上的电子云密度更低，因而环上的亲核取代反应容易发生，取代反应主要发生在2位和4位上。例如：

$$C_5H_5N + PhLi \longrightarrow \text{2-Ph-吡啶} + LiH$$

$$C_5H_5N + NaNH_2 \xrightarrow{液NH_3} \xrightarrow{H_2O} \text{2-}NH_2\text{-吡啶}$$

吡啶与氨基钠反应生成2-氨基吡啶的反应称为齐齐巴宾（Chichibabin）反应，如果2

位已经被占据，则反应发生 4 位，得到 4-氨基吡啶，但产率低。

（5）氧化还原反应　由于吡啶环上的电子云密度低，一般不易被氧化，尤其在酸性条件下，吡啶成盐后氮原子上带有正电荷，吸电子的诱导效应加强，使环上电子云密度更低，更增加了对氧化剂的稳定性。当吡啶环带有侧链时，则发生侧链的氧化反应。例如：

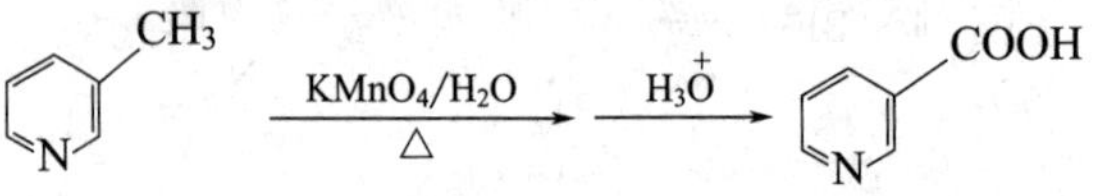

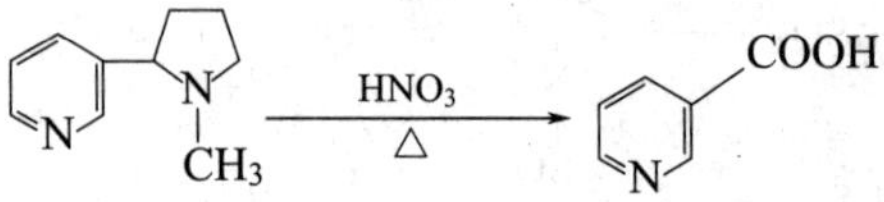

CH_3　$\xrightarrow[\triangle]{KMnO_4/H_2O}$ $\xrightarrow{H_3\overset{+}{O}}$ COOH

$\xrightarrow[\triangle]{HNO_3}$ COOH

烟碱(尼古丁)　　烟酸

Ph　$\xrightarrow[\triangle]{KMnO_4/H^+}$ COOH

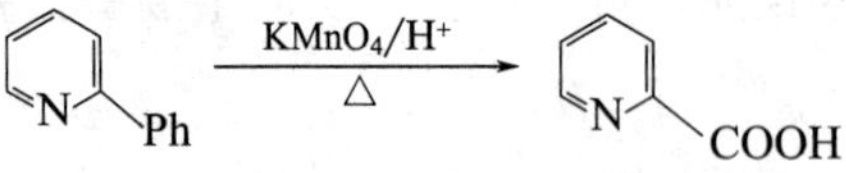

与氧化反应相反，吡啶环比苯环容易发生加氢还原反应，用催化加氢和化学试剂都可以还原。例如：

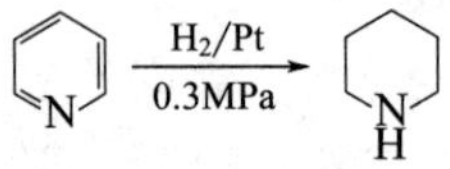

$\xrightarrow[0.3MPa]{H_2/Pt}$

哌啶，95%

CH_2CH_3　$\xrightarrow[\triangle]{Na,\ CH_3CH_2OH}$ CH_2CH_3

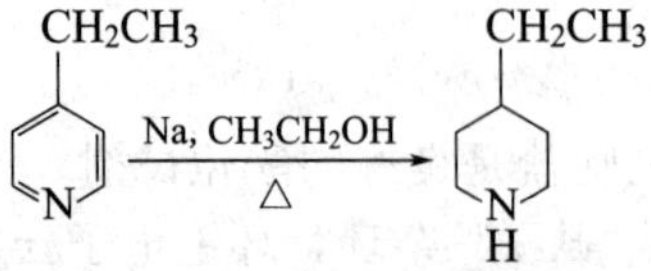

64%

吡啶的还原产物为六氢吡啶（哌啶），具有仲胺的性质，碱性比吡啶强（pK_a 为 11.2），沸点 106℃。很多天然产物具有此环系，是常用的有机碱。

（6）环上取代基与母环的影响

① 取代基对水溶解度的影响　当吡啶环上连有—OH、—NH_2 后，其衍生物的水溶度明显降低。而且连有—OH、—NH_2 数目越多，水溶解度越小。例如：

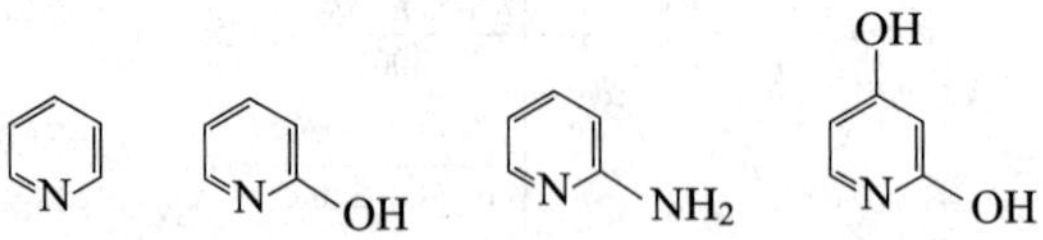

	吡啶	2-OH	2-NH_2	2,4-(OH)$_2$
水溶解度	∞	1∶1	1∶1	溶解

其原因是吡啶环上的氮原子与羟基或氨基上的氢形成了氢键，阻碍了与水分子的缔合。

② 取代基对碱性的影响　当吡啶环上连有供电基时，吡啶环的碱性增加，连有吸电基时，则碱性降低。与取代苯胺影响规律相似。例如：

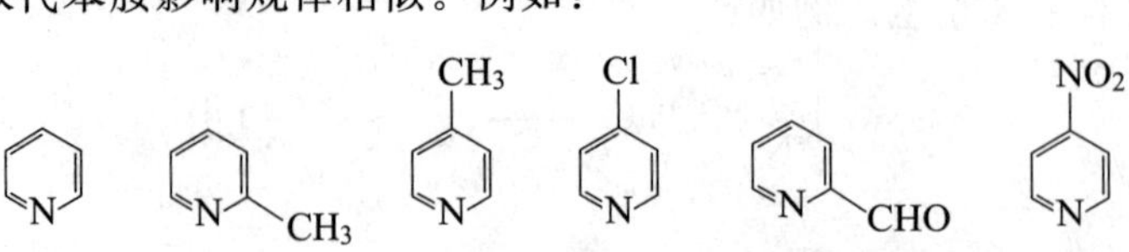

	吡啶	2-CH_3	4-CH_3	4-Cl	2-CHO	4-NO_2
pK_a	5.19	5.60	6.02	3.53	3.80	0.8

二、喹啉与异喹啉

喹啉和异喹啉都是由一个苯环和一个吡啶环稠合而成的化合物。

喹啉(Quinoline)
苯并［*b*］吡啶

异喹啉(Isoquinoline)
苯并［*c*］吡啶

喹啉和异喹啉都存在于煤焦油中，1834年首次从煤焦油中分离出喹啉，不久，用碱干馏抗疟药奎宁（Quinine）也得到喹啉并因此而得名。由于分子中增加了憎水的苯环，故水溶解度比吡啶大大降低。其物理性质见表13-2。

表13-2　喹啉、异喹啉及吡啶的物理性质

名　称	沸点/℃	熔点/℃	水溶解度	苯溶解度	pK_a
喹啉	238	−15.6	溶(热)	混溶	4.90
异喹啉	243	26.5	不溶	混溶	5.42
吡啶	115.5	−42	混溶	混溶	5.19

喹啉衍生物在医药中起着重要作用，许多天然或合成药物都具有喹啉的环系结构，如奎宁、喜树碱等。而天然存在的一些生物碱，如吗啡碱、罂粟碱、小檗碱等，均含有异喹啉的结构。

喹啉和异喹啉环系是由一个苯环和一个吡啶环稠合而成的。由于苯环和吡啶环的相互影响，使喹啉和异喹啉发生亲电取代反应、亲核取代反应、氧化反应和还原反应有以下规律。

① 亲电取代反应发生在苯环上，其反应活性比萘低，比吡啶高，取代基主要进入5位和8位。

② 亲核取代反应发生在吡啶环上，反应活性比吡啶高。喹啉取代主要发生在2位上，异喹啉取代主要发生在1位上。

③ 氧化反应发生在苯环上（过氧化物氧化除外）。

④ 还原反应发生在吡啶环上。

第四节　生　物　碱

一、生物碱概述

生物碱是指一类来源于生物体中的有机碱性化合物，由于其主要存在于植物中，也叫做植物碱。到目前为止，已分离出的生物碱达数千种之多，一般具有生物活性，对人类起着非常重要的作用。许多食物中存在生物碱，有的影响食品的风味，有的影响食品的加工，有的具有一定的毒性。大多数生物碱都具有复杂的环状结构，且氮原子在环状结构内，但也有少数生物碱例外。如麻黄碱是有机胺衍生物，氮原子不在环内；咖啡因虽为含氮的杂环衍生物，但碱性非常弱，或基本上没有碱性；秋水仙碱几乎完全没有碱性，氮原子也不在环内等。由于它们均来源于植物的含氮有机化合物，而又有明显的生物活性，故仍包括在生物碱的范围内。

由于生物碱的种类很多，各具有不同的结构式，因此彼此间的性质会有所差异。大多数生物碱是结晶型固体，呈碱性，多具苦味，难溶于水，能溶于氯仿、乙醇等有机溶剂，具有旋光性，且多为左旋。生物碱可与许多试剂反应，生成不溶性的沉淀或发生颜色反应，这些试剂叫做生物碱试剂，如单宁、苦味酸、磷钨酸、磷钼酸、碘化汞与碘化钾等可与生物碱生成沉淀，硫酸、硝酸、甲醛、氨水等与生物碱可发生颜色反应。

生物碱一般按它的来源来命名，例如从烟草提取的生物碱就叫烟碱（尼古丁）。

二、生物碱的提取方法

大多数生物碱是无色有苦味的晶体，可溶于稀酸及乙醇、乙醚、氯仿等有机溶剂。生物碱呈碱性，在生物体内常与草酸、苹果酸、柠檬酸等有机或无机酸结合成盐。因此，可用碱处理，使生物碱游离出来，再用有机溶剂提取。有些生物碱还可以直接采用水蒸气蒸馏、升华、色层、离子交换等方法从植物中提取。

三、生物碱的重要化合物

生物碱按基本骨架大致分为：氢化吡咯、吡啶 、喹啉、异喹啉、吲哚、咪唑、苯并吡嗪、嘌呤及不含杂环的化合物等几类。这里介绍比较常见的几种。

(1) 毛果芸香碱　油状液体，溶于水、醇、氯仿，难溶于醚。沸点 260℃（670Pa）。对汗腺和唾液有刺激作用，对瞳孔有收缩作用。

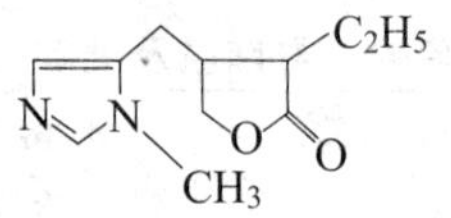

(2) 金鸡纳碱（奎宁）　存在于金鸡纳树皮。无水奎宁熔点 177℃，3 个分子结晶水的奎宁熔点 57℃ ，微溶于水，易溶于乙醇、乙醚。是常用的抗疟疾药，并有退热作用，但对恶心性疟疾无效。

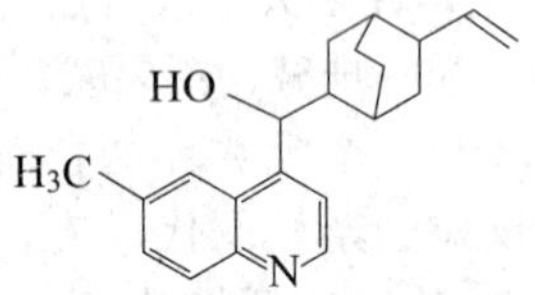

(3) 黄连素　存在于黄柏、黄连中。黄色结晶，味极苦。熔点 145℃。易溶于热水，是抗菌类药物，治疗肠胃炎及细菌性痢疾。

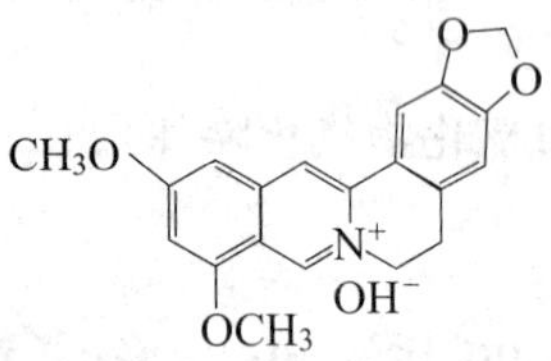

(4) 吗啡　存在于罂粟中。片状结晶，熔点 253～254℃。难溶于一般的有机溶剂。有镇痛、止痉、止咳、催眠、麻醉等作用。

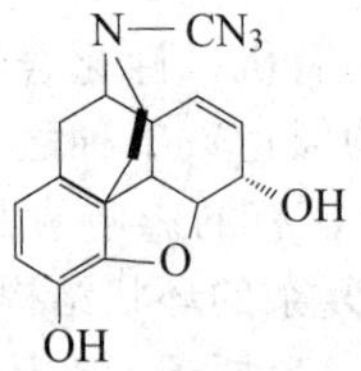

(5) 烟碱　存在于烟草中。无色液体，味苦，溶于水，可用水蒸气蒸馏法提取。有毒，人吸烟可发生尼古丁慢性中毒。

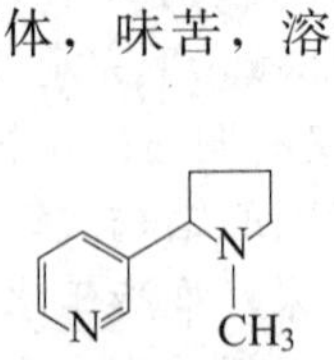

(6) 麻黄素　存在于麻黄中。无色结晶，熔点 38.1℃，易溶于水和乙醇。有扩张支气管、平喘、止咳、发汗等作用。

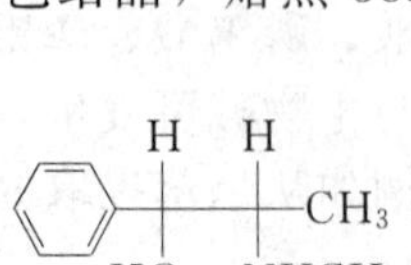

(7) 秋水仙碱　存在于百合科球茎、云南山慈姑中。灰黄色针状结晶，熔点 155～157℃，易溶于氯仿，不溶于乙醚。用人工诱发单倍体组织培养，具有抗癌（乳腺癌）作用，

可治急性痛风，但毒性较大，用时要慎重。

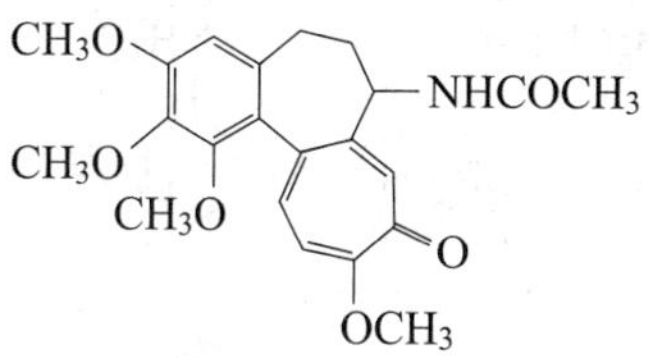

（8）颠茄碱　存在于颠茄、曼陀罗、天仙子中。白色结晶，难溶于水，易溶于乙醇。用于扩散瞳孔、治平滑肌痉挛，亦可用作有机磷中毒的解毒剂。

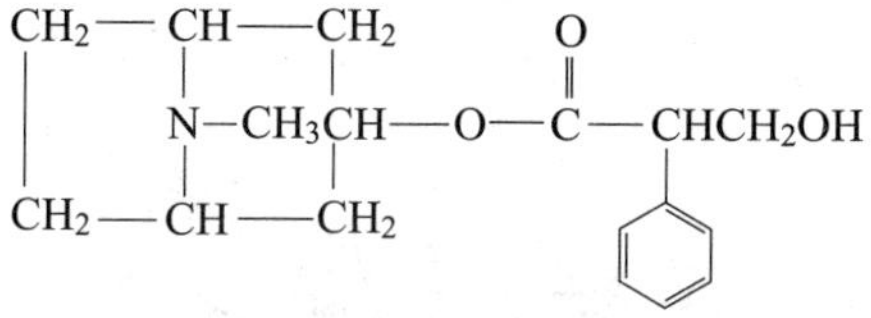

（9）咖啡碱　存在于茶叶和咖啡中。白色有丝光的针状结晶，味苦。熔点238℃，于178℃升华。易溶于水、乙醇、丙酮、氯仿等。有兴奋中枢神经的作用，是复方阿司匹林的成分之一，还具有利尿作用，嘌呤环上第7位N上的CH_3换为H即是茶碱。

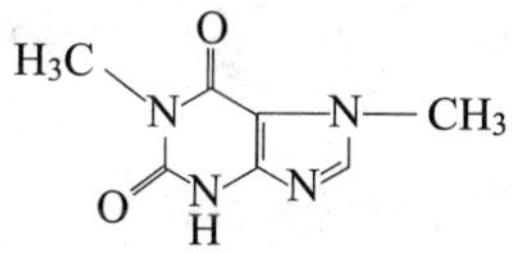

【阅读材料】

警惕生物碱中毒

夏季是植物生物碱中毒发生的高峰期。警告大家如发现蔬菜、瓜果有苦味，请不要食用。毒蘑菇、苦瓠子中毒均属植物中生物碱中毒。

植物生物碱中毒者一般会出现恶心、呕吐、腹绞痛、腹泻、脐周压痛、肠鸣音亢进、脱水等症状，但体温多表现正常。

瓠子是双子叶植物药葫芦科植物瓠子的果实，又名水瓜、莆瓜、葫芦瓜等。瓠子的味道有苦甜之分，甜瓠子含有大量糖分、蛋白质、有机酸和多种维生素，可放心食用，但苦瓠子含有一种植物毒素——苦葫芦素，误食后可以引发食物中毒。由于甜瓠子和苦瓠子在形状上无法鉴别，毒素加热后也不易被破坏，提醒大家，如果瓠子有苦味，请不要食用。同时，忌食青西红柿、鲜木耳、鲜黄花菜、苦瓠子、蓝色紫菜、未煮熟的扁豆，不要生食苦杏仁、木薯。

一旦发生食物中毒，应立即停止食用可疑食物，对患者中毒开展救治，并及时向当地卫生行政部门报告；同时，保留患者食用的食品及其原料，以备调查、确诊食物中毒原因。

本章小结

一、分类

芳香性杂环、非芳香性杂环。

单杂环和稠杂环。

单杂环：五元杂环和六元杂环。

稠杂环：苯环与单杂环或两个以上的单杂环稠并而成。

二、性质

1. 芳香性

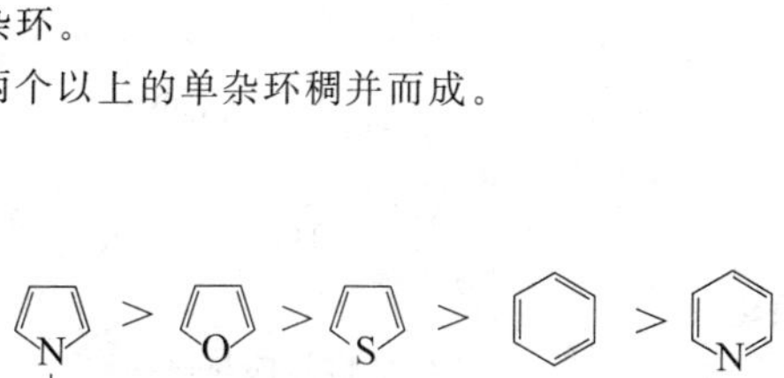

2. 含氮化合物碱性

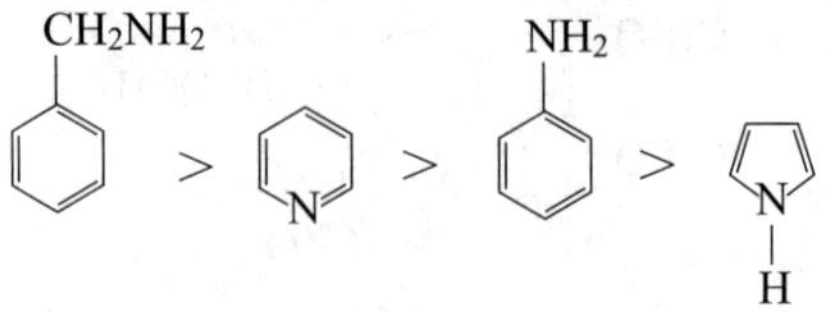

$C_6H_5CH_2NH_2$ > 吡啶 > $C_6H_5NH_2$ > 吡咯

三、五元杂环

亲电取代反应的特点：

活性：吡咯>呋喃>噻吩>苯；α 位比 β 位活泼

以呋喃为例。

1. 呋喃的亲电取代反应

（1）卤代

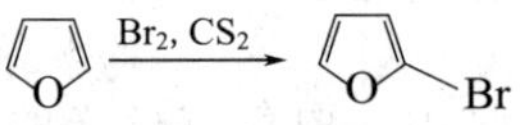

$$\text{呋喃} \xrightarrow{Br_2,\ CS_2} \text{2-溴呋喃 (Br)}$$

Br_2 的浓度大时易产生 2,5-二溴呋喃

（2）硝化

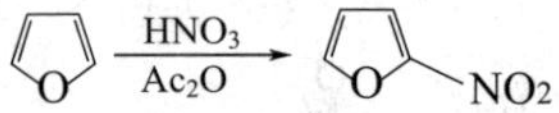

$$\text{呋喃} \xrightarrow[Ac_2O]{HNO_3} \text{2-硝基呋喃 } (NO_2)$$

（3）磺化

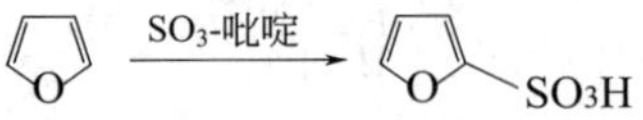

$$\text{呋喃} \xrightarrow{SO_3\text{-吡啶}} \text{呋喃-2-磺酸 } (SO_3H)$$

（4）酰化

$$\text{呋喃} + (CH_3CO)_2O \xrightarrow[CH_3COOH]{BF_3} \text{2-乙酰基呋喃}$$

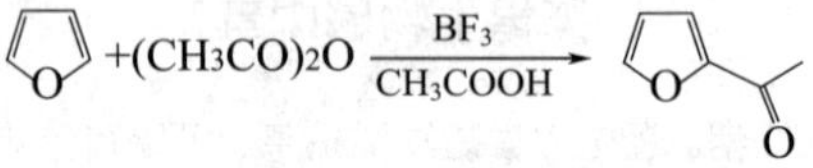

2. 呋喃的加成反应（加氢）

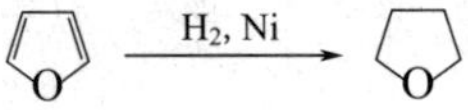

$$\text{呋喃} \xrightarrow{H_2,\ Ni} \text{四氢呋喃}$$

习　　题

1. 写出下列化合物的结构式。

（1）N-甲基四氢吡咯　　（2）α-吡咯磺酸

（3）β-吡啶甲酰胺　　（4）5-甲基糠醛

（5）3,7-二甲基-2,6-二氧嘌呤　　（6）8-羟基喹啉

2. 命名下列杂环化合物。

（1）Cl、COOH 取代的呋喃（5-Cl，2-COOH）　　（2）2-COOH 取代的噻吩（S，COOH）

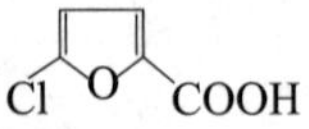

（3）N-CH_3、2-C_2H_5 取代的吡咯　　（4）3-COOH 取代的吡啶

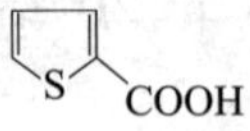

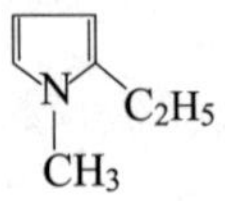

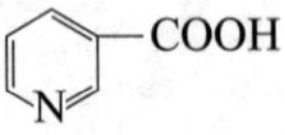

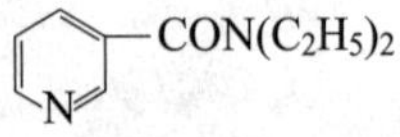

（5）3-$CON(C_2H_5)_2$ 取代的吡啶　　（6）6-Br、3-COOH 取代的吲哚（N—H）

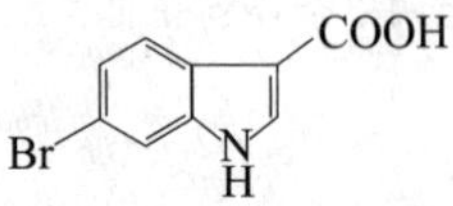

3. 用化学方法区别下列各组化合物。

（1）苯甲醛与糠醛　　（2）吡咯与四氢吡咯

（3）吡啶、α-甲基吡啶、六氢吡啶　　（4）苯、苯酚、呋喃

4. 完成下列反应方程式。

(1) 2-硝基-5-甲基噻吩（O_2N—噻吩—CH_3）$\xrightarrow[H_2SO_4]{HNO_3}$?

(2) 3-硝基噻吩（噻吩—NO_2）$\xrightarrow[HOAc]{Br_2}$?

(3) 3-甲基噻吩（噻吩—CH_3）$\xrightarrow[H_2SO_4]{HNO_3}$?

(4) 吡啶 $\xrightarrow{CH_3I}$?

5. 完成下列转变。

(1) 噻吩 ⟶ 噻吩-3-COOH

(2) 3-甲基吡啶（吡啶—CH_3）⟶ 吡啶—$C(=O)$—$N(C_2H_5)_2$

6. 某杂环化合物 $C_5H_4O_2$ 经氧化后生成分子式为 $C_5H_4O_3$ 的羧酸，羧基与杂原子相邻。此羧酸的钠盐与碱石灰共熔，则转变为 C_4H_4O。该化合物不与金属钠作用，也没有醛和酮的反应。试写出该杂环化合物的结构式。

第十四章　脂　　类

学习目标

1. 了解油脂、类脂化合物的存在和分类。
2. 掌握油脂、类脂化合物的组成、结构和重要物理、化学性质。
3. 理解甾族化合物的结构特征。
4. 了解油脂、类脂重要化合物的生理作用。
5. 了解肥皂的去污原理及表面活性剂的用途。

脂类是广泛存在于生物体中的重要天然有机物，它与碳水化合物、蛋白质、核酸等都与物质的组成和生理活动相关，因此常被看作是生物体的四大类基本物质之一。脂类包括很多物质，其中最主要的有油脂和类脂两种。油脂是各种高级脂肪酸与甘油形成的酯，是指猪油、牛油、花生油、豆油、桐油等动植物油；而类脂则包括蜡、磷脂及甾族化合物等。虽然它们在化学组成上属于不同类的物质，但由于其在物态及物理性质方面与油脂类似，因此把它们叫做类脂化合物。

第一节　油　　脂

一、油脂的存在和用途

油脂是油和脂肪的总称。通常把常温下是固态和半固态的称为脂肪，如猪油、牛油、羊油等；常温下是液态的称为油，如豆油、菜油、花生油等。

油脂广泛存在于动植物体内，是动植物贮藏的主要物质之一。植物的油脂多存在于植物的果实和种子中，而花、茎、叶、根含量较少，几乎所有种子都含有油脂，一些油料作物种子的含油量高达50%以上，许多野生植物的种子也含有15%～16%的油脂。表14-1是我国几种主要油料作物种子的含油量。

表14-1　某些植物组织中油脂含量

植物名称	组　织	油脂含量/%	植物名称	组　织	油脂含量/%
薄荷	叶	5.0	橄榄	果实	50
大豆	种子	12～25	棉籽	种子	14～25
甜菜	根	7.0	油菜	果实	30～35
花生	种子	40～61	油桐	茎	40～69
椴树	茎	2.3	椰子	果实	65～70
油菜	种子	33～47	蓖麻	种子	60
芝麻	种子	50～61	向日葵	种子	50

脂肪也存在于高等动物各种组织中，但各种组织中脂肪的含量并不相同，如皮下蜂窝组织及网膜组织中脂肪较多，肌肉中脂肪较少，其他如血液、淋巴液、骨髓等中也都含有脂肪。鱼类油脂多存在于肝脏，海兽的脂肪多集中于皮下。

油脂和蛋白质、碳水化合物一样，是动植物体的重要成分，也是人类生命活动所必需的营养物质之一。油脂通过氧化可以供给人类及动植物生命过程所需的热能。1g 油脂在体内完全氧化时可产生 38.9kJ 的热量，比 1g 糖（17.6kJ）和 1g 蛋白质（16.7kJ）的总和还要多。冬眠动物主要依靠贮存的油脂才能长期冬眠。油脂还提供维系高等动物正常机能的不饱和脂肪酸，促进脂溶性维生素的吸收，防止体温散失和内脏器官遭受振动或撞击；植物种子和果实中所贮存的油脂可提供种子发芽所需要的养料。油脂还广泛应用于肥皂、油漆、涂料及医药、化妆品的生产。

二、油脂的组成和结构

油脂不论来源于动物体或植物体，也不论在常温下是液态还是固态，它们的水解产物均有甘油和高级脂肪酸。因此，油脂是甘油和高级脂肪酸所形成的酯类化合物。1854 年法国化学家贝特罗贝塞罗（M. Bethelet）把甘油与高级脂肪酸一起加热制备了油脂，从而证实了油脂的结构。其通式如下：

$$\begin{array}{l} CH_2-O-\overset{\overset{\displaystyle O}{\|}}{C}-R^1 \\ | \\ CH-O-\overset{\overset{\displaystyle O}{\|}}{C}-R^2 \\ | \\ CH_2-O-\overset{\overset{\displaystyle O}{\|}}{C}-R^3 \end{array}$$

式中，R^1、R^2、R^3 代表脂肪酸中的烃基，R^1、R^2、R^3 可以相同也可以不同。当 $R^1=R^2=R^3$ 时，则高级脂肪酸形成的甘油酯叫做单纯甘油酯；R^1、R^2、R^3 三者中有 2 个或 3 个不相同时，称为混合甘油酯。天然油脂大多数是混合甘油酯。

组成甘油酯的高级脂肪酸种类很多，目前已经发现的有五十多种，其中绝大多数是含偶数碳原子的饱和的或不饱和的直链高级脂肪酸，带有支链、取代基和环状的脂肪酸及奇数碳原子的脂肪酸极少。组成油脂的饱和脂肪酸最普遍的是软脂酸（十六碳酸）和硬脂酸（十八碳酸），其次是月桂酸（十二碳酸）。组成油脂的不饱和脂肪酸最普遍的是油酸，其次是亚油酸和亚麻酸。在上述脂肪酸中，亚油酸和亚麻酸是哺乳动物必需的脂肪酸，哺乳动物自身不能合成这些脂肪酸，必须从植物油中摄取，所以称为必需脂肪酸。

动物脂肪中含有较多的高级饱和脂肪酸甘油酯，所以动物脂肪在常温下为固态；植物油中不饱和高级脂肪酸甘油酯含量较多，所以植物油在常温下为液态。油脂中常见的高级脂肪酸见表 14-2。

表 14-2　油脂中常见的高级脂肪酸

类　别	系统命名	俗　名	结构式	熔点/℃	分　布
饱和脂肪酸	癸酸	羊蜡酸	$C_9H_{19}COOH$	32.0	椰子油、奶油
	十二碳酸	月桂酸	$C_{11}H_{23}COOH$	44.0	鲸蜡、椰子油
	十四碳酸	肉豆蔻酸	$C_{13}H_{27}COOH$	54.0	肉豆蔻脂
	十六碳酸	软脂酸	$C_{15}H_{31}COOH$	63.0	动植物油脂
	十八碳酸	硬脂酸	$C_{17}H_{35}COOH$	70.0	动植物油脂
	二十碳酸	花生酸	$C_{19}H_{39}COOH$	75.0	花生油
不饱和脂肪酸	9-十八碳烯酸	油酸	$C_{17}H_{33}COOH$	14.4	动植物油脂
	9,12-十八碳二烯酸	亚油酸	$C_{17}H_{31}COOH$	−5.0	植物油
	9,12,15-十八碳三烯酸	亚麻酸	$C_{17}H_{29}COOH$	−11.0	棉籽油、亚麻油
不饱和脂肪酸	13-二十二碳烯酸	芥酸	$C_{21}H_{41}COOH$	33.5	菜油
	9,11,13-十八碳三烯酸	桐油酸	$C_{17}H_{29}COOH$	49.0	桐油

高级脂肪酸的命名常用俗名，有时也用系统命名法命名。饱和高级脂肪酸的系统命名和一般的有机酸的命名相同，按所含的碳原子数称为“某碳酸”；不饱和高级脂肪酸的系统命名按其所含碳原子数和双键数分别称为“某碳烯酸”、“某碳二烯酸”等，双键用Δ表示，双键的位置用阿拉伯数字表示，写在Δ的右上角。高级脂肪酸的构造式常用锯齿形的式子表示。例如：

COOH

顺-Δ^{9}-十八碳烯酸（油酸）

COOH

顺，顺-$\Delta^{9,12}$-十八碳二烯酸（亚油酸）

括号中的名称为俗名。

不同的油脂，其所组成的脂肪酸种类和比例是各不相同的，但同一来源的油脂，则在某一范围内常常是恒定的。在某些油脂中，可以有较多的某种特定的脂肪酸，而使该种油脂表现出某些特性。例如桐油中含桐油酸 79%，蓖麻油中含蓖麻酸高达 87.8%，它们都不适于食用。我国南方最常见的食用菜油中含芥酸 50%，而芥酸对人体是无益的。所以培育低芥酸的油菜新品种是农业研究的课题之一。

三、油脂的物理性质

纯净的油脂是无色、无味、无臭的，许多天然油脂常因含有某些杂质和色素而呈现黄褐色或者有某种气味。天然油脂是混合物，没有固定的熔点和沸点，在沸腾温度之前即发生分解。但各种油脂都有一定的熔点范围，例如花生油为 28～32℃、牛油为 19～42℃、猪油为 36～46℃。各种油脂在一定范围内软化熔融或凝结。

油脂比水轻，相对密度都小于 1，一般在 0.86～0.95 之间。油脂都不溶于水，而易溶于乙醚、石油醚、汽油、苯、丙酮、氯仿、四氯化碳等有机溶剂，可以利用这些有机溶剂从动植物样品中提取油脂，以测定动植物组织中油脂的组成和含量。

四、油脂的化学性质

油脂属酯类化合物，官能团是酯键，因此油脂能水解。如果形成油脂的脂肪酸是不饱和的，因分子结构中存在碳碳双键，还可以发生加成、氧化、聚合等反应。

（一）水解反应

油脂在酸、碱或酶的催化下可以发生水解反应，其产物是甘油和高级脂肪酸。酸催化的反应是可逆的，酶催化的反应是不可逆的。在碱（NaOH）的催化下水解，由于水解生成的高级脂肪酸与碱作用生成脂肪酸盐，可完全水解。高级脂肪酸的钠盐俗称肥皂，因此油脂在碱性条件下的水解反应又称为皂化反应。

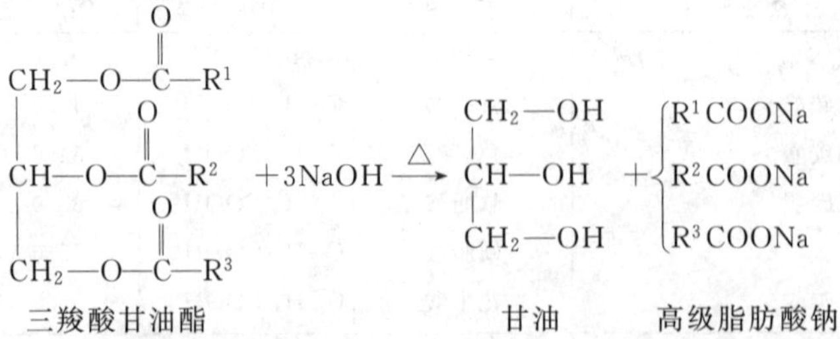

$$\begin{array}{l} CH_2-O-\overset{O}{\overset{\|}{C}}-R^1 \\ | \\ CH-O-\overset{O}{\overset{\|}{C}}-R^2 \\ | \\ CH_2-O-\overset{O}{\overset{\|}{C}}-R^3 \end{array} + 3NaOH \xrightarrow{\triangle} \begin{array}{l} CH_2-OH \\ | \\ CH-OH \\ | \\ CH_2-OH \end{array} + \left\{ \begin{array}{l} R^1COONa \\ R^2COONa \\ R^3COONa \end{array} \right.$$

三羧酸甘油酯　　　　甘油　　高级脂肪酸钠

由于各种油脂平均分子量不同，因此皂化 1g 油脂所需要的碱的量也不相同。在油脂分析中，把皂化 1g 油脂所需要的氢氧化钾的质量（mg）叫做该油脂的皂化值。根据皂化值的大小，可以计算出油脂的平均分子量。

$$平均分子量=\frac{3\times56\times1000}{皂化值}$$

由上式可知，皂化值越大，油脂的平均分子量就越小。这是因为油脂的平均分子量越小，则一定质量的油脂中分子数目就越多，水解生成的脂肪酸也就越多，因此皂化所需氢氧化钾的量较多。

各种油脂都有一定的皂化值（表 14-3）。如果测得的某油脂的皂化值低于、高于正常范围，则表明该油脂中含有不能被皂化或者可以与氢氧化钾作用的杂质。所以皂化值是检验油脂质量的重要常数之一。

表 14-3　一些常见油脂的性能及其高级脂肪酸的含量

油脂名称	碘值/(g/100g)	皂化值/(mgKOH/g)	软脂酸/%	硬脂酸/%	油酸/%	亚油酸/%	其他/%
大豆油	124～136	185～194	6～10	2～4	21～29	50～59	蓖麻油酸 80～92
花生油	93～98	181～195	6～9	4～6	50～70	13～26	
棉籽油	103～115	191～196	19～24	1～2	23～33	40～48	桐油酸 74～91
蓖麻油	81～90	176～187	0～2	—	0～9	3～7	
桐油	160～180	190～197	—	2～6	4～16	0～1	亚麻油酸 25～58
亚麻油	170～204	189～196	4～7	2～5	9～38	3～43	
猪油	46～66	193～200	28～30	12～18	41～48	6～7	
牛油	31～47	190～200	24～32	14～32	35～48	2～4	
菜油	94～105	168～179	1.0	—	32	15	芥酸 5～50
羊油	31～46	192～198	24～27	5～30.5	36～43	4～7	

（二）加成反应

油脂中的不饱和脂肪酸甘油酯由于含有碳碳双键，具有烯烃的性质，能与氢、卤素等发生加成反应。

1. 加氢

不饱和脂肪酸甘油酯在催化加氢后，可以转化为含较多饱和脂肪酸的油脂，这个过程称为油脂的氢化或硬化。这种加氢后的油脂称为氢化油或硬化油。例如：

$$\begin{array}{l} CH_2-O-\overset{\overset{O}{\|}}{C}-C_{17}H_{33} \\ | \\ CH-O-\overset{\overset{O}{\|}}{C}-C_{17}H_{33} \\ | \\ CH_2-O-\overset{\overset{O}{\|}}{C}-C_{17}H_{33} \end{array} + 3H_2 \xrightarrow[250℃]{Ni} \begin{array}{l} CH_2-O-\overset{\overset{O}{\|}}{C}-C_{17}H_{35} \\ | \\ CH-O-\overset{\overset{O}{\|}}{C}-C_{17}H_{35} \\ | \\ CH_2-O-\overset{\overset{O}{\|}}{C}-C_{17}H_{35} \end{array}$$

三油酸甘油酯　　　　三硬脂酸甘油酯

通过硬化，可以扩大油脂的应用范围，例如一些廉价的、不能食用的动植物油经过催化加氢，可制得适用于制皂的硬化油；经过有控制地部分加氢，可将棉籽油制得奶油或猪油的代用品（人造猪油）等；鱼油氢化后可消除腥味，改善品质。并且氢化油脂饱和程度大，且为固态，因而不易酸败变质，便于贮存和运输。

2. 加碘

不饱和脂肪酸甘油酯中的碳碳双键也可以和碘起加成反应。每 100g 油脂与碘起加成反应时所需的碘的量（g）称为该油脂的碘值。显然碘值越大，表示油脂的不饱和程度越大。工业上常用油脂与碘的加成反应来测定油脂的不饱和程度。由于碘的加成反应很慢，在实际测定中常用氯化碘（ICl）或溴化碘（IBr）的冰醋酸溶液作为加成试剂。由于其中的氯原子或溴原子能使碘活化，因此使反应速度加快。氯化碘与双键的反应可表示为：

$$-CH=CH- + ICl \longrightarrow -\underset{\substack{|\\ I}}{C}-\underset{\substack{|\\ Cl}}{C}-$$

$$ICl\ (\text{实际用量}) + KI \longrightarrow I_2 + KCl$$

反应完毕后，由被吸收的氯化碘的量换算成碘，即为油脂的碘值。碘值是油脂性质的重要参数，也是油脂分析的重要指标。各种油脂的碘值见表 14-3。

（三）酸败作用

油脂在贮存期间，受湿、热、光和空气中氧或霉菌等的作用而逐渐变质，产生一种不愉快的臭味，这种变化称为油脂的酸败。油脂酸败的过程较为复杂，一般来说，引起酸败原因有两个方面：一是空气氧化分解；二是微生物氧化分解。

空气氧化分解是油脂中不饱和脂肪酸的双键在空气中氧的作用下，双键处吸收一个氧分子而形成过氧化物，再由水的作用而分解成低级的醛、酮和酸的复杂混合物，这些物质常有难闻的气味。光、热、潮湿或某些金属能加速这一过程。

$$\cdots-CH_2-CH=CH-CH_2\cdots + O_2 \longrightarrow$$

$$\cdots-CH_2-\overset{\overset{O\text{——}}{|}}{CH}-\overset{\overset{O}{|}}{CH}-CH_2\cdots + O_2 \longrightarrow \text{低级醛和酸}$$

过氧化物

一些微生物（细菌或霉菌）能使油脂水解为甘油和游离脂肪酸，某些低级的游离脂肪酸（$C_4 \sim C_{12}$）再受微生物的进一步作用，在 β-碳原子上发生 β-氧化而生成 β-酮酸，β-酮酸脱羧后形成低级的酮和 CO_2。含低级脂肪酸甘油酯较多的油脂，如奶油、猪油等容易被微生物酸败。气温高、湿度大、通风不良等环境，有利于微生物的酸败过程。

$$R-\overset{\beta}{C}H_2-\overset{\alpha}{C}H_2-COOH \xrightarrow[\text{脱氢}]{\text{酶}} R-CH=CH-COOH \xrightarrow{H_2O}$$

$$R-\underset{\substack{|\\ OH}}{CH}-CH_2-COOH \xrightarrow{[O]} R-\underset{\substack{\|\\ O}}{C}-CH_2-COOH$$

$$R-\underset{\substack{\|\\ O}}{C}-CH_2-COOH \longrightarrow \begin{cases} R-\overset{\substack{O\\ \|}}{C}-COOH \\ R-COOH + CH_3COOH \end{cases}$$

为了防止酸败，常将油脂保存在密闭的容器中，放在阴凉、干燥和避光的地方。或在油脂中加入少量抗氧化剂，如维生素 E、卵磷脂等，可以抑制酸败。麦胚油中富含维生素 E，芝麻油中含有抗氧化剂芝麻酚，这两种油脂久贮不易酸败。

油脂中游离脂肪酸的含量与酸败程度常与油脂的品质有关。游离脂肪酸的含量越高，质量越差。油脂中游离脂肪酸的含量常用酸值表示，可在常温下用氢氧化钾酒精溶液滴定。中和 1g 油脂中的游离脂肪酸所需要的氢氧化钾的量（mg）称为该油脂的酸值。一般油脂的酸值都很低，但油脂酸败后，游离脂肪酸就增多，酸值便明显升高。所以一般来说，酸值低的油脂品质较好。酸值大于 6mg/g 的油脂不宜食用。

用氢氧化钾测定油脂的皂化值时实际上包括了它的酸值。将测得的皂化值减去酸值才是“真正的”皂化值，通常称为酯值。

（四）干化作用

有些植物油，如桐油、亚麻油等，涂布在器物上或在空气中放置后，可以生成一层坚韧、有弹性、不透水的薄膜，这个过程叫油脂的干化作用。容易干化的油通常称为干化油。油的干化是一个很复杂的化学变化过程，其变化的本质至今尚未十分清楚，一般认为与双键的氧化和聚合有关。实践证明，油脂干化作用的强弱和分子中所含双键的数目及双键结构的体系有关。含双键数目多的结膜快，含双键数目少的结膜慢。有共轭双键结构体系的比孤立双键结构体系的结膜快。如桐油组分中的桐酸含有较容易发生聚合作用的共轭双键，因此，桐油干燥速度快。也可能是由于氧作用于不饱和脂肪酸分子中的双键，而使油脂分子通过氧原子结合起来构成网状结构，最终形成薄膜。

具有干化性能作用的油叫干性油，没有干化性能作用的油叫非干性油，介于二者之间的叫半干性油。这三类油通常按照碘值的大小来区分。

干性油：碘值在 130g/100g 以上，如桐油。

半干性油：碘值在 100～130g/100g 之间，如棉籽油。

非干性油：碘值在 100g/100g 以下，如花生油。

油脂的干化作用使油成为油漆工业中的一种重要原料。桐油是最好的干性油，桐油中含桐油酸达 79%，它不仅结膜速度快，而且形成的薄膜坚韧、耐光、耐冷热变化、耐潮湿、耐腐蚀。我国的桐油在世界上占有相当重要的地位。

五、肥皂和表面活性剂

（一）肥皂及其乳化作用

肥皂是通过油脂与苛性钠经皂化反应制得。高级脂肪酸的盐通称肥皂。肥皂有钠肥皂、钾肥皂、钙肥皂等许多种类。日常所用的肥皂是钠肥皂，因为是固体，质较硬，所以又叫硬肥皂。其中约含 70%的高级脂肪酸钠、30%的水分和泡沫剂（如松香酸钠等）。加入香料及颜色就成为家庭用的香皂。钾肥皂为长链脂肪酸的钾盐，因为质软，不能凝成硬块，所以又叫软肥皂，它多用作洗发水或医药上的乳化剂。

肥皂的去污作用是由高级脂肪酸钠的分子结构决定的。高级脂肪酸钠的分子可分成两部分，一部分是羧酸根—COO^-Na^+（带电荷部分），它是易溶于水的亲水基，它使肥皂具有水溶性；一部分是烃基长链，它是典型的疏水亲脂基团，叫做疏水基（图 14-1）。

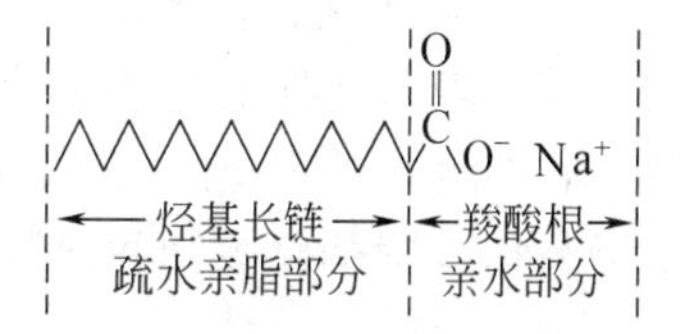

图 14-1　肥皂的去污作用

当肥皂溶于水时，羧酸根（亲水部分）进入水中，而烃基（亲脂部分）则翘在水面外。因此，肥皂分子在水的表面或油的表面铺成只有一个分子厚的单分子层（图 14-2），从而改变了水或油的表面性质，降低了表面张力。肥皂具有表面活性，是一种表面活性剂。

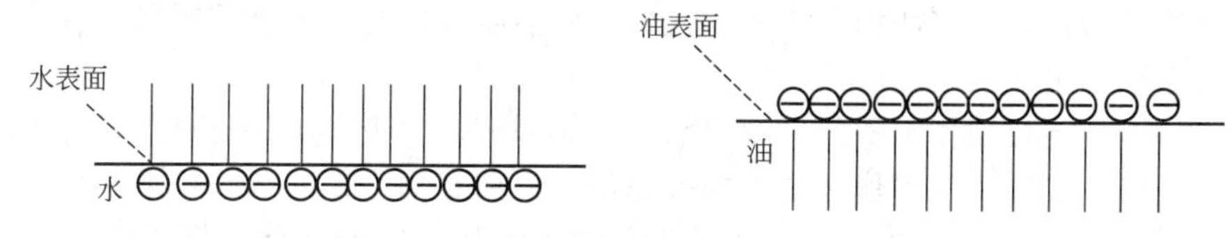

图 14-2　肥皂在水面或油面形成单分子层

当用肥皂洗涤衣裳遇到油垢时，肥皂分子就在油珠表面定向排列，烃基进入油珠中而羧酸根排布在油珠表面（图 14-3、图 14-4），这样每一个油珠外面都被许多肥皂分子的亲水基包围，形成了一个硕大的离子团，彼此相斥而悬浮于水中，形成稳定的乳浊液，这种现象叫做乳化，这种作用叫乳化作用。凡是具有乳化作用的物质都叫做乳化剂，乳化剂是表面活性剂中的一类。所以肥皂又是一种乳化剂。

衣服上油污用肥皂处理后，肥皂分子的亲脂部分进入油污层，经机械振动（如揉搓、捶打、搅拌等），油污逐步分散成小滴，因表面排布着亲水基，容易被水分子拉入水中而形成乳浊液，不能回沾到衣物上，经过漂洗后，使衣服清洁，衣服上的油污就被除去。肥皂是众所周知的去污剂。

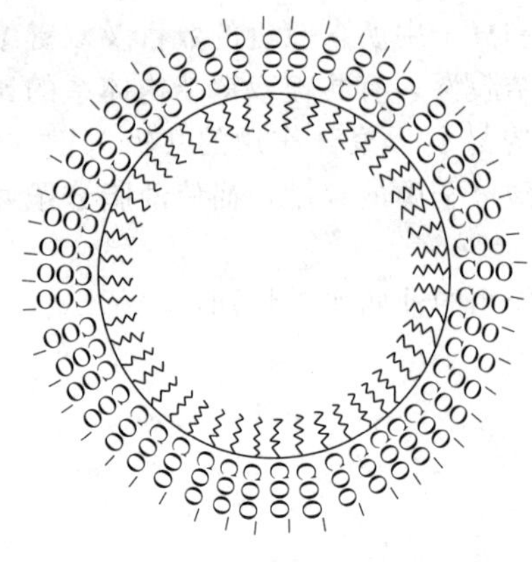

图 14-3 肥皂分子的小团粒

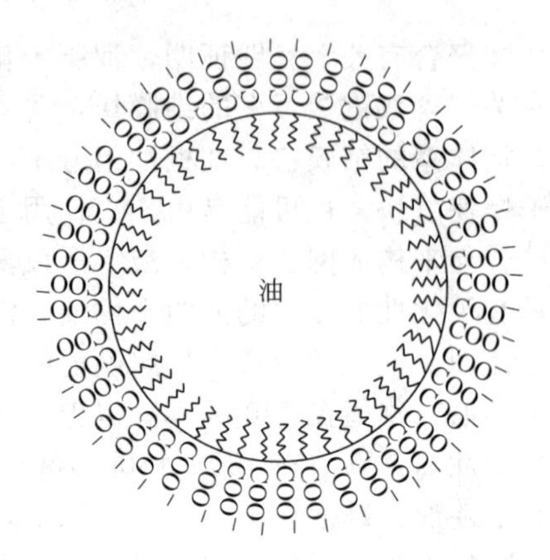

图 14-4 肥皂的乳化作用

肥皂是弱酸强碱盐，与强酸作用生成不溶于水的高级脂肪酸，从而失去乳化剂的效能，因而肥皂不能在酸性溶液中使用。肥皂也不能在硬水中使用，因为在含有 Ca^{2+}、Mg^{2+} 的硬水中，肥皂便转化成不溶性的高级脂肪酸的钙盐或镁盐，而不能再起乳化剂的作用。因此，肥皂的应用受到一定的限制。此外，由于制皂还需要消耗一定数量的天然油脂，因此，近几年来，人们根据肥皂分子结构的特点，合成了许多具有表面活性作用的物质，叫做表面活性剂。

（二）表面活性剂

表面活性剂是能降低液体表面张力的物质。从结构来说，表面活性剂分子中必须含有亲水基团和疏水基团。表面活性剂按用途可分为乳化剂、润湿剂、起泡剂、洗涤剂、分散剂等。根据结构特点，分为阴离子表面活性剂、阳离子表面活性剂和非离子型表面活性剂。

1. 阴离子表面活性剂

这类表面活性剂起作用的有效部分都是具有疏水基的阴离子。例如，肥皂就属于这一类型，它的疏水基 R 包含于阴离子 $RCOO^-$ 中。此外，还有日常使用的合成洗涤剂，如烷基苯磺酸钠、烷基硫酸钠和烷基磺酸钠等。

$$R-C_6H_4-SO_3^- Na^+ \qquad R-O-SO_3^- Na^+ \qquad R-SO_3^- Na^+$$

烷基苯磺酸钠　　烷基硫酸钠　　烷基磺酸钠

它们在水中分别生成 RSO_3^-、$ROSO_3^-$ 等疏水的阴离子。R 一般在 C_{12} 左右为好。碳原子过多使油溶性增强，水溶性相应减弱；太少又使油溶性减弱，水溶性增强。过多、过少都直接影响洗涤剂的去污效果。

这类表面活性剂可用作起泡剂、润湿剂、洗涤剂等，如十二烷基硫酸钠具有优良的起泡作用，对皮肤作用温和，可用作牙膏中的起泡剂。目前我国生产的洗衣粉主要是烷基苯磺酸钠，是常用的洗涤剂，也可用来清洗金属和润湿纺织品。这类化合物都是强酸盐，它的钙盐、镁盐一般在水中的溶解度较大，所以可在酸性溶液或硬水中使用。

2. 阳离子表面活性剂

阳离子表面活性剂溶于水时起作用的有效部分是疏水基的阳离子。属于这类的主要为季铵盐，也有某些含硫或含磷的化合物。例如，一种医用洁净杀菌剂新洁尔灭，便是一种阳离子表面活性剂。

$$\left[C_6H_5-CH_2-\overset{CH_3}{\underset{CH_3}{N^+}}-C_{12}H_{25} \right] Br^-$$

溴化二甲基苄基十二烷基铵（新洁尔灭）

$$\left[\ce{C6H5-OCH2CH2-N^+(CH3)2-C12H25}\right]Br^-$$

溴化二甲基苄氧基十二烷基铵（杜灭芬）

这类化合物除有乳化作用外，还有较强的杀菌力，因此多用作杀菌剂和消毒剂。如杜灭芬用于预防和治疗口腔炎、咽炎等。

3. 非离子型表面活性剂

这类表面活性剂在水中不会离解成离子，是中性化合物。它们的亲水基团是非离子型的基团，如羟基、醚键等。由于分子中具有多个醚键或多个羟基，所以这类表面活性剂都具有较好的亲水性。如：

$$R-C_6H_4-O+CH_2CH_2O+_nH \qquad C_{12}H_{25}O+CH_2CH_2O+_nH$$

聚氧乙烯烷基酚醚　　　　十二烷基聚乙二醇醚

非离子表面活性剂的乳化性能和洗涤效果良好，与水极易混溶，也不受酸性溶液和硬水中 Mg^{2+}、Ca^{2+} 的影响，是目前使用较多的洗涤剂。

表面活性剂也广泛应用于农业生产中，稀释农药、植物生长调节剂时常用表面活性剂起乳化作用，如乐果乳油等。另外，在食品工业、医药等方面也有广泛的用途。

第二节　类脂化合物

油脂以外脂类都可以称为类脂，其中较重要的有磷脂、蜡和甾族化合物等。

一、磷脂

磷脂是一类含有磷、氮元素的类脂化合物，是生物体所有细胞组成成分之一，广泛存在于植物的种子，动物的心、肝、脑、卵及微生物体中。根据磷脂的组成和结构可把它分为磷酸甘油酯和神经鞘磷脂两大类。

（一）磷酸甘油酯

磷酸甘油酯是高级脂肪酸和磷酸共同与甘油组成的酯。高级脂肪酸主要是亚油酸和亚麻酸等不饱和酸，也有一些软脂酸和硬脂酸。磷酸在甘油的第一或第三碳原子上成的酯称为 α-磷脂；在第二碳原子上成的酯称为 β-磷脂。此外，甘油的 β-碳原子为手性碳原子，通常用 D/L 标记。不论 R 与 R^1 相同或不同，α-磷脂有两种旋光异构体，自然界中的磷酸甘油酯常见的是 L-α-磷脂。下面为磷酸甘油酯的通式，—X 为含氮碱基。

$$\begin{array}{l} \qquad\qquad\quad CH_2-O-\overset{O}{\overset{\|}{C}}-R \\ R^1-\overset{O}{\overset{\|}{C}}-O-\overset{|}{C}H \\ \qquad\qquad\quad \overset{|}{C}H_2-O-\underset{OH}{\underset{|}{\overset{O}{\overset{\uparrow}{P}}}}-X \end{array}$$

L-α-磷脂

磷酸甘油酯种类很多，相互间的差别是含氮碱基不相同。含氮碱基是胆碱的叫做卵磷脂；含氮碱基是胆胺的叫做脑磷脂；含氮碱基是丝氨酸的叫做丝氨酸磷脂；含氮碱基是肌醇的叫做磷脂酰肌醇。其中最重要的是卵磷脂和脑磷脂。

1. 卵磷脂（CHC）

广泛存在于动植物组织和器官中。在植物体内集中存在于种子里，在动物体内脑、精液、肾上腺、红细胞中含CHC量较多。鸟类的卵中含卵磷脂最多，故称卵磷脂。

```
                                O
                                ‖
        O       CH2—O—C—R
        ‖        |
R1—C—O—CH       O
                 |        ↑
                CH2—O—P—O—CH2CH2N+(CH3)3OH-
                          |
                          OH
```

L-α-卵磷脂

从结构式可以看出：卵磷脂的磷原子上还有一个羟基而表现为酸性，胆碱有碱性基，因此可形成内盐。卵磷脂的内盐部分是亲水基，甘油与脂肪酸成酯部分为疏水基，所以它具有乳化剂的作用，是动物体食物消化吸收所需重要的乳化剂。卵磷脂可生成溶血磷脂，具有抑制血小板凝聚、防止血栓生成的作用。

2. 脑磷脂

它与卵磷脂共同存在于动植物组织和器官中，在高级动物的脑、肝、肾、心等器官中含量较多，故称脑磷脂。脑磷脂分子内也可形成内盐，其结构式如下：

```
                                O
                                ‖
        O       CH2—O—C—R
        ‖        |
R1—C—O—CH       O
                 |        ↑
                CH2—O—P—O—CH2CH2NH2
                          |
                          OH
```

L-α-脑磷脂

（二）神经鞘磷脂

神经鞘磷脂主要存在于动物的脑和神经组织中，它与蛋白质、多糖构成神经纤维或轴索的保护层。神经鞘磷脂是由磷酸、胆碱、高级脂肪酸和鞘氨醇结合而成的。其结构式如下：

```
CH3(CH2)12  H              CH3(CH2)12  H
        \  /                       \  /
         C                          C
         ‖                          ‖
         C                          C
        / \                        / \
       H   CHOH                   H   CHOH  O
           |                          |     ‖
           CHNH2                      CHNH—C—(CH2)22CH3
           |                          |    O-
           CH2OH                      |    |
                                      CH2—O—P—OCH2CH2N+(CH3)3
                                           ‖
                                           O
```

鞘氨醇　　　　　　神经鞘磷脂

（三）磷脂的性质

1. 溶解性

天然磷脂分子中既含有极性的亲水基（偶极离子部分），又含有非极性的疏水基（脂肪烃基部分），因此磷脂既能溶于水呈胶体溶液，又能溶于某些有机溶剂呈透明溶液，但不溶于丙酮，借此可把它和其他脂类分开。磷脂都是良好的表面活性剂，在生物体内能使油脂乳化，有助于油脂的运输和消化吸收。

2. 水解

磷脂分子中都含有酯键，它们都能水解，彻底水解产物是甘油、脂肪酸、磷酸、胆胺和胆碱。

3. 加成和氧化

如果磷脂分子中含有不饱和脂肪酸，也能发生加成反应和氧化反应。纯的磷脂都是白色蜡状固体，暴露在空气中容易变黑，这是由于分子中的不饱和脂肪酸在空气中被氧化生成过氧化物，进而生成黑色聚合物所致。

4. 形成双分子层

磷脂溶于水中可排成两列。它的亲水基向着水，疏水基受水分子排斥而聚集在一起，尾尾相连，与水隔开，形成磷脂双分子层。如图 14-5 所示。

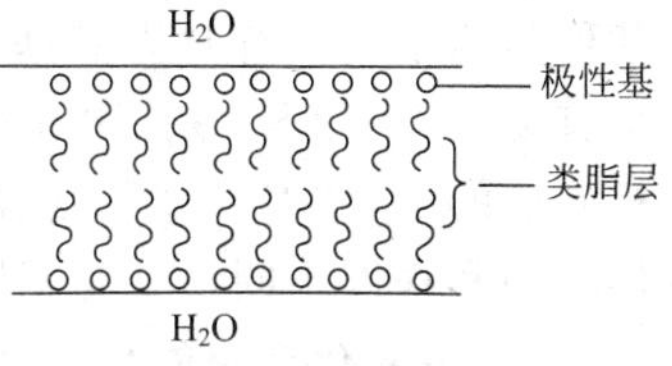

图 14-5　磷脂双分子层横层面

磷脂与油脂不同，主要不是生物的贮藏物质，而常是以结合状态，作为一种组成物质而存在于活细胞中。例如所有生物膜几乎完全是由蛋白质和脂类（主要是磷脂）两大类物质组成。生物膜对各类物质的通透性情况是：脂溶性物质可以通过生物膜的类脂部分扩散到细胞中，极性分子或离子可以通过生物膜的蛋白质部分进入细胞。所以，生物膜对于细胞吸收外界物质和分泌代谢物都起着重要的作用。

二、蜡

蜡广泛分布在动、植物体中，主要成分是高级脂肪酸和高级一元醇所生成的酯。此外还包含少量的高级烷烃、高级醇、高级脂肪酸、高级醛、酮等化合物。蜡按其来源分为植物蜡和动物蜡两类（表 14-4）。

表 14-4　几种重要的蜡

类　别	名　称	主要成分	熔点/℃	来　源
植物蜡	巴西蜡	$C_{25}H_{51}COOC_{30}H_{61}$	80～90	巴西棕榈叶
	棕榈蜡	$C_{25}H_{51}COOC_{26}H_{53}$ 和 $C_{15}H_{31}COOC_{30}H_{61}$	100～103	棕榈树干
动物蜡	蜂蜡	$C_{15}H_{31}COOC_{30}H_{61}$	63～86	蜜蜂腹部
	鲸蜡	$C_{15}H_{31}COOC_{30}H_{61}$	41～46	鲸鱼头部
	虫蜡	$C_{25}H_{51}COOC_{26}H_{53}$	80～83	白蜡虫
	羊毛脂	二十六醇、羊毛甾醇、十六酸、二十六酸	80～83	羊毛

植物蜡常以薄层覆盖在茎、叶、树干、种子及果实的表面，可减少植物水分蒸发，防止微生物和昆虫的侵害。实验证明，若除去果实表面的蜡层，它在贮存期间很快就会腐烂。巴西蜡是巴西棕榈树叶面上分泌的蜡。

动物蜡存在于动物的分泌腺、皮肤、毛皮、羽毛和昆虫的外骨骼的表面，也能起保护作用。白蜡又叫虫蜡，是寄生在女贞树上的白蜡虫的分泌物，虫蜡是我国的特产，主要产地在四川。蜂蜡是工蜂的蜡腺分泌物，是造蜂巢的主要物质。鲸蜡存在于鲸鱼脑部的油中。羊毛脂是脂肪酸和羊毛甾醇形成的酯，它是羊毛上存在的油状分泌物，由于它容易吸收水分，并有乳化作用，所以常用于化妆品工业。

蜡在常温下是固体，比脂肪硬而脆，不溶于水而易溶于醚、苯、氯仿、四氯化碳等有机溶剂中。蜡的化学性质比油脂稳定，不易皂化，不易酸败，在空气中久置也不被氧化变质，不被微生物侵扰腐败。蜡在工业上用作纺织品的上光剂，是制造蜡纸、蜡烛、药膏基质、化妆品、药丸壳等的原料。

三、甾族化合物

（一）甾族化合物的概述

甾族化合物也叫类固醇化合物，广泛存在于动植物体内，对动植物的生命活动起着极其重要的生理作用。这一类化合物的结构特点是它们分子中都含有一个环戊烷并多氢菲的骨架，称为甾环。环上碳原子按如下顺序编号：

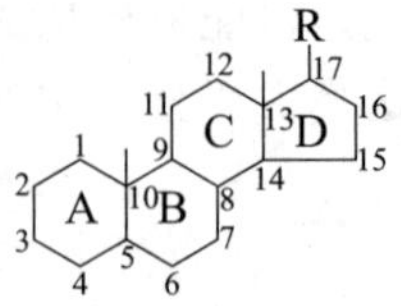

在甾环上，一般都含有三个侧链；在C10和C13的位置上，一般为甲基。通常把这个甲基称为角甲基（有时为醛基—CHO或者羟甲基—CH_2OH），C17连接的是氢或烃基，R为具有2、4、5、8、9、10个碳原子的侧链。甾字是象形字，“田”字表示A、B、C、D四个相并连的环，“<<<”则表示三个侧链。甾体化合物种类很多，但其结构上的差别一是甾环的饱和程度不同，二是C17所连R的不同。

（二）甾族化合物的代表物

甾族化合物根据化学结构可分为甾醇类、甾体激素、胆酸类、强心苷类。其中以甾醇类和甾体激素最为重要。甾醇类按其来源分为植物甾醇和动物甾醇，甾体激素主要包括肾上腺皮质激素、性激素和昆虫蜕皮激素。

1. 胆固醇（胆甾醇）

胆固醇存在于人及动物的细胞、血液、脂肪、脑髓及神经组织中，是最早发现的甾体化合物之一。由于胆固醇最早是从人体胆结石中发现的固体醇，所以把它称为胆固醇。结构如下：

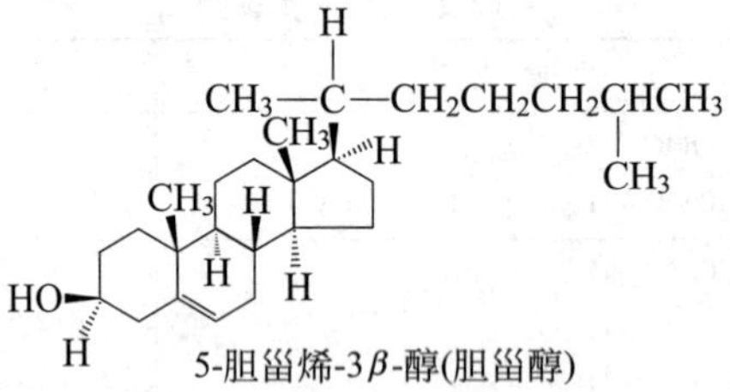

5-胆甾烯-3β-醇(胆甾醇)

纯粹的胆固醇是无色或略带黄色的结晶，熔点148.5℃，微溶于水，易溶于氯仿、乙醇、乙醚等有机溶剂。由于胆固醇分子中含有仲醇基，故可与脂肪酸形成酯；又因含有双键，所以能与氢或碘加成。

胆固醇是人体中存在的不能皂化的脂溶性物质，一般存在于血液中，也能沉积于胆囊中，成为胆结石的重要成分。它从食物进入人体内，也有部分由脂肪酸变成。食物中油脂过多时，会提高血液中胆固醇含量，可以引起胆结石、动脉硬化和心脏病等。

2. 7-脱氢胆甾醇和维生素D

7-脱氢胆甾醇属于动物甾醇，它存在于人体皮肤中，当受紫外线照射时，B环打开而转化成维生素D_3。

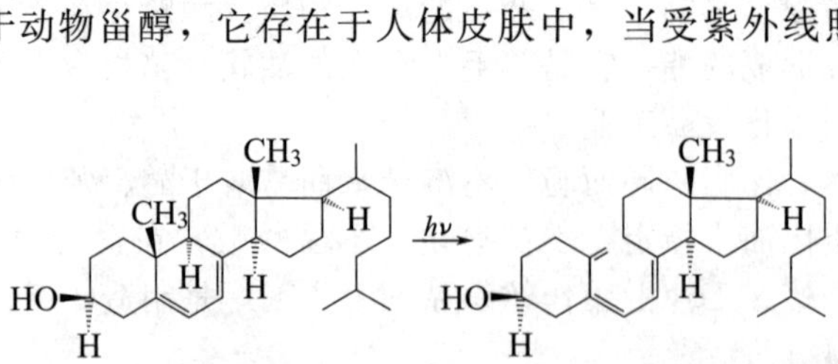

7-脱氢胆甾醇　　维生素D_3(熔点82～83℃)

3. 麦角甾醇

植物甾醇中最重要的是麦角甾醇，它存在于麦角、酵母、真菌以及小麦粒内。它与7-脱氢胆甾醇相比，只是在C17的侧链上多一个双键和甲基。麦角甾醇经紫外线照射，它的B

环开裂，转变成维生素 D_2。

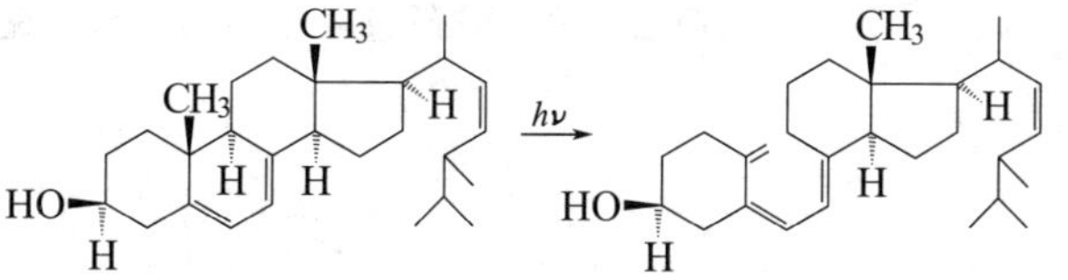

麦角甾醇　　维生素D_2(熔点115～117℃)

维生素 D 广泛存在于动物体内，在鱼的肝脏、蛋黄和牛奶中含量较丰富。当人体缺乏维生素 D 时，易患软骨病（佝偻病），因此，维生素 D 又叫抗佝偻病维生素。维生素 D 有 4 种：D_1、D_2、D_3、D_4。它们都为 B 环开环，A 环上有一个环外双键的特征，在 C17 上支链的长短不影响其生理作用。其中 D_2 和 D_3 的生理作用最强。维生素 D 在动物体中主要生理作用是使钙的代谢正常化，起到身体造骨的作用。

4. 甾体激素

激素是动物体内分泌腺分泌的一类微量的具有重要生理活性的化合物，能控制生长、营养和性的机能。其中具有甾体结构的激素称为甾体激素。在甾体激素中最重要的有肾上腺皮质激素、性激素和昆虫蜕皮激素。

(1) 肾上腺皮质激素　它是由肾上腺皮质产生的一类激素。现已发现有 30 多种甾体激素，它们的结构特点是 C3 为羰基，C4 和 C5 间为双键，C17 上连有一个—$COCH_2OH$ 基团。其中具有代表性的有皮质甾酮和可的松等。

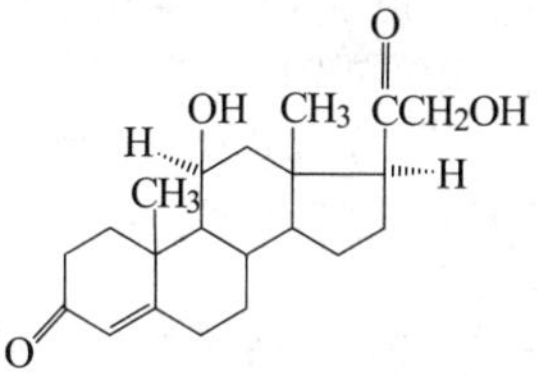

皮质甾酮
11β,21-二羟基-4-孕甾烯-□3,20-二酮

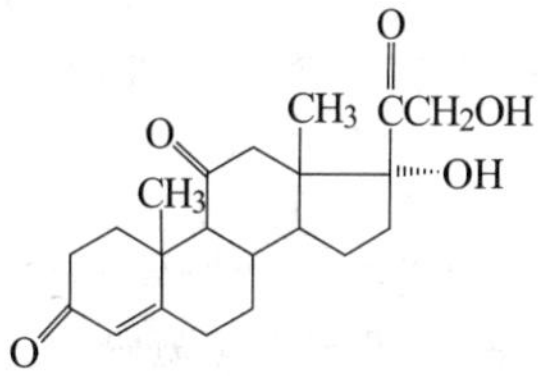

可的松
17α,21-二羟基-4-孕甾烯-□3,11,20-三酮

肾上腺皮质激素对动物十分重要，具有调节糖和无机盐代谢的功能，缺乏它会引起机能失常以致死亡。其中可的松常用作治疗风湿性关节炎、气喘、过敏及皮肤病的药物。

(2) 性激素　它是人类和动物性腺的分泌物，性激素分为雄性激素和雌性激素两类，有促进动物发育和维持第二性征的作用。雄性激素以睾丸酮为代表，雌性激素以黄体酮（又称孕甾酮）为代表。

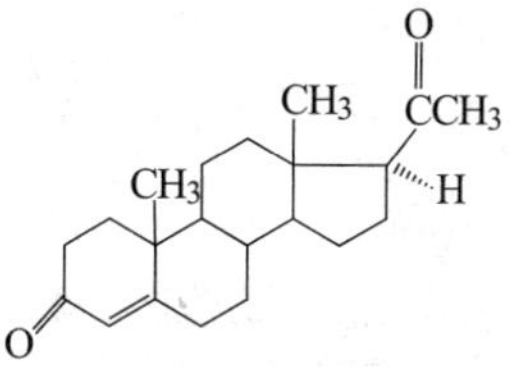

孕甾酮
4-孕甾烯-3,20-二酮
(无色或淡黄色结晶,熔点127～131℃)

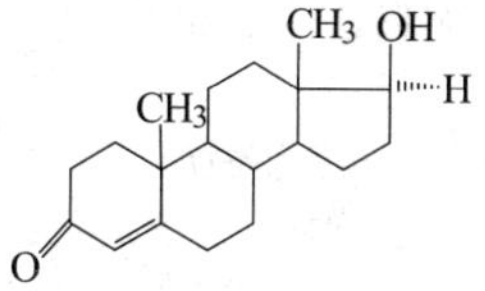

睾丸酮
17β-羟基-4-雄甾烯-3-酮
(无色结晶,熔点151～156℃)

这两种激素的结构相似，在甾环 C3 上有一个羰基，C4、C5 间是一个双键。所不同的是 C17 上的侧链，睾丸酮 C17 上的是羟基，而黄体酮 C17 上的是乙酰基。

睾丸酮是睾丸产生的，它可以促进雄性动物的发育和维持第二性征。黄体酮的生理作用是抑制排卵，并使受精卵子在子宫中发育，促进乳腺发育，在医药上用以治疗子宫功能性出血和防止习惯性流产。

(3) 昆虫蜕皮激素　昆虫蜕皮激素是昆虫的前胸腺分泌物，它能刺激昆虫的蜕皮。昆虫蜕皮激素和昆虫激素协调作用，可控制昆虫的变态过程。甲壳类的蜕皮也受到蜕皮激素的控制。

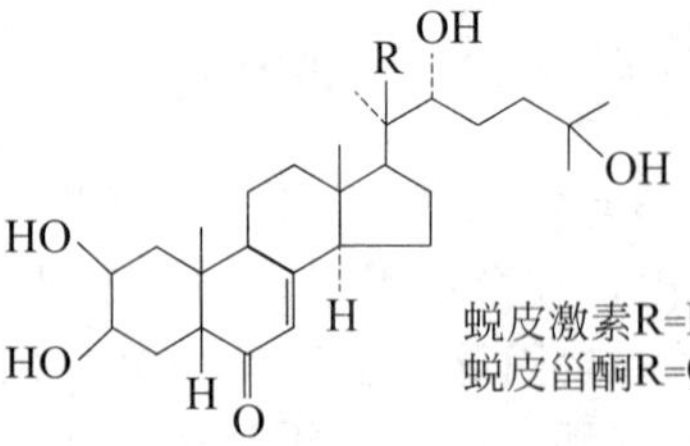

蜕皮激素R=H
蜕皮甾酮R=OH

1954 年布亭南德（Butenandt）和卡尔松（Karlson）首次从蚕蛹中得到了一种结晶物质，命名为蜕皮激素，并分离出另一种物质，命名为蜕皮甾酮，1965 年卡尔松和荷普（Hoppe）等人确定了它们的结构。现在已从昆虫和甲壳动物体内分离出若干种昆虫蜕皮激素，并且人工合成了许多种与蜕皮激素有类似结构和功能的化合物，应用于养蚕和防治害虫。其作用原理是破坏昆虫体内激素系统平衡，控制昆虫生长，造成不育或死亡。

【阅读材料】

生物膜的化学组成和生理功能

对细胞各种膜的化学分析结果显示，生物膜主要是由脂类（磷脂、胆固醇和糖脂）和蛋白质两大类物质组成。蛋白质约占膜干重的 20%～30%，脂类约占 30%～70%。膜所含蛋白质与脂类的比率变化较大，这主要取决于膜的种类（质膜、内膜系统）、细胞类型（软骨细胞、肌细胞和肝细胞）及生物类型（原核生物、植物和动物）。生物膜的化学组成在较大程度上与膜的功能有关，如线粒体膜含有电子传递体，蛋白质比率相对较高；而髓鞘主要起神经元的电绝缘作用，脂质层相对较厚，蛋白质含量相对较低。此外，生物膜还含有 2%～10%的糖类，这些糖类主要以糖蛋白和糖脂的形式存在，在生物膜和细胞内膜系统中都有分布。

细胞是被一层生物膜把它与外界环境隔开的。细胞和其周围环境发生的一切联系都必须通过膜来完成。物质运输、代谢的调节控制、细胞识别、免疫、激素和药物作用以及细胞表面与癌变等都与生物膜紧密相关。现将生物膜的生理功能概括如下。

(1) 使细胞具有选择性的渗透屏障作用。质膜是细胞对外最好的屏障，它对外界物质有选择吸收的功能。质膜可通过其上的载体（如特定的酶）主动地选择吸收某种物质并运输至内部。质膜的存在为细胞内部进行正常生命活动提供一个稳定的环境。若质膜破裂，就会导致细胞解体、死亡，溶血及溶菌就是例证。

(2) 在细胞内部的各种膜将细胞分开，使各种细胞的特殊功能区域化，有利于它们有条不紊地进行复杂的代谢活动。

(3) 进行物质的选择性运输，包括代谢底物的运输与代谢产物的排出，其中伴随着能量的传递。如生物呼吸作用释放能量就是在线粒体内膜上发生的。光合作用中光能转化为化学能是在叶绿体内膜上进行的。

(4) 细胞膜受体接受外界信号，完成细胞内外信息跨膜传递。如动物神经细胞的兴奋，导致膜电位性质发生改变，从而传递兴奋。

(5) 介导细胞与细胞、细胞与基质之间的连接。

(6) 提供细胞识别部位，对异己细胞进行认识和鉴别。生物膜组分中的糖脂和糖蛋白在细胞识别中起重要作用。如细胞结合为组织、植物花粉粒在柱头上的萌发、嫁接成活、病原菌感染寄生、精细胞与卵细胞的结合等可能与糖蛋白和糖脂对异物的识别有关。

(7) 参与形成具有不同功能的细胞表面特化结构。

本 章 小 结

一、油脂

1. 油脂是油和脂肪的总称。其组成都是由三分子高级脂肪酸和甘油形成的酯，不同来源的油脂，其组成不同，天然油脂都是混合物，所以没有固定的熔点和沸点，但有一定的熔点范围。

2. 高级脂肪酸大部分含偶数碳原子且为直链，尤以软脂酸和硬脂酸较为重要，不饱和脂肪酸主要是含一个或多个双键，且双键多为顺式构型，以油酸、亚油酸较为重要。

3. 油脂的性质

（1）水解作用　油脂在酸、碱或酶的催化下可以发生水解反应，其产物是甘油和高级脂肪酸。酸催化的反应是可逆的，酶催化的反应是不可逆的。在碱（NaOH）的催化下水解，由于水解生成的高级脂肪酸与碱作用生成脂肪酸盐，可完全水解。高级脂肪酸的钠盐俗称肥皂，因此油脂在碱性条件下的水解反应又称为皂化反应。

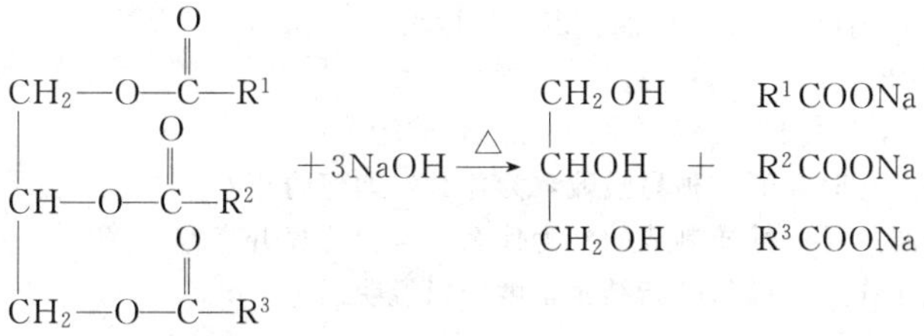

$$
\begin{array}{l}
CH_2-O-\overset{\overset{\large O}{\|}}{C}-R^1 \\
\quad | \\
CH-O-\overset{\overset{\large O}{\|}}{C}-R^2 \\
\quad | \\
CH_2-O-\overset{\overset{\large O}{\|}}{C}-R^3
\end{array}
+3NaOH \xrightarrow{\triangle}
\begin{array}{l}
CH_2OH \\
| \\
CHOH \\
| \\
CH_2OH
\end{array}
+
\begin{array}{l}
R^1COONa \\
R^2COONa \\
R^3COONa
\end{array}
$$

三羧酸甘油酯　　　　　　　　　甘油　　　高级脂肪酸钠

皂化值：将1g油脂完全皂化所需KOH的质量（mg）称为该油脂的皂化值。皂化值是检验油脂质量的重要常数之一，不纯的油脂皂化值偏低。

（2）油脂的酸败　油脂在贮存期间，受湿、热、光和空气中氧或霉菌等的作用而逐渐变质，产生一种不愉快的臭味，这种变化称为油脂的酸败。油脂中游离脂肪酸的含量与油脂的品质有关，常用酸值表示。

酸值：中和1g油脂中游离的脂肪酸所需要的KOH的质量（mg）称为该油脂的酸值。

（3）氢化（硬化）不饱和脂肪酸甘油酯在催化加氢后，可以转化为含较多饱和脂肪酸的油脂，这个过程称为油脂的氢化或硬化。这种加氢后的油脂称为氢化油或硬化油。

（4）碘值　每100g油脂与碘起加成反应时所需的碘的质量（g）称为该油脂的碘值。显然碘值越大，表示油脂的不饱和程度越大。

（5）干化作用　有些植物油，如桐油、亚麻油等，涂布在器物上或在空气中放置后，可以生成一层坚韧、有弹性、不透水的薄膜，这个过程叫油脂的干化作用。具有干化性能作用的油叫干性油，没有干化性能作用的油叫非干性油，介于二者之间的叫半干性油。这三类油通常按照碘值的大小来区分。

二、磷脂

1. 磷脂通常是含有一个磷酸基团的类脂化合物。其母体结构是与油脂相似的磷脂酸。磷脂与油脂都有重要的生物学功能，磷脂是良好的表面活性剂。

2. 脑磷脂是磷脂酸和胆碱形成的磷酸酯。

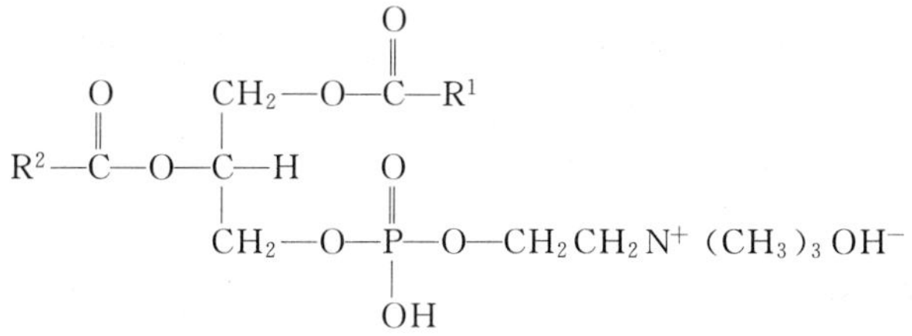

$$
\begin{array}{l}
\qquad\qquad\qquad\quad CH_2-O-\overset{\overset{\large O}{\|}}{C}-R^1 \\
\qquad\qquad\qquad\qquad | \\
R^2-\overset{\overset{\large O}{\|}}{C}-O-\underset{|}{C}-H \\
\qquad\qquad\qquad\quad CH_2-O-\overset{\overset{\large O}{\|}}{\underset{\underset{\large OH}{|}}{P}}-O-CH_2CH_2N^+(CH_3)_3OH^-
\end{array}
$$

L-α-卵磷脂

3. 卵磷脂是磷脂酸和胆胺形成的磷酸酯。

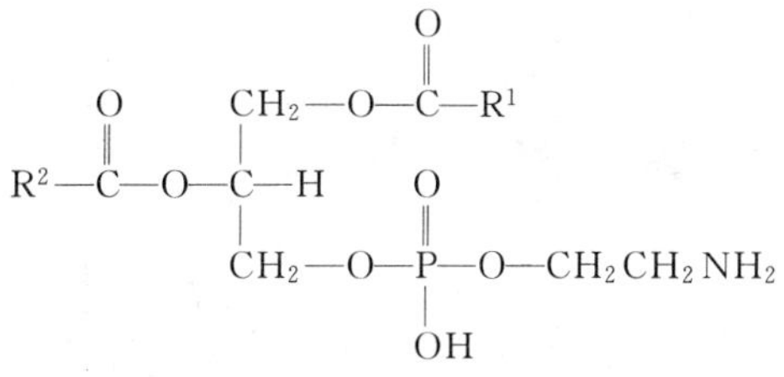

$$
\begin{array}{l}
\qquad\qquad\qquad\quad CH_2-O-\overset{\overset{\large O}{\|}}{C}-R^1 \\
\qquad\qquad\qquad\qquad | \\
R^2-\overset{\overset{\large O}{\|}}{C}-O-\underset{|}{C}-H \\
\qquad\qquad\qquad\quad CH_2-O-\overset{\overset{\large O}{\|}}{\underset{\underset{\large OH}{|}}{P}}-O-CH_2CH_2NH_2
\end{array}
$$

L-α-脑磷脂

三、蜡

蜡是天然物质，主要成分与石蜡不同，为高级脂肪酸和高级醇形成的酯。

四、甾族化合物

甾族化合物包括甾醇类和甾体激素两大类，它们广泛存在于动植物体中，并且有着重要的生物学功能。了解甾族化合物甾环的基本骨架，认识一些重要的代表化合物。

习　　题

1. 解释下列名词。

皂化值、酸值、碘值、干性油、非干性油、表面活性剂

2. 写出下列物质的结构。

(1) L-α-脑磷脂　(2) 三油酸甘油酯　(3) 神经鞘磷脂

3. 植物油与动物油在贮存时，哪一种易酸败，为什么？如何防止？

4. 人造奶油是利用油脂的哪一性质制成的？为什么熔点会明显升高？

5. 磷脂为什么具有乳化作用？试从磷脂结构角度加以说明。

6. 下列各组两个名词的含义有什么不同？

(1) 三硬脂酸甘油酯和三油酸甘油酯

(2) 卵磷脂与脑磷脂

(3) 干性油与非干性油

(4) 蜡与石蜡

(5) 植物油与石油

(6) 单纯甘油酯与混合甘油酯

7. 20g 油脂完全皂化，消耗浓度为 0.751mol/L 的氢氧化钠 100mL，求此油脂的皂化值。

8. 蛋黄中含有卵磷脂和脑磷脂，请设计一个将它们提取出来并予以分离的方案。

第十五章　糖　　类

学习目标

1. 了解单糖、二糖、多糖的概念以及它们之间的相互转化关系。
2. 掌握单糖的组成、结构、性质。
3. 理解单糖的构型、变旋现象、开链结构和环状结构的转化。
4. 了解常见二糖、多糖的结构和用途，掌握其性质。

人类为了维持生命与健康，除了阳光与空气外，必须摄取食物。食物的成分主要有糖类、油脂、蛋白质、维生素、无机盐和水六大类，通常称为营养素。它们和通过呼吸进入人体的氧气一起，经过新陈代谢过程，转化为体内的物质和维持生命活动的能量。

糖类化合物是自然界存在最多、分布最广的一类。葡萄糖、蔗糖、淀粉和纤维素等都属于糖类化合物。糖类化合物是一切生物体维持生命活动所需能量的主要来源。它不仅是营养物质，而且有些还具有特殊的生理活性。例如：肝脏中的肝素有抗凝血作用；血型中的糖与免疫活性有关。

糖类化合物由 C、H、O 三种元素组成，分子中 H 和 O 的比例通常为 2∶1，与水分子中的比例一样，可用通式 $C_m(H_2O)_n$ 表示。因此，曾把糖类化合物称为碳水化合物，但是后来发现有些化合物按其构造和性质应属于糖类化合物，可是它们的组成并不符合 $C_m(H_2O)_n$ 通式，如鼠李糖（$C_6H_{12}O_5$）、脱氧核糖（$C_5H_{10}O_4$）等；而有些化合物如乙酸（$C_2H_4O_2$）、乳酸（$C_3H_6O_3$）等，其组成虽符合通式 $C_m(H_2O)_n$，但结构和性质却与糖类化合物完全不同。所以，碳水化合物这个名称并不确切，但因使用已久，迄今仍在沿用。

从化学结构上看，糖类化合物是多羟基醛、多羟基酮以及它们的缩合物。糖类化合物可根据能否被水解及水解产物分为三类：单糖、二糖和多糖。单糖是不能水解的多羟基醛或多羟基酮。如葡萄糖、果糖等。二糖是水解后生成两分子单糖的糖。如蔗糖、麦芽糖等。多糖是能水解生成许多分子单糖的糖。如淀粉、糖原、纤维素等。

第一节　单　　糖

单糖一般是含有 3～6 个碳原子的多羟基醛或多羟基酮。最简单的单糖是甘油醛和二羟基丙酮。

```
CHO                 CH2OH
|                   |
CH—OH               C═O
|                   |
CH2OH               CH2OH
```

丙醛糖（甘油醛）　　　　丙酮糖

按碳原子数目，单糖可分为丙糖、丁糖、戊糖、己糖等。

自然界的单糖主要是戊糖和己糖。根据结构，单糖又可分为醛糖和酮糖。多羟基醛称为醛糖，多羟基酮称为酮糖。例如，葡萄糖为己醛糖，果糖为己酮糖。

	CH_2OH			CH_2OH
CHO	C=O	CHO	CHO	C=O
CHOH	CHOH	$(CHOH)_3$	$(CHOH)_4$	$(CHOH)_3$
CH_2OH	CH_2OH	CH_2OH	CH_2OH	CH_2OH
丙醛糖	丁酮糖	戊醛糖	己醛糖	己酮糖

一、单糖的结构

单糖的结构有开链结构，也有环状结构。

（一）单糖的链状结构

通过一系列化学性质，可以推得单糖是多羟基醛或多羟基酮，并且具有开链结构。例如：葡萄糖的分子式为 $C_6H_{12}O_6$，分子中含五个羟基和一个醛基，是五羟基己醛糖。其结构式为：

$$\underset{OH}{\underset{|}{CH_2}}—\underset{OH}{\underset{|}{CH}}—\underset{OH}{\underset{|}{CH}}—\underset{OH}{\underset{|}{CH}}—\underset{OH}{\underset{|}{CH}}—CHO$$

果糖的分子式也为 $C_6H_{12}O_6$，分子中含五个羟基和一个羰基，是五羟基-2-己酮。其结构式为：

$$\underset{OH}{\underset{|}{CH_2}}—\underset{OH}{\underset{|}{CH}}—\underset{OH}{\underset{|}{CH}}—\underset{OH}{\underset{|}{CH}}—\underset{O}{\underset{\|}{C}}—\underset{OH}{\underset{|}{CH_2}}$$

单糖分子中都有手性碳原子，所以都有立体异构体。如：葡萄糖分子中，其中C2、C3、C4 和 C5 是 4 个不同的手性碳原子，有 16 个（$2^4=16$）具有旋光性的异构体，D-葡萄糖是其中之一。存在于自然界中的葡萄糖，四个手性碳原子除 C3 上的—OH 在左边外，其他的手性碳原子上的—OH 都在右边。表示如下：

D-葡萄糖 链式结构：

¹CHO
H—²C—OH
HO—³C—H
H—⁴C—OH
H—⁵C—OH
⁶CH_2OH

→

D-葡萄糖 费歇尔投影式：

¹CHO
H—(2)—OH
HO—(3)—H
H—(4)—OH
H—(5)—OH
⁶CH_2OH

D-葡萄糖　　　　D-葡萄糖
链式结构　　　　费歇尔投影式

单糖构型的确定仍沿用 D/L 标记法。这种方法只考虑与羰基相距最远的一个手性碳的构型，此手性碳上的羟基在右边的为 D-型，在左边的为 L-型。自然界存在的单糖多属 D-型糖。

D-甘露糖	D-果糖	D-半乳糖
CHO	CH_2OH	CHO
HO—C—H	C=O	H—C—OH
HO—C—H	HO—C—H	HO—C—H
H—C—OH	H—C—OH	HO—C—H
H—C—[OH]	H—C—[OH]	H—C—[OH]
CH_2OH	CH_2OH	CH_2OH

D-甘露糖　D-果糖　D-半乳糖

（二）单糖的环状结构和变旋现象

葡萄糖是多羟基醛，具有醛基和羟基的性质，能被氧化、还原，能形成肟、酯等。这些性质可以从链状结构得到合理解释，但是葡萄糖还有下列特性则无法用链状结构加以说明。

① 葡萄糖分子虽有醛基，但不能与亚硫酸氢钠加成，也不能使希夫试剂显色。

② 葡萄糖有两种晶体，一种叫 α-型，另一种叫 β-型。从乙醇中结晶出来的是 α-型葡萄糖，熔点 146℃。它的新配溶液的 $[\alpha]_D^{20}$ 为＋112°，此溶液在放置过程中，比旋光度逐渐下降，达到＋52.17°以后维持不变；另一种是从吡啶中结晶出来的，是 β-型葡萄糖，熔点 150℃，新配溶液的 $[\alpha]_D^{20}$ 为＋18.7°，此溶液在放置过程中，比旋光度逐渐上升，也达到＋52.17°以后维持不变。糖在溶液中，比旋光度自行转变为定值的现象称为变旋现象。显然葡萄糖的开链结构不能解释此现象。

从葡萄糖的开链结构可见，它既具有醛基，也有醇羟基，因此在分子内部可以形成环状的半缩醛。

成环时，葡萄糖的羰基与 C5 上的羟基经加成反应形成稳定的六元环。葡萄糖分子虽然具有醛基，但在反应性能上与一般的醛有许多差异，例如对 $NaHSO_3$ 的加成非常缓慢，其原因是在溶液中，葡萄糖几乎以环状的半缩醛结构存在的缘故。

成环后，使原来的羰基碳原子（C1）变成了手性碳原子，C1 上新形成的半缩醛羟基在空间的排布方式有两种可能。半缩醛羟基与决定单糖构型的羟基（C5 上的羟基）在碳链同侧的叫做 α-型，在异侧的称为 β-型。α-型和 β-型是非对映异构体。它们的不同点是 C1 上的构型，因此又称为异头物（端基异构体）。它们的熔点和比旋光度都不同。

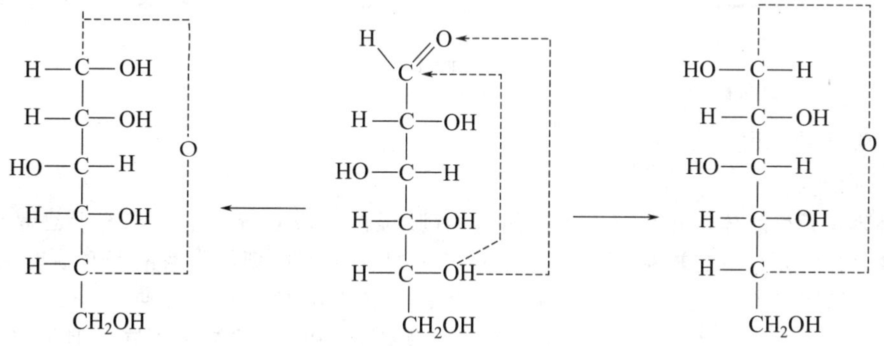

α-D-葡萄糖　　　D-葡萄糖　　　β-D-葡萄糖

葡萄糖的变旋现象就是由于开链结构与环状结构形成平衡体系过程中的比旋光度变化所引起的。在溶液中 α-D-葡萄糖可转变为开链式结构，再由开链结构转变为 β-D-葡萄糖；同样 β-D-葡萄糖也可转变为开链式结构，再转变为 α-D-葡萄糖。经过一段时间后，三种异构体达到平衡，形成一个互变异构平衡体系，其比旋光度亦不再改变。

不仅葡萄糖有变旋现象，凡能形成环状结构的单糖，都会产生变旋现象。在溶液中单糖的开链结构可转化为环状结构，形成一个互变的平衡体系。

（三）环状结构的哈沃斯式

上述直立的环状结构是费舍尔投影式，虽然可以表示单糖的环状结构，但还不能确切地反映单糖分子中各原子或原子团的空间排布。为此哈沃斯提出用透视式来表示。哈沃斯将直立环式改写成平面的环式。哈沃斯的一般写法为：①将环画成横放的六角形（或五角形）；②碳胳顺时针方向排列；③D-系列单糖的末位羟甲基写在环的上方，L-系列则写在环的下方；④链式结构中在链左侧的基团写在环的上方，右侧的基团写在环的下方。碳胳逆时针方向排列时，③、④两点要倒过来。

对D-型葡萄糖来说，C5上的羟基与醛基成环，故为六角形，顺时针排列，直立环式右侧的羟基在哈沃斯式中处在环平面下方；直立环式中左侧的羟基在环平面的上方；D-型糖末端的羟甲基即在环平面的上方。另C1上新形成的半缩醛羟基在环平面下方者为α-型；在环平面上方者称为β-型。D-葡萄糖的哈沃斯式为：

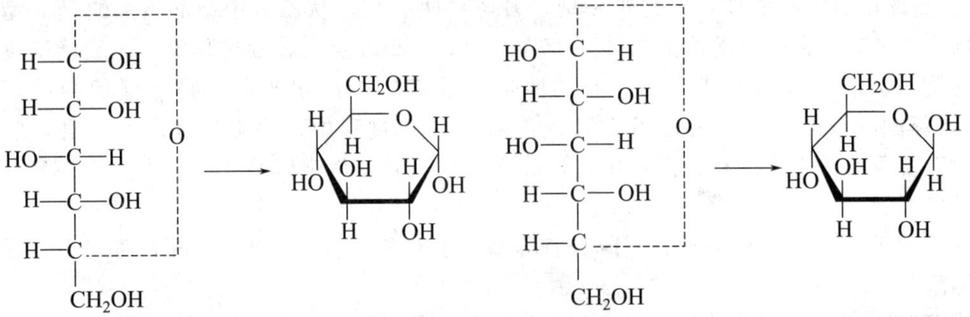

α-D-葡萄糖　　α-D-葡萄糖　　β-D-葡萄糖　　β-D-葡萄糖

D-果糖的哈沃斯式为：

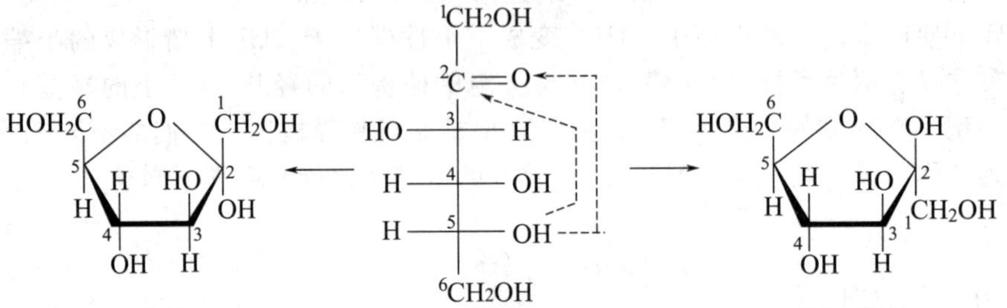

α-D-果糖　　D-果糖　　β-D-果糖

二、单糖的性质

（一）物理性质

单糖都是无色晶体，味甜（果糖最甜），有吸湿性。极易溶于水，难溶于乙醇，不溶于乙醚。单糖有旋光性（二羟基丙酮除外），具有环状结构的单糖，其溶液有变旋现象。

D-葡萄糖用稀碱液处理时，会部分转变为D-甘露糖和D-果糖。D-果糖、D-甘露糖和D-葡萄糖的C3、C4、C5和C6的结构完全相同，只有C1和C2的结构不同，但是它们的C1、C2的结构互变成烯醇型时，其结构完全相同。因此，不单是D-葡萄糖，D-果糖或D-甘露糖在稀碱催化下，也能互变为三者的混合物。

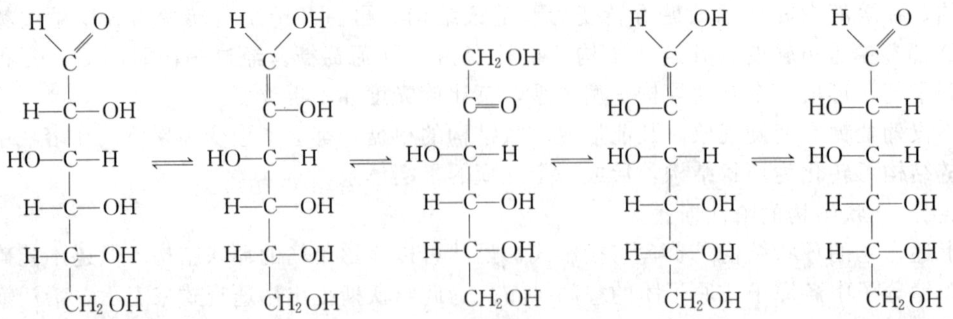

D-葡萄糖　　D-果糖　　D-甘露糖

（二）化学性质

在单糖分子的开链式结构中，羰基和羟基的存在表现在化学性质上单糖分别有羰基和羟基的反应。但在单糖的氧环式结构中，由于形成了半缩醛（或半缩酮），又可表现出单糖的另一些特征反应。糖类化合物是多羟基化合物，它们与浓硫酸作用发生分子内的高度脱水反应并呈现炭化现象，这是糖类化合物的共性。单糖的还原性、成酯、糖脎及糖苷的生成等是单糖的主要化学性质。

1. 单糖的还原性

单糖可被多种氧化剂氧化，生成的氧化产物也不同。

（1）溴水氧化　溴水氧化能力较弱，它把醛糖的醛基氧化为羧基。当醛糖中加入溴水，稍加热后，溴水的棕色即可褪去，而酮糖则不被氧化，因此可用溴水来区别醛糖和酮糖。例如，葡萄糖被溴水氧化时，生成葡萄糖酸。

$$\underset{\text{葡萄糖}}{\begin{array}{c}CHO\\|\\(CHOH)_4\\|\\CH_2OH\end{array}} \xrightarrow{Br_2\text{-}H_2O} \underset{\text{葡萄糖酸}}{\begin{array}{c}COOH\\|\\(CHOH)_4\\|\\CH_2OH\end{array}}$$

（2）弱氧化剂氧化　托伦试剂、费林试剂都是弱氧化剂，它们对单糖的开链式中的醛基有选择性氧化作用，反应现象明显。醛糖和酮糖与托伦试剂作用都呈现银镜反应；当费林试剂与醛糖或酮糖在一起加热时，溶液的蓝色消失，同时生成氧化亚铜砖红色沉淀；而糖被氧化为糖酸。

$$\underset{\text{葡萄糖}}{\begin{array}{c}CHO\\|\\(CHOH)_4\\|\\CH_2OH\end{array}} + 2[Ag(NH_3)_2]OH \longrightarrow \underset{\text{葡萄糖酸铵}}{\begin{array}{c}COONH_4\\|\\(CHOH)_4\\|\\CH_2OH\end{array}} + 2Ag\downarrow + 3NH_3 + H_2O$$

$$\underset{\text{葡萄糖}}{\begin{array}{c}CHO\\|\\(CHOH)_4\\|\\CH_2OH\end{array}} + 2Cu(OH)_2 + NaOH \longrightarrow \underset{\text{葡萄糖酸钠}}{\begin{array}{c}COONa\\|\\(CHOH)_4\\|\\CH_2OH\end{array}} + Cu_2O\downarrow + 3H_2O$$

单糖易被碱性弱氧化剂氧化说明它们具有还原性，所以把它们叫做还原糖。在工业上是使用葡萄糖为还原剂，与托伦试剂作用使玻璃镀银制镜并且得到葡萄糖酸。

（3）稀硝酸氧化　HNO_3 是强氧化剂，氧化性比溴水强，它能将醛糖中的1-位醛基和6-位羟甲基都氧化成羧基生成糖二酸。

$$\underset{\text{葡萄糖}}{\begin{array}{c}CHO\\|\\(CHOH)_4\\|\\CH_2OH\end{array}} \xrightarrow[100^\circ C]{HNO_3,\ H_2O} \underset{\text{葡萄糖二酸}}{\begin{array}{c}COOH\\|\\(CHOH)_4\\|\\COOH\end{array}}$$

酮糖比醛糖难于氧化，它不被溴水氧化，但强氧化剂（HNO_3）则使酮糖发生碳链断裂，生成较低分子量的二酸。

$$\underset{\text{D-果糖}}{\begin{array}{c}CH_2OH\\|\\C{=}O\\|\\HO{-}C{-}H\\|\\H{-}C{-}OH\\|\\H{-}C{-}OH\\|\\CH_2OH\end{array}} \xrightarrow{HNO_3} \begin{array}{c}COOH\\|\\HO{-}C{-}H\\|\\H{-}C{-}OH\\|\\H{-}C{-}OH\\|\\COOH\end{array} + CO_2 + H_2O$$

2. 成酯作用

单糖分子中含多个羟基，这些羟基能与酸作用生成酯。

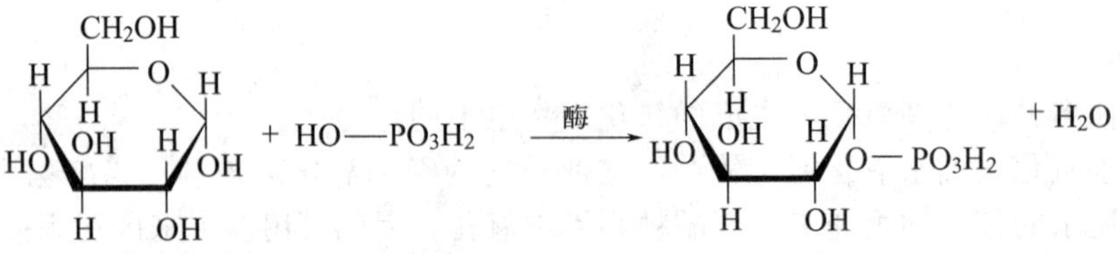

葡萄糖 + $HO—PO_3H_2$ $\xrightarrow{酶}$ 1-磷酸葡萄糖(酯) + H_2O

葡萄糖　　磷酸　　1-磷酸葡萄糖(酯)

生物体内常见的糖脂为糖的磷酸酯，如1-磷酸葡萄糖和6-磷酸葡萄糖等。单糖的磷酸酯在生命过程中具有重要意义，是生物体内糖的分解或合成过程中的重要中间产物。

3. 成苷作用

单糖分子中的半缩醛羟基比其他醇羟基活泼，能与别的羟基化合物或含羟基的醇、酚等发生反应。如：

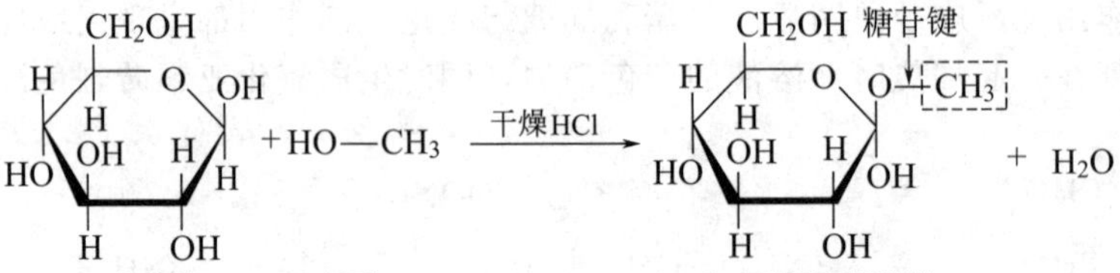

β-葡萄糖 + $HO—CH_3$ $\xrightarrow{干燥HCl}$ β-甲基葡萄糖苷 + H_2O

β-葡萄糖　　甲醇　　β-甲基葡萄糖苷（糖苷键）

这种由糖的半缩醛羟基与其他羟基化合物脱去一分子水而生成的缩醛称为糖苷，生成糖苷的反应称为成苷反应。

糖苷由糖和非糖部分组成。糖的部分称为糖基，非糖部分称为配基或非糖体。糖基和配基脱水后通过“C—O—C”——“氧桥键”连接，这种键称为糖苷键或苷键。

糖苷结构中已没有半缩醛羟基，在溶液中不能再转变成开链的醛式结构，所以糖苷无还原性，也没有变旋现象。糖苷在中性或碱性环境中较稳定，但在酸性溶液中或在酶的作用下，则水解生成糖和非糖部分。糖苷是中草药的有效成分之一，多为无色（但黄酮苷和蒽醌苷为黄色）、无臭、有苦涩味的固体。糖苷中含有糖部分，所以在水中有一定的溶解性。苷类都有旋光性，天然苷多为左旋体。

4. 成脎反应

单糖分子与三分子苯肼作用，生成的产物叫做糖脎。例如葡萄糖与过量苯肼作用，生成葡萄糖脎。

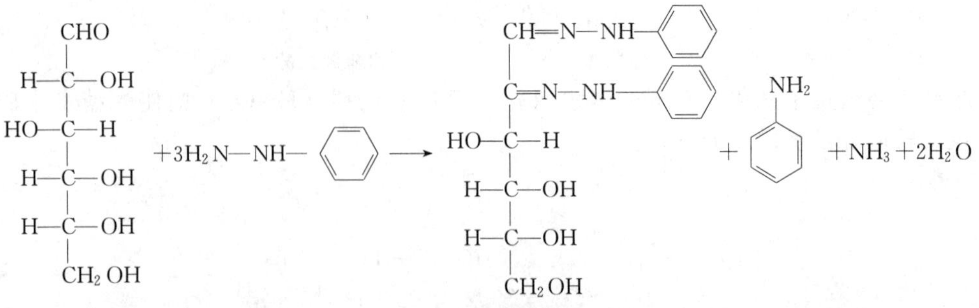

D-葡萄糖 + $3H_2N—NH—C_6H_5$ ⟶ D-葡萄糖脎 + $C_6H_5NH_2$ + NH_3 + $2H_2O$

D-葡萄糖　　苯肼　　D-葡萄糖脎

无论是醛糖还是酮糖都能生成糖脎，糖脎是难溶于水的黄色晶体。不同的脎具有特征的结晶形状和一定的熔点。常利用糖脎的生成来鉴定糖。成脎反应只在单糖分子的C1和C2上发生，不涉及其他碳原子，因此除了C1和C2以外碳原子构型相同的糖，都可以生成相同的糖脎。例如：D-葡萄糖和D-果糖都生成相同的脎。

5. 显色反应

（1）莫力许（Molish）反应　在糖的水溶液中加入α-萘酚的酒精溶液，然后沿试管壁慢慢加入浓硫酸，不要振动，密度较大的浓硫酸沉到管底，在浓硫酸与糖溶液的交界面很快出现紫色环，这个反应就是莫力许反应。

所有的糖（包括单糖、二糖、多糖）都能发生莫力许反应，且反应很灵敏，常用此反应鉴定糖类物质的存在。

（2）蒽酮反应　糖类物质与蒽酮的浓硫酸溶液作用生成绿色物质，这个反应也可以用来测定糖。

（3）塞利凡诺夫（Seliwanoff）实验　塞利凡诺夫试剂是间苯二酚的盐酸溶液。在酮糖（如果糖、蔗糖）的溶液中，加入塞利凡诺夫试剂，加热后很快出现红色。在同样条件下，醛糖没有变化。用塞利凡诺夫实验可以鉴别酮糖和醛糖。

三、单糖的重要化合物

自然界已发现的单糖主要是戊糖和己糖。常见的戊糖有D-(－)-核糖、D-(－)-2-脱氧核糖、D-(＋)-木糖和L-(＋)-阿拉伯糖。它们都是醛糖，以多糖或苷的形式存在于动植物中。常见的己糖有D-(＋)-葡萄糖、D-(＋)-甘露糖、D-(＋)-半乳糖和D-(－)-果糖，后者为酮糖。己糖以游离或结合的形式存在于动植物中。

（一）D-(－)-核糖和D-(－)-2-脱氧核糖

核糖以糖苷的形式存在于酵母和细胞中，是核酸以及某些酶和维生素的组成成分。核酸中除核糖外，还有2-脱氧核糖（简称为脱氧核糖）。天然的核糖和脱氧核糖构型是D-型，旋光方向是左旋，故称D-(－)-核糖和D-(－)-2-脱氧核糖。其结构式如下：

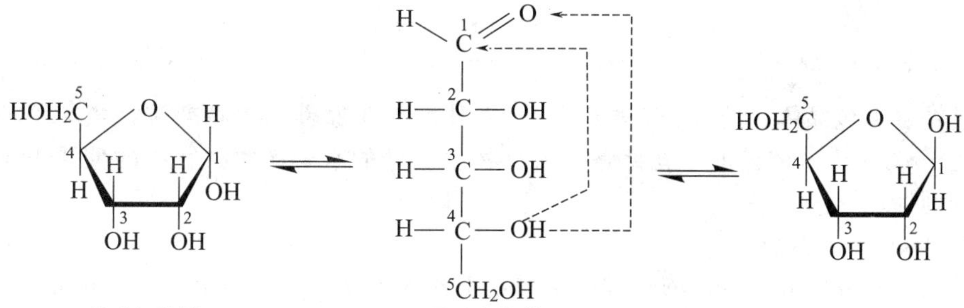

α-D-(–)-核糖　　D-(–)-核糖　　β-D-(–)-核糖

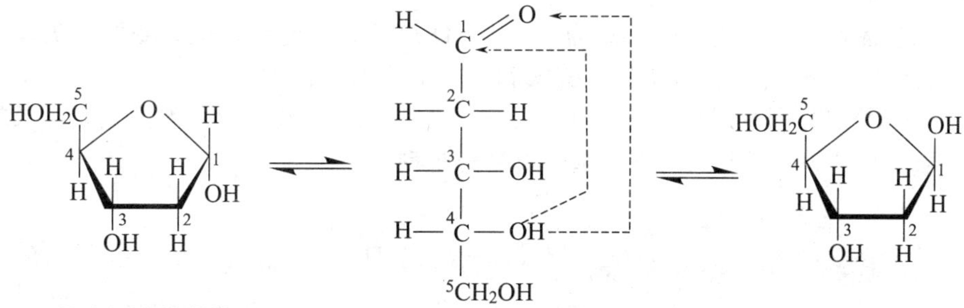

α-D-(–)-2-脱氧核糖　　D-(–)-2-脱氧核糖　　β-D-(–)-2-脱氧核糖

（二）D-(＋)-葡萄糖

D-(＋)-葡萄糖在自然界中分布极广，尤以葡萄中含量较多，因此叫葡萄糖。葡萄糖也存在于人的血液中，叫做血糖，正常人每100mL血液中约含80～100mg葡萄糖。葡萄糖是许多糖（如蔗糖、麦芽糖、乳糖、淀粉、糖原、纤维素等）的组成单元。

葡萄糖是无色晶体或白色结晶性粉末，熔点146℃，易溶于水，难溶于酒精，有甜味。天然的葡萄糖是D-型，具有右旋性，故又称右旋糖。

在肝脏内，葡萄糖在酶作用下氧化成葡萄糖醛酸，即葡萄糖末端上的羟甲基被氧化生成羧基。葡萄糖醛酸在肝中可与有毒物质如醇、酚等结合变成无毒化合物由尿排出体外，可达到解毒作用。

工业上，葡萄糖可由淀粉或纤维素在酸性条件下水解制得：

$$(C_6H_{10}O_5)_n + nH_2O \xrightarrow{\text{酸或酶}} nC_6H_{12}O_6$$

工业上用葡萄糖还原银氨溶液，制备玻璃镜子及热水瓶胆。葡萄糖还大量用于食品工业中。

（三）D-（＋）-半乳糖

半乳糖是己醛糖，是葡萄糖的非对映体。存在于哺乳动物的乳汁中，脑髓中有些结构复杂的脑苷脂中也含有半乳糖。两者不同之处仅在于C4上的构型正好相反，故两者为C4的差向异构体。半乳糖也有环状结构，C1上也有α-和β-两种构型。

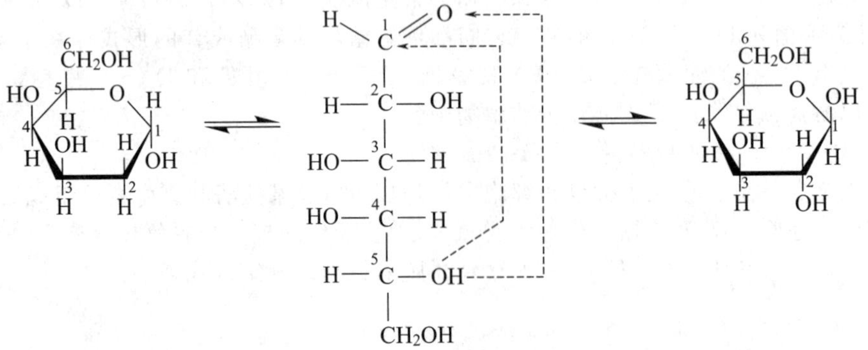

α-D-半乳糖　　D-半乳糖　　β-D-半乳糖

半乳糖是无色晶体，熔点165～166℃。半乳糖有还原性，也有变旋现象，平衡时的比旋光度为＋83.3°。人体内的半乳糖是摄入食物中乳糖的水解产物。在酶的催化下半乳糖能转变为葡萄糖。

（四）D-（－）-果糖

果糖是自然界中分布很广的一种己酮糖，主要以游离状态存在于水果和蜂蜜中，其甜度比葡萄糖和蔗糖都大，果糖是蔗糖的一个组成单元，在动物的前列腺和精液中也含有相当量的果糖。

果糖为无色晶体，易溶于水，熔点为105℃。D-果糖为左旋糖，也有变旋现象，平衡时的比旋光度为－92°。这种平衡体系是开链式和环式果糖的混合物。

果糖也是营养剂和食品添加剂，它在人体内迅速转化为葡萄糖。一般人摄入的果糖约占食物中糖内总量的1/6。工业上由蔗糖水解可制得果糖。

第二节　二　　糖

一、概述

二糖是由两分子单糖脱水而成的化合物，所有的二糖都能在酸或酶的催化下水解成两分子单糖。因此从水解产物可以知道二糖是由两分子单糖缩合而成。

单糖分子中的半缩醛羟基（苷羟基）与另一分子单糖中的羟基（可以是苷羟基，也可以是其他羟基）作用，脱水而形成的糖苷称为二糖。形成的键叫糖苷键（简称苷键）。苷键的位置可以用阿拉伯数字表示。如“α-1,4-苷键”，表示糖基单糖的 1 位羟基与另一单糖的 4 位羟基脱水结合而成的 α-苷键。

二糖是两分子单糖失水生成的糖苷。失水的方式有两种：一分子单糖的半缩醛羟基与另一单糖的醇羟基失水，生成的二糖仍保留一个半缩醛羟基，其水溶液具有还原性和变旋现象，称为还原性二糖，如麦芽糖、乳糖等。若两分子单糖的半缩醛羟基之间失水，生成的二糖结构中无半缩醛羟基，因而无还原性和变旋现象，称为非还原性二糖，如蔗糖等。常用的二糖有蔗糖、麦芽糖和乳糖，它们的分子式都是 $C_{12}H_{22}O_{11}$。二糖的物理性质类似于单糖。易溶于水，多数具有甜味。

二、还原性二糖

还原性二糖是一分子单糖的半缩醛羟基与另一单糖的羟基缩合而成的二糖（保留有游离半缩醛羟基的二糖）。如：麦芽糖是由两分子 D-葡萄糖以 α-1,4-糖苷键连接而成的二糖。乳糖是由一分子 D-葡萄糖与一分子 D-半乳糖以 β-1,4-糖苷键连接而成的二糖。这两种二糖都有半缩醛羟基，所以它们都是还原性糖。其结构如下：

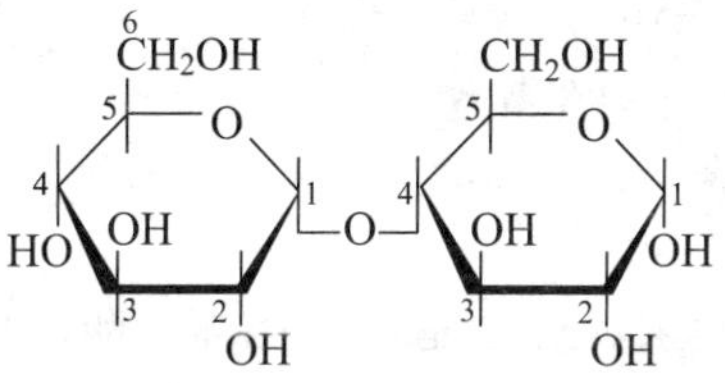

α-D-葡萄糖　α-D-葡萄糖
α-1,4-苷键
麦芽糖

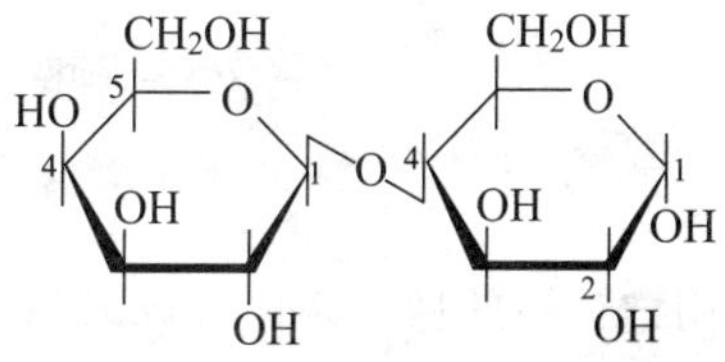

β-D-半乳糖　α-D-葡萄糖
β-1,4-苷键
乳糖

麦芽糖最初是从麦芽中发现的，是经麦芽发酵而成的糖，故名麦芽糖。常见食品如：高粱饴、软糖、酥糖、芝麻糖等都是以麦芽糖为主要糖成分。在淀粉酶催化下由淀粉水解可得麦芽糖，麦芽糖再经麦芽酶水解可生成葡萄糖。所以，麦芽糖是淀粉水解的中间产物。

$$\underset{\text{淀粉}}{(C_6H_{12}O_5)_n} + nH_2O \xrightarrow{\text{淀粉酶}} n\underset{\text{麦芽糖}}{C_{12}H_{22}O_{11}}$$

$$\underset{\text{麦芽糖}}{C_{12}H_{22}O_{11}} + H_2O \xrightarrow{\text{麦芽糖酶或酸}} 2\underset{\text{D-葡萄糖}}{C_6H_{12}O_6}$$

麦芽糖是无色晶体，熔点 160～165℃，易溶于水，比旋度为＋136°，甜度不如蔗糖。化学性质与葡萄糖相似，具有还原性。能发生银镜反应、费林反应，也能与苯肼作用生成糖脎。

乳糖存在于哺乳动物的乳汁中，人乳中含乳糖 5％～8％，牛乳中含乳糖 4％～6％。乳糖的甜味只有蔗糖的 70％。有些水果中也含有乳糖。乳糖一般为含一结晶水的白色结晶性粉末，熔点 202℃，易溶于水，比旋度为＋53.5°，化学性质与单糖相同，具有还原糖的通性。用酸或苦杏仁酶水解乳糖，可生成一分子 D-半乳糖和一分子 D-葡萄糖。

$$\underset{\text{乳糖}}{C_{12}H_{22}O_{11}} + H_2O \xrightarrow{\text{酸或酶}} \underset{\text{D-半乳糖}}{C_6H_{12}O_6} + \underset{\text{D-葡萄糖}}{C_6H_{12}O_6}$$

除了麦芽糖和乳糖外，还原性二糖还有如两分子 D-葡萄糖以 β-1,4-苷键连接而成的纤维二糖，也是还原性糖。

纤维二糖是无色晶体，熔点 225℃，可溶于水，是右旋糖，有变旋现象。化学性质与麦芽糖相似，纤维二糖与麦芽糖的唯一区别是苷键的构型不同，麦芽糖为α-1,4-苷键，而纤维二糖为β-1,4-苷键。所以纤维二糖也能发生银镜反应、费林反应，也能与苯肼作用生成糖脎。自然界中没有游离的纤维二糖，它是纤维素的基本组成单元。

$$\underset{\text{纤维素}}{(C_6H_{10}O_5)_n} \xrightarrow[\text{酸或酶}]{H_2O} \underset{\text{纤维二糖}}{C_{12}H_{22}O_{11}} \xrightarrow[\text{酸或酶}]{H_2O} \underset{\text{D-葡萄糖}}{C_6H_{12}O_6}$$

三、非还原性二糖

非还原性二糖是一分子单糖的半缩醛羟基与另一单糖的半缩醛羟基缩合而成的二糖。如蔗糖是由一分子α-D-葡萄糖和一分子β-D-果糖以α-1,2-糖苷键连接而成的二糖。

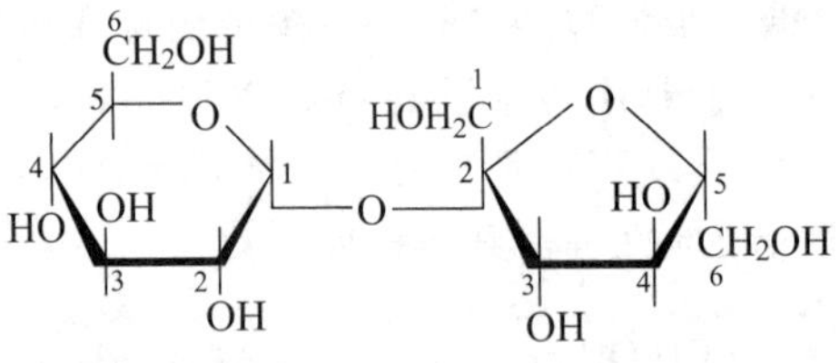

α-D-葡萄糖　β-D-果糖

α-1, 2-苷键

蔗糖

日常食用白糖即蔗糖，是由甘蔗或甜菜提取而来。蔗糖是白色晶体，甜味仅次于果糖，溶于水而难溶于乙醇，熔点180℃，具有旋光性，天然蔗糖是右旋糖。蔗糖分子中没有半缩醛羟基，在水溶液中无变旋现象，无还原性，与托伦试剂、费林试剂不反应，也不能形成糖脎和糖苷。在酸或酶的作用下，蔗糖水解生成葡萄糖和果糖。

$$\underset{\text{蔗糖}}{C_{12}H_{22}O_{11}} + H_2O \xrightarrow{H^+\text{或转化酶}} \underset{\text{葡萄糖}}{C_6H_{12}O_6} + \underset{\text{果糖}}{C_6H_{12}O_6}$$

蔗糖为右旋性，水解后生成的葡萄糖和果糖的混合物为左旋性，因其旋光性发生了转化，所以把蔗糖的水解过程叫蔗糖的转化，水解的产物叫转化糖。使它水解的酶叫转化酶。蜂蜜的主要成分就是转化糖。

蔗糖在医药上用作矫味剂，制成糖浆应用。蔗糖加热生成的褐色焦糖在饮料（可乐）和食品（酱油）中作着色剂。

第三节　多　　糖

多糖是由成千上万的单糖分子以苷键结合而成的天然高分子化合物。可用通式 $(C_6H_{10}O_5)_n$ 表示。多糖在自然界分布极广，亦很重要。有的是构成动植物骨架结构的组成成分，如纤维素；有的是作为动植物贮藏的养分，如糖原和淀粉；有的具有特殊的生物活性，像人体中的肝素有抗凝血作用，肺炎球菌细胞壁中的多糖有抗原作用。

多糖的性质与单糖、二糖差别很大，大部分为无定形粉末，没有甜味，无一定熔点，大多数不溶于水，个别能与水形成胶体溶液。多糖没有还原性和变旋现象，尽管多糖末端含有半缩醛羟基，但因相对分子质量很大，其还原性和变旋现象极不显著。多糖也是糖苷，所以可以水解，在水解过程中，往往产生一系列的中间产物，最终完全水解得到单糖。

一、淀粉

淀粉广泛存在于许多植物的种子、块茎和根中，如大米中约含70%～80%，小麦中约含60%～65%，马铃薯中约含20%。

淀粉是白色无定形粉末，没有还原性，不溶于一般有机溶剂。淀粉可分为直链淀粉（又称糖淀粉）和支链淀粉（又称胶淀粉）。直链淀粉和支链淀粉在结构和性质上有一定区别，它们在淀粉中所占比例随植物品种而不同，一般直链淀粉的含量为20%～30%，支链淀粉含量为70%～80%。两者经酸水解后最终产物都是D-葡萄糖。

纯的直链淀粉不易溶于冷水，溶于热水中成溶胶。直链淀粉的相对分子质量约为150000～600000，它是由许多D-葡萄糖单位通过α-1,4-苷键连接而成的链状化合物（图15-1）。

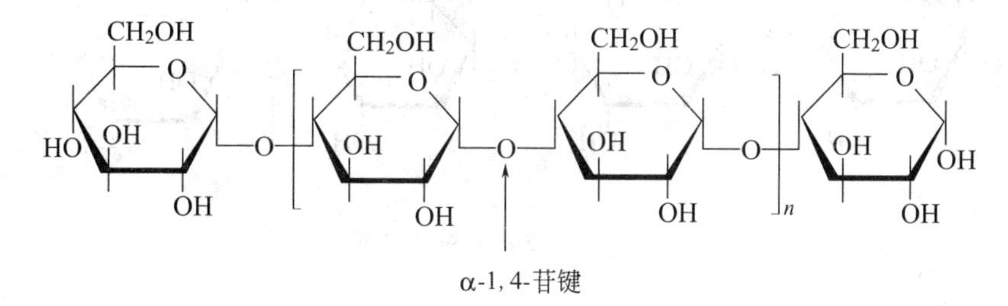

图15-1 直链淀粉的结构

由于直链淀粉分子链很长，因此不可能以线性分子存在，而是在分子内氢键的作用下，卷曲盘旋成螺旋状，每个螺圈约含六个D-葡萄糖单位。此外，在主链上还有少数短分支（图15-2）。

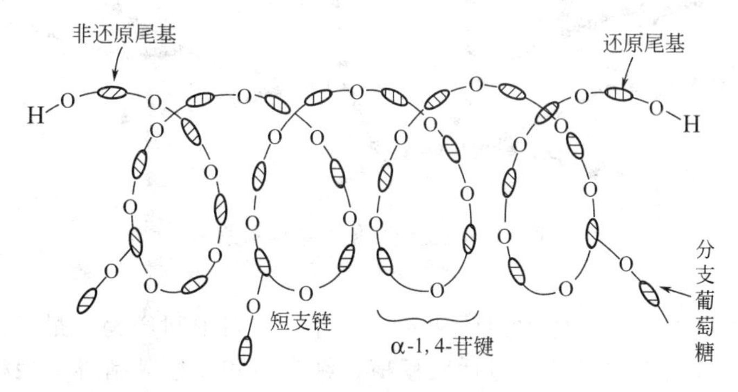

图15-2 直链淀粉分子的基间状态

直链淀粉遇碘呈蓝色，并不是碘与淀粉之间形成了化学键，而是由于直链淀粉螺旋状结构的中空穴部分恰好能容纳碘分子，二者之间借助于范德华力形成一种蓝色的物质，如图15-3所示。此显色反应常用来检验淀粉或碘的存在。

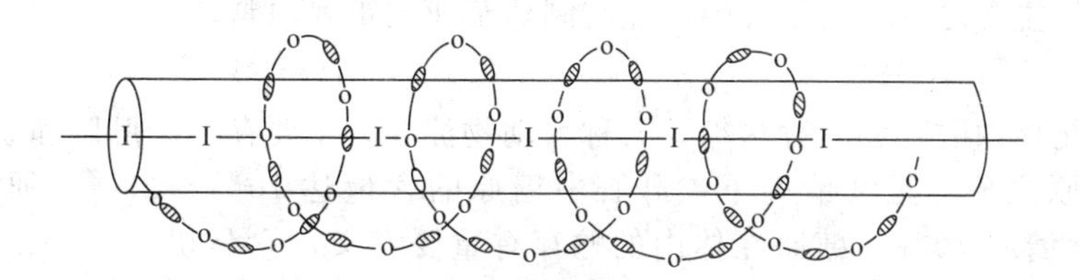

图15-3 碘-淀粉包合物结构示意图

支链淀粉与直链淀粉相比，具有高度分支，且所含葡萄糖单位要多得多，支链淀粉相对分子质量可高达1000000～6000000。纯的支链淀粉不溶于冷水，在热水中膨胀而成糊状。它的主链同样是由D-葡萄糖以α-1,4-苷键相连，此外每隔20～25个葡萄糖单位，还有一个

以 α-1,6-苷键相连的支链（图 15-4、图 15-5）。

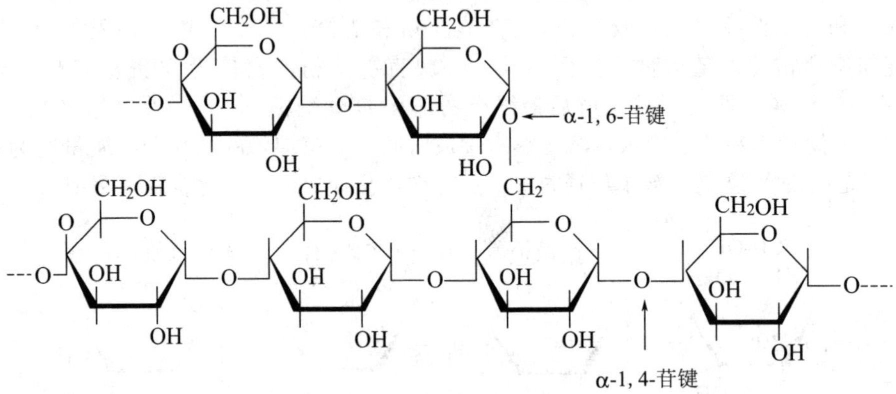

图 15-4　支链淀粉的状态

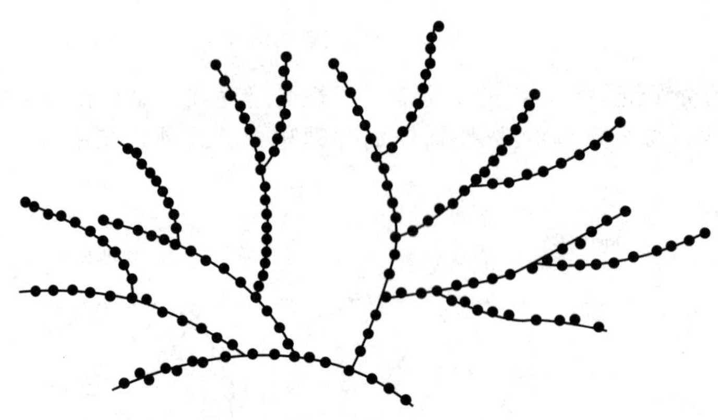

图 15-5　支链淀粉的结构示意图

（●代表葡萄糖单体）

淀粉在水解过程中可生成各种糊精和麦芽糖等一系列中间产物，最终产物是 D-葡萄糖。糊精是相对分子质量较小的多糖，包括紫糊精、红糊精和无色糊精等。淀粉和糊精与碘溶液作用可得不同颜色产物，此种颜色煮沸时消失，放冷又重现。淀粉水解可用酶或酸来催化，水解进程可用碘液与其作用的颜色变化来判断。

$$(C_6H_{10}O_5)_n \longrightarrow (C_6H_{10}O_5)_m \longrightarrow C_{12}H_{22}O_{11} \longrightarrow C_6H_{12}O_6$$

	淀粉 →	紫糊精 →	红糊精 →	无色糊精 →	麦芽糖 →	葡萄糖
与碘的颜色	蓝色	紫色	红色	无色	无色	无色

淀粉是人们主食之一，也是发酵工业与制药工业的重要原料。

二、糖原

糖原是动物体内贮存的一种多糖，又称为动物淀粉，主要存在于肝脏和肌肉中，因此有肝糖原和肌糖原之分。正常情况下，肝脏中糖原的含量达 10%～20%，肌肉中的含量达 4%。人体约含糖原 400g，糖原在体内的贮存有重要意义，它是机体活动所需能量的重要来源。当血液中葡萄糖含量增高时，多余的葡萄糖就转变成糖原贮存于肝脏中，当血液中葡萄糖含量降低时，肝糖原就分解为葡萄糖进入血液中，以保持血液中葡萄糖的一定含量。

糖原是葡萄糖多分子缩合物，在结构上与支链淀粉相似，其结构单位 D-葡萄糖之间以 α-1,4-苷键结合，链和链之间的连接点以 α-1,6-苷键结合。在糖原中每隔 8～10 个葡萄糖单

位就出现 α-1,6-苷键。糖原的分子比支链淀粉更大，分支更多，结构更复杂（图 15-6），相对分子质量可高达 1000000～4000000。

糖原是无定形粉末，溶于热水，溶解后呈胶体溶液。糖原溶液遇碘呈紫红色。糖原水解的最终产物是 D-葡萄糖。

三、纤维素

纤维素是自然界分布最广的多糖，植物细胞壁约占 50%的纤维素，是构成植物支撑组织的基础。棉花几乎全部是由纤维素所组成（占 98%），亚麻中约含 80%，木材约含 50%，此外，发现某些动物体内也有动物纤维素。

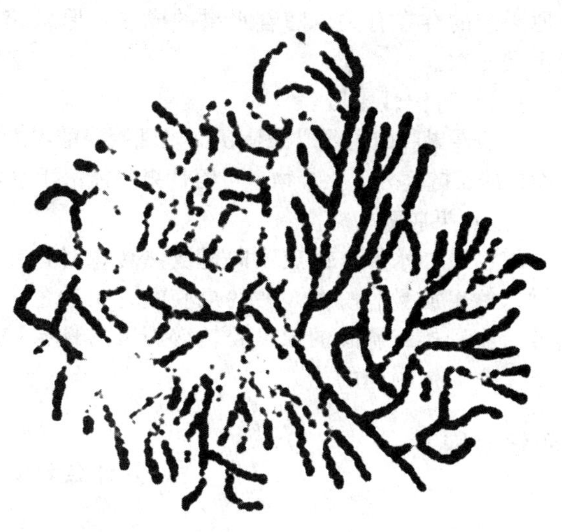

图 15-6　糖原的分子结构示意图

纤维素的结构单位也是 D-葡萄糖，和直链淀粉相似，也是无分支的链状分子，但结构单位之间以 β-1,4-苷键结合而成长链。纤维素分子的链和链之间借助于分子间的氢键拧成像绳索状的结构（图 15-7、图 15-8），具有一定的机械强度和韧性，故在植物体内起着支撑的作用。

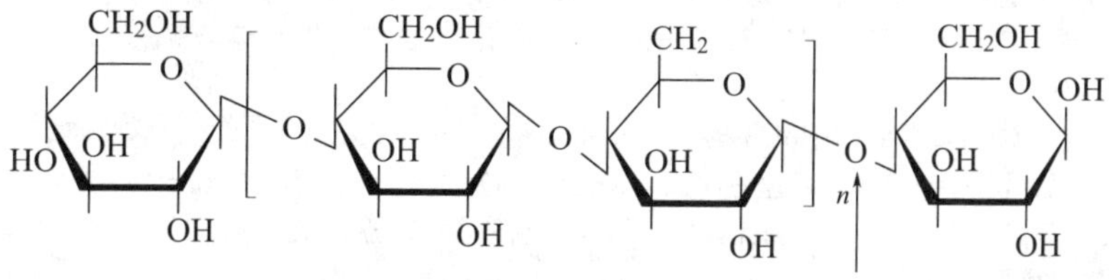

β-1,4-苷键

图 15-7　纤维素的结构

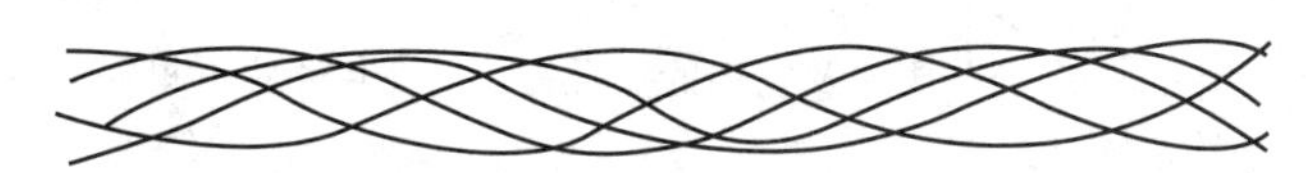

图 15-8　绳索状纤维素链示意图

纤维素是白色纤维状固体，不溶于水，仅能吸水膨胀，也不溶于稀酸、稀碱和一般的有机物。性质比较稳定，无还原性。纤维素比淀粉难水解，一般需要在浓酸中或用稀酸在加压下进行。水解的最终产物是 D-葡萄糖。人的消化道中水解淀粉酶只能水解 α-1,4-苷键，而不能水解 β-1,4-苷键，所以纤维素不能作为人的营养物质，但食物中的纤维素能促使肠蠕动，具有通便作用。而草食动物如马、牛、羊等消化道中存在一些微生物，这些微生物能分泌出可以水解 β-1,4-苷键的酶，使纤维素水解生成 D-葡萄糖，供给食草动物所需要的营养。

纤维素的最大用途是直接用于纺织工业和造纸工业。

四、果胶质

果胶质是植物细胞壁的成分之一，存在于相邻细胞之间的中胶层中，使细胞黏合在一起。果胶质在植物的果实、种子、根、茎和叶子里都有分布。以水果及蔬菜含量最多。

根据植物的不同成熟过程，果胶质一般有原果胶、可溶性果胶及果胶酸三种形态。

（一）原果胶

原果胶存在于未成熟的水果和植物的茎、叶子里，不溶于水。未成熟的水果是坚硬的；

与原果胶的存在有关。随着水果的成熟，原果胶在果胶酶的作用下转变成可溶性果胶，水果将由硬变软。

（二）可溶性果胶

可溶性果胶的主要成分是α-D-半乳糖醛酸甲酯以及少量α-D-半乳糖醛酸通过α-1,4-糖苷键连接而成的长链高分子化合物，可溶性果胶能溶于水，可溶性果胶水解后产生α-D-半乳糖醛酸。

（三）果胶酸

植物（如水果）由成熟向过成熟转化时，在果胶酯酶作用下，可溶性果胶中的甲基酯的酯键水解生成具有游离羧酸的果胶酸，果胶酸无黏性，稍溶于水。植物落叶、落花、落果、落铃是中胶层细胞间的原果胶转变为可溶性果胶，进而转变为小分子糖，使细胞之间分离，即产生离层而引起的。

【阅读材料】

为什么要少吃食糖?

糖对人体来说是十分重要的，人体所需的热量50%以上是由糖类食物提供的。那么，是不是吃糖越多，提供能量越多，对人体就越有好处呢？不是的。

我国人民的饮食结构是以米、面为主食的，其中含有大量的糖类。从正常的饮食中，人们已经获得足够的糖，甚至已经超过人体的需要量。随着人们生活水平的提高，对含糖量高的点心、饮料、水果的需求和消耗日益增多，使摄入的糖量大大超过人体需要。过多的糖不能及时被消耗掉，多余的糖在体内转化为甘油三酯和胆固醇，促进了动脉粥样硬化的发生和发展，有些糖转化为脂肪在体内堆积下来，久之则体重增加，血压上升，使心肺负担加重。贮存在肝脏内，成为脂肪肝。瑞士专家们研究了1900～1968年食糖消耗量与心脏病的关系，发现冠心病的死亡率与食糖的消耗量呈正相关。日本的调查也得出一致的结果。因此有的学者甚至提出，过多地吃糖对身体的危害不亚于吸烟。

那么，每天吃多少糖才能控制胆固醇升高呢？据日本调查认识，每天食用糖的数量应控制在50g以下。但很多食品含有较多的糖，如一瓶汽水含糖量在20g左右，一盒冰激凌的含糖量是10g，一块奶油点心的含糖量是30g，低度的酒类含糖量为5%～10%。由此可见，每天控制进食50g糖还必须精打细算。最好是不吃糖果，少吃点心，做菜也尽量少放糖。

本章小结

一、单糖

1. 糖类化合物是多羟基醛、多羟基酮以及它们的缩合物。糖类化合物可根据能否被水解及水解产物分为三类：单糖、二糖和多糖。

2. 单糖是不能水解的多羟基醛或多羟基酮。自然界的单糖主要是戊糖和己糖。根据结构，单糖又可分为醛糖和酮糖。多羟基醛称为醛糖，多羟基酮称为酮糖。

3. 单糖的结构有开链结构，也有环状结构。凡能形成环状结构的单糖，都会产生变旋现象。单糖构型的确定仍沿用D/L标记法。这种方法只考虑与羰基相距最远的一个手性碳的构型，此手性碳上的羟基在右边的为D-型，在左边的为L-型。自然界存在的单糖多属D-型糖。

4. 哈沃斯的一般写法为：①将环画成横放的六角形（或五角形）；②碳胳顺时针方向排列；③D-系列单糖的末位羟甲基写在环的上方，L-系列则写在环的下方；④链式结构中在链左侧的基团写在环的上方，右侧的基团写在环的下方。C1上新形成的半缩醛羟基在环平面下方者为α-型；在环平面上方者称为β-型。

5. 单糖都是无色晶体，味甜，有吸湿性。极易溶于水，难溶于乙醇，不溶于乙醚。单糖有旋光性。

6. 单糖的化学性质：①单糖具有还原性，能与多种氧化剂氧化，生成不同的氧化产物，如与溴水、托伦试剂、费林试剂和稀硝酸反应；②能与酸作用生成糖脂；③能与羟基化合物形成糖苷；④能与苯肼形成糖脎；⑤能起显色反应。如：莫力许反应、蒽酮反应和塞利凡诺夫实验。

7. 重要的单糖有：葡萄糖、半乳糖、核糖、脱氧核糖、果糖。

二、二糖

1. 二糖是由两分子单糖脱水而成的化合物，所有的二糖都能在酸或酶的催化下水解成两分子单糖。所以二糖是水解后生成两分子单糖的糖。二糖有还原性二糖和非还原性二糖两种。

2. 还原性二糖是一分子单糖的半缩醛羟基与另一单糖的羟基缩合而成的二糖。生成的二糖仍保留一个半缩醛羟基，其性质与葡萄糖相似，有变旋现象，具有还原性，能发生银镜反应、费林反应，也能与苯肼作用生成糖脎。常见的还原性二糖有：麦芽糖、乳糖和纤维二糖。

3. 非还原性二糖是一分子单糖的半缩醛羟基与另一单糖的半缩醛羟基缩合而成的二糖。生成的二糖没有半缩醛羟基，在水溶液中无变旋现象，无还原性，与托伦试剂、费林试剂不反应，也不能形成糖脎和糖苷。常见的非还原性二糖有：蔗糖。

三、多糖

1. 多糖是单糖分子以苷键结合而成的高分子化合物。可用通式（$C_6H_{10}O_5$）$_n$ 表示。多糖的性质与单糖、二糖差别很大，大部分为无定形粉末，没有甜味，无一定熔点，不溶于水，没有还原性和变旋现象，多糖也是糖苷，所以可以水解，在水解过程中，往往产生一系列的中间产物，最终完全水解得到单糖。

2. 淀粉可分为直链淀粉和支链淀粉。直链淀粉和支链淀粉在结构和性质上有一定区别，直链淀粉是由许多D-葡萄糖单位通过 α-1,4-苷键连接而成的链状化合物，支链淀粉是由 D-葡萄糖以 α-1,4-苷键相连，此外还有 α-1,6-苷键相连的支链。直链淀粉遇碘呈蓝色，不易溶于冷水，溶于热水中成溶胶。支链淀粉遇碘呈紫红色，不溶于冷水，在热水中膨胀而成糊状。两者经酸水解后最终产物都是 D-葡萄糖。

3. 糖原又称为动物淀粉，结构与支链淀粉相似，是 D-葡萄糖以 α-1,4-苷键结合，链和链之间的连接点以 α-1,6-苷键结合。糖原是无定性粉末，溶于热水，遇碘呈紫红色，水解的最终产物是 D-葡萄糖。

4. 纤维素的结构单位也是 D-葡萄糖，和直链淀粉相似，也是无分支的链状分子，但结构单位之间以 β-1,4-苷键结合而成长链。纤维素是白色纤维状固体，不溶于水，也不溶于稀酸、稀碱和一般的有机物。性质比较稳定，无还原性。纤维素比淀粉难水解，一般需要在浓酸中或用稀酸在加压下水解，最终产物是 D-葡萄糖。

5. 果胶质是植物细胞壁的成分之一，在植物的果实、种子、根、茎和叶子里都有分布。根据植物的不同成熟过程，果胶质一般有原果胶、可溶性果胶及果胶酸三种形态。

习　题

1. 写出下列化合物的哈沃斯式，并指出各透视式中的半缩醛羟基。

（1）β-D-2-脱氧核糖　（2）β-D-半乳糖　（3）β-D-果糖-α-D-葡萄糖-6-磷酸酯

（4）α-D-葡萄糖醛酸　（5）α-D-果糖-1,6-二磷酸酯糖

2. 写出葡萄糖与下列试剂作用的化学方程式。

（1）稀硝酸　（2）溴水　（3）托伦试剂　（4）费林试剂　（5）苯肼

3. 什么是变旋现象？D-葡萄糖、D-果糖、D-半乳糖、蔗糖、乳糖是不是都有变旋现象？为什么？

4. 写出麦芽糖、乳糖、蔗糖水解的反应式。

5. 什么是还原性糖、非还原性糖？它们在结构上有何区别？下列哪些糖是还原性糖？

（1）果糖　（2）蔗糖　（3）葡萄糖　（4）麦芽糖　（5）半乳糖

（6）纤维素　（7）乳糖　（8）核糖　（9）淀粉

6. 用化学方法区别下列各组物质。

（1）葡萄糖与蔗糖　（2）麦芽糖与蔗糖　（3）淀粉与纤维素

（4）蔗糖、麦芽糖、果糖　（5）葡萄糖、果糖、蔗糖和淀粉

7. 有甲和乙两个 D-丁醛糖，能生成同样的糖脎，但如用硝酸氧化时，甲生成有旋光性的糖二酸，乙生成无旋光性的糖二酸，试写出甲、乙的结构式。发生反应的方程式。

8. 化合物 A 的分子式为 $C_6H_{12}O_6$，与托伦试剂发生银镜反应，但不能与溴水反应，A 与过量的苯肼反应生成化合物 B。将蔗糖水解可得到化合物 A 和 C。试写出化合物 A、B、C 的结构式。

9. 纤维素为什么可用作草食动物的营养物质？而不能作为人的营养物质？

10. 为什么未成熟的水果是硬的？成熟后的水果为什么由硬变软？

第十六章　蛋白质和核酸

学习目标

1. 掌握α-氨基酸的结构、两性、等电点、主要化学性质及制法。
2. 了解肽的命名、结构和多肽结构的测定方法。
3. 掌握蛋白质的性质，了解蛋白质复杂结构及在构成生命体上的作用。
4. 了解酶的组成及酶催化反应的特异性。
5. 了解核酸（RNA和DNA）的组成、结构及核酸的生物功能。

蛋白质和核酸都是天然高分子化合物，是生命现象的物质基础；是参与生物体内各种生物变化最重要的组分；生命活动的基本特征就是蛋白质的不断自我更新。蛋白质是一切活细胞的组织物质，也是酶、抗体和许多激素中的主要物质。蛋白质在有机体中承担不同的生理功能，它能供给肌体营养、输送氧气、防御疾病、控制代谢过程、传递遗传信息、负责机械运动等。核酸分子携带着遗传信息，在生物的个体发育、生长、繁殖和遗传变异等生命过程中起着极为重要的作用。

所有蛋白质都是α-氨基酸构成的，因此，α-氨基酸是蛋白质的基本组成单位。要讨论蛋白质的结构和性质，首先就要从研究α-氨基酸开始。

第一节　α-氨基酸

氨基酸是羧酸分子中烃基上的氢原子被氨基（$—NH_2$）取代后的衍生物。目前发现的天然氨基酸约有300多种，构成蛋白质的氨基酸约有20余种，人们把构成蛋白质的氨基酸称为蛋白氨基酸。其他不参与蛋白质组成的氨基酸称为非蛋白氨基酸。组成蛋白质的氨基酸（除脯氨酸外）都是α-氨基酸，即在α-碳原子上有一个氨基。其结构可用通式表示：

$$\underset{\displaystyle NH_2}{RCHCOOH}$$

一、氨基酸的分类和命名

根据氨基酸中烃基的不同，氨基酸可分为脂肪族氨基酸和芳香族氨基酸；根据氨基和羧基的相对位置不同，又可分为α-氨基酸、β-氨基酸、γ-氨基酸。例如：

$$\underset{\displaystyle NH_2}{CH_3CHCOOH} \qquad \underset{\displaystyle NH_2}{CH_2CH_2COOH} \qquad \underset{\displaystyle NH_2}{CH_2CH_2CH_2COOH}$$

α-氨基丙酸　　β-氨基丙酸　　γ-氨基丁酸

其中α-氨基酸在自然界中存在最多，它是构成蛋白质的基础。

根据氨基酸子中氨基和羧基的数目不同，氨基酸还可分为中性氨基酸（羧基和氨基数目相等）、酸性氨基酸（羧基数目大于氨基数目）和碱性氨基酸（氨基的数目多于羧基数目）。例如：

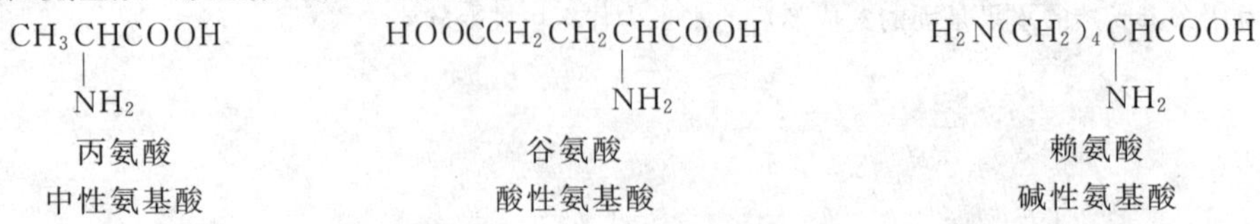

丙氨酸　　谷氨酸　　赖氨酸

中性氨基酸　　酸性氨基酸　　碱性氨基酸

氨基酸命名通常可根据其来源或性质采用俗名命名。例如：氨基乙酸因具有甜味称为甘氨酸、最早从蚕丝而得的称丝氨酸、从天冬的幼苗中发现的称天冬氨酸。

氨基酸的系统命名法与其他取代羧酸的命名相同，即以羧酸为母体，氨基为取代基来命名。例如：

$$\underset{\displaystyle NH_2}{\underset{|}{CH_2}}COOH$$

α-氨基乙酸

甘氨酸

$$\underset{\displaystyle OH}{\underset{|}{CH_2}}\underset{\displaystyle NH_2}{\underset{|}{CH}}COOH$$

α-氨基-β-羟基丙酸

丝氨酸

$$HOOCCH_2\underset{\displaystyle NH_2}{\underset{|}{CH}}COOH$$

α-氨基丁二酸

天冬氨酸

$$C_6H_5-CH_2\underset{\displaystyle NH_2}{\underset{|}{CH}}COOH$$

α-氨基-β-苯基丙酸

苯丙氨酸

组成蛋白质的氨基酸中，有八种动物自身不能合成，必须从食物中获取，缺乏时会引起疾病，它们被称为必需氨基酸。见表 16-1。

表 16-1　组成蛋白质的氨基酸

名　称	代　码	结　构　式	等电点
甘氨酸(氨基乙酸)	Gly	$CH_2(NH_2)COOH$	5.97
丙氨酸(α-氨基丙酸)	Ala	$CH_3CH(NH_2)COOH$	4.00
丝氨酸(α-氨基-β-羟基丙酸)	Ser	$CH_2(OH)CH(NH_2)COOH$	5.68
半胱氨酸(α-氨基-β-巯基丙酸)	Cys	$CH_2(SH)CH(NH_2)COOH$	5.05
胱氨酸(β-硫代-α-氨基丙酸)	Cys	$S-CH_2CH(NH_2)COOH$ | $S-CH_2CH(NH_2)COOH$	4.80
苏氨酸①(α-氨基-β-羟基丁酸)	Thr	$CH_3CH(OH)CH(NH_2)COOH$	5.70
蛋氨酸①(α-氨基-γ-甲硫基丁酸)	Met	$CH_3SCH_2CH_2CH(NH_2)COOH$	5.74
缬氨酸①(β-甲基-α-氨基丁酸)	Val	$(CH_3)_2CHCH(NH_2)COOH$	5.96
亮氨酸①(γ-甲基-α-氨基戊酸)	Leu	$(CH_3)_2CHCH_2CH(NH_2)COOH$	6.02
异亮氨酸①(β-甲基-α-氨基戊酸)	Ile	$CH_3CH_2CH(CH_3)CH(NH_2)COOH$	5.98
苯丙氨酸①(α-氨基-β-苯基丙酸)	Phe	$C_6H_5-CH_2CH(NH_2)COOH$	5.48
酪氨酸(β-对羟基苯基-α-氨基丙酸)	Tyr	$HO-C_6H_4-CH_2CH(NH_2)COOH$	5.66
脯氨酸(α-吡咯烷甲酸)	Pro	(吡咯烷环)—COOH，N—H	6.30
色氨酸①[α-氨基-β-(3-吲哚)丙酸]	Try	(吲哚环)—$CH_2CH(NH_2)COOH$，N—H	5.80
天冬氨酸(α-氨基丁二酸)	Asp	$HOOCCH_2CH(NH_2)COOH$	2.77
天冬酰胺(α-氨基丁酰胺酸)	Asn	$H_2NCOCH_2CH(NH_2)COOH$	5.41
谷氨酸(α-氨基戊二酸)	Glu	$HOOCCH_2CH_2CH(NH_2)COOH$	3.22
谷氨酰胺(α-氨基戊酰胺酸)	Gln	$H_2NCOCH_2CH_2CH(NH_2)COOH$	5.63
精氨酸(α-氨基-δ-胍基戊酸)	Arg	$H_2N\underset{\displaystyle NH}{\underset{\|}{C}}NH(CH_2)_3CH(NH_2)COOH$	10.6
赖氨酸①(α,ω-二氨基己酸)	Lys	$H_2N(CH_2)_4CH(NH_2)COOH$	9.74

① 为必需氨基酸。

二、氨基酸的性质

（一）物理性质

α-氨基酸一般为无色晶体，熔点比相应的羧酸或胺类要高，一般在200～300℃之间。除甘氨酸外，其他的α-氨基酸都有旋光性。大多数氨基酸易溶于水，而不溶于苯、乙醚等非极性有机溶剂。

（二）化学性质

氨基酸分子中含有氨基和羧基，因此它具有羧酸和胺类化合物的性质；同时，由于氨基与羧基之间相互影响及分子中烃基的某些特殊结构，氨基酸又具有一些特殊的性质。

1. 氨基酸的两性性质和等电点

氨基酸分子中既有酸性的羧基（—COOH），又有碱性的氨基（$-NH_2$），可以与强碱反应生成羧酸盐，可以与强酸反应生成铵盐。所以氨基酸具有两性，是两性化合物。例如：

$$\underset{\overset{|}{{}^{+}NH_3Cl^-}}{RCHCOOH} \xleftarrow{HCl} \underset{\overset{|}{NH_2}}{RCHCOOH} \xrightarrow{NaOH} \underset{\overset{|}{NH_2}}{RCHCOO^-\,Na^+}$$

氨基酸分子中的氨基和羧基可以相互作用，在分子内形成内盐。

$$\underset{\overset{|}{NH_2}}{RCHCOOH} \longrightarrow \underset{\underset{\text{内盐}}{\overset{|}{{}^{+}NH_3}}}{RCHCOO^-}$$

氨基酸内盐分子是既带有正电荷又带有负电荷的离子，称为偶极离子或两性离子。氨基酸晶体主要以偶极离子形式存在，故静电引力大，熔点较高，易溶于水，难溶于有机溶剂。

氨基酸分子是偶极离子，在酸性溶液中它的羧基负离子可接受质子，发生碱式电离带正电荷；而在碱性溶液中铵根正离子给出质子，发生酸式电离带负电荷。偶极离子加酸或加碱时引起的变化可用下式表示：

$$\underset{\underset{\underset{pH<pI}{\text{负离子}}}{\overset{|}{NH_2}}}{RCHCOO^-} \underset{OH^-}{\overset{H^+}{\rightleftharpoons}} \underset{\underset{\underset{pH=pI}{\text{偶极离子}}}{\overset{|}{{}^{+}NH_3}}}{RCHCOO^-} \underset{OH^-}{\overset{H^+}{\rightleftharpoons}} \underset{\underset{\underset{pH>pI}{\text{正离子}}}{\overset{|}{{}^{+}NH_3}}}{RCHCOOH}$$

氨基酸在酸性溶液中，主要以正离子状态存在，在电场中向负极移动；在碱性溶液中，主要以负离子状态存在，在电场中向正极移动。就某一氨基酸而言，往其溶液中加入酸或碱，调节到一定的pH值时，氨基酸主要以电中性的偶极离子存在，在电场中既不向正极移动，也不向负极移动。这时溶液的pH值就叫做这种氨基酸的等电点，用“pI”表示。

由于各种氨基酸的化学结构不同，因此它们的等电点也各不相同，中性氨基酸pH在5.0～6.0之间；酸性氨基酸pH为2.7～3.2；碱性氨基酸pH为9.5～10.7。中性氨基酸的等电点偏酸性是由于羧基的解离度略大于氨基，因而溶液必须偏酸性才能使两种解离的趋势恰好相当。

在等电点时，氨基酸的溶解度最小，最易从溶液析出。利用这个性质可以分离纯化氨基酸。

2. 与亚硝酸的反应

大多数氨基酸中含有伯氨基，可以定量与亚硝酸反应，生成α-羟基酸，并放氮气。

$$\underset{\overset{|}{NH_2}}{R-CH}-COOH + HNO_2 \xrightarrow{\triangle} \underset{\overset{|}{OH}}{RCH}-COOH + N_2 + H_2O$$

该反应定量进行，从释放出的氮气的体积可计算氨基酸和蛋白质分子中氨基的含量。这个方法称为范斯莱克（Van Slyke）氨基测定法。

3. 脱氨基反应

氨基酸分子中的氨基可以被双氧水或高锰酸钾等氧化剂氧化，生成 α-亚氨基酸，然后进一步水解，脱去氨基生成 α-酮酸。

$$R-\underset{\underset{NH_2}{|}}{CH}-COOH \xrightarrow{[O]} R-\underset{\underset{NH}{\|}}{C}-COOH \xrightarrow{H_2O} R-\overset{\overset{OH}{|}}{\underset{\underset{NH_2}{|}}{C}}-COOH \xrightarrow{-NH_3} R-\overset{\overset{O}{\|}}{C}-COOH$$

α-亚氨基酸　　α-羟基-α-氨基酸　　α-酮酸

生物体内在酶催化下，氨基酸也可发生氧化脱氨反应，这是生物体内蛋白质分解代谢的重要反应之一。

4. 脱羧反应

将氨基酸缓缓加热或在高沸点溶剂中回流，可以失去 CO_2（发生脱羧反应）生成胺。例如赖氨酸脱羧生成 1,5-戊二胺（尸胺）。

$$H_2N-CH_2-(CH_2)_3-\underset{\underset{NH_2}{|}}{CH}-COOH \xrightarrow{\triangle} H_2N-CH_2-(CH_2)_3-CH_2-NH_2+CO_2$$

赖氨酸　　1,5-戊二胺（尸胺）

生物体内的脱羧酶也能催化氨基酸的脱羧反应，这是蛋白质腐败发臭的主要原因。

5. 与水合茚三酮的反应

α-氨基酸与水合茚三酮的弱酸性溶液共热，生成蓝紫色溶液。这个反应非常灵敏，可用于氨基酸的定性及定量测定。

$$\text{水合茚三酮} + H_2N-\underset{\underset{R}{|}}{CH}-COOH \longrightarrow \text{蓝紫色化合物} + RCHO + CO_2 + H_2O$$

水合茚三酮　　蓝紫色化合物

凡是有游离氨基的氨基酸都和水合茚三酮试剂发生显色反应，多肽和蛋白质也有此反应。

6. 成肽反应

一个氨基酸的羧基可与另一个氨基酸的氨基脱水缩合，形成的化合物称为肽。

$$H_2N-\underset{\underset{R^1}{|}}{CH}-\overset{\overset{O}{\|}}{C}-\boxed{OH+H}-\overset{\overset{H}{|}}{N}-\underset{\underset{R^2}{|}}{CH}-COOH \xrightarrow{-H_2O} H_2N-\underset{\underset{R^1}{|}}{CH}-\boxed{\overset{\overset{O}{\|}}{C}-\overset{\overset{H}{|}}{N}}-\underset{\underset{R^2}{|}}{CH}-COOH$$

肽键

二肽

这种氨基酸分子之间的氨基与羧基脱水，所形成的酰胺键称为肽键。由两个氨基酸缩合而成的肽称为二肽，由三个氨基酸缩合而成的肽则称为三肽，其余类推。由多个氨基酸缩合形成的肽则称为多肽，多肽链的结构如下：

$$H_2N-\underset{\underset{R^1}{|}}{CH}-\overset{\overset{O}{\|}}{C}-\overset{\overset{H}{|}}{N}-\underset{\underset{R^2}{|}}{CH}-\overset{\overset{O}{\|}}{C}-\overset{\overset{H}{|}}{N}-\underset{\underset{R^3}{|}}{CH}-\overset{\overset{O}{\|}}{C}-\cdots-\overset{\overset{H}{|}}{N}-\underset{\underset{R^n}{|}}{CH}-\overset{\overset{O}{\|}}{C}-OH$$

肽链走向 ⟶

（N-端）　　（C-端）

肽链中不完整的氨基酸分子称为氨基酸残基。肽链两端的氨基酸残基称为末端氨基酸。

含有氨基的一端称为 N-端或氨基末端，习惯上写在肽链的左端；含有羧基的另一端称为 C-端或羧基末端，习惯上写在肽链的右端。

生物体内存在着多种游离的多肽，它们起着不同的生理作用。如：催产素是九肽化合物；脑中的脑啡肽为五肽，具有镇痛作用；细胞中的谷胱甘肽是三肽化合物，参与细胞的氧化还原过程。

第二节 蛋 白 质

蛋白质是由多种 α-氨基酸组成的一类天然高分子化合物，它是构成生物体内各种组织的基础物质，在生命活动中起着决定性作用。蛋白质相对分子质量一般在 1 万到几百万左右，有的分子量甚至可达几千万。如烟草花叶病毒蛋白质的相对分子质量高达 4000 万。但蛋白质分子元素组成比较简单，主要含有碳、氢、氧、氮、硫，有些蛋白质还有磷、铁、镁、碘、铜、锌等。

一、蛋白质的元素组成

从各种生物组织中提取的蛋白质经过元素分析，可得其百分组成如下：

C 50%～55%，H 6%～7%，O 20%～23%，N 15%～17%，S 0%～4%

大多数蛋白质的含氮量很接近，平均约为 16%，即每克氮相当于 6.25g 蛋白质，6.25 称为蛋白质系数。生物体中的氮元素绝大部分都是以蛋白质形式存在的，因此，常用定氮法先测出农副产品样品的含氮量，然后计算成蛋白质的近似含量，称为粗蛋白含量。

粗蛋白含量＝含氮量×6.25

二、蛋白质的分类

蛋白质种类繁多，结构复杂，目前只能根据蛋白质的形状、溶解性及化学组成粗略分类。蛋白质根据其形状可分为球状蛋白质（如卵清蛋白）和纤维蛋白质（如角蛋白）；根据化学组成又可分单纯蛋白质和结合蛋白质。

（1）单纯蛋白质　仅由氨基酸组成的蛋白质称为单纯蛋白质。按其溶解性等性质，单纯蛋白质又可分为：清蛋白、球蛋白、醇溶蛋白、谷蛋白、精蛋白、组蛋白和硬蛋白七类。

（2）结合蛋白质　由单纯蛋白质与非蛋白质成分（称为辅基）结合而成的复杂蛋白质，称为结合蛋白质。结合蛋白质又可根据辅基不同分为：糖蛋白（蛋白质与糖类结合）、脂蛋白（蛋白质与脂质结合）、核蛋白（蛋白质与核酸结合）、磷蛋白（蛋白质与磷酸结合）、色蛋白（蛋白质与色素结合）五类。

三、蛋白质的结构

蛋白质分子是由 α-氨基酸经首尾相连形成的多肽链，肽链在三维空间具有特定的复杂而精细结构。这种结构不仅决定蛋白质的理化性质，而且是生物学功能的基础。蛋白质的结构通常分为一级结构、二级结构、三级结构和四级结构四种层次，蛋白质的二级、三级、四级结构又统称为蛋白质的空间结构或高级结构。

（一）蛋白质的一级结构——多肽链

天然蛋白质是由 α-氨基酸组成的。α-氨基酸分子间可以发生脱水生成肽。在生成的肽分子中两端仍含有 α-NH_2 及—COOH，因此仍然可以与其他 α-氨基酸继续缩合脱水形成长链大分子多肽。多肽是蛋白质的基本结构，而肽键$\left(\begin{array}{c}\mathrm{O}\\ \|\\ \mathrm{—C—NH—}\end{array}\right)$则是主要的连接方式（主键）。有些蛋白质就是一条多肽链，有些蛋白质则是由两条或多条多肽链构成。多肽与蛋白质之间没有严格的区别，一般是将相对分子质量 1 万以上的多肽称为蛋白质。

由各氨基酸残基按一定的排列顺序结合而形成的多肽链称为蛋白质的一级结构。蛋白质的一级结构与蛋白质的功能有密切的关系。目前已弄清了一些较简单的蛋白质分子多肽链的氨基酸残基的排列次序，例如：牛胰岛素由 A 和 B 两条多肽链 51 个氨基酸以一定的顺序排列而成。A 链含有 11 种共 21 个氨基酸残基，B 链含有 16 种共 30 个氨基酸残基。

（二）蛋白质的二级结构

多肽链中互相靠近的氨基酸残基通过氢键的作用，在空间的排列而形成的多肽称为蛋白质的二级结构。蛋白质的二级结构主要有四种形式：α-螺旋、β-折叠、β-转角和无规则卷曲。蛋白质的二级结构主要是 α-螺旋（多肽长链在空间卷曲而成的螺旋状）结构。这种螺旋围绕着一个假想的中心轴，大约 18 个氨基酸单位绕五圈。一个肽键中的 C═O 与一个螺旋适当位置的 N—H 形成 N—H…O 氢键，氢键数目是很多的。以氢键为主的副键（主键是肽键）维持了蛋白质二级结构的稳定。如果副键受到过多的破坏，二级结构也被破坏，蛋白质的性质就会发生极大的改变。α-螺旋示意图见图 16-1。

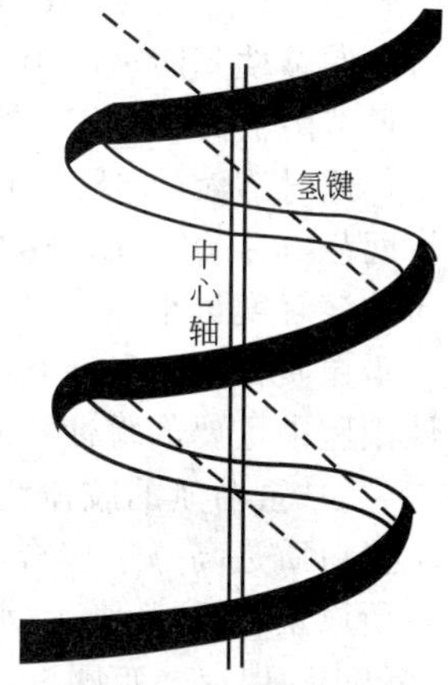

图 16-1　α-螺旋示意图

（三）蛋白质的三级结构

由蛋白质的二级结构在空间盘绕、折叠、卷曲而形成的更为复杂的空间构象称为蛋白质的三级结构。如图 16-2。维持三级结构稳定的因素除了主键肽键外，还有副键，如氢键、盐键、疏水键和二硫键等以及范德华力的作用。大多数蛋白质都具有纤维状或球的三级结构。形成三级结构后，亲水基团在结构外，憎水基团在结构内，故球状蛋白溶于水。

（四）蛋白质的四级结构

我们把蛋白质分子中的每个有独立三级结构的多肽链单位称为亚基。由两个或两个以上的亚基（具有独立三级结构的多肽链）借助各种副键的作用而构成的一定空间结构称为蛋白质的四级结构。如图 16-3。只由一条多肽链构成，或由两条以上多肽链通过共价键连接而成的蛋白质，都不具有四级结构，如胰岛素。亚基间的聚合力也是依赖于盐键、氢键、疏水键和范德华力的作用。

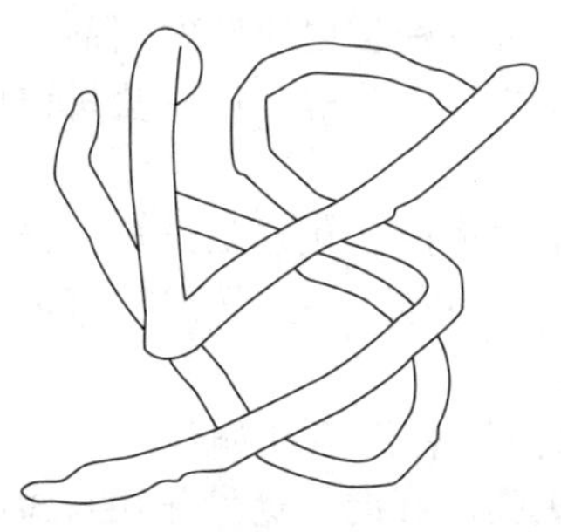
图 16-2　蛋白质的三级结构

图 16-3　蛋白质的四级结构

四、蛋白质的性质

（一）蛋白质的两性和等电点

蛋白质多肽链的 *N*-端有氨基、C-端有羧基，其侧链上也常含有碱性基团和酸性基团。因此，蛋白质与氨基酸相似，也具有两性性质和等电点。蛋白质溶液在不同的 pH 溶液中，以不同的形式存在，其平衡体系如下：

$$\begin{array}{ccccc} & & Pr\begin{cases}NH_2\\COOH\end{cases} & & \\ & & \Updownarrow & & \\ Pr\begin{cases}NH_2\\COO^-\end{cases} & \underset{OH^-}{\overset{H^+}{\rightleftharpoons}} & Pr\begin{cases}\overset{+}{N}H_3\\COO^-\end{cases} & \underset{OH^-}{\overset{H^+}{\rightleftharpoons}} & Pr\begin{cases}\overset{+}{N}H_3\\COOH\end{cases} \\ \text{阴离子} & & \text{两性离子} & & \text{阳离子} \\ pH>pI & & \text{等电点}(pI) & & pH<pI \end{array}$$

式中，$H_2N—Pr—COOH$ 表示蛋白质分子，羧基代表分子中所有的酸性基团，氨基代表所有的碱性基团，Pr 代表其他部分。

调节溶液的 pH 值，当蛋白质分子所带的正、负电荷相等时，即成为净电荷为零的偶极离子，此时溶液的 pH 值称为该蛋白质的等电点（pI）。蛋白质在等电点时，分子呈电中性，分子间静电斥力减弱，相互碰撞后容易凝聚成较大的颗粒而沉淀析出。所以在等电点时，蛋白质的溶解度最小。

蛋白质分子的酸性和碱性基团对外来的少量碱和酸具有一定的缓冲能力，因此蛋白质是活性细胞中重要的缓冲物质之一。

（二）蛋白质的胶体性质

蛋白质是高分子化合物，其分子直径在 $10^{-9}\sim10^{-7}$ m 之间，在胶体分散相质点范围内，所以蛋白质分散在水中，其水溶液具有胶体溶液的一般特性。例如具有丁铎尔（Tyndall）现象、布朗（Brown）运动和电泳现象等。蛋白质是亲水胶体，有较强的吸附作用。蛋白质不能透过半透膜，利用这一性质可进行蛋白质的透析，从而除去蛋白质溶液中的低分子量的杂质，获得较为纯净的蛋白质。

（三）蛋白质的沉淀

蛋白质溶液的稳定性是有条件的、相对的。如果改变这种相对稳定的条件，例如除去蛋白质外层的水膜或者电荷，蛋白质分子就会凝集而沉淀。蛋白质的沉淀分为可逆沉淀和不可逆沉淀。

(1) 可逆沉淀　可逆沉淀是指蛋白质分子的内部结构仅发生了微小改变或基本保持不变，仍然保持原有的生理活性。只要消除了沉淀的因素，已沉淀的蛋白质又会重新溶解。

向蛋白质溶液中加入硫酸铵、硫酸钠、氯化钠等可溶性盐时，蛋白质将从溶液中结晶析出，这种现象叫蛋白质的盐析。在含有多种蛋白质的混合溶液中，如果用不同浓度的盐类进行盐析，可将各种蛋白质分别析出。此方法常用于分离制备各种蛋白质和酶制剂。

盐析一般不会破坏蛋白质的结构，当加水时，沉淀又能重新溶解。所以盐析作用是可逆沉淀。

(2) 不可逆沉淀　蛋白质在沉淀时，空间构象发生了很大的变化或被破坏，失去了原有的生物活性，即使消除了沉淀因素也不能重新溶解，称为不可逆沉淀。不可逆沉淀的方法有三种。

① 水溶性有机溶剂沉淀法　向蛋白质加入适量的水溶性有机溶剂如乙醇、丙酮等，由于它们对水的亲和力大于蛋白质，使蛋白质粒子脱去水化膜而沉淀。这种作用在短时间和低温时，沉淀是可逆的，但若时间较长和温度较高时，则为不可逆沉淀。

② 化学试剂沉淀法　蛋白质在高于其等电点 pH 值的溶液中带负电荷，可与重金属盐（Hg^{2+}、Pb^{2+}、Cu^{2+}、Ag^{+} 等）中的重金属阳离子结合生成不溶性的蛋白质盐（不可逆沉淀）。

$$Pr\begin{cases}\overset{+}{N}H_3\\COO^-\end{cases} \xrightarrow{OH^-} Pr\begin{cases}NH_2\\COO^-\end{cases} \xrightarrow{Ag^+} Pr\begin{cases}NH_2\\COOAg\end{cases}\downarrow$$

蛋清及牛乳对重金属中毒的解毒作用，以及重金属盐的杀菌作用，都是依据这一原理。

③ 生物碱试剂沉淀法　蛋白质在低于其等电点 pH 值的溶液中带正电荷，可与生物碱沉淀剂（苦味酸、三氯乙酸、鞣酸、磷钨酸、磷钼酸等）的酸根（Y^-）结合，生成不溶解的蛋白质盐（不可逆沉淀）。

$$Pr\begin{matrix}\diagup NH_3^+\\ \diagdown COO^-\end{matrix} \xrightarrow{H^+} Pr\begin{matrix}\diagup NH_3^+\\ \diagdown COOH\end{matrix} \xrightarrow{Y^-} Pr\begin{matrix}\diagup NH_3^+Y^-\\ \diagdown COOH\end{matrix}\downarrow$$

在临床检验和生化实验中，常用这类试剂除去血液中干扰测定的蛋白质。

（四）蛋白质的变性

蛋白质分子具有严密的结构，表现出一定的性质与功能，而某些物理或化学因素的影响，能够破坏蛋白质分子的内部结构，引起蛋白质理化性质的改变，导致其生理活性丧失，这种现象称作蛋白质的变性。变性后的蛋白质称为变性蛋白质。

引起蛋白质变性的因素很多，物理因素有加热、高压、剧烈振荡、超声波、紫外线或 X 射线照射等。化学因素有强酸、强碱、重金属离子、生物碱试剂和有机溶剂等。蛋白质的变性一方面使维持空间结构的蛋白质的副键被破坏，原有的空间结构被改变，疏水基外露；另一方面，蛋白质分子中的某些活泼基团如—NH_2、—COOH、—OH 等与化学试剂发生了反应。

蛋白质的变性分为可逆变性和不可逆变性，若仅改变了蛋白质的三级结构，可能只引起可逆变性；若破坏了二级结构，则会引起不可逆变性。但是蛋白质的变性不会引起它的一级结构改变。蛋白质变性一般产生不可逆沉淀，但蛋白质的沉淀不一定变性（如蛋白质的盐析）；反之，变性也不一定沉淀，例如有时蛋白质受强酸或强碱的作用变性后，常由于带同性电荷而不会产生沉淀现象。然而不可逆沉淀一定会使蛋白质变性。

蛋白质的变性作用对工农业生产、科学研究都具有十分广泛的意义。例如通常采用加热、紫外线照射、利用酒精、杀菌剂等杀菌消毒，其结果就是使细菌体内的蛋白质变性。菌种、生物制剂的失效，种子失去发芽能力等均与蛋白质的变性有关。

（五）蛋白质水解作用

在酸、碱或酶的催化下，蛋白质可以水解。水解经过一系列中间产物后，最终生成 α-氨基酸。其水解过程如下：

蛋白质→蛋白胨→多肽→二肽→α-氨基酸

蛋白质水解可以得到一系列的中间产物，其中最重要的中间产物是蛋白胨。它是一种分子量比蛋白质小得多的多肽，可溶于水，遇热不凝固。容易消化，对蛋白质消化能力弱的病人，可作营养的补充，实验室常用做配制微生物的培养基。

（六）蛋白质的颜色反应

蛋白质分子中存在着许多肽键和侧链，能与一些试剂作用而生成有色物质。我们可以根据这些颜色反应来鉴定蛋白质或多肽。

（1）二缩脲反应　在蛋白质分子或多肽溶液中加入几滴硫酸铜的碱性溶液，发生二缩脲反应，生成紫红色化合物（肽键数目越多，颜色越深）。常利用此法定量地测定蛋白质的含量。

（2）黄蛋白反应　含有芳烃的蛋白质与浓硝酸共热生成黄色，再加碱颜色转深而显橙色，这个反应过程叫黄蛋白反应。此反应可用来检测蛋白质或多肽分子中是否存在苯丙氨酸和酪氨酸。皮肤、指甲遇浓硝酸后，变为黄色，就是这个原因。

第三节　核　　酸

核酸是贮存、复制及表达生物遗传信息的生物高分子化合物。任何有机体内包括病毒、细菌、植物和动物都含有核酸。核酸可分为核糖核酸（RNA）和脱氧核糖核酸（DNA）两类，RNA 主要存在于细胞质中，控制生物体内蛋白质的合成；DNA 主要存在于细胞核中，决定生物体的繁殖、遗传及变异。

RNA 常与一些非碱性蛋白质结合成核蛋白，DNA 常与一些碱性蛋白质结合成核蛋白，将这些核蛋白变性和部分水解，可以分离出相关的 RNA 或 DNA。

我国于 1981 年合成出了酵母丙氨酸 t-RNA，标志着我国在核酸研究上已达到世界先进水平。

一、核酸的化学组成

核酸仅由 C、H、O、N、P 五种元素组成，其中 P 的含量变化不大，平均含量为 9.5%，每克磷相当于 10.5g 的核酸。因此，通过测定核酸的含磷量，即可计算出核酸的大约含量。

粗核酸含量＝含磷量×10.5

核酸在酸、碱或酶的作用下，可以逐步水解。其水解过程如下：

核酸（RNA 或 DNA）$\xrightarrow{H_2O}$ 核苷酸 $\xrightarrow{H_2O}$ {磷酸；核苷 $\xrightarrow{H_2O}$ {戊糖（核糖或脱氧核糖）；碱基（嘌呤碱或嘧啶碱）}}

从核酸的水解过程可见，核苷酸是核酸的基本单位，又叫单核苷酸。核酸是由数十个至数十万个核苷酸连接而成的高分子化合物，所以也可称为多核苷酸。核酸完全水解后得到磷酸、戊糖、含氮碱三类化合物。其中戊糖主要有两种，碱基则有多种。

（一）戊糖

核酸中的戊糖主要是 D-(−)-核糖和 D-(−)-2-脱氧核糖两种。在核酸分子中都是以 β-呋喃型的环式结构存在。RNA 含核糖，DNA 含脱氧核糖。

（二）含氮碱基

（1）嘧啶碱　核酸分子中所含的嘧啶碱都是嘧啶的衍生物。主要有胞嘧啶（2-氧-4-氨基嘧啶），以 C 代表；尿嘧啶（2,4-二氧嘧啶），以 U 代表；胸腺嘧啶（5-甲基-2,4-二氧嘧啶），以 T 代表，共三种。RNA 中不含胸腺嘧啶，DNA 中不含尿嘧啶。

（2）嘌呤碱　组成核酸的嘌呤碱主要有腺嘌呤（6-氨基嘌呤），以 A 代表；鸟嘌呤（2-氨基-6-氧嘌呤），以 G 代表，共两种。常见的五种碱基如下：

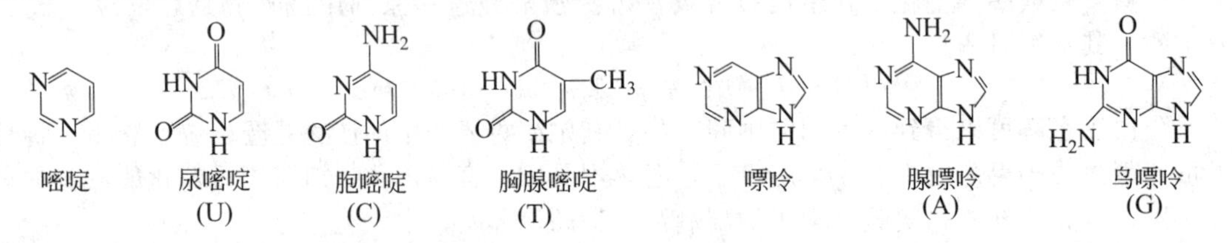

两种核酸均含有磷酸，在碱基组成上有差异。见表 16-2。

表 16-2　RNA 与 DNA 在化学组成上的异同

类别		RNA	DNA
戊糖		β-D-核糖	β-D-2-脱氧核糖
含氮碱	嘧啶碱	尿嘧啶，胞嘧啶	胸腺嘧啶，胞嘧啶
	嘌呤碱	腺嘌呤，鸟嘌呤	腺嘌呤，鸟嘌呤
磷酸		H_3PO_4	H_3PO_4

（三）核苷

核苷是由 D-核糖或 D-2-脱氧核糖与嘌呤碱或嘧啶碱缩合而成的苷。两种戊糖在形成核苷时，均以 C1 位上的 β-羟基与嘌呤碱 9 位氮上或嘧啶碱 1 位氮上的氢原子脱水而成氮糖苷。核苷可按其组成成分命名。如：腺嘌呤与核糖组成的核苷叫腺嘌呤核苷（简称腺苷）；尿嘧啶与核糖组成的核苷叫尿嘧啶核苷（简称尿苷）；由胸腺尿嘧啶与 2-脱氧核糖组成的核苷叫胸腺脱氧核苷（简称脱氧胸苷）。见表16-3。

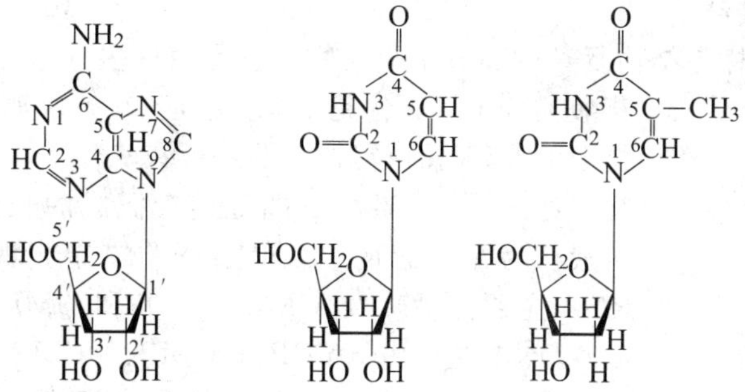

腺嘌呤核苷　　尿嘧啶核苷　　胸腺嘧啶脱氧核苷

腺苷　　尿苷　　脱氧胸苷

表16-3　RNA、DNA中的核苷名称

RNA中的核糖核苷		DNA中的脱氧核糖核苷	
名　称	简　称	名　称	简　称
腺嘌呤核苷	腺苷	腺嘌呤脱氧核苷	脱氧腺苷
鸟嘌呤核苷	鸟苷	鸟嘌呤脱氧核苷	脱氧鸟苷
胞嘧啶核苷	胞苷	胞嘧啶脱氧核苷	脱氧胞苷
尿嘧啶核苷	尿苷	胸腺嘧啶脱氧核苷	脱氧胸苷

（四）核苷酸

核苷酸是核苷的磷酸酯，是组成核酸的基本单位。根据所含戊糖的不同，分为核糖核苷酸和脱氧核糖核苷酸。

核苷酸分子是核苷中戊糖上的C3′或C5′位上的羟基与磷酸缩合而成的酯。例如：

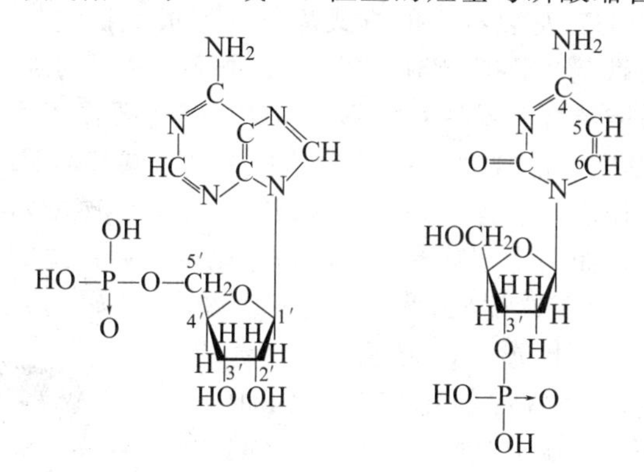

5′-腺嘌呤核苷酸　　3′-胞嘧啶脱氧核苷酸

5′-腺苷酸(AMP)　　3′-脱氧胞苷酸

核苷酸的名称及缩写见表16-4。

表16-4　核苷酸的名称及缩写

RNA中的单核苷酸		DNA中的单脱氧核苷酸	
名　称	缩　写	名　称	缩　写
腺苷酸	AMP	脱氧腺苷酸	dAMP
鸟苷酸	GMP	脱氧鸟苷酸	dGMP
胞苷酸	CMP	脱氧胞苷酸	dCMP
尿苷酸	UMP	脱氧胸苷酸	dTMP

二、核酸的结构

（一）核酸的一级结构

核酸和蛋白质一样是结构复杂的高分子化合物。它是由许多（单）核苷酸所组成的多核苷酸大分子。无论是 RNA 还是 DNA，都是由一个单核苷酸中戊糖的 C5′上的磷酸与另一个单核苷酸中戊糖的 C3′上羟基之间，通过 3′,5′-磷酸二酯键连接而成的长链化合物（图 16-4）。一般认为无论是 RNA 或是 DNA 的分子都无支链结构。核酸中 RNA 主要由 AMP、GMP、CMP 和 UMP 四种单核苷酸结合而成。DNA 主要由 dAMP、dGMP、dCMP 和 dTMP 四种单核苷酸结合而成。核酸的一级结构是指组成核酸的各种单核苷酸按照一定比例和一定的顺序，通过磷酸二酯键连接而成的核苷酸长链。

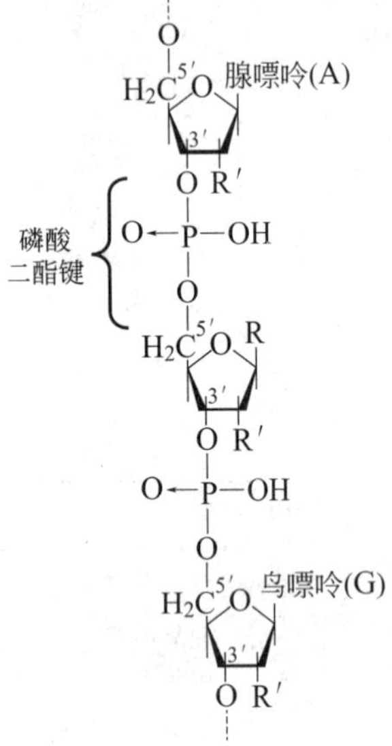

腺嘌呤(A)
磷酸二酯键
鸟嘌呤(G)

RNA：R=U, R′=OH
DNA：R=T, R′=H

图 16-4 核酸一级结构示意图

（二）核酸的二级结构

现在认为，大多数 DNA 分子的二级结构为双螺旋结构，DNA 双螺旋结构（图 16-5）的要点如下。

① DNA 分子由两条走向相反的多核苷酸链组成，绕同一中心轴相互平行盘旋成双螺旋体结构。两条链均为右手螺旋，即 DNA 主链走向为右手双螺旋体。

② 碱基的环为平面结构，处于螺旋内侧，并与中心轴垂直。磷酸与 2-脱氧核糖处于螺旋外侧，彼此通过 3′-或 5′-磷酸二酯键相连，糖环平面与中心轴平行。

③ 两个相邻碱基对之间的距离（碱基堆积距离）为 0.34nm。螺旋每旋一圈包含 10 个单核苷酸，即每旋转一周的高度（螺距）为 3.4nm。螺旋直径为 2.0nm。

④ 两条核苷酸链之间的碱基以特定的方式配对并形成氢键连接在一起。配对的碱基处于同一平面上，与上下的碱基平面堆积在一起，成对碱基之间的纵向作用力叫做碱基堆积力，它也是使两条核苷酸链结合并维持双螺旋空间结构的重要作用力。

DNA 两条链之间碱基配对的规则是：一条链上的嘌呤碱基与另一条链上的嘧啶碱基配对。一方面，螺旋圈的直径恰好能容纳一个嘌呤碱和一个嘧啶碱配对。如两个嘌呤碱互相配对，则体积太大无法容纳；如两个嘧啶碱互相配对，则由于两链之间距离太远，不能形成氢键。另一方面，若以 A-T、G-C 配对，可形成五个氢键，而以 A-C、G-T 配对，只能形成四个氢键。氢键的数目越多，越有利于双螺旋结构的稳定性，因此在 DNA 双螺旋结构中，只有 A 与 T 之间或 G 与 C 之间才能配对。在 DNA 双螺旋结构中，这种 A-T 或 C-G 配对，并以氢键相连接的规律，称为碱基配对规则或碱基互补规则（图 16-5）。

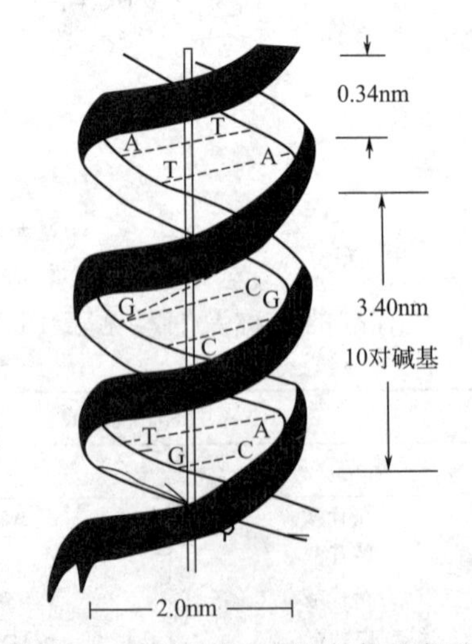

图 16-5 DNA 的双螺旋结构示意图

由于碱基配对的互补性，所以一条螺旋的单核苷酸的次序（即碱基次序）决定了另一条链的单核苷酸的碱基次序。这决定了 DNA 复制的特殊规律及在遗传学中具有重要意义。

RNA 的空间结构与 DNA 不同，RNA 一般由一条回折的多核苷酸链构成，具有间隔着的双股螺旋与单股螺旋体结构部分，它是靠嘌呤碱与嘧啶碱之间的氢键保持相对稳定的结构，碱基互补规则是 A-U、C-G。

三、核酸的生物功能

（一）核酸是遗传的物质基础

遗传是生命的特征之一，而 DNA 则是生物遗传信息的携带者和传递者，DNA 大分子中载有某种遗传信息的片段就是基因，它是由四种特定的核苷酸按一定顺序排列而成的，它决定着生物的遗传性状。在新生命形成时的细胞分裂过程中，DNA 按照自己的结构精确复制，将遗传信息（核苷酸的特定排列顺序）一代一代传下去，延绵着生物体的遗传特征。

（二）核酸是蛋白质合成的载体

蛋白质是构成人体的重要结构物质，又是酶的基本组成部分，是生命的基础物质，蛋白质的合成则是生命活动的基本过程。而蛋白质在细胞的合成却离不开核酸，DNA 是遗传信息的载体，而遗传作用是由蛋白质功能来体现的，在两者之间 RNA 起着中介作用。各类 RNA 在遗传信息中发挥不同作用。RNA 包括：核蛋白体 RNA（rRNA）、信使 RNA（mRNA）、转运 RNA（tRNA）、不均一 RNA（hnRNA）、小核 RNA（snRNA）和小核仁 RNA（snoRNA），它们均与遗传信息的表达有关。mRNA 是遗传信息的携带者，其核苷酸序列决定着合成蛋白质的氨基酸序列；hnRNA 是 mRNA 的前体，含有转录作用；tRNA 识别密码子，将正确的氨基酸转运至蛋白质合成位点；rRNA 是蛋白质合成机器——核蛋白体的组成成分；snRNA 具有剪接作用。由此可知：DNA 携带遗传信息指导蛋白质的合成，RNA 则根据 DNA 的信息完成蛋白质的合成。也就是说，有了一定结构的 DNA、RNA，才能产生一定结构的蛋白质，有一定结构的蛋白质，才有生物体的一定形态和生理特征。

（三）核酸是人体的重要组成成分

人是由细胞构成的，每个人大约有 60 亿个细胞，每个细胞中都含有核酸。细胞的核心——细胞核的主要成分是 DNA，RNA 是细胞质的组成成分之一。所以说，核酸是制造人体的基础。人从出生到死亡，核酸起着支配和维持生命的作用，地球上的所有生物都要靠核酸来延续生命，核酸是生命的基础物质。

【阅读材料】

蛋白质对人体的作用

蛋白质具有多种功能。首先人体是由无数细胞构成的，蛋白质是其主要部分，因此构成和修补人体组织是蛋白质最主要的生理功能。人体细胞要不断地更新，所以每天都必须摄入一定量的蛋白质，作为构成和修补组织的“建筑材料”。其次，蛋白质参与构成人体的各类重要的生命活性物质。体内蛋白质的种类数以千计，其中包括人类赖以生存的无数酶类、多种激素、抗体等，这些酶、激素、抗体都是由蛋白质构成的。此外，蛋白质还参与调节渗透压和体内酸碱平衡以及供给能量。

由此可知，蛋白质对于人体健康具有重要作用。那么哪些食物能供给人体蛋白质呢？供给人体蛋白质的食物分植物性食物与动物性食物两大类。植物性食物如豆类含蛋白质 20%～40%；动物性食物蛋白质含量一般为 10%～20%；我国以谷类为主食，目前我国人民膳食中来自谷类蛋白质仍然占相当的比例。目前认为优质蛋白质（即动物蛋白和豆类蛋白占蛋白质总摄入量的 30%以上），即能很好地满足营养需要，较为合理。儿童青少年正处在生长发育阶段，膳食中动物和豆类蛋白应占蛋白质总摄入量的 50%。

含有植物性蛋白质的食物主要有干果类，如花生、核桃、葵花子、莲子等含蛋白质 15%～30%；谷类 6%～10%；薯类 2%～3%。含动物性蛋白质的主要有肉类，包括畜、禽类 10%～20%，鱼类 15%～25%，鲜奶类平均 3%（吸收率极高 87%～89%）和蛋类 12.8%。

本章小结

一、氨基酸

1. 氨基酸根据氨基酸中烃基的不同，可分为脂肪族氨基酸和芳香族氨基酸；根据氨基和羧基的位置不同，可分为 α-氨基酸、β-氨基酸、γ-氨基酸。根据氨基酸中氨基和羧基的数目不同，氨基酸还可分为中性氨基酸、酸性氨基酸和碱性氨基酸。氨基酸的系统命名法与其他取代羧酸的命名相同，即以羧酸为母体，氨基为取代基来命名。

2. 各氨基酸都有一定的等电点。溶液的 pH 大于等电点时，氨基酸成负离子；pH 小于等电点时，氨基酸成正离子；pH 等于等电点时，氨基酸成偶极离子，此时氨基酸最易沉淀析出。氨基酸分子中既有酸性的羧基又有碱性的氨基，在溶液中能形成内盐，所以氨基酸具有两性，是两性化合物。

3. 氨基酸的性质表现在：①与亚硝酸的反应放出氮气；②发生氧化脱氨反应，这是生物体内蛋白质分解代谢的重要反应；③进行脱羧反应，这是蛋白质腐败发臭的主要原因；④与水合茚三酮的弱酸性溶液共热，生成蓝紫色溶液；⑤成肽反应，说明氨基酸是构成蛋白质的基本单元。

二、蛋白质

1. 蛋白质是由多种 α-氨基酸组成的一类天然高分子化合物，它在生命活动中起着决定性作用。在生物组织中的蛋白质是由 C、H、O、N、S 等元素组成的。蛋白质的结构分为一级结构、二级结构、三级结构和四级结构。

2. 蛋白质具有两性性质及等电点，溶液 pH 等于等电点时，蛋白质最易沉淀析出。

3. 蛋白质有胶体性质，无机盐和某些有机溶剂能使胶体体系破坏，产生沉淀、凝固、结絮等现象。

4. 蛋白质能变性（主链不断，二级结构破坏）。许多因素可使蛋白质变性。蛋白质变性的主要标志是丧失了生理活性。

5. 蛋白质能水解（被酸、碱、酶催化），彻底水解产物是各种 α-氨基酸，局部水解可得胨、肽等中间产物。

6. 蛋白质能起一些颜色反应：二缩脲反应、黄蛋白反应等。

三、核酸

1. 核酸是核糖核酸（RNA）与脱氧核糖核酸（DNA）的统称。RNA 控制蛋白质的合成；DNA 是遗传的物质基础。

2. RNA 与 DNA 都是高分子化合物，它们的单体分别是单核苷酸和单脱氧核苷酸。

3. 核苷是核糖半缩醛羟基与某一嘌呤碱或嘧啶碱组成的含氮核糖苷。脱氧核苷与此相似，只是核糖改为脱氧核糖。核苷或脱氧核苷的 $5'$位羟基与磷酸形成的酯分别为单核苷酸和单脱氧核苷酸。组成 RNA 的单核苷酸和组成 DNA 的单脱氧核苷酸各有四种。它们分别是 A、U、C、G 和 A、T、C、G。

4. RNA 和 DNA 的一级结构是四种单核苷酸（或四种单脱氧核苷酸）以一定比例和顺序，通过磷酸二酯键连接而成的多核苷酸长链（或多脱氧核苷酸长链）。

5. DNA 的二级结构是双螺旋，双螺旋中对应碱基按照碱基互补原则以氢键相连，保持了双螺旋的稳定性。

6. RNA 和 DNA 能水解，彻底水解产物是磷酸、核糖（脱氧核糖）和四种碱基。

7. 核酸的生物功能：遗传的物质基础，蛋白质合成的载体，人体的重要组成成分。

习　题

1. 解释下列名词。

(1) α-氨基酸　(2) 多肽　(3) 氨基酸残基　(4) 等电点　(5) 偶极离子

(6) 蛋白质的一级结构　(7) 蛋白质的变性　(8) 亚基　(9) 核苷　(10) 碱基配对规则

2. 填空题。

(1) 氨基酸根据氨基酸中烃基的不同，可分为__________、__________；根据氨基酸子中氨基和羧基的数目不同，氨基酸还可分为__________、__________、__________。

(2) 氨基酸溶液的 pH 大于等电点时，氨基酸成______离子；pH 小于等电点时，氨基酸成______离子；pH 等于等电点时，氨基酸成______离子，氨基酸在溶液中能形成______盐，所以，氨基酸具有两性。

(3) 蛋白质、淀粉、脂肪是三种重要的营养物质，其中__________不是高分子化合物，这三种物质水解的最终产物分别是：蛋白质__________；淀粉__________；脂肪__________；在蛋白质水解的最终产物分子中，含有__________官能团。

(4) 使蛋白质沉淀的因素主要有_________________________。

(5) 蛋白质能起__________、____________等颜色反应。

(6) 核酸可分为________和________两大类，其中________主要存在于________，而________主要存在于________。

(7) 核酸完全水解生成的产物有______、______和______，其中糖基有______、______，碱基有____和______两大类。

(8) 生物体内的嘌呤碱主要有________和________，嘧啶碱主要有________、________和________。

3. 完成下列化学方程式。

(1) $\underset{\displaystyle NH_2}{CH_3\underset{|}{C}HCONH_2}$ + HNO_2 ⟶

(2) $CH_3CH_2COOH \xrightarrow[P]{Cl_2} ? \xrightarrow{NH_3} ?$

(3) $(CH_3)_2CHCH_2\underset{\displaystyle NH_2}{\underset{|}{C}H}COOH + C_2H_5OH$(过量) $\xrightarrow{HCl}$

(4) $HOOC(CH_2)_2—\underset{\displaystyle NH_3^+}{\underset{|}{C}H}—COO^- + NaOH$ ⟶

4. 写出下列化合物在给定 pH 时的结构式。

(1) pH=1 时的丝氨酸　　(2) pH=3 时的谷氨酸

(3) pH=10 时的赖氨酸　　(4) pH=12 时的色氨酸

5. 用简单的方法鉴别下列物质。

(1) $CH_3CH_2CH_2\underset{\displaystyle NH_2}{\underset{|}{C}H}COOH$ 和 $CH_3\underset{\displaystyle NH_2}{\underset{|}{C}H}CH_2COOH$

(2) $CH_3\underset{\displaystyle NH_2}{\underset{|}{C}H}COOH$ 和 $CH_3\underset{\displaystyle NHCOCH_3}{\underset{|}{C}H}COOH$

(3) 苏氨酸和丝氨酸

(4) 色氨酸和酪氨酸

6. 简要回答下列问题。

(1) 为什么蛋白质能形成稳定的亲水胶体？其稳定因素是什么？

(2) 胰岛素的 p*I* 为 5.3，鱼精蛋白的 p*I* 为 12～12.4，当胰岛素和鱼精蛋白一同混合于 pH 值为 7 的溶剂中，会发生什么现象？

7. 写出下列核苷酸的结构式。

(1) 尿嘧啶与脱氧核糖生成的核苷酸

(2) 腺嘌呤与核糖生成的核苷酸

8. 一化合物的分子式为 $C_3H_7O_2N$，能与 NaOH 和 HCl 成盐，能与醇成酯，与亚硝酸作用放出 N_2，有旋光性。写出此化合物的结构式。

第十七章　实验部分

实验一　熔点的测定技术——用毛细管法测定苯甲酸的熔点

一、实验目的

1. 了解熔点测定的意义。

2. 熟悉毛细管法测定熔点的操作。

二、实验原理

熔点是有机化合物的一个重要物理常数。固体有机化合物加热到一定的温度时，即从固态转变成液态，此时的温度即为该化合物的熔点。但严格地来讲熔点是指固液两相在大气压力下相互平衡时的温度。纯粹的有机物都具有固定的熔点，在一定压力下，固液两相之间的变化是非常敏锐的，其熔程（是指由初熔至全熔的温度间隔）很小，仅 0.5～1℃。当有机化合物含有杂质时，则其熔点往往比纯品降低，且熔程也增大。因此，通过测定熔点不仅可以鉴别不同的有机化合物，而且还可以判断有机化合物的纯度。

测定有机物的熔点常用毛细管法，实验室中常用的测定熔点的装置是 Thiele（提勒）熔点测定管（又称 b 形管）。

三、仪器与药品

1. 仪器

b 形管、毛细管、玻璃管、表面皿、温度计、酒精灯。

2. 药品

苯甲酸。

四、实验步骤

1. 毛细管的制备

选取外径 1～1.5mm，长为 60～70mm 拉好的毛细管，其一端用火焰的边缘处熔烧，使其一端封住，即为熔点管。准备数支这样的熔点管。

2. 样品填装

取 0.1～0.2g 样品，放在干净的表面皿上，用玻璃棒研成粉末，并聚成小堆，将熔点管开口的一端插入样品中，样品被压入管内。然后把开口一端向上，通过直立于桌面上的直形玻璃管自由落下，重复几次使样品填充得紧密、均匀、结实，其填充高度约 2～3mm。

3. 仪器的安装

将 Thiele 熔点管固定在铁架台上，装入热浴液（浓硫酸或甘油）于管中，其用量以略高于提勒管的上侧管 5mm。熔点测定管口配缺口单孔塞，插入温度计并使其刻度向单孔塞缺口，将装好样品的熔点管用橡皮圈紧固在温度计上，样品部分应靠在温度计水银球中部，温度计插入 Thiele 中，其深度以水银球恰好在两侧管的中部为宜（图 17-1）。

4. 熔点的测定

用酒精灯加热 Thiele 熔点管的倾斜部分。熔点测定的关键是加热速度，为了准确地测出熔点，可先粗测一次，慢慢加热熔点管，使温度每分钟上升约 5℃。观察并记录样品开始熔化时的温度，得出大致的熔点范围，此为样品的粗测熔点，作为精测的参考。

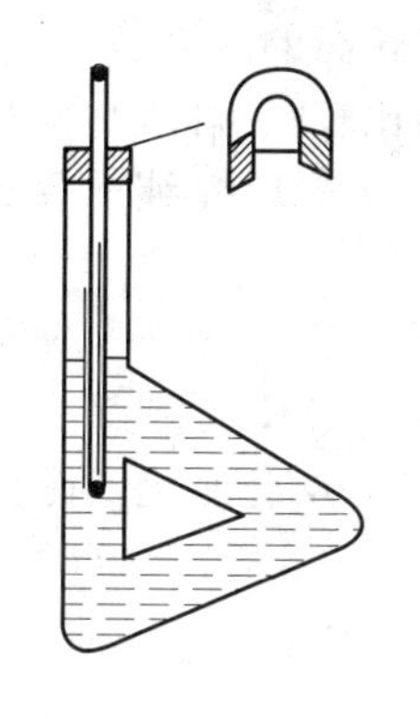

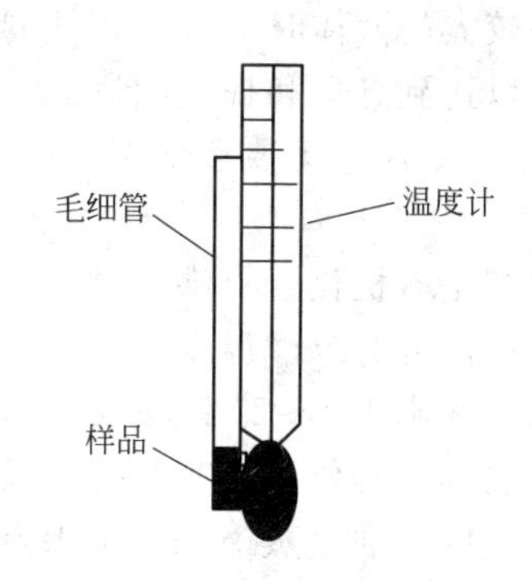

(a) Thiele熔点测定管　　(b) 熔点管附在温度计上的位置

图 17-1　熔点测定装置

然后换一根样品管再作精确的测定。开始时升温可较快（4～5℃/min），当距熔点约10℃时，调小火焰，缓慢地加热（1～2℃/min）至接近熔点时，加热应更慢（0.5℃/min），当样品出现塌陷并有小滴液体出现时，即为初熔温度，当固体样品消失成为透明液体时，表示融化结束，为全熔温度。记下初熔和全熔时的温度，即为该样品的熔程。

用上述方法测定苯甲酸的熔点，应测出两组平行数据，每次测定完毕，停止加热，让溶液冷却至样品熔点以下约 20℃，取出样品管，换上一支新的样品管，再测第二次。

实验结束，将温度计取出，放在石棉网上自然冷却至室温，用废纸擦去浴液，再用水冲洗，热浴液冷却后倒入原瓶中。

五、注意事项

① 熔点管必须洁净。如含有灰尘等，能产生 4～10℃的误差。熔点管底未封好会产生漏管。

② 样品粉碎要细，填装要实，否则产生空隙，不易传热，造成熔程变大。

③ 样品不干燥或含有杂质，会使熔点偏低，熔程变大。

④ 样品量太少不便观察，而且熔点偏低；太多会造成熔程变大，熔点偏高。

六、思考题

1. 测定熔点造成的误差与哪些因素有关？
2. 测定熔点对鉴定有机物有什么的意义？

实验二　普通蒸馏及沸点的测定技术——常量法测乙醇的沸点

一、实验目的

1. 了解蒸馏和沸点测定的原理。
2. 初步掌握蒸馏的操作和沸点的测定方法。

二、实验原理

蒸馏是将液体有机化合物加热至沸腾，使液体变成蒸汽，然后再将蒸汽冷凝为液体的两个过程的联合操作。当加热液体有机化合物时，随着温度升高其蒸汽压增大，当液体的饱和蒸汽压和大气压相等时，就有大量气泡从液体内部逸出，液体沸腾，这时的温度称为该液体的沸点。每种纯粹的液体有机化合物在一定压力下都有固定的沸点，对同一种有机化合物，在不同压力下的沸点是不同的，但一般所说的沸点是指在常压下的沸点。通过蒸馏不仅可以除去不挥发性物质，而且还可以将沸点相差较大（如相差 30℃）的液体混合物分开。另外，当蒸馏沸点差别较大的液体时，沸点较低的先蒸出，沸点较高的随后蒸出，不挥发的留在蒸馏瓶中，这样可以达到分离和提纯的目的。但在蒸馏沸点比较接近的混合物时，各种物质的蒸汽将同时蒸出，只不过低沸点的多一些，故难于达到分离和提纯的目的，只好用分馏方法。

用蒸馏方法测定有机化合物沸点时，接液管开始滴下的第一滴液体的温度为初馏温度，蒸馏接近完毕时的温度为末馏温度，两个温度之差为沸程（液体的沸点范围）。纯粹的液体有机化合物的沸点和沸程1～2℃。只要有杂质存在，不仅沸点会变化，而且沸程也会加大，因此，测出化合物的沸程便可知其纯度（恒沸混合物除外）。故通过沸点的测定也可用于鉴定有机化合物的纯度。通过蒸馏来测定沸点的方法称为常量法。

三、仪器与药品

1. 仪器

蒸馏瓶、直型冷凝管、蒸馏头、接液管、温度计、加热套、量筒、沸石、毛细管。

2. 药品

工业乙醇。

四、实验步骤

1. 蒸馏装置和安装

(1) 蒸馏烧瓶（又称具支烧瓶） 支管用于导出蒸汽，其大小应能够根据被蒸液体量的多少选择，通常装入液体的体积应相当于蒸馏烧瓶容积的1/3～2/3。

(2) 温度计 温度计应根据被蒸馏液体的沸点选择，低于100℃，可选用100℃温度计；高于100℃，应选用250～300℃水银温度计。

(3) 冷凝管 冷凝管分为水冷凝管和空气冷凝管两类。被蒸馏液体沸点低于140℃，用水冷凝管；被蒸液体沸点高于140℃用空气冷凝管。普通蒸馏中常用直型冷凝管。

(4) 接液管（牛角管）和接收瓶 接液管将冷凝液导入接收瓶中。常压蒸馏最常用的是锥形瓶，收集冷凝后的液体。

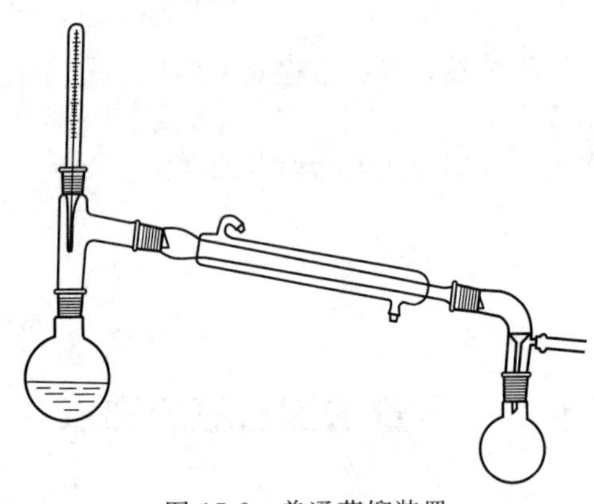

图17-2 普通蒸馏装置

根据要蒸馏的液体的性质，正确选用热源，对蒸馏的效果和安全都有着重要关系。

在安装仪器前首先选择合适规格的仪器，安装顺序一般从热源开始，先下后上，先左后右。拆卸仪器与其顺序相反。

装置图见图17-2。

汽化部分注意温度计水银球上沿与蒸馏头支管下沿平齐，同时还要注意加沸石；冷凝部分注意循环水顺序应为下进上出，同时还应注意冷凝管的选择（液体沸点高于130℃的用空气冷凝管）；接收部分应注意接收器支管的作用（排气，减压）。

2. 蒸馏操作

(1) 加料 如图17-2组装好仪器，把长颈漏斗放在蒸馏烧瓶口，经漏斗加入要蒸馏的液体（本实验用工业乙醇），加入几粒沸石，在蒸馏烧瓶口塞上插入温度计，直型冷凝管套管中通入冷却水，再仔细检查一遍装置各仪器之间的连接是否紧密，开始加热。

(2) 加热 开始加热时，可以使温度上升稍快些，当液体接近沸腾时，调节火力使温度慢慢上升，并要密切注意烧瓶中所发生的现象及温度计读数的变化。当液体开始沸腾时，可以看到蒸汽慢慢上升，同时液体开始回流，温度计被沸腾的蒸汽所包围，控制火力使蒸馏速度以每秒钟自接液管滴下1～2滴馏出液为宜。在蒸馏过程中，应使温度计水银球上有被冷凝的液滴，此时的温度为气液达到平衡的温度，因此温度计的读数就是馏出液的沸点。

蒸馏低沸点易燃物质时（如乙醚），不得用明火加热，附近也不得有明火，最好的办法是用水浴加热。

收集所需温度范围的馏出液，烧瓶中残留下少量（2mL）液体时，应停止蒸馏。蒸馏完毕，先停止加热，后停止通冷却水，再按照和装配时相反的顺序拆卸仪器。

按上述步骤测定乙醇的沸点。

五、注意事项

① 在装配蒸馏装置时，应首先根据热源选定蒸馏烧瓶的高低位置，然后以其为基准，依次地连接其他仪器。

② 沸石应在加热前加入，如忘加沸石，必须先停止加热，冷却后再补加，否则会引起液体暴沸，发生意外。

③ 蒸馏时加热不宜过快，否则测定的沸点不准确。

④ 蒸馏时，不能将蒸馏烧瓶中的液体全部蒸干，应在烧瓶中留有2mL左右液体，以免事故发生。

六、思考题

1. 蒸馏时温度计应插在什么位置?

2. 为什么蒸馏要加入沸石? 加入沸石有什么作用?

实验三　旋光度的测定技术——葡萄糖溶液旋光度的测定

一、实验目的

1. 了解测定旋光度的基本原理，了解旋光仪的构造。

2. 掌握用旋光仪测定手性化合物的方法。

3. 了解测定旋光活性物质比旋光度的意义。

二、实验原理

物质能使偏振光的振动面发生旋转的性质，称为旋光活性或光学活性，这些物质被称为旋光活性物质或光学活性物质，它们使偏振光的振动平面旋转的角度叫旋光度。物质的旋光性与其分子结构有关，具有旋光活性的物质都是手性分子，不同的手性分子使偏振光的振动面旋转的方向和角度都是不一样的，它是有机化合物特征物理常数之一。可见，旋光度的测定对于研究这些有机化合物的分子结构具有重要意义，此外，旋光度的测定对于确定某些有机反应的反应机理也是很有意义的。

测定手性化合物旋光度的仪器称为旋光仪。目前使用的旋光仪有两种类型，一种是目测的，另一种是数显的。目测的旋光仪基本结构如图17-3所示。

目测的旋光仪主要是由光源、起偏镜、样品管（也叫旋光管）和检偏镜几部分组成。光线从光源经过起偏镜形成偏振光，此光经过盛有旋光性物质的旋光管时，因物质的旋光性致使偏振光不能通过第二个棱镜（检偏镜），必须将检偏镜扭转一定角度后才能通过，因此要调节检偏镜进行配光，由装在检偏镜上的标尺盘上转动的角度，可指示出检偏镜转动的角度，该角度即为待测物质的旋光度。使偏振光平面顺时针方向旋转的旋光性物质叫做右旋体，逆时针方向旋转的叫左旋体。

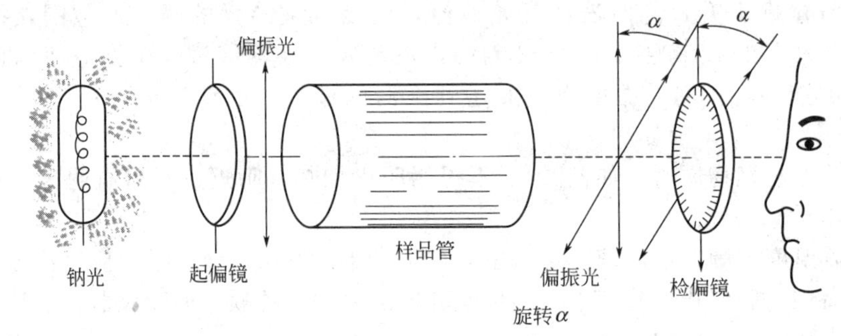

图 17-3 目测旋光仪的结构及工作原理

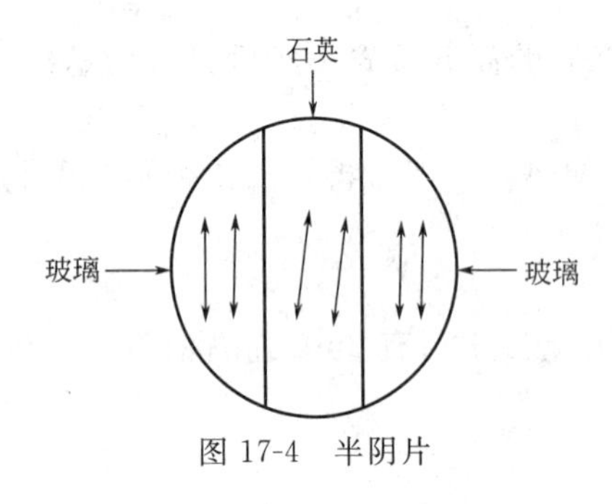

图 17-4 半阴片

在测量中，由于人的眼睛对寻找最亮点和最暗点（全黑）并不灵敏，故在起偏镜后面加上一块半阴片以帮助进行比较。半阴片是由石英和玻璃构成的圆形透明片，当偏振光通过石英时，由于石英有旋光性，把偏振光旋转了一个角度，如图 17-4 所示。

因此，通过半阴片的偏振光就生成振动方向不同的两部分，这两部分偏振光到达检偏镜时，通过调节检偏镜的晶轴，可以使三分视场出现以下三种情况，如图 17-5 所示。

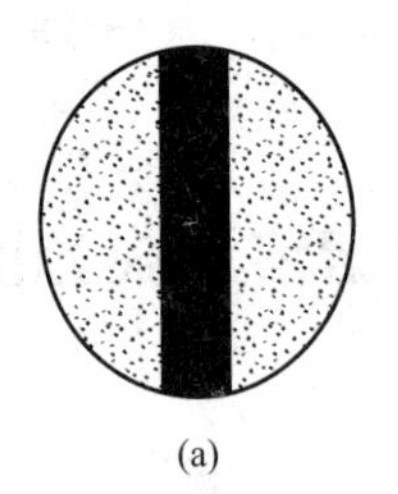
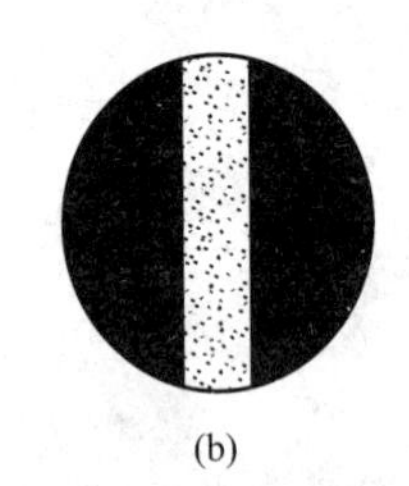
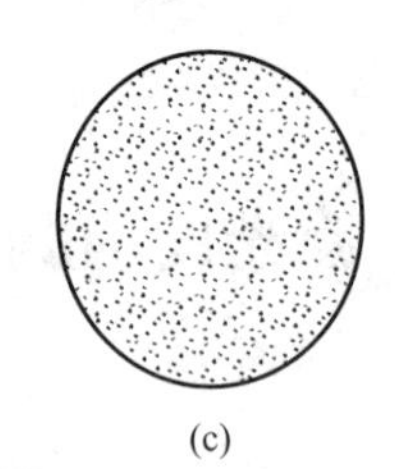

(a) (b) (c)

图 17-5 三分视场变化示意图

图 17-5(a) 表示视场左、右的偏振光可以通过，而中间的不能透过；图 17-5(b) 表示视场左、右的偏振光不能通过，而中间的可以透过。很明显调节检偏镜，必然存在一种介于上述两种情况中间的位置，在三分视场中能看到左、中、右明暗度相同而分界线消失，如图 17-5(c) 所示。因此，利用半阴片，通过比较中间与左、右明暗度相同作为调节的标准，使测定的准确性提高。

物质的旋光度与测定时所用溶液的质量浓度、样品管长度、温度、所用光源的波长及溶剂的性质等因素有关。因此常用比旋光度［α］来表示物质的旋光性。当光源、温度和溶剂固定时，比旋光度等于溶液质量浓度为 1g/mL、样品管长度 1dm 时的物质的旋光度。

溶液的比旋光度与旋光度的关系为：

$$[\alpha]_D^t=\frac{\alpha}{\rho\times L}$$

式中，$[\alpha]_D^t$ 为比旋光度；t 为测定时的温度，℃；D 表示钠光（波长 $\lambda=589.3$nm）；α 为观测的旋光度；ρ 为溶液的质量浓度，g/mL；L 为样品管的长度，dm。

如果被测定的旋光性物质为纯液体，可直接装入样品管中进行测定，这时比旋光度可由下式求出。

$$[\alpha]_D^t=\frac{\alpha}{d\times L}$$

式中，d 为纯液体的密度，g/mL。

酒石酸、葡萄糖都是光学活性物质，能使平面偏振光的振动面发生旋转，可利用旋光仪测定一定浓度的酒石酸、葡萄糖溶液的旋光度大小。

样品旋光度的测定：将充满待测样品溶液的样品管放入旋光仪内，此时三分视场的亮度出现差异，旋转检偏镜，使三分视场明暗度一致，记录刻度盘读数。重复3～5次，取其平均值，即为测定结果。此读数与零点之间的差值即为该物质真正的旋光度。如仪器的零点值为$-0.05°$，样品旋光度的观测值为$+9.85°$，则样品真正的旋光度为$\alpha=+9.85°-(-0.05°)=+9.90°$。

对观察者来说偏振面顺时针的旋转为向右（+），这样测得的$+\alpha$，既符合于右旋α，也可以代表$\alpha \pm n\times180°$的所有值，因为偏振面在旋光仪中旋转α度后，它所在这个角度可以是$\alpha \pm n\times180°$。例如读数为$+38°$，实际读数可能是218°、398°或$-142°$等。因此，在测定一个未知物时，至少要做改变浓度或样品管长度的测定。如观察值为38°，在稀释5倍后，读数为$+7.6°$，则此未知物的α应为$7.6\times5=38°$。

三、仪器与药品

1. 仪器

WXG-4型圆盘旋光仪。

2. 药品

蒸馏水、10%酒石酸溶液、10%葡萄糖溶液、10%果糖溶液、浓度未知的酒石酸溶液或葡萄糖溶液。

四、实验步骤

1. 待测溶液的配制

准确称取10.00g葡萄糖、10.00g果糖，10.00g酒石酸，将样品分别在三支100mL容量瓶中配成溶液。溶液必须透明，否则用干滤纸过滤。

2. 样品管的填充

样品管有1dm、2dm等几种规格，选用适当的样品管，将样品管一端的螺帽旋下，取下玻璃盖片（小心不要掉在地上摔碎），先用蒸馏水洗干净，再用待测液洗2～3次。将样品管竖直，管口朝上。用滴管注入10%酒石酸溶液、10%葡萄糖溶液、10%果糖溶液、浓度未知的酒石酸溶液或葡萄糖溶液的待测溶液或蒸馏水至管口，并使溶液的液面凸出管口。小心将玻璃盖片沿管口方向盖上，把多余的溶液挤压溢出，使管内不留气泡，盖上螺帽。管内如有气泡存在，需重新填装。装好后，将样品管外部擦净，以免沾污仪器的样品室。

3. 校正旋光仪零点

开启电源开关，5～10min后，当钠光灯发光正常（黄光）时，将充满蒸馏水的样品管放入旋光仪的样品室，旋转视野调节螺旋，直到三分场界限变得清晰，旋动刻度盘手轮，使三分场明暗程度一致，并使游标尺上的零度线置于刻度盘零度左右。如此重复测定3～5次，取其平均值，如果仪器正常，此数即为仪器的零点。

4. 样品旋光度的测定

将充满待测样品溶液的样品管放入旋光仪内，此时三分视场的亮度出现差异，旋转检偏镜，使三分视场明暗度一致，记录刻度盘读数。重复3～5次，取其平均值，即为样品的旋光度。此读数与零点之间的差值即为该物质真正的旋光度。

5. 计算比旋光度

将测得样品的旋光度换算成比旋光度，并求出未知浓度的酒石酸溶液和葡萄糖溶液的浓度。

五、注意事项

① 样品管螺帽与玻璃盖片之间都附有橡胶垫圈，装卸时要注意，切勿丢失。螺帽以旋到溶液流不出来为度，不宜旋得太紧，以免玻璃盖片产生张力，使管内产生空隙，影响测定结果。

② 每次测定前应以溶剂作零点校正，本实验采用蒸馏水。

③ 旋转检偏镜观察视场亮度相同的范围时应注意，当检偏镜旋转 180°时，有两个明暗亮度相同的范围，这两个范围的刻度不同，我们所观察的亮度相同的视场应该是稍转动检偏镜即改变很灵敏的那个范围，而不是亮度看起来一致，但检偏镜转动很多而明暗度改变很小的范围。

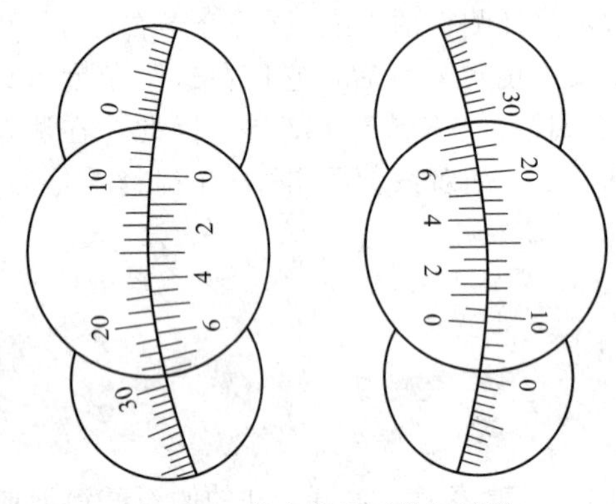

图 17-6 旋光仪的双游标读数

④ 各种牌号仪器的游标尺的构造和读数原理都是一样的，但是游标刻度有差异，读数时应注意游标上最小刻度代表的度数值。游标总长度相当于主尺上最小间隔，以此推算出游标最小间隔代表的度数。国产 WXG-4 型圆盘旋光仪采用双游标卡尺读数，以消除度盘偏心差。度盘分 360 格，每格 1°，游标卡尺分 20 格，等于度盘 19 格，用游标直接读数到 0.05°. 如图 17-6 所示，游标 0 刻度指在度盘 9 与 10 格之间，且游标第 6 格与度盘某一格完全对齐，故其读数为 $\alpha=+(9.00°+0.05°\times6)=+9.30°$。仪器游标窗前方装有两块 4 倍的放大镜，供读数用。

六、思考题

1. 测定手性化合物的旋光性有何意义？

2. 旋光度 α 和比旋光度 $[\alpha]_D^t$ 有何不同？

3. 用一根长 2dm 的样品管，在 t℃下测得一未知浓度的蔗糖溶液的 $\alpha=+9.96°$。求该溶液的浓度（已知蔗糖的 $[\alpha]_D^t=+66.4°$）。

实验四 乙酸乙酯的制备

一、实验目的

1. 熟悉酯化反应的原理及反应条件。

2. 巩固蒸馏、分馏、干燥等基本操作。

3. 掌握液-液萃取有机化合物的分离方法及基本操作。

二、实验原理

在催化剂（浓硫酸）作用下，加热乙酸和乙醇的混合物能发生酯化反应，生成乙酸乙酯。

$$CH_3COOH+CH_3CH_2OH \xrightleftharpoons[110\sim120℃]{浓\ H_2SO_4} CH_3COOCH_2CH_3+H_2O$$

为提高此可逆反应酯的产率，本实验采用加入过量乙醇，浓硫酸吸收生成的水以及不断把生成的酯和水蒸出的方法来达到目的。实验中，温度不宜过高，否则，会产生大量的副产物乙醚。

$$2CH_3CH_2OH \xrightarrow[140℃]{浓\ H_2SO_4} CH_3CH_2OCH_2CH_3+H_2O$$

生成的粗产品中含有乙醇、乙酸、乙醚等杂质，首先，用饱和的 Na_2CO_3 溶液洗涤除去酸，再用饱和 $CaCl_2$ 溶液洗涤除去乙醇，并用无水 $MgSO_4$ 进行干燥，最后蒸馏除去乙醚，得到较纯的乙酸乙酯。

通常用分液漏斗进行混合物的分离，也即我们平常所说的液-液萃取。萃取前，先要选择容积较溶液体积大1～2倍的分液漏斗。要检查分液漏斗的盖子与活塞是否用细绳或橡皮筋扎在漏斗上；分液漏斗的盖子和活塞是否严密。然后将分液漏斗置于固定在铁架的铁环中，关闭活塞。将含有机化合物的溶液和洗涤剂，依次自上口倒入分液漏斗中，塞好盖子。塞好后应再次旋紧，以免漏液。取下分液漏斗进行振荡，使两液充分接触，以提高洗涤效率，振荡分液漏斗的操作如图17-7。

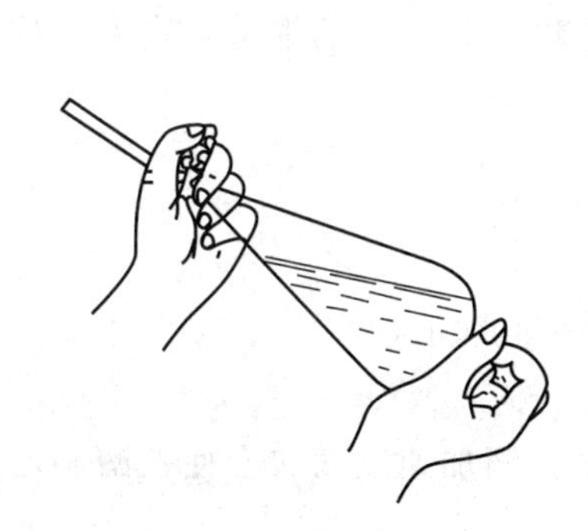

图17-7 振荡分液漏斗

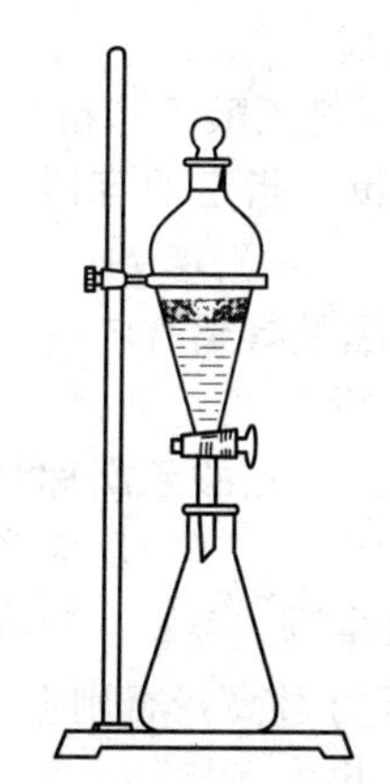

图17-8 分液漏斗的静置分离

先将分液漏斗倾斜，上口略朝下，活塞部分向上，并朝向无人处，右手握住漏斗上口颈部，用食指根部压紧盖子，左手握住活塞。握持活塞的方式，既能防止振荡时活塞转动或脱落，又能便于灵活地旋开活塞。

先慢慢振荡，摇几次即打开活塞使过量的蒸汽逸出（放气），放气后将活塞关闭再进行振荡，振荡数次后，把分液漏斗放在铁环内静置几分钟，如图17-8。待两层液体完全分开，旋转盖子，使漏斗内部与外界相通。把分液漏斗的下端靠在接收器的内壁上，旋开活塞，把下层液体仔细放出。然后将上层液体从分液漏斗的上口倒入另一个容器中。且不可使上层液体经活塞放出，以免漏斗颈部所附着的残液弄脏上层液体。

三、仪器与药品

1. 仪器

150mL三口烧瓶、200℃温度计、100mL滴液漏斗、150mL分液漏斗、15cm刺形分馏柱、直形冷凝管、接收管、锥形瓶、橡皮管、铁架台、烧瓶夹、万用夹。

2. 药品

95%乙醇、冰醋酸、浓硫酸、沸石、饱和食盐水、2mol·L^{-1}碳酸钠溶液、pH广泛试纸、蒸馏水、4.5mol·L^{-1}氯化钙溶液、无水硫酸镁。

四、实验步骤

1. 安装仪器

取10mL乙醇注入三口烧瓶，振摇下慢慢加入10mL浓硫酸，混合均匀，放入2～3粒沸石。将三口烧瓶固定在铁架台上，把200℃温度计和已经加入20mL乙醇及20mL冰醋酸的滴液漏斗分别装在三口烧瓶两侧口，它们的末端应浸入液体中。三口烧瓶中口装上刺形分馏柱，上端用软木塞封闭，支管口与冷凝管连接，接收管的末端伸入锥形瓶中。

2. 加热

安装完毕后，开始用小火隔石棉网给三口烧瓶内的物质小心加热，温度上升到100℃时开始滴加液体。控制反应温度在110～120℃，大约70min滴加完毕，继续加热10min即可停止。

3. 馏分的洗涤

将锥形瓶中收集到的馏分放在分液漏斗中，首先用等体积碳酸钠溶液洗涤，直到 pH 广泛试纸测定上层溶液的 pH＝7～8 为止，去掉下面的水层；上层用等体积的饱和食盐水洗涤一次；最后每次用等体积的氯化钙溶液洗涤两次。静置，去掉下层，上层从分液漏斗上口倒出，转入干燥的锥形瓶中，加适量的无水硫酸镁干燥，液体变澄清时，得到乙酸乙酯粗品。

4. 去除乙醚

用普通漏斗把乙酸乙酯粗品过滤到蒸馏烧瓶中，加 2～3 粒沸石，水浴加热蒸馏，将 35～40℃馏分乙醚倒入指定的容器，再用干燥的锥形瓶收集 73～78℃的馏分，密塞，称量，贴标签。

纯乙酸乙酯是有梨香味的无色液体，沸点 77.06℃。

5. 结果分析

将蒸馏得到的乙酸乙酯称量质量，并计算产率。

$$\text{反应产率}=(\text{实际产率}/\text{理论产量})\times 100\%$$

五、注意事项

① 温度不宜过高，否则会增加副产品乙醚的含量。滴加速度太快会使乙酸和乙醇来不及作用而被蒸出。

② 碳酸钠必须洗去，否则下一步用饱和氯化钙洗涤时，会产生絮状的碳酸钙沉淀，造成分离的困难，为了减少酯在水中的溶解度（每 17 份水溶解一份乙酸乙酯），故用饱和食盐水洗。因为酯在食盐水中的溶解度比在水中的溶解度要小，可降低用水洗涤造成的损失。

六、思考题

1. 酯化反应有什么特点？本实验如何创造条件促使酯化反应向生成酯的方向进行？
2. 本实验中有哪些副反应？粗产品还含有哪些主要杂质？如何除去各种杂质？
3. 振荡分液漏斗时，为什么要经常放气？

实验五　乙酰苯胺的制备

一、实验目的

1. 掌握乙酰苯胺的制备原理和方法。
2. 掌握热过滤和减压过滤的基本操作。

二、实验原理

苯胺与酰基化试剂如乙酰氯、乙酸酐或冰醋酸作用可制取乙酰苯胺。本实验采用冰醋酸作酰基化试剂，因为冰醋酸与苯胺反应比较平稳，容易控制，且价格也最为便宜，而乙酰氯、乙酸酐与苯胺反应过于激烈，不宜在实验室内使用。苯胺与冰醋酸反应的方程式为：

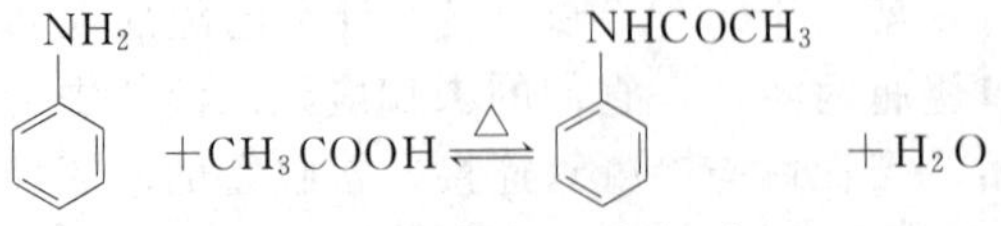

$$C_6H_5NH_2 + CH_3COOH \overset{\triangle}{\rightleftharpoons} C_6H_5NHCOCH_3 + H_2O$$

该反应为可逆反应，为提高产率要及时除去生成的水。

热过滤基本操作：生成的乙酰苯胺在降低温度或在常压下易析出结晶，需要用热过滤的方法滤去杂质。热过滤使用热水漏斗（保温漏斗）。热过滤的装置见图 17-9。

热水漏斗为铜质的双层套管，内放一个短颈玻璃漏斗，为减少散热，套管内装热水，以免在热过滤中析出结晶。菊花形滤纸可增大热溶液与滤纸的接触面积，以利于加速过滤。所以在热过滤时常采用菊花形滤纸。见图 17-10，滤纸的折叠方法如下。

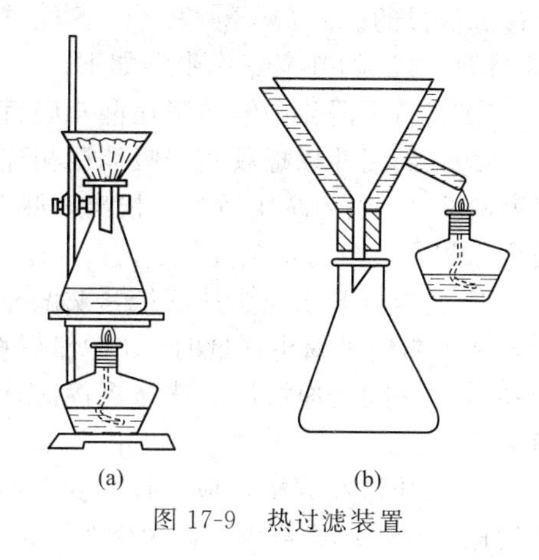

图 17-9　热过滤装置

将圆形滤纸对折再对折，打开成半圆形，分别将 1 与 4、3 与 4 重叠打开成图（a）；将 1 与 6、3 与 5 折叠打开成图（b）；将 1 与 5、3 与 6 折叠打开成图（c）；然后将每份反向对折成图（d），打开成扇形图（e）；再分别在 1 与 2、2 与 3 处各向内折，打开即成菊花形滤纸图（f）。在折叠时将滤纸压倒即可，不要用手指来回拉，尤其是滤纸圆心更要小心。以免弄坏滤纸。过滤前将折好的滤纸翻转放入漏斗，防止手指弄脏的面接触滤液。

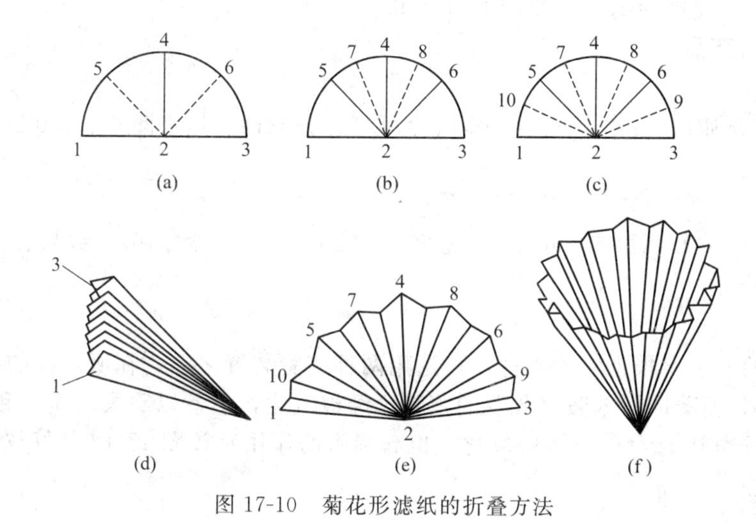

图 17-10　菊花形滤纸的折叠方法

热过滤的操作步骤：①安装热过滤装置，如图 17-9。②在热水漏斗中加入水，为避免水沸腾后溢出，不要加得太满，加热热水漏斗侧管（如溶剂易燃，过滤前应将火熄灭），待热水微沸后，立即将准备好的热饱和溶液，加入热水漏斗中的菊花形滤纸上，加入的热饱和溶液的液面应低于菊花形滤纸上缘 0.5～1cm。过滤时，应不断补充热饱和溶液，直到加完为止（为不使热饱和溶液温度降低，可在过滤的同时，在另一火源上加热溶液来保持温度）。③过滤完毕时，如果滤纸上仍有少量结晶析出，可以每次用少量热水洗 2～3 次，将滤纸上的结晶溶解滤下。

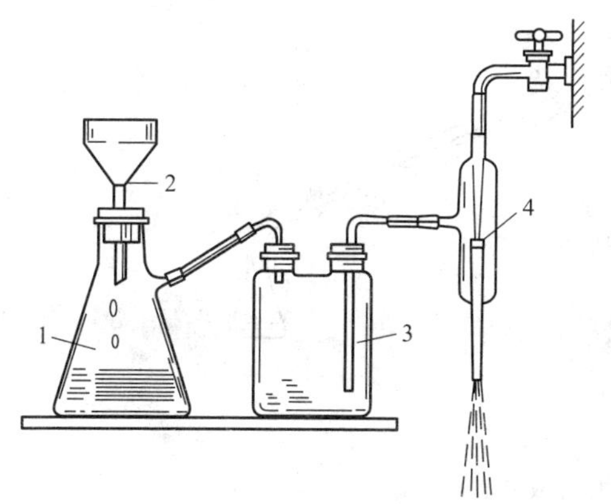

图 17-11　减压过滤装置
1—吸滤瓶；2—布氏漏斗；
3—安全瓶；4—减压水泵

减压过滤的基本操作：快速把结晶从母液中分离出来，一般采用布氏漏斗进行抽气过滤，称为减压过滤，又叫抽滤。此法具有过滤速度快、沉淀内含溶剂少，易干燥等优点。减压过滤的装置如图 17-11 所示。其基本原理是，利用减压水泵或其他真空泵，使吸滤瓶内形成负压，达到加速过滤的目的。

减压过滤的基本操作步骤如下。

① 在布氏漏斗中铺一张比漏斗底直径略小的圆形滤纸，过滤前用溶剂润湿滤纸。

② 布氏漏斗以橡胶塞与吸滤瓶相连，橡胶塞一般插入吸滤瓶 1/2～2/3，不得超过塞子高度的 2/3，以免减压后难以拔出。漏斗下端斜口对准吸滤瓶的支管，吸滤瓶的支管应先与安全瓶相连，再与水泵连接。

③ 慢慢打开水龙头使滤纸紧贴漏斗，减压过滤开始后，开大水龙头，将溶液流入漏斗，加入量不要超过漏斗总量的 2/3。然后将沉淀转移到漏斗中，用少量洗液洗玻璃棒和容器壁 2～3 次，一同洗净沉淀。洗涤沉淀时，应关掉水龙头，使洗液慢慢通过沉淀物，以尽量洗净沉淀。

④ 减压过滤完毕，应先打开安全瓶的塞子。如果与水泵直接相连，应先拔下连接吸滤瓶的橡胶塞，形成常压，以免倒吸，最后关水龙头。

⑤ 取下布氏漏斗，用玻璃棒或不锈钢小刀将晶体挑松动，将其倒扣在滤纸上，使滤纸和沉淀一同落下。滤液应从吸滤瓶的上口倾出。

三、仪器与药品

1. 仪器

50mL 圆底烧瓶、50mL 锥形瓶、空气冷凝管、分馏柱、热水漏斗、150℃温度计、减压过滤装置 1 套。

2. 药品

苯胺（沸点 184℃，熔点 −6.3℃，密度 $1.02kg \cdot L^{-1}$）、冰醋酸、锌粉、活性炭。

四、实验步骤

1. 制备粗产品

(1) 仪器的安装　根据实验条件，可选用两种实验装置之一，在所选择的装置中，向反应器内加入 5mL 新蒸馏的苯胺（久置的苯胺已经被氧化，蒸馏以除去杂质）和 7.5mL 冰醋酸，以及少许锌粉 0.1g（防止苯胺氧化，也起沸石的作用）按图 17-12 装好仪器。

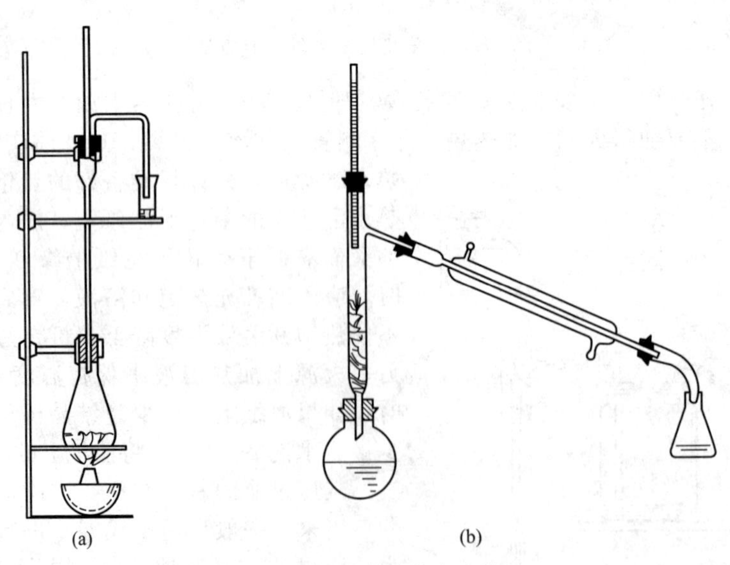

图 17-12　乙酰苯胺的合成装置

(2) 加热　将反应瓶在石棉网上小火加热，使反应液保持微沸约 15min，然后逐渐升高温度，注意保持温度在 105℃左右，回流 1h，使反应生成的水和部分乙酸蒸出。如果温度下降说明反应已经终止，应停止加热。

(3) 结晶 趁热将反应物倒入盛有 100mL 水的烧杯中，用玻璃棒充分搅拌，冷却至室温，以使乙酰苯胺结晶成细颗粒状，使之完全析出。

(4) 减压过滤 所得结晶用布氏漏斗抽滤，再用 10mL 水洗涤，以除去残留的酸液。

2. 产品的精制

(1) 脱色 将所得粗产品移入盛有 100mL 热水烧杯中，在石棉网上加热煮沸，使之完全溶解。停止加热，待 2～3min 后加入少量活性炭（约 0.2～0.4g），在搅拌下，再次加热煮沸 3～4min，以脱去产品的颜色。

(2) 过滤 将脱色后的产品用保温过滤漏斗进行热过滤。滤液冷却至室温，得到白色片状结晶。再进行减压过滤。

(3) 产品数据处理 将产品移至一个预先称重的表面皿上。100℃以下烘干或晾干。称重并计算产率。

$$反应产率=(实际产率/理论产率)\times 100\%$$

乙酰苯胺是白色片状固体，沸点为 305℃、熔点为 114.3℃。

五、注意事项

① 苯胺易于氧化，久置后苯胺往往呈深色，直接使用会影响产品的质量，故最好用新蒸的无色或浅黄色的苯胺。苯胺有毒，小心拿去，若不慎触及皮肤，要及时冲洗。

② 加锌粉的目的是防止苯胺在反应中被氧化。

六、思考题

1. 为了提高乙酰苯胺的产率，本实验采取了哪些措施？

2. 为什么要准确量取苯胺，而乙酸却不必，并要多加入一些？

实验六 己二酸的制备

一、实验目的

1. 了解用氧化法由环己醇制备己二酸的原理和方法。

2. 学习搅拌的基本操作技术，熟悉浓缩、减压过滤等基本操作技术。

二、实验原理

实验室常用烯烃、醇、醛等药品，经过硝酸、酸性重铬酸钾或高锰酸钾溶液等氧化剂氧化的传统方法来制备羧酸。由环己醇通过高锰酸钾氧化，反应为强烈的放热反应，必须等已加入的环己醇全部反应后，才能继续滴加，否则反应过于激烈而引起爆炸。如果滴加得太快，反应过于猛烈，会使反应物冲出反应器；若反应过于缓慢，未来得及反应的环己醇将积蓄起来，一旦反应剧烈，则部分环己醇迅速被氧化也会引起爆炸，操作步骤很难控制。如用硝酸为氧化剂，由于有有害气体产生，实验需要在通风橱中进行。而学生人数比较多，通风设备受到限制。本实验采用环己酮与高锰酸钾反应，克服了上述缺点。反应平稳，时间大大缩短，而且还节省了费用。其反应方程式为：

$$\text{环己酮}(C_6H_{10}{=}O) \xrightarrow{KMnO_4} HOOC(CH_2)_4COOH + MnO_2\downarrow$$

搅拌是有机化学实验中常用的基本操作之一。它可以使反应物体系的温度更加均匀，反应热量更易于散发与传导。最后使反应顺利进行，缩短时间和提高产率的目的。搅拌的装置分为电动搅拌器和磁力搅拌器。图 17-13 列出了几种机械搅拌装置，可以根据不同的需要进行选择使用。

电动搅拌器一般包括电动机、搅拌棒两部分，有时还有必要使用密封器。接通电源，

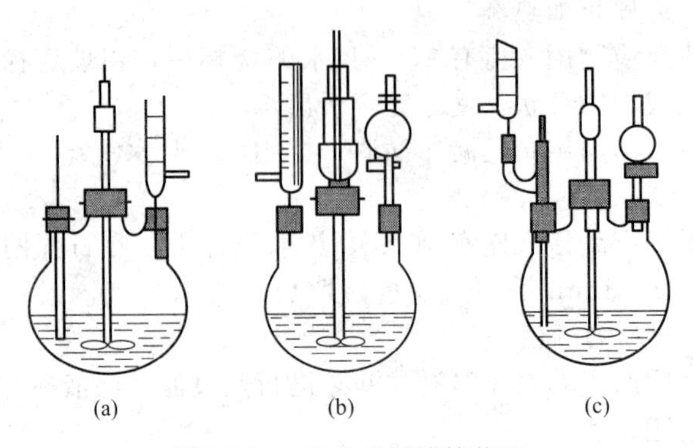

图 17-13 几种机械搅拌装置

固定在支架上的电动机就可带动相连的搅拌棒进行搅拌，搅拌的速度可以调节。实验用的搅拌棒通常用玻璃或不锈钢制成，可以购买，也可以自制。常见的搅拌棒如图 17-14。市场上出售的有图 17-14(e)、图 17-14(f) 两种，其余各种可由圆和直的玻璃棒自制而成，最常用的是图 17-14(a)。自制搅拌棒时，选一不太长玻璃棒，下端在火焰上烧制成不同的式样，为增强搅拌力度，还可以将末端压扁。对弯曲宽度的要求，在考虑与烧瓶口相适应以及不能与温度计相碰撞的条件下，越宽越好。弯好后，为避免易碎裂的缺点，还需在弱火焰上烘烤一会儿。

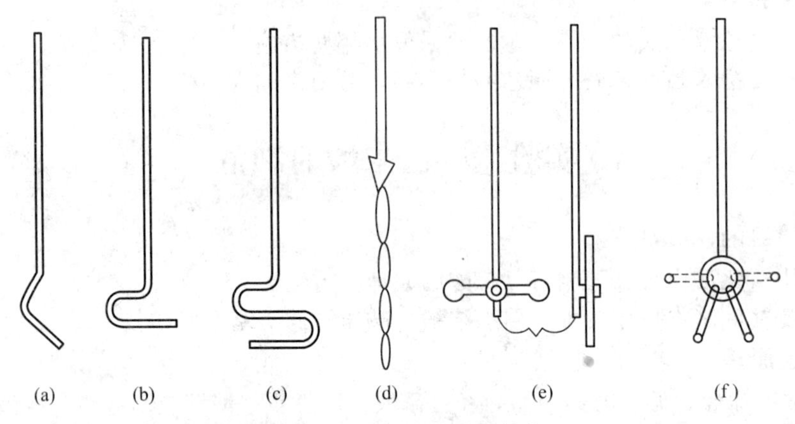

图 17-14 不同类型的搅拌棒

如果反应装置需要密封，常采用简单的橡皮管来密封［图 17-14(a)、图 17-14(b)、图 17-14(c)、图 17-14(e)］，有时甚至使用液封装置［图 17-14(d)］。橡胶管密封一般是在橡胶塞中插一段比搅拌棒直径稍大、长度为塞子两倍的短玻璃管（标准磨口仪器采用搅拌器套管），再将一段内径与搅拌棒相近的短橡胶管套在它的上端，搅拌棒穿过其中既能自由转动又能使橡胶管紧套其上起到密封作用。在搅拌棒与橡胶管之间加少量的凡士林或甘油润滑，这样能达到搅拌棒可转动灵活又增加密封的目的。在对密封要求不特别严格的情况下，都可采用这种简单的密封装置。对密封要求严格时，可采用液封装置，在液封管中注入液体石蜡或甘油与外界相隔。将插入封管中的搅拌棒用短橡胶管或连接器连接到电动搅拌器的轴上，开动搅拌器，搅拌棒随之转动。

三、仪器与药品

1. 仪器

250mL 三颈烧瓶、电动搅拌器、100℃温度计、抽滤装置、蒸发皿。

2. 药品

环己酮（分析纯）、高锰酸钾、碳酸钠。

四、实验步骤

1. 安装仪器

在三口烧瓶中，侧口装上温度计，在中口装上搅拌器，检验运转情况，运转正常后方可继续下面的操作。

2. 药品的加入及反应

向三口烧瓶中加入环己酮 2.5mL 和碳酸钠的水溶液，开动搅拌器，在迅速搅拌下，分批加入研细的高锰酸钾 16g。每次加入高锰酸钾前，都必须控制烧瓶内溶液的温度低于 40℃。全部加完后，继续搅拌直到温度不再上升。然后在 50℃的水浴中加热并不断搅拌 30min。

3. 产品的精制

反应结束后，将反应混合物抽滤，用 10%的碳酸钠洗涤反应过程中生成的大量二氧化锰滤渣。将滤液合并，在搅拌下，慢慢滴加浓硫酸直到溶液呈酸性，己二酸沉淀析出，冷却，抽滤。

4. 称重及计算产率

将产品移入表面皿，于 100℃烘箱中干燥后称量质量。计算产率。

纯己二酸为白色棱状晶体，熔点为 153℃。

五、注意事项

① 环己酮（分析纯）为 24℃，熔融时为黏稠液体。为减少转移时的损失，可用少量水冲洗量筒，并入滴液漏斗中，在室温较低时，这样做还可降低其熔点，以免堵住漏斗。

② 此反应为强烈放热反应，滴加速度不应过快，以避免反应过于剧烈，引起爆炸。

六、思考题

1. 本实验为什么必须控制反应温度和环己醇的滴加速度?

2. 在有机合成中使用搅拌器的目的是什么?

实验七 茶叶中咖啡因的提取

一、实验目的

1. 了解从茶叶中提取咖啡因的基本原理和方法。

2. 掌握用索氏提取器（脂肪提取器）提取有机物的原理和方法。

3. 掌握用升华的原理和利用升华进行固体有机化合物提纯的操作方法。

二、实验原理

茶叶中含有多种生物碱，其中以咖啡碱（又称咖啡因）为主，约占 1%～5%。咖啡因具有刺激心脏，兴奋大脑神经和利尿等作用，因此可作为中枢神经兴奋剂。也是复方阿司匹林（A. P. C）等药物的组分之一。在工业上主要是通过人工合成咖啡因。

固态物质不经液态直接转变成气态的过程叫做升华。利用升华可除去难挥发性杂质或分离具有不同挥发度的固体混合物。因此升华是提纯固体有机物的一个方法。

含结晶水的咖啡因是无色针状结晶，味苦，能溶于水、乙醇、氯仿等。在 100℃ 时即失去结晶水，并开始升华，120℃ 时升华相当显著，至 178℃ 时升华很快。无水咖啡因的熔点为 235.5℃。由于粗咖啡因中还含有其他一些生物碱和杂质，利用其溶解性将其从天然产物中提取出来，利用其易升华性进行提纯。

咖啡因是杂环化合物嘌呤的衍生物，其结构式如下。

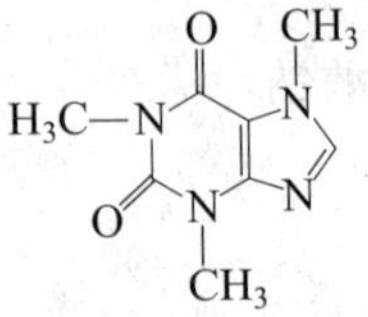

1,3,7-三甲基-2,6-二氧嘌呤

三、仪器与药品

1. 仪器

索氏提取器、蒸发皿、酒精灯、三脚架、玻璃棒、台秤、石棉网、滤纸、温度计、直型冷凝管、具支蒸馏瓶、大烧杯、加热套等。

2. 药品

茶叶、95%乙醇、生石灰（CaO）粉。

四、实验步骤

① 称取茶叶末10g，装入索氏提取器（图17-15）的滤纸套筒中。

② 在圆底烧瓶中加入1500mL 95%的乙醇和沸石，装好提取装置，接通冷凝水。

③ 加热，连续抽提2～3h至提取液颜色变浅时即可停止抽取。

④ 待冷凝液刚刚虹吸下去时，立即停止加热，冷却。改成蒸馏装置，回收乙醇至残液约为15～20mL。

⑤ 把残液倒入蒸发皿中，蒸馏瓶用很少量酒精洗涤，洗涤液合并于蒸发皿中，在蒸汽浴上浓缩至残液约10mL左右。

图17-15 索氏提取器

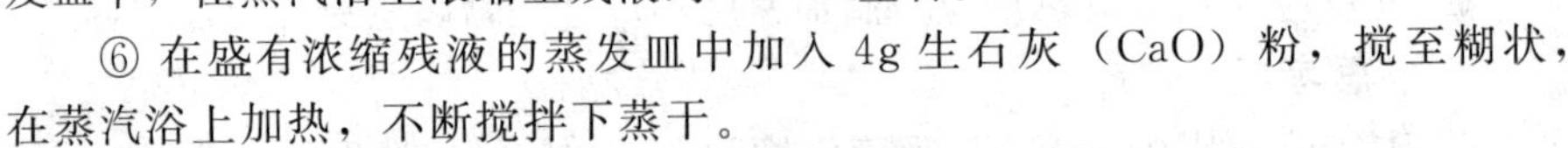

⑥ 在盛有浓缩残液的蒸发皿中加入4g生石灰（CaO）粉，搅至糊状，在蒸汽浴上加热，不断搅拌下蒸干。

⑦ 将蒸发皿放在石棉网上，用小火烘烧，使水分全部除去，压碎块状物至粉状。

⑧ 用扎有许多小孔的滤纸罩在蒸发皿上，再罩上合适的玻璃漏斗（图17-16所示）。

⑨ 在石棉网上继续小火加热（最好用砂浴），升华。当滤纸上出现白色针状结晶时，适当控制火焰，当漏斗中观察不到蒸汽时，停止加热。冷却（约5min）后小心地揭开漏斗和滤纸，仔细地把附在滤纸上及器皿周围的咖啡因晶体用小刀刮入干燥、洁净、已称重的50mL的烧杯中。

⑩ 残渣经搅拌后，用较大火焰再继续加热升华一次，合并两次收集的咖啡因称重，并计算干茶叶中咖啡因的含量。

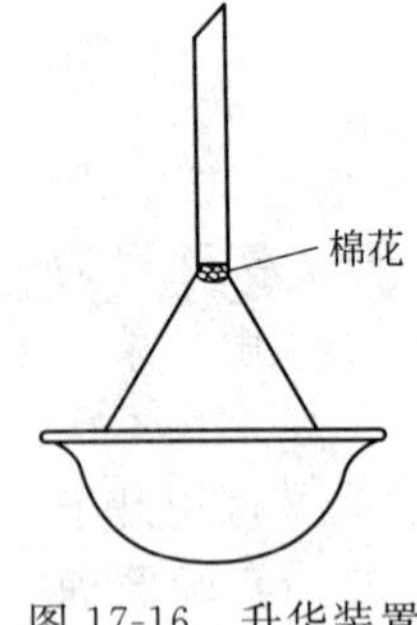

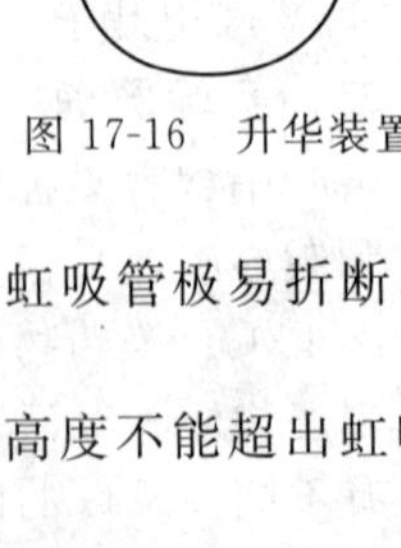

图17-16 升华装置

五、注意事项

① 索氏提取器中任何一个部件损坏会导致整套仪器报废，尤其是虹吸管极易折断，所以在安装仪器和实验过程中要特别小心。

② 滤纸筒大小要合适，既能紧贴套管内壁，又能方便取放，且其高度不能超出虹吸管高度。用滤纸包茶叶末时要严实，防止茶叶末漏出堵塞虹吸管。

③ 升华过程中要控制好温度。若温度太低，升华速度较慢，若温度太高，会使产物发黄。

④ 热的蒸发皿不能直接放到桌面上，以免烫坏桌面。

六、思考题

1. 什么样的固体物质才可采用升华法来精制？

2. 残液中加入生石灰的目的是什么？

实验八 醇、酚、醚的性质的鉴定

一、实验目的

1. 通过实验掌握醇、酚的重要化学性质，并比较它们在性质上的区别。

2. 掌握醇、酚、醚的化学鉴定方法。

二、实验原理

醇和酚都具有羟基官能团，但由于醇羟基与烷基相连，酚羟基与苯环直接相连，因此性质有很大的差异。醇羟基结构与水相似，可发生取代反应、脱水反应和氧化反应等。卢卡斯试剂与伯、仲、叔醇的反应速度不同，可用于鉴别碳原子数在六个以下的各种醇。多元醇还有其特殊反应。酚羟基呈弱酸性，极易被氧化，芳环上容易发生亲电取代反应。醚是醇或酚与另一分子的醇或酚脱水缩合而成的，在通常条件下表现出化学性质的不活泼性。

三、仪器与药品

1. 仪器

试管架、试管、量筒、表面皿、烧杯、玻璃棒、酒精灯、石棉网、三脚架、温度计、托盘天平、火柴。

2. 药品

乙醇、异戊醇、甘油、石油醚、苯酚、苯三酚、苯、无水乙醇、金属钠、酚酞、正丁醇、仲丁醇、叔丁醇、卢卡斯试剂、5%高锰酸钾、5%碳酸钠、5%氢氧化钠、饱和甘露醇、10%乙二醇、10% 1,3-丙二醇、10%甘油、10%甘露醇、高碘酸、饱和亚硫酸氢钠、饱和苯酚、1%苦味酸、苯酚、对苯二酚、间苯二酚、1,2,3-苯三酚、α-萘酚、β-萘酚、15%硫酸、饱和碳酸钠、饱和苦味酸、$3mol \cdot L^{-1}$硫酸、5% NaOH、1%三氯化铁、饱和溴水、$2mol \cdot L^{-1}$盐酸、1%苯酚、1%邻苯二酚、1% 1,2,3-苯三酚、浓硫酸、浓盐酸。

四、实验步骤

1. 醇的性质

（1）醇钠的生成及水解　在1支干燥的试管中，加入1mL无水乙醇，并加入一粒绿豆大小、表面新鲜的金属钠（用镊子夹取），观察有何现象发生？待反应完全后，取几滴乙醇液于表面皿上蒸干，待乙醇挥发后，留下是什么物质？加几滴水于该物质上，再加一滴酚酞指示剂，观察并解释发生的现象。若金属钠尚未反应完全，用镊子取出放在乙醇中。

（2）与卢卡斯试剂的作用　取3支干燥的试管，分别加入正丁醇、仲丁醇、叔丁醇各10滴，再各加2mL卢卡斯试剂，振荡后，静置，观察3支试管中溶液的变化，将无明显变化的试管放入温水浴中微热并振荡，观察现象，比较三类醇与卢卡斯试剂反应速度的快慢。

（3）醇的氧化　取3支试管，分别加入正丁醇、仲丁醇、叔丁醇各10滴，再各加1mL 1% $K_2Cr_2O_7$ 溶液和10滴 $3mol \cdot L^{-1}$ H_2SO_4，充分振荡后，将试管置于40～50℃水浴中微热，观察溶液颜色的变化及先后顺序，比较三类醇的反应速率。

（4）多元醇的反应　在2支试管中各加入5滴5% $CuSO_4$ 溶液，滴加5% NaOH溶液至氢氧化铜沉淀完全析出，摇匀，观察所发生的现象。然后，分别加入5滴10%甘油和10%乙二醇，摇动试管，再观察有何现象发生？最后，在每支试管中各加入1滴浓盐酸，混合液的颜色又有何变化？写出有关化学反应方程式，并加以解释。

2. 酚的性质

（1）苯酚的酸性　取1支试管，加入5mL苯酚饱和水溶液，用玻璃棒蘸取1滴于广泛

pH 试纸定性检验其酸性。把苯酚饱和水溶液分装于 2 支试管中，一支作空白对照，在另一支中逐滴加入 5%NaOH 溶液，边加边振荡，直至溶液澄清为止（解释变清的理由）。在此溶液中再加入 $2mol \cdot L^{-1}$ HCl 至溶液呈酸性，观察有何现象发生，写出有关化学反应方程式，并加以解释。

（2）苯酚与饱和溴水反应　取 1mL 苯酚饱和水溶液于试管中，逐滴加入饱和溴水，观察发生的现象。写出有关化学反应方程式。

（3）酚类与三氯化铁的作用　取 1%苯酚溶液、1%邻苯二酚溶液、1% 1,2,3-苯三酚溶液各 0.5mL，分别放在 3 支试管中，然后各滴加 2～3 滴 1%$FeCl_3$ 溶液，观察溶液颜色的变化。

（4）苯酚的氧化反应　向试管中加入 10 滴苯酚乳浊液，再滴加 5 滴 5%Na_2CO_3 溶液和 1～2 滴 5%$KMnO_4$ 溶液，振荡试管，观察试管中物质的变化，写出有关化学反应方程式。

3. 醚的性质

锌盐的生成　在两支干燥试管中，分别加入 2mL 浓硫酸、2mL 浓盐酸，将试管放在冰水中冷却至 0℃，然后再加入 1mL 冷的乙醚（注意分次加入并振荡和冷却），得到均相无乙醚味的溶液。将两支试管中的溶液分别倒入盛有 5mL 冰水的试管中，并摇动试管（有无乙醚味？试管中有无乙醚层出现?）小心滴入几滴 1%的氢氧化钠溶液中和溶液中的酸，观察乙醚层是否增加。

4. 结果与分析

用列表的方式记录实验现象、写出有关化学反应方程式，并加以解释。

五、注意事项

① 从煤油中取出金属钠，用滤纸擦去钠块上的煤油，用刀片切去氧化表面，切取绿豆粒大小一块进行实验，切下的金属钠表面不可乱放，一定放回金属钠瓶中，反应完毕后残留金属钠用镊子取出，放回钠瓶中，未取出残存金属钠之前且不可加水，这样会引起爆炸，是非常危险的。

② 卢卡斯试剂只适用于鉴别低级的（含 C_3 至 C_6 的伯、仲、叔）醇，不适用于鉴别 C_6 以上的醇。

六、思考题

1. 为什么乙醇和钠反应时，要用无水乙醇?
2. 为什么苯酚的溴代反应比苯和甲苯的溴代反应容易得多?
3. 为什么卢卡斯试剂只适用于鉴别含 6 个碳原子以下的醇?
4. 为什么酚能与碱反应而醇不能?
5. 苯酚与苦味酸比较，哪个酸性强？为什么?

实验九　醛和酮的性质的鉴定

一、实验目的

1. 通过实验，掌握醛、酮的主要化学性质和它们之间的区别。
2. 掌握醛和酮的化学鉴别方法。

二、实验原理

羰基是醛和酮的官能团，羰基的存在，使醛和酮能发生亲核加成反应及 α-氢的卤代反应。羰基化合物与苯肼或 2,4-二硝基苯肼的亲核加成反应，生成黄色或橙色的苯腙或 2,4-二硝基苯腙的沉淀，该反应可作为检验醛、酮的定性实验。

醛和脂肪族甲基酮能和饱和亚硫酸氢钠溶液反应，生成不溶于饱和亚硫酸氢钠溶液的白色结晶沉淀。

含有甲基的醛、酮还可发生碘仿反应。

具有 α-氢的醛、酮可以发生羟醛缩和反应，无 α-氢的醛则可以发生歧化反应。

醛很容易被氧化成含同数碳原子的羧酸，酮则很难被氧化。因此，可以用费林试剂、班尼狄克试剂、托伦试剂等弱氧化剂来区别醛和酮。酮不与希夫试剂反应，醛与希夫试剂反应生成紫红色的产物，并且只有甲醛与希夫试剂的加成产物溶液在加入浓硫酸后紫色不褪去。

三、仪器与药品

1. 仪器

试管架、试管、量筒、表面皿、烧杯、玻璃棒、酒精灯、石棉网、三脚架、温度计、托盘天平、火柴。

2. 药品

乙醛、苯甲醛、丙酮、饱和亚硫酸氢钠溶液、酒精、2,4-二硝基苯肼、甲醛、氨水、5%硫酸、20%氢氧化钠、pH 试纸、10%氢氧化钠、乙醇、碘-碘化钾溶液、10%氢氧化钾的酒精溶液、希夫试剂、浓硫酸、5%硝酸银溶液、2%氢氧化铵、费林试剂 A、费林试剂 B、铬酸、异丙醇、叔丁醇、班尼狄克试剂。

四、实验步骤

1. 醛、酮的亲核加成反应

(1) 与饱和亚硫酸氢钠溶液的反应　在 3 支试管中各加 2mL 新配制的饱和亚硫酸氢钠溶液，分别滴加 10 滴乙醛、丙酮和苯甲醛，用力振荡试管，注意观察 3 支试管中所发生的变化，若无沉淀生成，可将试管放置后，再观察。

(2) 与 2,4-二硝基苯肼的反应　在 4 支试管中各加入 1mL 2,4-二硝基苯肼溶液，分别再加入 2 滴甲醛、乙醛、丙酮和苯甲醛乙醇溶液，振荡后，静置片刻，观察试管中所发生的变化，若无晶体析出，可在水浴中微热 30s 后，再振荡、静置、观察生成物的颜色。

2. α-氢的反应

(1) 羟醛缩合反应　取 1mL 10%NaOH 溶液于试管中，加入 1mL 乙醛，在火上慢慢加热至溶液沸腾，用手扇闻液体气味；继续加热，观察溶液颜色变化，直到树脂状物质生成。

(2) 碘仿反应　取甲醛、乙醛、丙酮、乙醇、异丙醇各 2 滴，分装于 5 支试管中，分别加入 1mL 碘-碘化钾溶液，边振摇边滴加 10%NaOH 溶液，直至碘的棕色恰好消失并出现淡黄色为止。继续轻摇试管，观察有无沉淀析出，若无沉淀，可将试管放入 50～60℃水浴中温热几分钟，再观察现象。若溶液的淡黄色已褪尽还无沉淀产生，则应再加几滴碘-碘化钾溶液，微热、静置，观察现象并比较结果。

(3) 歧化反应　取 0.5mL 苯甲醛于试管中，在振荡下滴加 0.5mL 10%KOH 酒精溶液，加热后冷却，观察现象。

3. 醛和酮的鉴别反应

(1) 与托伦试剂的反应　在 1 支洁净的试管中加入 3～5mL 5%$AgNO_3$ 溶液，然后在振荡下逐滴加入 2%氢氧化铵溶液，直到最初析出的棕褐色沉淀恰好溶解为止。将此溶液平均分装于 4 支洁净试管中，分别加入甲醛、乙醛、丙酮和苯甲醛溶液各 4 滴，振荡混匀后静置，将试管放入 50～60℃水浴中温热 5min（加热时间不能过长），观察现象并比较结果。

(2) 与费林试剂的反应　取费林试剂 A 和 B 各 2mL 在试管中混合。然后平均分装在 4 支试管中，分别加入甲醛、乙醛、苯甲醛、丙酮各 5 滴，振荡后，将试管置于沸水浴中加热，注意观察各试管中溶液颜色的变化及有无砖红色沉淀生成。此反应宜在过量的碱液中进行。

(3) 与希夫试剂的反应　在各装有 1mL 希夫试剂的 3 支试管中，分别滴加 2 滴甲醛、乙醛、丙酮。摇动试管，观察有什么现象。

4. 用列表的方式记录实验现象、写出有关化学反应方程式，并加以解释。

五、注意事项

① 在碘仿反应中，若溶液的浅黄色已褪完但又无沉淀析出，则应追加几滴碘-碘化钾溶液，再微热观察现象。

② 生成银镜的反应切勿放在酒精灯焰上直接加热，也不宜加热过久，因为试剂受热会生成具有爆炸危险的雷银。若试管不够洁净，则不能生成银镜，只能生成黑色絮状沉淀。

六、思考题

1. 在卤仿反应中，为什么不用氯和溴而用碘？

2. 配制碘试剂时为什么要加碘化钾？

3. 做银镜反应时，能否加入过量的氨水，为什么？

4. 与托伦试剂反应后，有银镜的试管应怎样洗涤？

实验十　羧酸及其衍生物的性质的鉴定

一、实验目的

1. 验证羧酸及其衍生物的性质。

2. 掌握羧酸及其衍生物的鉴定方法。

二、实验原理

羧酸是分子中含有羧基的化合物，羧酸可以看作是烃分子中的氢原子被羧基取代的产物。羧酸分子中羧基上的羟基被其他的原子或基团取代后生成的产物称为羧酸的衍生物。羧酸的性质与羧酸的结构有很大的关系。羧基是羧酸的官能团，决定着羧酸的性质。由于羧基与羟基发生了 p-π 共轭，所以碳原子电子云密度增高，使 C—O 键极性减弱，使得羧基中的羟基不如醇羟基容易脱去，但在某些试剂存在的条件下，羟基也可以被取代，得到酰卤、酸酐、酯、酰胺等羧酸衍生物。

酰卤、酸酐、酯、酰胺等羧酸衍生物可以发生水解、醇解和氨解，生成相应的羧酸、酯和酰胺。

三、仪器与药品

1. 仪器

试管架、试管、量筒、表面皿、烧杯、玻璃棒、酒精灯、石棉网、三脚架、温度计、托盘天平、火柴。

2. 药品

饱和碳酸氢钠溶液、石灰水、10%盐酸溶液、10%氢氧化钠溶液、1%高锰酸钾溶液、20%氢氧化钠溶液、浓硫酸、5%硝酸银溶液、饱和氯化钠溶液、10%硫酸溶液、饱和碳酸钠溶液、1%三氯化铁溶液、氯化钠晶体、刚果红试纸、红色石蕊试纸、饱和溴水、甲酸、冰醋酸、草酸晶体、无水乙醇、乙酰氯、乙酸酐、乙酰胺晶体、苯胺、乙酸乙酯、乙酰乙酸乙酯、2,4-二硝基苯肼。

四、实验步骤

1. 羧酸的性质

(1) 刚果红实验　取三支洁净的试管，分别加入 3 滴甲酸、3 滴冰醋酸和 0.2g 草酸，然后分别加入 3mL 蒸馏水。振荡试管，再分别用干净的玻璃棒蘸取少量溶液，在刚果红试纸上划线，比较各条线的颜色深浅，解释原因。

（2）成盐反应 取 0.2g 苯甲酸晶体放入盛有 1mL 蒸馏水的试管中，加入 10%氢氧化钠溶液数滴，振荡并观察现象？

（3）加热分解作用 将甲酸、冰醋酸各 2mL 及 2g 草酸晶体分别放入 3 支带导管的小试管中，导管的末端分别伸入 3 支各自盛有石灰水的试管中，加热试管，观察有何现象，解释原因。

（4）氧化作用 在 3 支试管中分别放置 0.5mL 甲酸、乙酸及 0.2g 草酸和 1mL 蒸馏水所配成的溶液，然后分别加入 1∶5 硫酸（体积比）1mL 和 1%的高锰酸钾溶液 2mL 加热至沸，观察现象。

（5）成酯反应 在 1 支干燥的试管中加入 1mL 无水乙醇、1mL 冰醋酸和 0.2mL 浓硫酸，振荡均匀后，浸在 60～70℃的热水浴中约 10min 左右，然后将试管浸入冷水中冷却，最后向试管内加入 5mL 蒸馏水，观察溶液分层情况，并嗅其气味。

2. 酰氯和酸酐的性质

（1）水解反应 在 1 支试管中加 2mL 蒸馏水，再加入数滴乙酰氯，振摇均匀，观察现象，反应结束后在溶液中滴加数滴 2%硝酸银溶液，观察有何现象，并解释原因。

（2）醇解反应 在 1 支干燥的试管中加入 1mL 无水乙醇，慢慢滴加 1mL 乙酰氯，然后用冰水冷却，并不断振荡。反应结束后先加入 1mL 蒸馏水，然后小心用饱和碳酸钠溶液中和至中性，观察现象。如没有酯层，再加入少量氯化钠晶体至溶液饱和，观察现象，并闻气味。

（3）氨解作用 在 1 支干燥的试管中滴加苯胺 5 滴，慢慢滴加乙酰氯 8 滴，待反应结束后再加入 5mL 蒸馏水，并用玻璃棒搅匀，观察现象。

用乙酸酐代替乙酰氯重复上述三个试验，比较反应现象及快慢程度。

3. 酰胺的性质

（1）碱性水解 在 1 支干燥的试管中加入 0.1g 乙酰胺和 1mL 20%氢氧化钠溶液，混合均匀，用小火加热至沸，用湿润的红石蕊试纸在试管口检验所产生的气体，观察现象并解释原因。

（2）酸性水解 在 1 支干燥的试管中加入 0.1g 乙酰胺和 2mL 10%硫酸，混合均匀，沸水浴加热 2min，闻气味，放冷后加入 20%氢氧化钠呈碱性，再次加热，用湿润的红色石蕊试纸在试管口检验所产生的气体，观察现象并解释原因。

4. 用列表的方式记录实验现象、写出有关化学反应方程式，并加以解释。

五、注意事项

① 刚果红，又称直接大红或直接朱红，是一种酸碱指示剂，变色范围为 pH 3～5，pH＜3 的溶液中显蓝紫色，在 pH＞5 的溶液中显红色。

② 乙酰氯与水、醇反应强烈，并伴有爆破声，滴加时要小心，以免液体飞溅。

六、思考题

1. 甲酸具有还原性，能使高锰酸钾溶液褪色，能发生银镜反应，乙酸是否有此性质，为什么？

2. 根据酰氯、酸酐、酯的水解反应，比较其反应活性的大小，并解释原因。

实验十一 胺和酰胺的性质的鉴定

一、实验目的

1. 验证胺和酰胺的性质。

2. 掌握胺和酰胺的鉴别方法。

二、实验原理

胺可以看成是氨的衍生物，因其氮原子上的电子云密度较大，从而显碱性。胺的碱性强弱与氮原子上相连的基团的电子效应及空间位阻有关，同时还受到溶剂化效应等因素的影响。胺是有机弱碱，它们可以与酸作用生成盐。

根据氮原子上所连烃基的数目，可以把胺分为伯胺、仲胺和叔胺。伯胺、仲胺能与酸酐、酰氯发生酰基化反应，而叔胺的氮原子上没有氢原子，不起酰基化反应。常常利用伯、仲、叔胺与苯磺酰氯在氢氧化钠溶液中的反应来鉴别或分离它们。

与亚硝酸的反应，脂肪胺与芳香胺类有所不同。芳香族胺生成的重氮化物能进一步发生偶合反应，脂肪族胺则不能。根据脂肪族胺与芳香族伯、仲、叔胺与亚硝酸反应的不同现象，也可以鉴别伯、仲、叔胺。

芳胺，特别是苯胺，具有一些特殊的化学性质，除苯环上可以发生取代反应及氧化反应外，其重氮化反应具有重要意义。

酰胺可以看成是氨的衍生物，又可以看成是羧酸的衍生物，羰基与碳原子间影响使其碱性变得极弱，故酰胺一般呈中性，酰亚胺则表现出一定的酸性。酰胺还可以发生水解、醇解和降解等反应。

尿素是碳酸的二酰胺，可以发生水解反应，还可以与亚硝酸反应放出氮气。尿素在加热时可生成缩二脲，与硫酸铜等发生缩二脲反应。

三、仪器与药品

1. 仪器

试管架、试管、量筒、表面皿、烧杯、玻璃棒、酒精灯、试管夹、沸石、石棉网、三脚架、温度计、托盘天平、火柴。

2. 药品

苯胺、*N*-甲基苯胺、*N*,*N*-二甲基苯胺、二苯胺晶体、丙胺、二乙胺、三乙胺、乙酰胺、无水乙醇、10%盐酸溶液、10%氢氧化钠溶液、浓硫酸、浓盐酸、饱和溴水、25%亚硝酸钠溶液、苯磺酰氯、β-萘酚、饱和氢氧化钡溶液、10%亚硝酸钠溶液、10%硫酸溶液、5%氢氧化钠溶液、20%尿素、尿素、1%硫酸铜溶液、漂白粉溶液、饱和冲铬酸钾溶液、15%硫酸溶液、1%高锰酸钾溶液、红色石蕊试纸、淀粉-碘化钾试纸。

四、实验步骤

1. 胺的性质试验

(1) 与亚硝酸反应

① 伯胺的反应　在1支干燥的试管中加入0.5mL正丁胺，加盐酸使成酸性，滴加10%亚硝酸钠，观察现象。

另取1支干燥的试管，加入0.5mL苯胺、2mL浓盐酸和3mL水，振荡试管并浸入冰水浴中冷却到0～5℃，然后逐滴加入25%亚硝酸钠溶液，边加边搅拌，至淀粉-碘化钾试纸呈蓝色为止，此为重氮盐溶液。

取1mL重氮盐溶液，加热，观察有什么现象发生，注意是否有苯酚的气味?

取此重氮盐溶液0.5mL，滴入3滴β-萘酚溶液，观察有无橙红色沉淀生成。

② 仲胺反应　在2支干燥的试管中分别加入1mL *N*-甲基苯胺和1mL二乙胺，各加入2mL 20%盐酸，并用玻璃棒搅匀，将试管置于冰水浴中冷却到0～5℃，分别逐滴加入10%亚硝酸钠溶液，边加边振荡，观察现象。

③ 叔胺的反应　取*N*,*N*-二甲苯胺及三乙胺重复②的实验，观察现象。

(2) 兴斯堡(Hinsberg)实验　在3支干燥的试管中分别加入1mL苯胺、*N*-甲基苯胺

和 *N*,*N*-二甲苯胺，然后各加入 5mL 10%氢氧化钠溶液，充分混合均匀后，再各加入 6 滴苯磺酰氯，塞住试管口，剧烈振荡，打开塞子，振摇下在水浴上温热 1min，冷却溶液，用试纸检验是否呈碱性，观察现象。

（3）苯胺的反应

① 溴代反应　在 1 支干燥的试管中加入 5mL 水，并加入 1 滴苯胺，充分溶解后，取出 1mL（剩下的留做下面的实验），向试管中加入 1 滴饱和溴水，振荡。溶液里有何变化？继续加溴水，又会有什么变化？

② 氧化反应　取 3 支试管，编号为 A、B、C，各加入 1mL 苯胺水溶液。A 试管中加入几滴漂白粉溶液，振荡，有何现象？B 试管中滴加 2 滴饱和重铬酸钾溶液和 0.5mL 15%硫酸溶液，振荡后静置 10min，观察颜色变化的情况。C 试管中加入 2 滴 1%高锰酸钾溶液，振荡，有何变化？

2. 酰胺的水解反应

（1）碱性水解　取 1 支干燥的试管中加入 0.2g 乙酰胺，再加入 2mL 10%氢氧化钠溶液，混合均匀后，用湿润的红色石蕊试纸检验所产生的气体，解释原因。

（2）酸性水解　取 1 支干燥的试管中加入 0.2g 乙酰胺，再加入 1mL 浓盐酸（在冷水冷却下加入），注意此时试管里的变化。加沸石煮沸 1min 后冷至室温，溶液里有何变化？为什么？

3. 尿素的反应

（1）尿素的水解　取 1 支试管，加入 1mL 20%尿素水溶液和 2mL 10%饱和氢氧化钡溶液，加热，在试管口放一条湿润的红色石蕊试纸，观察加热时溶液颜色的变化和石蕊试纸颜色的变化。放出的气体有何气味？解释原因。

（2）尿素与亚硝酸的反应　取 1 支干燥的试管，加入 1mL 20%尿素水溶液和 0.5mL 10%亚硝酸钠水溶液，混合均匀，然后逐滴滴加 10%硫酸溶液，观察现象并解释原因。

（3）缩二脲反应　在一支干燥小试管中，加入 0.3g 尿素，将试管用小火加热，至尿素熔融，此时有氨的气味放出，继续加热，试管内的物质逐渐凝固（此即缩二脲）。待试管放冷后，加入 2mL 热水，并用玻璃棒搅拌。取上层清液于另一支试管中，在此缩二脲溶液中加入 1 滴 10%氢氧化钠溶液和 1 滴 1%硫酸铜的溶液，观察颜色的变化。

4. 用列表的方式记录实验现象、写出有关化学反应方程式，并加以解释。

五、注意事项

① 芳香胺易被氧化。由于氧化剂的性质与反应条件不同，氧化产物可能是偶氮苯、氧化偶氮苯、亚硝基苯、对苯醌或苯胺黑等。用重铬酸钾和硫酸做氧化剂时，最终被氧化为黑色的苯胺黑。

② 氢氧化钡在水中的溶解性比氢氧化钙大，更易形成 $CaCO_3$ 沉淀，故比用石灰水好。

六、思考题

1. 苯酚和苯胺都与溴水反应生成白色沉淀，那么它们将怎样区别？

2. 如何鉴别伯、仲、叔胺？举出两种方法。

实验十二　糖的性质的鉴定

一、实验目的

1. 验证糖类物质的主要化学性质。

2. 掌握糖类物质的鉴定方法。

二、实验原理

所有的糖类都能发生莫立许反应，所以此反应是鉴别糖类物质的主要方法。

酮糖与塞利凡诺夫试剂反应比醛糖快10～20倍，利用此反应可以区别醛糖和酮糖。

所有的还原糖，都能还原弱氧化剂如托伦试剂、费林试剂发生氧化还原反应，以及同苯肼试剂作用生成脎，根据成脎的时间、形状和熔点可鉴定糖。

淀粉和纤维素都是多糖，不具有还原性。但在酸存在的条件下，多糖加热水解后能产生还原性的单糖。如淀粉的水解是分步进行的，先水解成蓝糊精，再水解成红糊精、无色糊精、麦芽糖，最终水解成葡萄糖。用碘液可检验这种水解过程。淀粉与碘生成蓝色配合物，这是鉴定淀粉的一个很灵敏的方法。

三、仪器与药品

1. 仪器

试管架、试管、量筒、表面皿、烧杯、玻璃棒、酒精灯、试管夹、沸石、石棉网、三脚架、温度计、托盘天平、载玻片、低倍显微镜、坩埚钳、电动离心机、火柴。

2. 药品

2%葡萄糖溶液、2%果糖溶液、2%蔗糖溶液、2%麦芽糖溶液、1%淀粉溶液、莫立许试剂、10%氢氧化钠、5%硫酸铜、费林试剂A、费林试剂B、3%硝酸银、2%氨水、α-萘酚试剂、间苯二酚-浓盐酸试剂、浓硫酸、浓盐酸、苯肼试剂、碘-碘化钾溶液。

四、实验步骤

1. 糖类物质的还原性

(1) 与费林试剂的反应　在5支干燥洁净的试管中各加入1mL费林溶液A和1mL费林溶液B，混合均匀。在水浴中微热后再分别加入1mL 2%葡萄糖溶液、2%果糖溶液、2%蔗糖溶液、2%麦芽糖溶液、1%淀粉溶液，振荡，将各试管同时放在沸水浴中加热2～3min，冷却后，注意观察各试管中溶液颜色的变化，是否有砖红色沉淀生成，试解释原因。

(2) 与托伦试剂的反应　在5支干燥洁净的试管中各加入1mL托伦溶液，再分别加入1mL 2%葡萄糖溶液、2%果糖溶液、2%蔗糖溶液、2%麦芽糖溶液、1%淀粉溶液，振荡，同时放入60～80℃水浴中加热几分钟，观察有何现象，试解释原因。

2. 糖类物质的成脎反应

在4支干燥洁净的试管分别加入1mL 2%葡萄糖溶液、2%果糖溶液、2%蔗糖溶液、2%麦芽糖溶液，再各加入0.5mL苯肼试剂，混合均匀，然后同时放入沸水浴中加热，记录各试管出现结晶的时间，比较样品成脎的速率，并在显微镜下观察各糖脎的结晶形状。

3. 糖类物质的颜色反应

(1) 莫立许反应　在5支试管中分别加入1mL 2%葡萄糖溶液、2%果糖溶液、2%蔗糖溶液、2%麦芽糖溶液、1%淀粉溶液，再各加4滴新配制的α-萘酚试剂，摇匀。将试管倾斜45°，沿试管内壁慢慢加入1mL浓硫酸，勿摇动。此时，浓硫酸与糖液面之间有明显的分层，观察两层交界处是否出现紫色环。

(2) 塞利凡诺夫反应　在4支试管中分别加入0.5mL 2%葡萄糖溶液、2%果糖溶液、2%蔗糖溶液、2%麦芽糖溶液，再向每支试管中各加入1mL间苯二酚-浓盐酸试剂，摇匀，将4支试管同时放入沸水浴中加热2min，仔细观察并比较各试管中出现红色物的先后顺序。将未出现红色物的试管放回沸水浴中加热，每隔1min观察并记录每一试管中的颜色变化。5min后，盛有蔗糖的试管颜色有何变化？为什么？

(3) 淀粉与碘的反应　在1支试管中加入1mL 1%淀粉溶液和2滴碘-碘化钾溶液，摇匀，观察颜色变化。将试管在沸水浴中加热 5～10min，颜色有何变化？放置冷却后颜色又有什么变化？为什么？

4. 糖类物质的水解

（1）蔗糖的水解　在 1 支试管中加入 1mL 2%蔗糖溶液并滴加 2 滴浓盐酸，摇匀，放入沸水浴中加热约 10min，取出冷却后，用 10%氢氧化钠中和至中性（用 pH 试纸检验）。再各加 0.5mL 费林试剂 A 和费林试剂 B，振荡，放入沸水浴中加热 2min，观察现象。

（2）淀粉的水解　在 1 支试管中加入 2mL 1%淀粉溶液和 2 滴浓盐酸，摇匀，放入沸水浴中加热，每隔 2min 用吸管取出水解液，滴 1 滴于白色的点滴板上，加 1 滴碘-碘化钾溶液，观察颜色变化，直至水解液遇碘不变色为止。用吸管取 10 滴水解液置于另一支试管中，加 10%氢氧化钠中和至中性，然后加 0.5mL 费林试剂 A 和 0.5mL 费林试剂 B，摇匀，放入沸水浴中加热 2min，观察现象。

五、注意事项

① Tollens 试验中，若所用试管很洁净，还原出的银附着在器壁上形成银镜；若试管壁不洁净，则会产生黑色的金属银沉淀，而不会出现银镜。银镜可用稀硝酸洗去。

② Fehling 试验中，若加热时间过长，则会产生铜镜，即二价铜离子先被还原成砖红色的 Cu_2O 后进一步被还原成单质铜。铜镜可用稀硝酸洗去。

③ 苯肼毒性很大，操作时应小心，防止试剂溢出或溅到皮肤上。若不慎触及皮肤，应先用乙酸洗，再用大量水冲洗。为减少加热时苯肼蒸气进入空气，实验时，最好用棉花塞住试管口。

④ 在 Molish 反应中，加硫酸时，要沿试管壁缓缓加入，不可直接滴到液面上，切不可振摇试管，否则将看不到紫色环。

六、思考题

1. 什么叫还原糖？在葡萄糖、果糖、麦芽糖、蔗糖、淀粉和纤维素中，哪些是还原糖？

2. 在本实验中，有哪些糖形成的糖脎相同？为什么？

3. 为什么可以利用碘-碘化钾溶液定性地了解淀粉水解进行的程度？

参 考 文 献

[1] 张坐省主编．有机化学．第2版．北京：中国农业出版社，2006.
[2] 许新，刘斌主编．有机化学．北京：高等教育出版社，2006.
[3] 王伊强，张永忠主编．基础化学实验．北京：中国农业出版社，2001.
[4] 张金桐，叶非主编．实验化学．北京：中国农业出版社，2004.
[5] 王芳，吴星．运用化学史料提高学生的科学探究能力．化学教育，2005，(5)：63.
[6] 黄宇芳，谢建刚，张建州．己二酸的合成．化学教育，2005，(3)：58.
[7] 黄素秋，郑穹，季立才主编．有机化学导论：上册．武汉：武汉大学出版社，1992.
[8] 赵玉娥主编．基础化学．北京：化学工业出版社，2004.
[9] 汪小兰等主编．基础化学．北京：高等教育出版社，1995 (2003).
[10] 黎春南主编．有机化学．北京：化学工业出版社，2002 (2004).
[11] 高职高专化学教材编写组编．有机化学．北京：高等教育出版社，2004.
[12] 王礼琛主编．有机化学．南京：东南大学出版社，2003.
[13] 高鸿宾等．有机化学．第2版．北京：化学工业出版社，2005.
[14] 邢其毅等．基础有机化学：上、下册．第2版．北京：高等教育出版社，1994.
[15] 王积涛等．有机化学．第2版．天津：南开大学出版社，2003.
[16] 杨艳杰主编．有机化学．北京：化学工业出版社，2013.
[17] 刘军主编．有机化学．第3版．北京：化学工业出版社，2015.
[18] 何庆华等．食品中生物胺的研究进展．中国食品卫生杂志，2007，19 (5)：451-454.
[19] 袁红兰．有机化学．北京：化学工业出版社，2004.
[20] 胡彩玲主编．有机化学实验．北京：化学工业出版社，2015.
[21] 周志高主编．有机化学实验．北京：化学工业出版社，2014.
[22] 高职高专化学教材编写组编．有机化学实验．第2版．北京：高等教育出版社，2001.
[23] 高鸿宾．有机化学简明教程．天津：天津大学出版社，2001.
[24] 宋毛平等．有机化学实验．郑州：郑州大学出版社，2004.